成形制造工艺及其三维数字化定义技术

程　强　主编

袁　涛　初红艳　山　河　副主编

北京工业大学出版社

内 容 简 介

本书是按照高等学校智能制造工程本科专业培养方案和课程教学大纲的要求，在参考国内外相关教材与文献的基础上，融合国内外相关的研究进展编写而成。本书内容共分为10章，每章后面附有思考与练习，包括工程材料基本知识、典型成形制造工艺及其三维数字化定义技术。

本书适合作为高等学校智能制造工程专业本科生的核心课程教材，机械设计制造及自动化、机械电子工程等机械类专业的专业课程教材，也可作为相关工程技术人员的进修资料及培训用书。

图书在版编目（CIP）数据

成形制造工艺及其三维数字化定义技术 / 程强主编.
北京：北京工业大学出版社，2025. 2. —ISBN 978-7-5639-8714-6

Ⅰ. TH166

中国国家版本馆 CIP 数据核字第 2024B4S313 号

成形制造工艺及其三维数字化定义技术

CHENGXING ZHIZAO GONGYI JIQI SANWEI SHUZIHUA DINGYI JISHU

主　　编：程　强
策划编辑：杜一诗
责任编辑：李周辉
封面设计：红杉林文化
出版发行：北京工业大学出版社
（北京市朝阳区平乐园 100 号　邮编：100124）
010-67391722（传真）　bgdcbs@sina.com
经销单位：全国各地新华书店
承印单位：北京虎彩文化传播有限公司
开　　本：787 毫米×1092 毫米　1/16
印　　张：18.5
字　　数：397 千字
版　　次：2025 年 2 月第 1 版
印　　次：2025 年 2 月第 1 次印刷
标准书号：ISBN 978-7-5639-8714-6
定　　价：48.00 元

前　言

本书为适应目前高等教育教学改革的需要，并根据高等学校智能制造工程及机械类专业人才的培养要求而编写，主要目的是拓宽专业知识，提高读者创新能力和实际工作能力，适应高等学校对人才培养的需要。

本书在金属工艺学基础上，将 MBD 技术与铸造、锻压、焊接工艺联系在一起，吸收了不同学科的理论、工艺、技术、方法。本书共 10 章，第 1 章是 MBD 技术的起源及应用，主要介绍了 MBD 技术的起源、影响、定义、应用流程及 MBD 模型等内容；第 2 章是机械工程材料，主要介绍原子的结合，继而介绍晶体的结构和缺陷等内容；第 3 章是金属的晶体结构与结晶，主要内容是纯金属的晶体结构和结晶、合金的晶体结构和结晶、金属的铸铁组织；第 4 章是铁碳合金相图，主要内容是铁碳合金的基本、一元和二元相图、相图分析、典型合金的平衡结晶及其组织、含碳量对铁碳合金平衡组织和性能的影响、铁碳相图的应用；第 5 章是金属的塑性变形与再结晶，主要介绍了塑性变形的理论基础、回复与再结晶、金属的强化机制；第 6 章是钢的热处理，主要介绍了钢在加热和冷却时的转变、钢的普通热处理工艺和表面热处理工艺及其他处理工艺；第 7 章是铸铁，主要介绍了常用铸铁、特殊性能的铸铁；第 8 ~ 10 章分别介绍基于 MBD 的铸造工艺、锻压工艺、焊接工艺。

本书在编写过程中，将理论与实践、工艺与生产相结合，突出基本理论、基本概念，强化生产实际，注重新知识、新技术的引入，列举了许多和实际生产中相关的应用实例，结构合理，体系完整。通过对本书的学习，读者不仅可以了解金属工艺学的相关知识，还可以拓宽 MBD 技术的内容。

本书由程强担任主编，袁涛、初红艳、山河担任副主编。其中，程强编写了第 1 章、第 3 章、第 5 章、第 6 章、第 9 章，袁涛编写了第 2 章、第 4 章、第 7 章，初红艳编写了第 8 章，山河编写了第 10 章。全书由程强统稿、定稿。

在编写过程中，编者参考了许多国内外相关著作和专家学者的研究成果，在此表示衷心的感谢。由于编者的水平有限，书中难免有不足之处，恳请广大读者批评指正。

目　　录

第 1 章　MBD 技术的起源及应用

【教学要求】

本章让读者了解 MBD 的发展历程与影响、MBD 技术的定义、MBD 技术的应用流程、MBD 模型非几何信息的表达方法、MBD 模型信息组织管理等。

1.1　MBD 技术的发展历程与影响

18 世纪末期，法国科学家蒙日提出画法几何，使产品的三维形态可以通过统一规范的二维工程图纸来表达，成为工程界最早的产品表达方法。

伴随着计算机辅助设计（CAD）与计算机辅助制造（CAM）的广泛应用，表达产品工程信息的主要手段从传统的手工二维工程图转变成了计算机辅助二维制图，同时应用更容易被技术人员理解的三维图形来表达产品的设计意图。但是，由于产品定义的数据源不是唯一的，设计人员在使用过程中需要将二维信息和三维信息相互融合才能完全领会产品的设计意图。近年来，随着全新的数字化定义技术的提出，产品数字化设计制造技术得到了迅猛发展。

1.1.1　MBD 技术的发展历程

20 世纪 90 年代初，美国波音公司首先提出 MBD（Model Based Definition，基于模型的产品定义技术）技术概念，并首次应用于波音 777 客机上。1997 年，美国机械工程师协会（ASME）受波音公司的委托开始研究和制定三维模型标注标准化。2003 年，美国制定相关标准 ASME Y14. 41 - 2003《数字产品定义　数据实践》，并将其作为三维设计制造唯一参考依据。2006 年，国际标准化组织（ISO）借鉴美国标准，制定了 ISO 16792 - 2006《技术产品文件　数字产品定义数据实践》，并使之成为支撑欧亚地区数字化设计制造的标准文件。2009 年，我国在参考 ISO 16792 标准的基础上，发布了国家标准 GB/T 24734—2009《技术产品文件　数字化产品定义数据通则》共 11 项，规范了国内企业的 MBD 技术应用。

MBD 技术的成功应用最典型的是波音公司，其开展的飞机研制项目，用模型替代产品的二维图纸，并将数据输入产品生命周期管理系统中，在产品设计和制造的各个环节追踪模型数据。这是 MBD 技术的早期发展，数据信息的载体以三维模型为主，二维图纸辅助，产品研制的业务流程从根本上发生了变化，但尚未达到 MBD 技术要求的标准，一些环节仍存在二维图纸。MBD 技术初期的应用取得很高的成效，其全面运用是从波音 787 客机研发开始的。为了达到 MBD 技术的应用条件，波音公司将数字化设计制造平台升级，建立了全新的业务流程，在零件的设计阶段就将产品的设计制造信息囊括在三维数字化模型中，完成了对飞机研制过程数据的一体化管理。在飞机研制的各个环节，二维图纸被集成的三维数据模型取代，使 MBD 技术在产品设计制造体系中的应用有了质的变革，宣告了制造业全新时代的到来。

国外对 MBD 技术已经建立了一套完整的体系结构，将 MBD 技术高度集成到生产制造的各个环节。目前，国内陆续有企业和学者开始对 MBD 技术的应用进行研究，主要集中在航空航天等高端领域。三维数字化产品设计模式正在我国航空航天工业中全面展开，基于不同软件平台的三维设计标准也在不断完善。我国的许多大型装备制造企业也开始着手在高速列车的开发过程中应用 MBD 技术。

1.1.2 MBD 技术的影响

MBD 技术的应用把产品的生产制造过程中所涵盖的工程信息都集合到一个三维模型中，产品的设计制造信息可以通过集成的 MBD 模型在不同的信息管理平台间传递。MBD 技术不仅实现了产品在设计、工艺、制造、检验等环节的高度集成，而且促进了产品研制并行工程的开展，推动了三维数字化技术应用的变革。传统的产品研制模式以三维模型为辅、二维工程图纸为主，将产品的制造信息与几何形状以不同的载体输出，很难实现产品的并行和协同设计；而且由于二维和三维结构的不统一，无法保证在产品设计制造环节中数据的唯一性，很难体现出用三维设计制造的优势。

相比于传统的三维模型和二维工程图相结合的方式，MBD 技术的影响主要体现在以下三个方面。

1. 保证产品设计制造过程中数据源的唯一性

传统的二维图纸模式以三维模型描述产品的几何形状，以二维图纸表达产品制造精度、质量要求、检验依据等，在设计制造的上下游过程中需要花费很大的精力来解决二维图纸和三维模型数据标注和转化问题，难以实现数据的唯一性。MBD 技术是三维数字化设计技术，在产品的设计制造过程中，所有的技术人员都可以使用一个集成的三维数据模型作为唯一的数据源，减少数据转化过程中所造成的重复性劳动，保证了数据源的唯一性。

2. 提高产品研制效率，促进并行工程开展

产品研制过程一般分为产品设计、工艺规划、工装设计、产品制造、检测检验等环

节。以二维工程图为主的传统制造模式中，产品生产制造的各个阶段工作以串行的方式进行。MBD 技术使产品生产制造的各阶段工作可以并行进行，使产品在设计 MBD 模型完成前工艺、工装、检验等团队就开始提前介入，使团队协同工作，不仅缩短产品研制周期同时提高产品研制效率。

3. 提高数据管理效率，颠覆以往的数据管理模式

MBD 模式使承载产品信息的对象由图纸转化为 MBD 模型，图纸可以根据模型的尺寸、注释等信息生成。它使产品数据管理模式发生了巨大改变，以往对二维工程图纸的审阅流程变为对 MBD 工艺信息模型的检验过程，可以用一个三维模型贯穿产品全生命周期，实现了数据管理的统一，提高数据的管理效率和安全性。

MBD 技术使制造模式真正进入三维数字化设计与制造阶段，二维工程图或工程图纸成为特定条件下一种数据的辅助表达方式。MBD 使复杂产品的设计制造模式发生根本变化，三维产品、工装的数据成为所有工作中的唯一制造依据，真正实现了三维数字化、无图纸设计制造技术，大大简化了产品设计和管理过程，缩短了产品研制周期；通过网络把产品、工装的三维数据和工艺数据传递给现场作为操作数据，不仅改善了生产现场工作环境，而且结合激光跟踪测量技术对产品、工装进行测量装配，大大提高了生产效率和产品的质量。

由于制造依据从二维工程图或工程图纸变为三维数据，MBD 技术的应用引起复杂产品制造过程的革命性变化，改变传统的复杂产品研制模式，尤其为航空制造带来管理和效率上的飞跃。

1.2　MBD 技术的定义

MBD 是当下制造领域一种全新的产品定义技术。它是用集成的三维实体模型来完整表达产品定义信息的方法体，详细规定了三维实体模型中产品尺寸、公差标注规则、工艺信息等的表达方式。MBD 的内在要求是：在产品研制的生命周期内，用集成的三维实体模型作为产品研制过程中的单一数据源，有效地保证数据源的准确性，改变传统由二维图纸表达产品工艺信息、用三维实体模型描述产品几何形状信息的分步产品数字化定义方法。此外，MBD 使三维实体模型作为产品生产制造过程的唯一依据，改变了以工程图为主要制造依据、三维实体模型仅为辅助参考依据的传统制造方法。

1.3　MBD 技术的应用流程

现在，MBD 技术不仅实现了数字化产品定义、三维数字化预装配技术、数字化产品

工装设计，使产品的设计方式发生了根本变化，不再需要生成和维护二维工程图纸；而且对企业管理及设计下游的工作，包括工艺规划设计、车间生产应用等产生重大影响，引起了数字化制造技术的重大变革，真正开启了三维数字化制造时代。

如图 1－1 所示，在产品研发的全生命周期中，产品设计环节通过 MBD 方法形成产品 MBD 模型，成为后续环节（工艺设计仿真、产品制造、产品检测、产品使用维护、工装设计、工装工艺设计、工装制造、工装检测等）的工作依据。在产品开发团队的协同工作过程中，形成的产品 MBD 模型包含了相关的工艺信息，不仅满足工艺要求，还成为工装设计人员开展工装设计的直接依据。工艺设计人员依据产品 MBD 模型在三维环境中开展工艺设计，结合工装 MBD 模型和设备 MBD 模型，建立以工艺活动为中心的产品、工装、工艺数据组织模型，对产品制造过程进行规划仿真，分析检测产品与工装资源之间的碰撞及干涉情况，确保产品结构与工装结构设计的合理性、工艺操作过程的可行性与准确性，并最终输出各类三维工艺设计仿真（Model Based Process Planning，MBP）模型，成为后续产品制造、检测、使用维护环节的操作依据。同时，对于工装工艺设计，也有相同的设计过程，并形成工装 MBP 模型，成为工装制造和检测的操作依据。因此，在基于模型的数字化制造工程中，结构 MBD 模型和工艺模型贯穿产品研发的全生命周期，是 MBD 模型和 MBP 模型的生成、传递、使用的全过程，并通过基于模型的数字化定义技术、基于模型的工艺设计仿真技术进一步驱动并实现基于模型的制造技术、基于模型的检测技术、基于模型的维修技术。

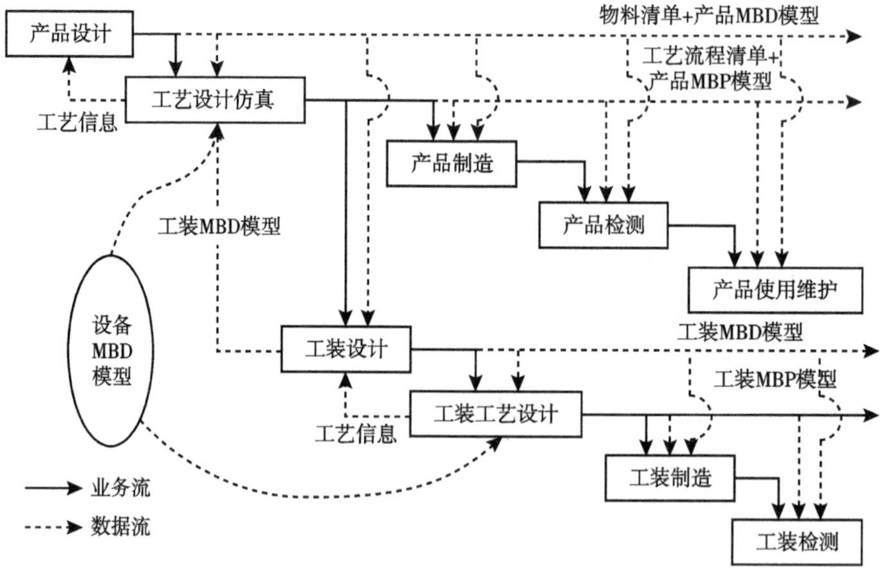

图 1－1　基于模型的产品全生命周期

因此，通过研究 MBD 技术的内涵，采用满足协调要求的三维数字化产品定义技术，可以利用数字化加工设备制造出外形与尺寸满足设计要求的复杂产品零件和工装零件，并利用便携式三坐标测量仪和激光跟踪仪进行工件的检验，以及工装和产品的检验安装，用数字量传递的方式实现全机数字化协调；通过研究以工艺活动为中心的新型数字化工艺数据组织和管理方法，把工艺及相关数据以三维、可视化等多媒体方式全面有效地组织管理起来；借助数字化测量设备，实现在线数字化测量装配；同时，将复杂产品结构设计数据、工艺数据、工装数据、操作参数等相关数据通过工艺信息集成管理系统集成起来，并通过网络终端设备传递到车间生产现场，解决现场操作对数字化工艺数据的需求，实现数字化产品、工艺、工装信息的集成应用。

1.4　MBD 模型非几何信息的表达方法

MBD 是用集成的三维实体模型来定义产品，集成的三维实体模型称为 MBD 数据集，它是几何信息与非几何信息的集成体。如图 1－2 所示，为 MBD 数据集的内容构成。一个完整的 MBD 数据集包含多种功能信息，三维模型关联了产品的所有三维几何信息，包括产品的加工工艺信息，以及产品所需的尺寸公差、表面粗糙度、注释等相关方面的信息。

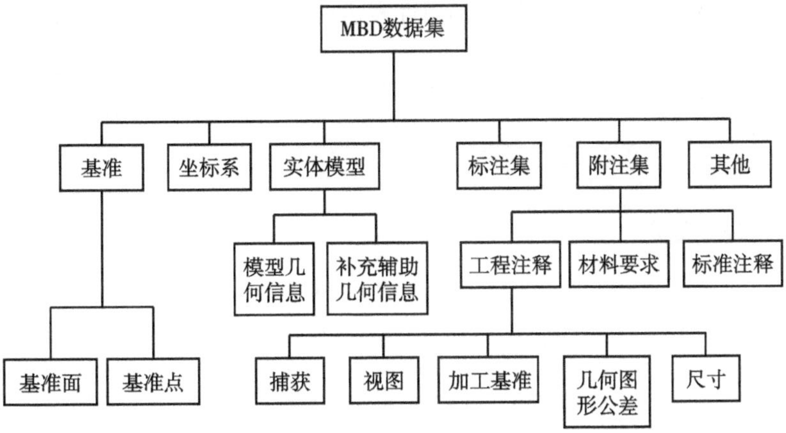

图 1－2　MBD 数据集的内容构成

MBD 模型非几何信息主要有注释信息、属性信息、其他相关信息。

注释信息指创建中间工序模型过程中涉及的设计尺寸信息、基准信息、公差信息、制造精度信息等，这类信息可以对产品加工过程中的工艺进行约束（尺寸范围、公差范围、工艺要求、制造精度要求等）。注释信息一般从产品设计模型中继承而来，是 MBD 特征建模过程的信息依据。注释信息将被直接定义在零件的 MBD 数据集的注释平面内，可以清晰、完整、准确地描述零件的所有制造要求，为下游的零件制造和检验提供所需信息。

属性信息是对零部件模型的基本属性进行详细的描述，包括 MBD 模型说明类信息（名称、代号、质量、描述等）、模型管理类信息（版本、版次、状态、有效性等）、批准发放类信息、制造技术要求等信息。属性信息是对 MBD 模型各类属性的综合性描述，能对产品设计和改进过程的有效信息进行及时的跟踪和控制，可以有效保证产品数据的一致性、完整性、可追溯性。

其他信息一般是在设计阶段，工艺设计人员根据产品的三维实体模型，结合相应的定位方法，初步设定产品的工装、夹具的工艺装备等信息，并将其添加至零件 MBD 模型，为产品在制造和装配过程中的后续工作提供极大的便利。其他信息还包含产品的检测信息，以便在完成产品的制造和装配后，对其进行检验，保证产品的质量。

1.4.1　属性表达法

属性表达法是用文本字符串等类型描述产品非几何信息，往往与产品几何特征没有任何关联关系。

针对复杂字符串类型的参数说明，为了保证信息的有效识别和审阅，需要将复杂的字符串信息利用格式符号进行分隔，而且要保证不同类别的非几何信息拥有不同的参数字段数量。通用的三维 CAD 软件都可实现属性信息的定义和存储，下面以 Creo 软件为例介绍。图 1－3 为 Creo 软件的属性参数定义界面。制造企业需要根据自身实际情况定制各类非几何信息的字段名称、字段数量、参数描述等属性表达规范，以实现属性信息表达标准的统一。

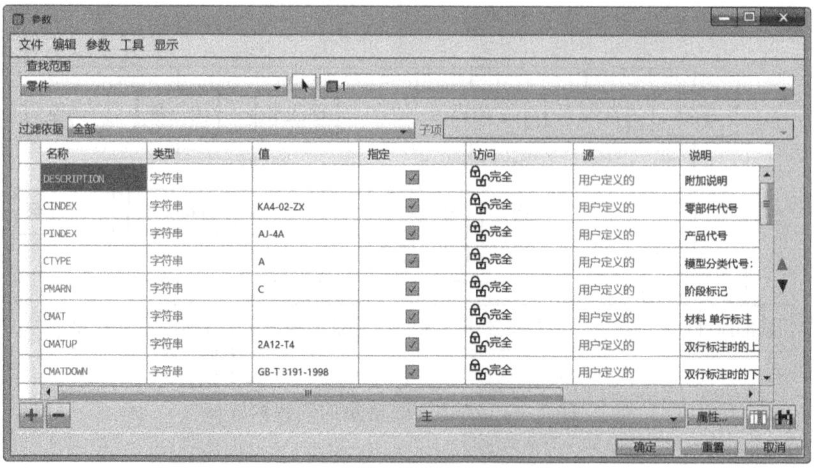

图 1－3　Creo 软件的属性参数定义界面

1.4.2　标注表达法

标注表达法是将产品的几何尺寸、公差、表面粗糙度等非几何制造信息，以特定符号或文本形式表达出来，关联并描述模型的几何特征。

MBD 模型作为设计和制造信息的唯一载体，涉及大量的特征尺寸参数、公差、基准、粗糙度等设计信息。三维制造模式下，设计信息以三维标注的形式可视化表达。在三维环境下，模型尺寸信息的标注有两种方式：从动尺寸与驱动尺寸。从动尺寸作为注释的一部分存在于零件模型树中，改变从动尺寸的值不会影响零件的设计特征。驱动尺寸存在于模型树的特征项中，驱动尺寸的改变会导致与此尺寸相关联的零件设计特征相应地改变。驱动尺寸的一个尺寸只能显示一个尺寸标注，且只有在当前活动注释方向有效的情况下才显示出来。从动尺寸则没有此限制，同一个特征可以标注多个从动尺寸。

Creo 软件提供了一个专门用于三维注释的功能模块，用户可以通过该模块方便地对产品进行几何尺寸、形状及位置公差、表面粗糙度、3D 注释及技术要求等信息的标注，如图 1－4 所示。Creo 二次开发工具还提供了对注释工具的自定义开发，允许用户根据要求开发相应辅助标注模块。

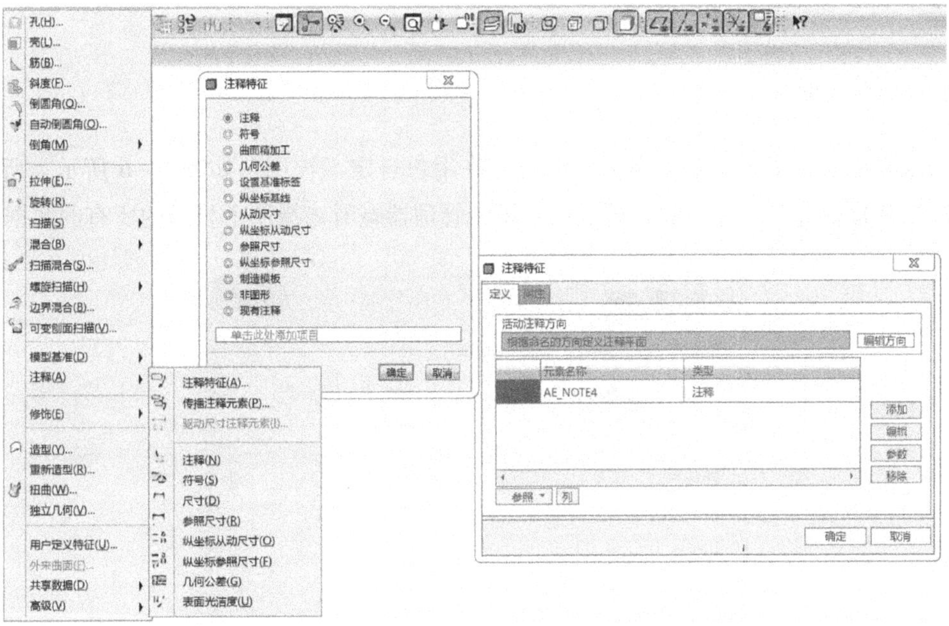

图 1－4　Creo 软件用于三维注释的功能模样

在对 MBD 模型进行标注时，用户可以设置默认的标注平面，标注平面可以选择某一坐标平面或模型当前视图的平面。此外，Creo 软件提供了多种公差标准，用户可以根据自身要求选择合适的公差标注，如图 1－5 所示。

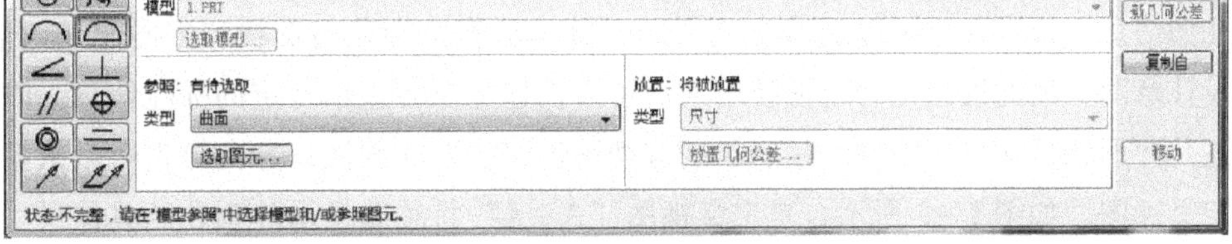

图 1－5　Creo 软件的“几何公差”选项

1.4.3 MBD 模型表示

每个 MBD 模型都包含大量的非几何信息，单纯地采用标注法将它们与几何模型显示在一起，会造成信息拥挤、制造信息表达不清晰，使模型应用不方便。为了快速、有条理地实现对模型制造信息的了解与掌握，需要对非几何制造信息有条理地组织管理。

Creo 软件可以将非几何信息以合理的视图进行组织，充分发挥三维环境对于信息的直观表现力，使工程信息清晰、准确地表达。在进行信息量大的三维标注时，应注意以下三点内容。

1. 注释视图

Creo 软件自带了 8 个基本视图，同时允许用户自定义视图，如图 1－6 所示。所有的三维标注都是在视图上进行的，可以通过视图管理器查看该视图下显示的所有的数据。

图 1－6 视图管理器

零件 MBD 模型中的视图信息分为主要视图和辅助视图。主要视图显示 MBD 模型主要的非几何信息，技术人员可以通过主要视图一览模型整体的几何形状和主要非几何信息，理解设计意图。辅助视图是为了使技术人员可以快速定位与显示特定的标注信息，以视图所描述几何形状特征、视图显示信息类别或视图创建所选取的视角方向等为命名依据建立的自定义视图。如图 1－7 所示，自定义视图“A－A”将辅助显示阵列孔的具体尺寸，将该视图调整在合适的位置保存，帮助技术人员快速显示阵列孔信息。

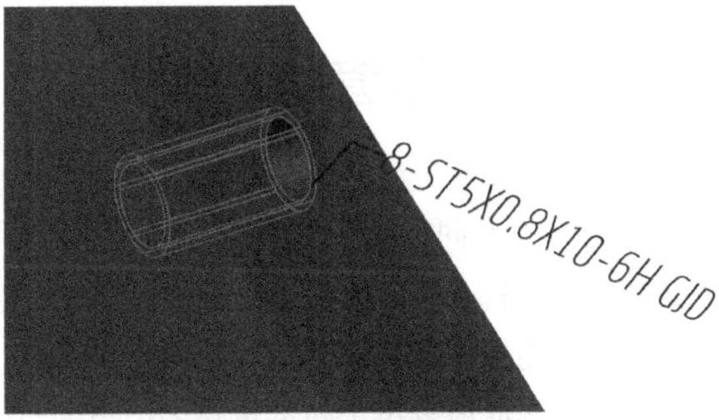

图 1－7　自定义视图

2. 注释平面

每个 MBD 零件包含了许多非几何制造信息，并且关联各个特征，而不同的特征处于不同的位置、不同的角度，合理地选择注释平面可以达到对非几何信息清楚表达的目的。

3. 标注规范

对模型的三维表达中，包括字体与比例、指引线、尺寸公差、表面粗糙度标注、辅助几何标注、图样简化等关键标注技术均要参照现有标注标准进行规范的表达与显示，才能使技术人员对 MBD 模型有共同的理解。在 Creo 软件中，可以参照机械制图尺寸标注标准 GB/T 4458. 4—2003《机械制图尺寸注法》的规定，并结合三维标注工具的具体应用，对三维模型进行规范性标注。在三维 CAD 软件 Creo Wildfire 4. 0 环境下，建立的具有完备产品信息的零件 MBD 模型如图 1－8 所示。

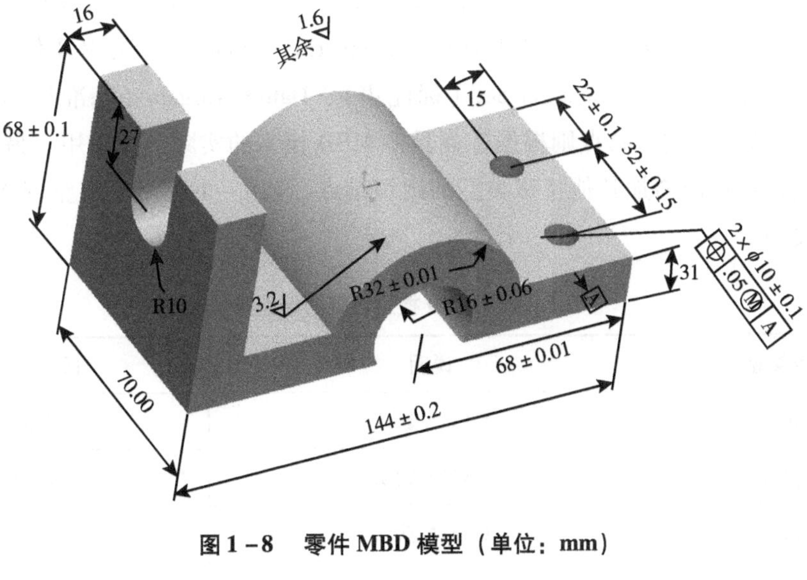

图 1－8　零件 MBD 模型（单位：mm）

1.5 MBD 模型信息组织管理

与包含图纸的数字化定义方法不同，MBD 数据集完全采用产品结构特征树的方法来组织管理 MBD 数据集内的所有信息。特征树通过关联各种类型信息结点的方法，将几何模型、相关的几何特征描述、相关设计数据与附加元素融合在一起，为产品数据管理系统集成产品定义内容提供了接口。特征树解决了数据集众多内容的组织管理问题，同时考虑到系统的可操作性和便利性，对 MBD 数据集的定义提出了相应的要求。

1.5.1 产品结构特征树的内容

产品结构特征树采用分类集合的方法，将产品相关的信息分类组织，替代了传统意义的层表和层表过滤器。通过在特征树上选取，可以快速获得相关的产品定义信息。产品结构特征树根据产品几何模型的定义逐步生成，特征树中不能出现重复的内容。

对于 MBD 模型，包括 Standard Notes（标准说明）、Part Notes（零件说明）、Annotation Notes（标注说明）、Approval Status（管理信息）类型结点，用来组织产品结构模型的字符型描述信息。PARTBody（零件实体）、Axis Systems（轴系）、Material Description（材料说明）类型结点是零件类 MBD 模型所必需的，分别用来描述产品的几何形状、相对空间位置关系、零件材料说明。Joint Definitions（连接定义）、Shim Definitions（垫片定义）、Sealant Definitions（密封定义）结点是装配安装类 MBD 模型所必需的，用来描述产品零件之间的装配连接关系与工艺要求。其他如 External References（外部基准）、Construction Geometry（构建几何）、Engineering Geometry（工程几何）、Reference Geometry（引用几何）、Annotation Set（标注集）、Datum Targets（基准目标）、Publication（发布）等常用类型结点则根据各类具体 MBD 模型的实际需要采用。另外，设计人员可以根据公司标准增加其他特殊类型的组织结点。表 1-1 列出了完整的 MBD 模型特征树结点类型。

表 1-1　MBD 模型特征树结点类型

结点类型	说明	适用范围
xy plane	CATIA 默认	必需
yz plane	CATIA 默认	必需
zx plane	CATIA 默认	必需
PARTBody	实体特征造型	零件模型根据需要

续表

结点类型	说明	适用范围
External References	关联设计时引用的其他模型几何元素	根据需要
Construction Geometry	建造本模型所必需的一些基础点线图	根据建模需要
Engineering Geometry	有关坐标系统与基准面信息	根据建模需要
Reference Geometry	引用有关零件实体模型	安装模型根据需要
Standard Notes	标准说明	必需
Part Notes	零件说明	必需
Annotation Notes	标注说明	必需
Joint Definitions	装配连接信息	装配模型必需
Shim Definitions	垫片补偿信息	装配模型根据需要
Sealant Definitions	装配密封信息	装配模型根据需要
Material Description	材料描述信息	零件模型必需
Approval Status	管理信息	必需
Annotation Set	标注集	根据需要
Publication	其他模型关联设计时引用信息	零件模型根据需要

1.5.2　相关设计数据的要求

1. 工程几何（Engineering Geometry）

工程几何信息是对最基本并必需的建模元素的定义，是整个模型建立的基础，其中，主要包括坐标系统与基准面。

任何一个零件在产品中都有确定的位置关系，这种空间位置关系在产品数字化定义系统中通过坐标轴系来描述。当零件在一个具有上下文设计关系的环境中定义时，零件模型默认的原点表示设备或产品坐标系，并需要建立表示零件局部轴和主要基准的轴系，被命名为“局部轴系”，如图 1 -9 所示。当零件非上下文关联时，即不在上下文环境中设计时，零件模型默认原点必须有一个绝对轴，并命名为“局部轴系”。在建模、定义辅助基准和制造辅助元素时，根据需要可以建立附加轴。这些附加轴应该根据用途或目的命名。

在进行形位公差标注及有关工艺说明时，需要指定有关基准平面。有关基准定义信息参见前文。

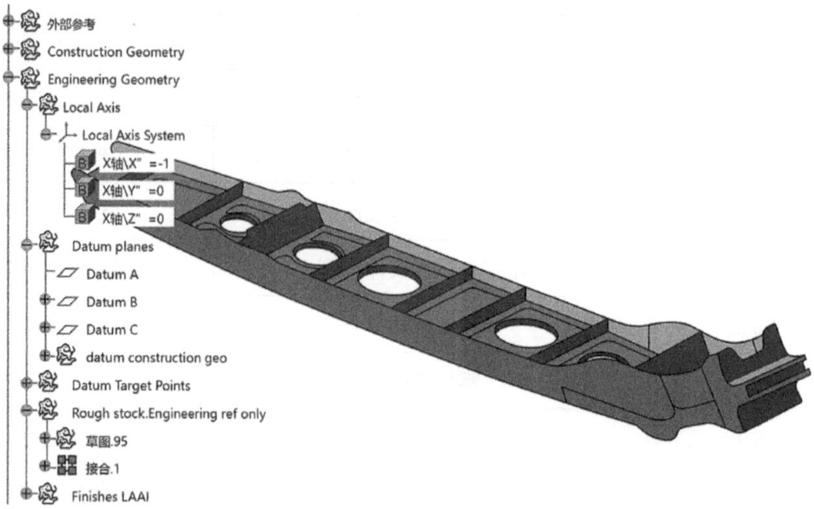

图 1-9　坐标系的定义

2. 外部基准（External Reference）

外部基准是模型中的一个关联到其他父产品实例的局部几何元素，这一局部元素是父子产品模型间关联关系的载体，如图 1-10 所示。外部基准必须随时维护且必须是已经发布的全局性几何参数。在修订产品之前，所有外部基准必须与父产品进行同步操作，以保持最新状态。在产品发布之前，首先要取消零件中的外部基准的有效性。这样做的原因在于零件与父产品具有关联，而零件发放过程与父产品模型不保持同步。无效操作会使得外部基准数据被冻结，以确定产品数据发放后的状态。

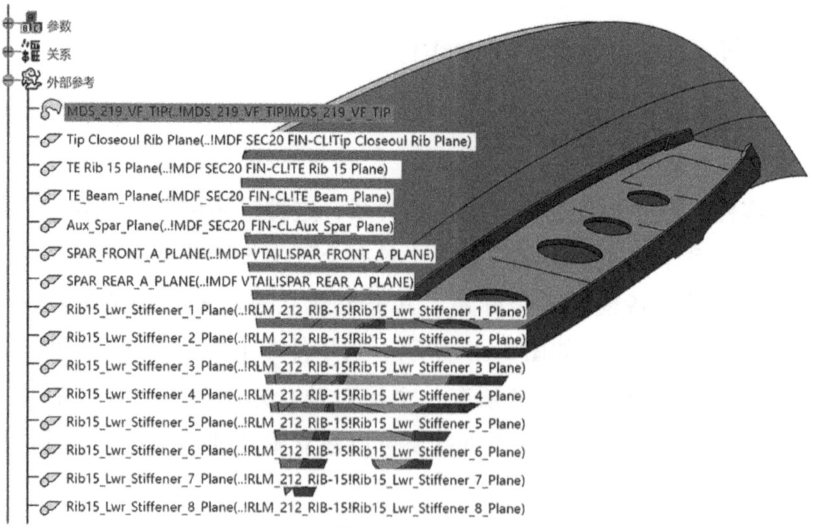

图 1-10　外部基准的信息

3. 构建几何（Construction Geometry）

构建几何中的信息不是为了描述制造工艺等内容而设定，而是用来保存建模过程中的必需信息，即在外部基准信息与工程几何信息的基础上构建模型所需的中间几何数据，如图 1－11 所示。这些附加的特征属性必须适当地命名、组织、关联，以便后续的用户使用。构建几何在一般情况下定义为隐藏状态。

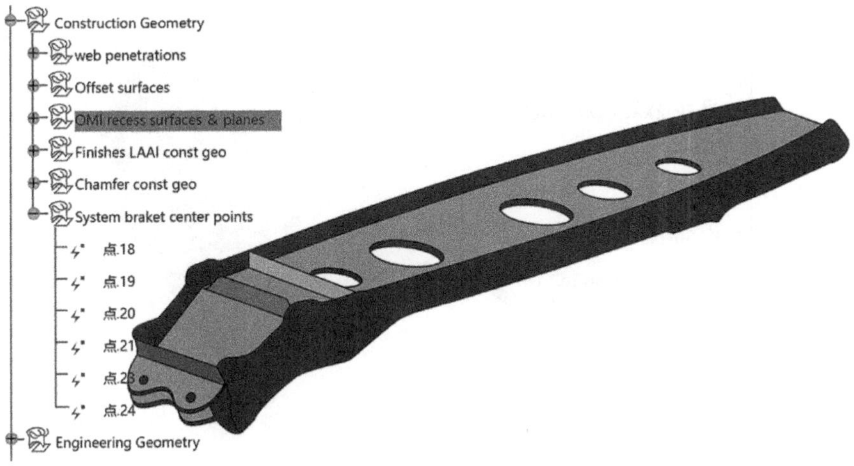

图 1－11　构建几何的信息

4. 引用几何（Reference Geometry）

引用几何与外部基准相似，都是对外部数据的参照。不同的是，外部基准是对其中的几何元素引用，而引用几何是对整个零件实体模型的引用，如图 1－12 所示。引用几何同外部基准一样，需要与外部关联模型的进行同步，并在产品数模发放时废除这种关联关系，以保持产品数据状态。

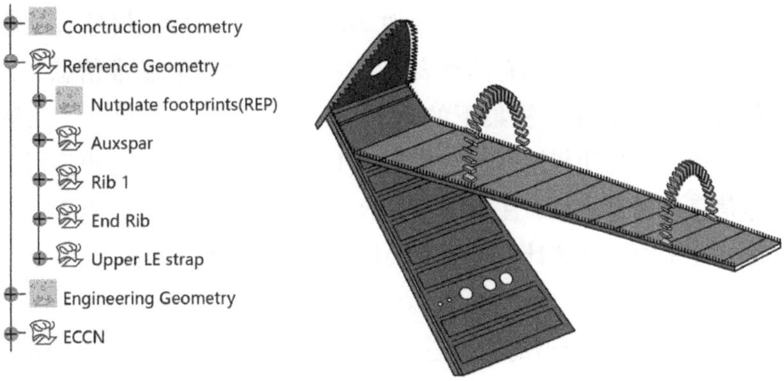

图 1－12　引用几何的信息

5. 发布（Publication）

所有用于下游其他产品关联设计的元素都要进行发布处理。这使产品定义元素能应用于其他环节中，如制造设计、工装设计、装配设计等。发布元素的命名必须参照相关文件的说明，这些元素列在特征树的底部，如图 1－13 所示。

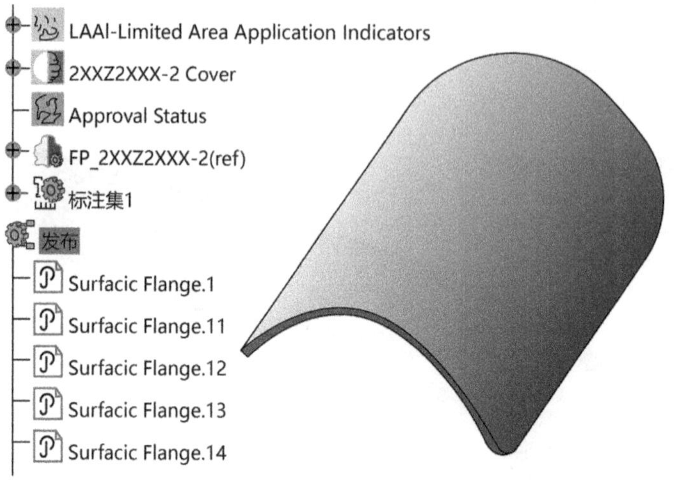

图 1－13　发布的信息

1.5.3　标注信息操作管理

MBD 模型最大的特点是具有与几何模型关联在一起表示的各类标注信息，如基准、尺寸、几何公差、注解，它们表达了零件或产品的特殊非几何制造信息。CATIA（Computer Aided Three－dimensional Interactive Application）软件是一种优秀的三维 CAD 软件，具有丰富的功能和广泛的应用领域，能够满足航空航天、汽车制造等领域的设计和制造需求，在数字化制造和工业设计领域中发挥重要的作用。为了便于统一高效管理这些标注信息，除在几何模型区标注外，CATIA 软件还对 MBD 模型中的标注信息通过标注集功能集中管理。标注集中管理的标注信息有两种表现方法：一是将所有基准信息、公差信息、尺寸信息、注解信息分类存放在标注集下的基准、几何图形公差、尺寸、注解结点中，如图 1－14 所示，方便分类统计与按名称查找各标注信息；二是与几何模型区标注一致，将基准信息、公差信息、尺寸信息、注解信息存放在各视图标注平面结点下，如图 1－15 所示，便于按视图标注平面分类统计及查找相关标注信息。具体选用何种方法，可根据各自管理需要而定。

在 CATIA 软件中，MBD 模型的各类三维标注信息采用命名视图和 FT&A 捕获面的方法来解决组织和显示问题。命名视图定义为有利于标注信息的组织与管理，而捕获面则有利于标注信息的快速查找与显示。

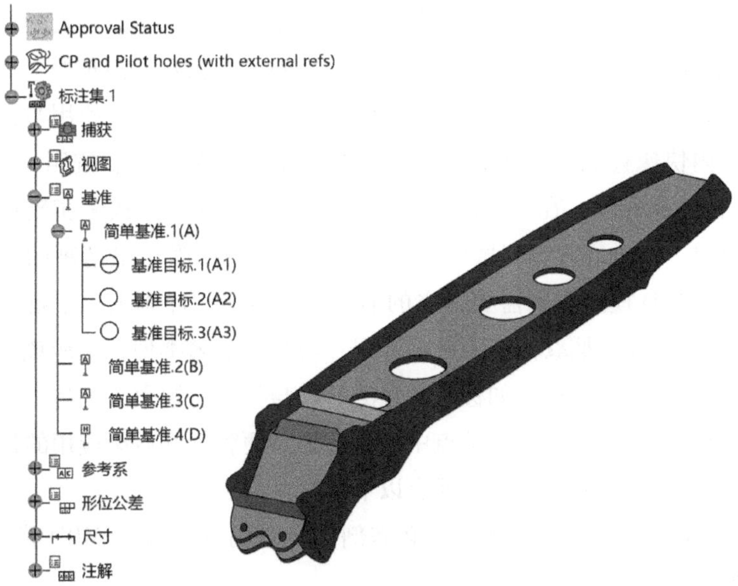

图 1－14　标注信息按类管理

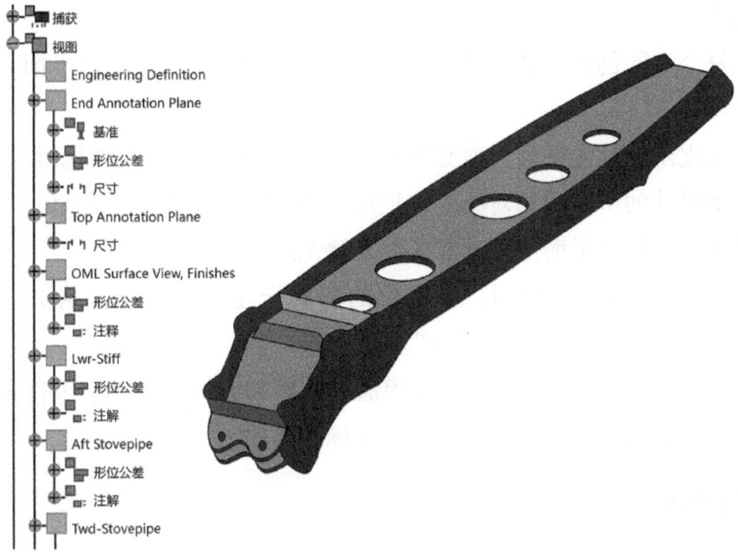

图 1－15　标注信息按视图管理

在 CATIA 软件中，MBD 模型中的尺寸公差和工艺处理信息以 FT&A 形式表示，而所有的 FT&A 通过标注平面统一表达与显示。标注平面是一个三维空间定义的平面，可以定义三维标注的信息。FT&A 数量众多，不可能在一个标注平面中全部显示。因此，对于不同角度与位置的 FT&A，需要有不同的标注平面。对于每个标注平面，为了便于管理与识别，通过视图形式来进行组织。每个标注平面采用与它所包含标注信息一致的最合适名称来命名标识，如它定义的特性与视图的方向，并把所有标注平面组织到结构特征树标注集结点下的视图分类结点中。对于每个包含 FT&A 的标注平面，数据集必须包含一个已命名视图。为了下游用户在数据集中快速浏览，可以创建多个必需的命名视图。

同样，对于数量众多的标注平面，由于它们之间可能相互干涉重叠，如全部显示则可能导致整个 MBD 模型非常混乱和不直观，不方便制造等下游用户使用与浏览。因此，为了在 MBD 模型内快速查找与使用各类信息，必须采用相关方法和按照一定规则对 FT&A 数据进行组织和显示管理。在 CATIA 系统中，采用捕获面的方式来实现这种需求。捕获面是 CAD 系统的一个视角方向信息记录，记录了使用者从哪个最清晰的视角观察产品的几何模型。一个 MBD 模型根据需要建立的捕获面的数量，原则上以准确、清晰、全面反映所有信息为依据。每个捕获面有明确的标识，与视图命名类似，且应该使用最能描述视角所反映信息的类型进行标识，如标注信息的特性与类型、视角方向等。所有的捕获面信息组织在标注集结点下的捕获分类结点中，以达到方便管理和后续应用的目的。

另外，创建命名视图和图像捕获面有以下规则。

①从定义实体、相关标注、视图、必需剖面、有用区域考虑 MBD 模型信息的安排，尽可能提供最清晰的信息排列。

②为每个视图或必需剖面创建恰当的命名视图或图像捕获面，使得下游用户能够在数据集中快速浏览。

③必须为每个视图创建单独和独立的剖面视图或标注平面，一个平面元素或特征可以用于定义多个视图。

④用于定义视图的标注平面元素必须匹配相应命名视图或图像捕获面。

⑤伴随一个尺寸的所有控制对象应该把尺寸组合在同一个标注平面。

⑥在定义视图的标注平面上创建和应用 FT&A。

⑦在为发放保存 MBD 模型时，模型中的所有标注和公差（包括 FT&A 实体）应从“HIDE（隐藏）”变为“SHOW（显示）”。

⑧对于一个 CATPart 文件用来定义工程需求的零件，标准说明、零件说明、标注说明和 ECCN 值定义在指定的结点中，而不是放在标注集中。

【练习与思考】

1. 名词解释

（1）CAD/CAM 技术；（2）MBD 技术；（3）MBP 模型。

2. 简答题

（1）CAD/CAM 技术的基本功能是什么？

（2）简述 MBD 技术的优势。

（3）MBD 的内在要求是什么？

（4）MBD 模型非几何信息主要由什么组成？有哪些表达方法？

（5）使用 Creo 软件进行信息量大的三维标注时应注意什么？

（6）简述 CATIA 标注集中管理的标注信息的表现方法。

参考文献

[1] 何康俊．基于 MBD 的零件工艺模型设计方法研究[D]．西安：西安科技大学，2020.

[2] 康颜奎．基于 MBD 的三维装配工艺表达及可视化方法研究[D]．镇江：江苏大学，2020.

[3] 崔祥友．基于 MBD 的三维工艺设计技术研究[D]．南京：南京航空航天大学，2016.

[4] 吴克祥，石鑫．MBD 技术在飞机数字化制造中的应用[J]．西安航空学院学报，2015，33（1）：24－28，37.

[5] 缪盛．基于 MBD 的飞机典型零件参数化设计建模技术研究[D]．沈阳：沈阳理工大学，2015.

[6] 张荣霞，张树生，周竞涛，等．基于 MBD 的零件制造模型管理[J]．制造业自动化，2011，33（16）：6－9.

第 2 章　机械工程材料

【教学要求】

通过课程学习，读者应培养运用课程知识的能力、研究分析能力，加深对焊接专业基础知识的理解和掌握，初步建立工程意识。课程目标包括以下内容：

①理解原子结构并掌握原子的各种结合方式，如金属键、共价键、离子键等，要求理解各种结合方式的特点及应用范围。

②理解晶体结构及其分类，掌握简单晶体结构的几何形状、原胞、晶格参数、晶面等基本概念。

③理解晶体缺陷的概念、分类及其对材料性能的影响，理解晶体缺陷的成因及其防治措施，掌握晶体缺陷在焊接中的应用。

2.1　原子的结合

材料的成分不同，其性能也不同。通过改变同一成分材料的内部结构和组织状态，可以改变其性能，从而促进对材料内部结构的研究。材料的原子结构决定了原子的结合方式，根据结合方式分类，固体材料可分为金属、陶瓷、聚合物；根据原子的排列情况分类，材料可分为晶体和非晶体。

2.1.1　原子结构

金属和非金属都是由原子组成的。根据现代物理学观点，各种元素的原子都是由带正电的原子核和绕核运动的带负电的电子构成，而且每个电子都位于原子核外一定的轨道上，形成不同的电子层。

金属最外层的电子数很少，容易丢失。一般为 1 ~ 2 个，不超过 3 个。由于这些外层电子与原子核的结合力弱，所以很容易脱离原子核的束缚而变成自由电子，此时的原子变为正离子，因此常将这些元素称为正电性元素。

非金属元素的原子结构与金属相反。非金属其外层电子数较多，最多 7 个，最少 4 个。它易于获得电子，此时的原子变为负离子，因此非金属元素又称为负电性元素。

过渡族金属元素（Ti，V，Cr，Mn，Fe，CO，Ni 等）的原子结构，除具有上述金属原子的特点外还有一个特点，即在次外层尚未填满电子的情况下，最外层就先填充了电子。因此，过渡族金属的原子不仅容易丢失最外层电子，而且容易丢失次外层一两个电子。这就出现了过渡族金属化合价可变的现象。当过渡族金属的原子彼此相互结合时，不仅最外层电子参与结合，而且次外层电子参与结合。因此，过渡族金属的原子间结合力特别强，表现为熔点高、强度高。

可见，金属与非金属晶体结构不同，价电子决定着金属的主要性能，主要归于其原子构造及原子间结合键的差异。

2.1.2　原子间的结合方式

1. 金属键

由于金属原子结构有上述特点，当大量金属原子聚合在一起构成金属晶体时，绝大部分金属原子都将失去价电子而成为正离子；正离子按一定几何形式有规律地排列起来，且分别以一定平衡位置为中心做三维高频热振动。脱离金属原子核束缚的价电子，为整个金属离子所共有，在各离子之间自由地运动，形成所谓“电子气”，或称“电子云”。自由电子在某瞬间也可能和某些正离子结合成中性原子。因此，在实际的固态金属中，不是所有的原子都变成正离子，而是绝大部分处于正离子状态。

金属晶体是依靠各正离子与电子气间的相互引力牢固地结合起来的，离子与离子间和电子与电子间的斥力与这种引力相平衡，使金属处于稳定的晶体状态。这种金属原子依靠正离子与电子气之间相互作用而结合的方式叫金属键。如图 2－1 所示，为金属键的示意图。除 Bi，Sb，Ge，Ga 等类金属为共价键外，其余的金属主要以金属键结合。

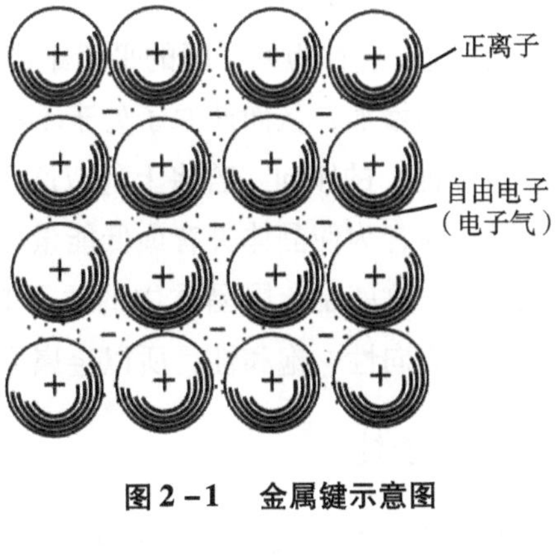

图 2－1　金属键示意图

金属键无方向性和饱和性，所以金属的晶体结构大多具有高对称性，利用金属键可解释金属所具有的各种特性：金属内原子面之间产生相对位移，金属键仍旧保持，所以金属具有良好的延展性；在一定的电势差下，自由电子可在金属中定向运动，形成电流，显示出良好的导电性；随温度升高，正离子（或原子）本身振幅增大，阻碍电子通过，使电阻升高，所以金属具有正的电阻温度系数；在固态金属中，不仅正离子的振动可传递热能，电子的运动也能传递热能，所以金属比非金属具有更好的导热性；金属中的自由电子可吸收可见光的能量，被激发、跃迁到较高能级，所以金属不透明，当它跳回到原来能级时，将所吸收的能量重新辐射出来，使金属具有金属光泽。

下面根据两原子之间相互作用的情况（双原子模型）来说明金属晶体中原子趋于有规则排列的原因。当两个原子相距很远时，实际上不发生相互作用；当它们相互靠近时，其间的相互作用力就会显现出来。金属晶体中，两个原子间的相互作用力有正离子与自由电子之间的静电引力、正离子与正离子之间及电子与电子之间的静电斥力。吸引力使两原子靠近，排斥力使两原子分开。力的大小随原子间的距离 r 的变化而变化，如图 2－2 上部的曲线所示。图 2－2 中，合力曲线是两原子间引力和斥力的代数和。

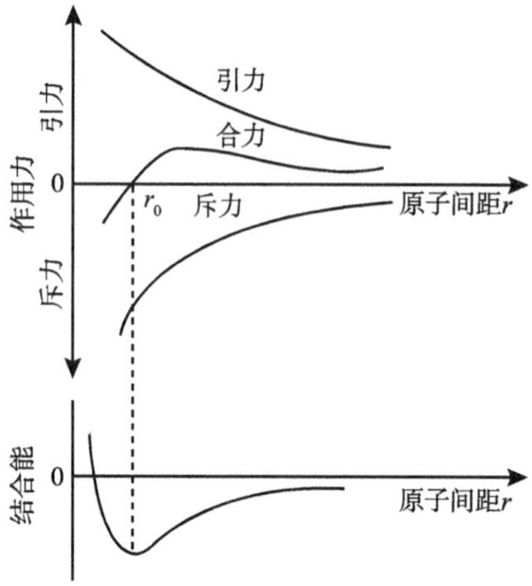

图 2－2　双原子作用模型

由图 2－2 可知，当 $r<r_0$ 时，斥力大于引力，此时合力为斥力，两原子将分开；当 $r>r_0$ 时，引力大于斥力，此时合力为引力，两原子必然靠拢；当 $r=r_0$ 时，引力和斥力相等，合力为零，此时两原子既不分开也不靠拢，而是相对稳定地存在于距离为 r_0 的地方。如果把这一对原子拉开或移近，就必须相应地施加拉力或压力，以克服两原子间的引力或斥力。这种为了改变原子间距而施加的外力所做的功，必然会增加原子的位能。原子间所具有的位能称原子间的相互作用能（结合能），它与原子间距的关系如图 2－2 下部的曲线所示。由图 2－2 可知，当 $r=r_0$ 时，两原子的位能最低，因而处于最稳定状态，r_0 称为原子间的平衡距离。显然对 r_0 的任何偏离，都要对原子施加外力，使原子的位能增加，从而使原子处于不稳定状态，这就是原子具有试图回到低能状态（恢复到平衡位置）的倾向。若将上述双原子作用模型加以推广，不难理解，当大量金属原子结合为晶体时，为使晶体具有最低能量、处于最稳定状态，各原子之间也必须保持一定的平衡距离 r_0，这就是金属晶体中的原子趋向于有规则排列的重要原因。由于金属键键力很强，且无方向性、饱和性，所以金属原子结合在一起时，总是趋于最紧密的规则排列。

2. 离子键

大多数盐类、碱类、金属氧化物主要以离子键的方式结合。这种结合的实质是金属原子将自己最外层的价电子给非金属原子，使自己成为带正电的正离子；非金属原子得到价电子后使自己成为带负电的负离子。这样，正负离子依靠它们之间的静电引力结合在一起，所以这种结合的基本特点是以离子而不是以原子为结合单元。离子键要求正负离子进行相间排列，并使异号离子之间的引力达到最大，同号离子间的斥力为最小，故离子键无方向性和饱和性，如图 2－3 所示。因此，决定离子晶体结构的因素是正负离子的电荷和几何因素。离子晶体中的离子一般有较高的配位数。

一般离子晶体中，正负离子的静电引力较强，结合牢固。因此，其熔点和硬度均较高。另外，在离子晶体中很难产生自由运动的电子，所以它们都是良好的电绝缘体。但当处在高温熔融状态时，正负离子在外电场作用下可以自由运动，呈现离子导电性。

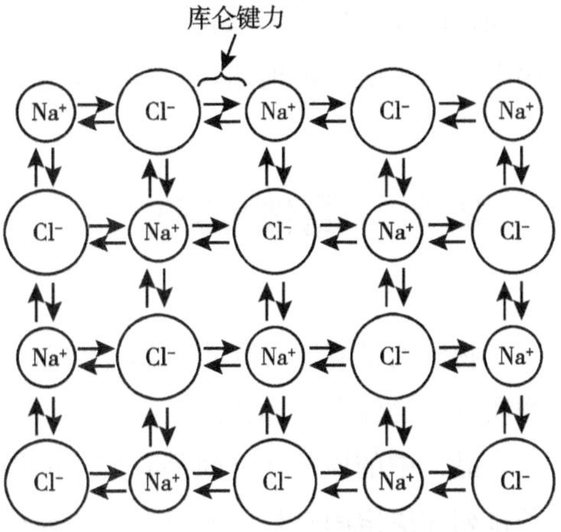

图 2－3　NaCl 离子键示意图

3. 共价键

共价键是由两个或多个电负性相差不大的原子间通过共用电子对而形成的化学键。根据共用电子对在两个成键原子之间是否偏离或偏近某一个原子，共价键分成非极性键和极性键。H_2 分子中，两个 H 原子的结合是最典型的共价键（非极性键）。共价键在亚金属（C，Si，Sn，Ge 等）、聚合物、无机非金属材料中均占有重要地位。图 2－4 为 SiO_2 中 Si 和 O 原子之间的共价键示意图。

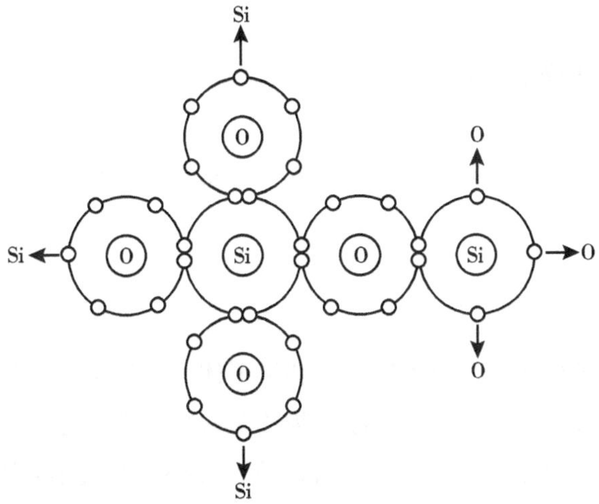

图 2－4　SiO_2 中 Si 和 O 原子之间的共价键示意图

原子结构理论表明，除 s 亚层的电子云呈球形对称外，其他亚层（p，d 等）的电子云都有一定的方向性。在形成共价键时，为使电子云达到最大限度的重叠，共价键就有方向性，键的分布严格服从键的方向性；当一个电子和另一个电子配对以后，就不再和第三个电子配对，成键的共用电子对数目是一定的，这就是共价键的饱和性。

另外，共价键晶体中各个键之间都有确定的方位，配位数比较小，共价键的结合极为牢固，所以共价晶体具有结构稳定、熔点高、质硬脆等特点。由于束缚在相邻原子间的共用电子对不能自由地运动，共价结合形成的材料一般是绝缘体，导电能力较差。

2.2 晶体结构

物质通常有三种聚集状态：气态、液态、固态。按照原子或分子排列的特征可将固态物质分为晶体和非晶体。

晶体中的原子在空间呈有规则的周期性重复排列，非晶体的原子则是无规则排列。原子排列在决定固态材料的组织和性能中起着极重要的作用，金属、陶瓷、高分子材料的一系列特性都和其原子的排列密切相关。如具有面心立方晶体结构的金属 Cu，Al 等，都有优异的延展性能；密排六方晶体结构的金属，如 Zn，Cd 等则较脆；具有线型分子链的橡胶兼有弹性好、强韧、耐磨的特点；具有三维网络分子链的热固性树脂，一旦受热固化便不能再改变形状，但具有较好的耐热和耐蚀性能，硬度也比较高。因此，研究固态物质内部结构（原子排列和分布规律），是了解、掌握材料性能的基础，只有这样才能从物质内部找到改善和发展新材料的途径。

必须指出的是，一种物质是否以晶体或非晶体形式出现，必须视外部环境条件和加工制备方法而定，晶态与非晶态往往可以互相转化。

2.2.1 晶体结构基础

大多数材料的使用状态是固态。因此，深入分析和了解材料的固态结构与其形成过程是十分必要的。

1. 晶体与非晶体

固体物质根据原子排列情况分为结晶体和无形体，一般称为晶体和非晶体。物质的结构可以通过外界的条件加以改变，这种改变为改善材料的性能提供了可能。

在自然界中，除了少数物质（松香、石蜡等）以外，绝大多数固体都是晶体。固态金属属于晶体。

几乎所有的金属在其凝固时都发生结晶，形成的原子在三维空间按一定的几何规律做周期性排列的有序结构的物质称为晶体。晶体之所以具有这种规则的原子排列，主要是各原子之间的相互引力与斥力相平衡的结果。由于晶体内部原子排列的规律性，有时甚至可以见到某些物质的外形具有规则的轮廓，如水晶、食盐、黄铁矿等；但金属晶体一般看不到有这种规则的外形。非晶体的原子无规律地堆积在一起，这也是晶体与非晶体的根本区别。

晶体与非晶体在性能上也有区别。晶体熔化时具有固定的熔点，如铁为 1 538 ℃、铜为 1 083 ℃、铝为 660 ℃，而且力学性能具有各向异性。非晶体熔化时没有明显的熔点，却存在一个软化的温度范围。随着温度的升高，非晶体将逐渐变软，最终化为有显著流动性的液体。冷却时，非晶体随着温度的降低逐渐稠化，最终变成固体。所以，非晶体又称为“过冷液体”或“金属玻璃”，如玻璃、松香、石蜡等。

因为非晶体物质在各个方向上的原子密集程度大致相同，所以力学性能具有各向同性。另外，非晶体的导热性和热膨胀性小，塑性变形大，组成的变化范围大。应当指出，晶体和非晶体在一定的条件下可以相互转化。

非晶体结构从整体上看是无序的，但是在有限的小范围内观察，还是有一定的规律性，即“近程有序”；晶体尽管从整体上看是有序的，但是由于有缺陷，在很小的尺寸范围内也存在着无序性。所以，两者之间有共同的特点，而且可以互相转化。物质在不同的条件下，既可以形成晶体结构，也可以形成非晶体结构。如通常是晶体的金属，在液体高速冷却时（速度大于 107 ℃/s），也可以得到非晶体金属，即将液态的原子排列方式保留至固态中；如玻璃经高温长时间加热会形成晶体玻璃；还有些物质可以看成是有序和无序的中间状态，如塑料、液晶等。

晶体结构指晶体中原子（原子、离子、分子、原子集团）在三维空间有规律的周期性的重复排列方式。组成晶体的物质质点不同，排列的规则不同，或者周期性不同，就可以形成各种各样的晶体结构，即实际存在的晶体结构可以有很多种。为了研究和描述晶体中原子排列的方式和特征，通常把原子近似地看成刚性小球，并把不停热振动的原子假定在其平衡位置上静止不动，且处在振动中心。这样，金属晶体就可看成由许多刚性小球按一定几何规则排列、紧密堆积而成，且无缺陷。

2. 晶格和晶胞

（1）晶格

为了便于理解和描述晶体中原子排列的情况，可用一些假想的直线将晶体各原子的中心连接起来，使之构成一个空间格架，各原子的中心就处于格架的各个结点上。这种抽象的、用于描述原子在晶体中排列形式的几何空间格架，称为结晶格子，简称晶格，如图 2-5 所示。晶格是用于研究晶体结构的空间几何模型。

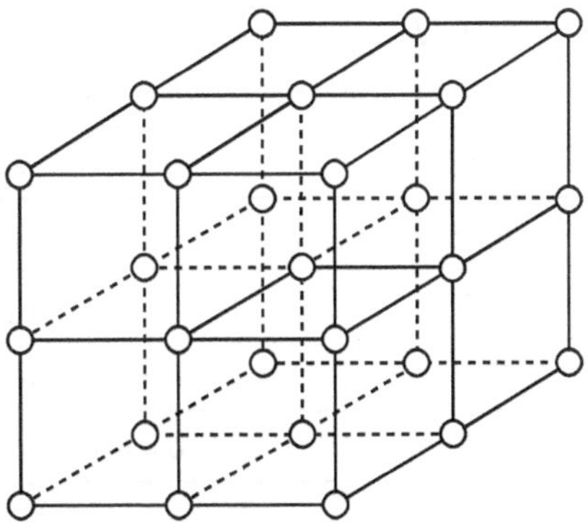

图 2-5 晶格的示意图

（2）晶胞

根据晶体中原子排列有周期性的特点，为了简便起见，通常只从晶格中选取一个能够完全反映晶格特征的最小几何单元来研究晶体中原子排列的规律，这个最小的几何单元称为晶胞，如图 2-6 所示。整个晶格由许多大小、形状、位向相同的晶胞在空间重复堆积而成。

3. 晶体参数

(1) 空间点阵和晶胞

体心立方晶格的晶胞的形状是一个立方体，立方体的每个角上和立方体的中心都有一个原子，如图 2-6 所示。为了描述晶胞的形状和大小，常采用平行六面体的三条棱边的边长 a，b，c（称为点阵常数）及棱间夹角 α，β，γ 共 6 个点阵参数来表达，如图 2-7 所示。事实上，采用 3 个点阵矢量 $\boldsymbol{a}$，$\boldsymbol{b}$，$\boldsymbol{c}$ 来描述晶胞将更为方便，这 3 个矢量不仅确定了晶胞的形状和大小，并且完全确定了此空间点阵。

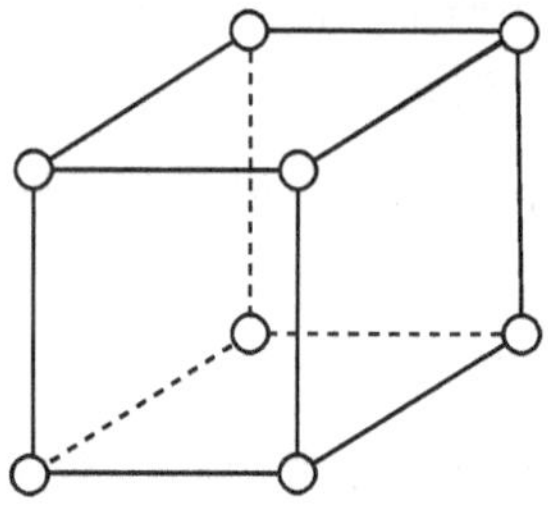

图 2-6　晶胞的示意图

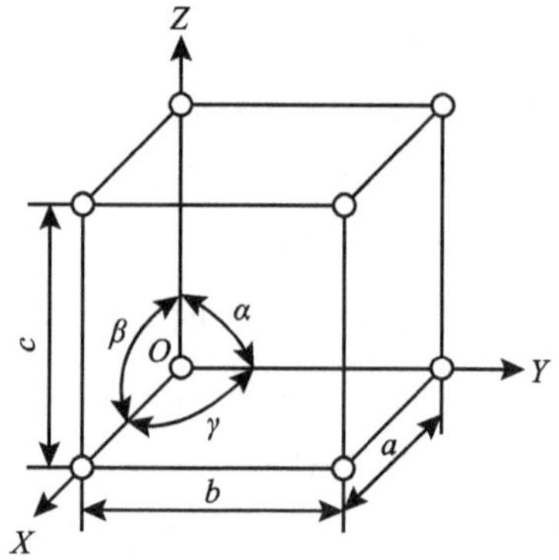

图 2-7　晶格的参数表示法

根据 6 个点阵参数间的相互关系，可将全部空间点阵归属于 7 种类型，即 7 个晶系，如表 2-1 所示。

表 2-1　点阵参数间的相互关系及 7 个晶系

晶系	棱边长度及夹角关系	举例
三斜	$a\neq b\neq c$，$\alpha\neq\beta\neq\gamma\neq 90°$	K_2CrO_7
单斜	$a\neq b\neq c$，$\alpha=\gamma=90°\neq\beta$	β-S，$CaSO_4\cdot 2H_2O$
正交	$a\neq b\neq c$，$\alpha=\beta=\gamma=90°$	α-S，Ga
六方	$a_1=a_2=a_3\neq c$，$\alpha=\beta=90°$，$\gamma=120°$	Zn，Cd，Mg，NiAs
菱方	$a=b=c$，$\alpha=\beta=\gamma\neq 90°$	As，Sb，Bi
四方	$a=b\neq c$，$\alpha=\beta=\gamma=90°$	β-Sn，TiO_2
立方	$a=b=c$，$\alpha=\beta=\gamma=90°$	Fe，Cr，Cu，Ag，Au

按照“每个阵点的周围环境相同”的要求，法国晶体学家布拉维（Bravais A.）用数学方法推导出能够反映空间点阵全部特征的单位平面六面体只有 14 种，这 14 种空间点也称布拉维点阵，14 种布拉维点阵的晶胞如图 2-8 所示。其中，7 种点阵的晶胞仅在平行六面体的角顶上有阵点，此时的晶胞称简单晶胞。简单晶胞每个角顶的阵点为 8 个相邻的晶胞所共有，因而每个简单晶胞只包含 1 个正阵点。其余 7 种晶胞为复合晶胞，即除了角

顶有阵点，在晶胞中心（体心）或每个面的中心（面心）或上下底面的中心（底心）位置还有阵点。显然，每个复合晶胞包含的阵点数大于等于 2。

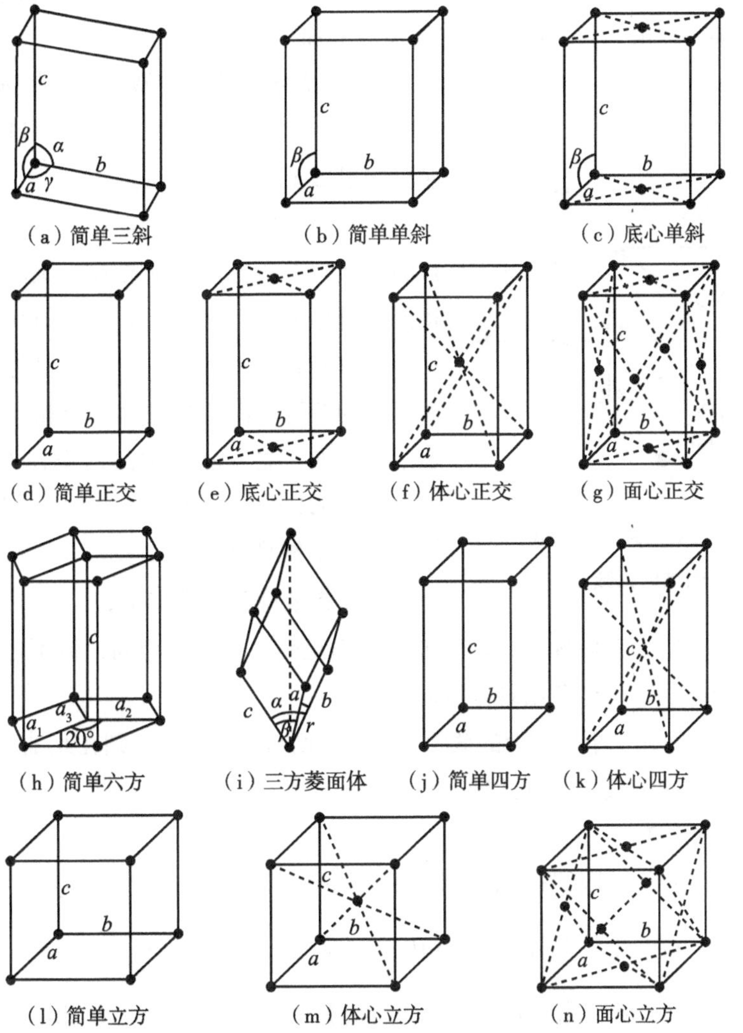

图 2-8　14 种布拉维点阵的晶胞

(2) 晶向指数和晶面指数

在材料科学中讨论有关晶体的生长、变形、相变、性能等问题时，常涉及晶体中原子的位置、原子列的方向（晶向）、原子构成的平面（晶面）。为了便于确定和区别晶体中不同方位的晶向和晶面，国际上通常用米勒指数（Miller indices）来统一标定晶向指数与晶面指数。

任何阵点 P 的位置可由该阵点的坐标［uvw］来表示晶向指数。晶向指数的确定步骤如下：

①以晶胞的某一阵点 O 为原点，过原点 O 的晶轴为坐标轴 x，y，z，以晶胞点阵矢量的长度作为坐标轴的长度单位。

②过原点 O 作一条直线 OP，使其平行于待定的晶向。

③在直线 OP 上选取距原点 O 最近的一个阵点 P，确定 P 点的 3 个坐标值。

④将这 3 个坐标值化为最小整数 u，v，w，加上方括号，［uvw］为待定晶向的晶向指数。若坐标中某一数值为负，则在相应的指数上加一负号。

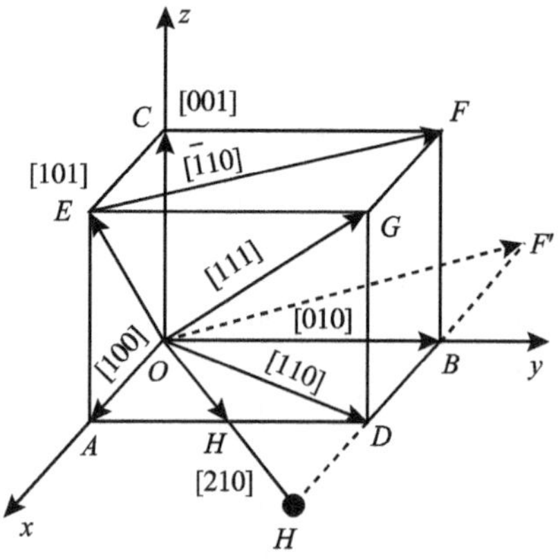

图 2－9　正交晶系一些重要晶向的晶向指数

图 2－9 列举了正交晶系的一些重要晶向的晶向指数。其中，［100］、［110］、［111］晶向为立方晶格中最重要的三种晶向。

显然，晶向指数表示着所有相互平行、方向一致的晶向。若所指的方向相反，则晶向指数的数字相同、符号相反，如［110］和 $[\bar{1}\bar{1}0]$ 是两个相互平行、方向相反的晶向。另外，晶体中因对称关系而等价的各组晶向可归并为一个晶向族，用〈uvw〉表示。例如，立方晶系中的八条体对角线［111］、$[\bar{1}10]$、$[1\bar{1}0]$、$[\bar{1}\bar{1}0]$、$[\bar{1}\bar{1}\bar{1}]$、$[1\bar{1}\bar{1}]$、$[\bar{1}1\bar{1}]$、$[11\bar{1}]$ 可用符号（111）表示。

晶面指数标定步骤如下：

①在点阵中设定参考坐标系，设置方法与确定晶向指数时相同，但不能将坐标原点选在待确定指数的晶面上，以免出现零截距。

②求得待定晶面在三个晶轴上的截距，若该晶面与某轴平行，则在此轴上截距为∞；若该晶面与某轴负方向相截，则在此轴上截距为一个负值。

③取各截距的倒数。

④将三个倒数化为互质的整数比，并加上圆括号，即表示该晶面的指数，记为（hkl）。

图 2－10 中，待标定的晶面 $a_1b_1c_1$ 相应的截距为 $\frac{1}{2}$，$\frac{1}{3}$，$\frac{2}{3}$，其倒数为 2，3，$\frac{3}{2}$，化为简单整数 4，6，3，所以晶面 $a_1b_1c_1$ 的晶面指数为（463）。如果所求晶面在晶轴上的截距为负数，则在相应的指数上方加一个负号。

图 2－11 为正交点阵中一些晶面的晶面指数。

同样，晶面指数代表的不仅是某一晶面，而是代表着一组相互平行的晶面。在晶体内，晶面间距和晶面上原子的分布完全相同、空间位向不同的晶面可以归并为同一晶面族，以 {hkl} 表示，代表由对称性相联系的若干组等效晶面的总和。例如，在立方晶系中，$\{110\}=(110)+(101)+(011)+(\bar{1}10)+(\bar{1}01)+(0\bar{1}1)+(\bar{1}\bar{1}0)+(\bar{1}0\bar{1})+(0\bar{1}\bar{1})+(1\bar{1}0)+(10\bar{1})+(01\bar{1})$，前六个晶面与后六个晶面两两相互平行，共同构成一个十二面体。所以，晶面族 {110} 又称为十二面体的面。

此外，在立方晶系中，具有相同指数的晶向和晶面必定是互相垂直的。例如［110］垂直于（110）、［111］垂直于（111）等。

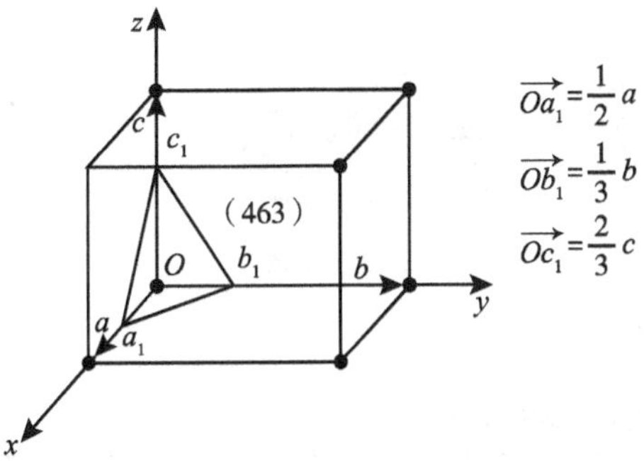

图 2－10　晶面指数的表示方法

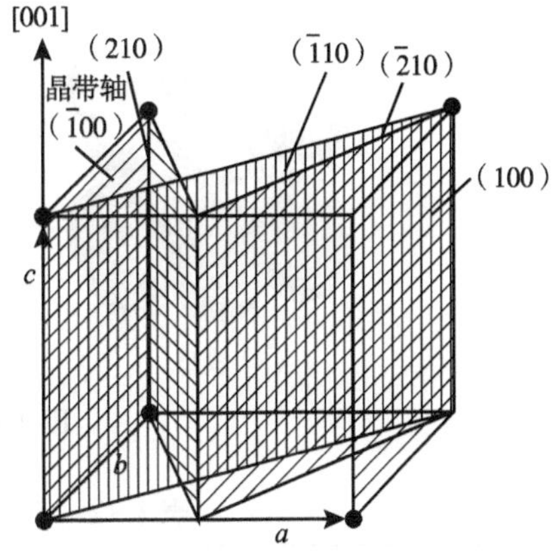

图 2－11　正交点阵中一些晶面的晶面指数

2.2.2　典型金属晶体结构

金属在固态下一般是晶体，决定晶体结构的内在因素是原子或离子、分子间键合的类型、键的强弱。金属晶体的结合键是金属键，由于金属键具有无饱和性和无方向性的特点，使金属内部的原子趋于紧密排列，构成高度对称性的简单晶体结构；亚金属晶体的主要结合键为共价键，由于共价键具有方向性，使其具有较复杂的晶体结构。

元素周期表中，所有元素的晶体结构几乎已用实验方法测出。最常见的金属晶体结构有面心立方结构 A1（FCC）、体心立方结构 A2（BCC）、密排六方结构 A3（HCP）。若将金属原子看作刚性球，这三种晶体结构分别如图 2－12、图 2－13、图 2－14 所示，以及如表 2－2 所列。

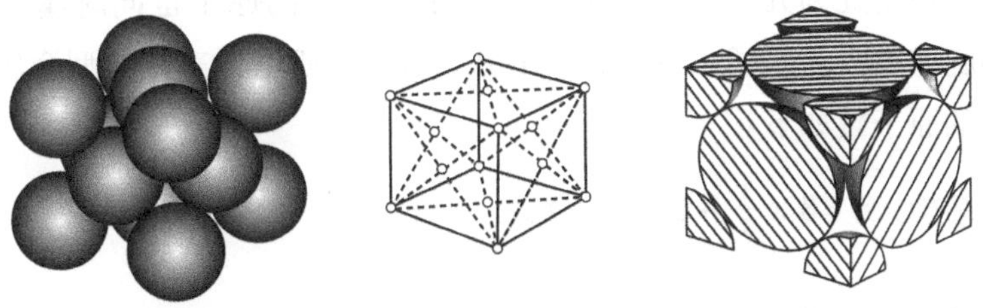

（a）模型　（b）晶胞　（c）晶胞原子数

图 2－12　面心立方结构

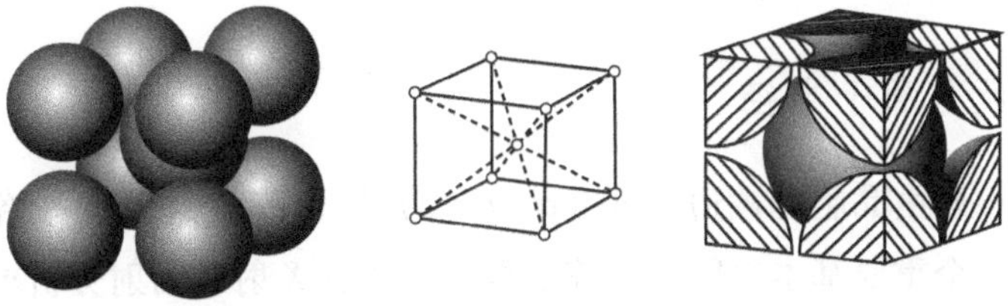

（a）模型　（b）晶胞　（c）晶胞原子数

图 2－13　体心立方结构

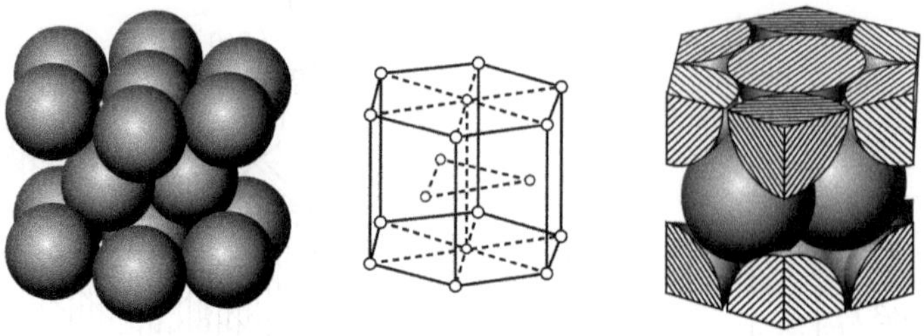

（a）模型　（b）晶胞　（c）晶胞原子数

图 2－14　密排六方结构

表 2－2　三种典型金属结构的晶体学特征

结构特征	晶体结构类型		
	面心立方（A1）	体心立方（A2）	密排六方（A3）
点阵常数	a	a	a，$c(c/a=1.633)$
原子半径 R	$\frac{\sqrt{2}}{4}a$	$\frac{\sqrt{3}}{4}a$	$\frac{a}{2}\left(\frac{1}{2}\sqrt{\frac{a^2}{3}+\frac{c^2}{4}}\right)$
晶胞内原子数 n	4	2	6
配位数 CN	12	8	12
致密度 K	0.74	0.68	0.74

1. 晶胞中的原子数

晶体具有严格对称性，可以看成由许多晶胞堆砌而成。从图 2－12、图 2－13、图 2－14 可以看出晶胞中顶角处为几个晶胞所共有，位于晶面上的原子也同时属于两个相邻的晶胞，只有在晶胞体积内的原子才单独为一个晶胞所有。所以，三种典型金属晶体结构中每个晶胞所占有的原子数如下：

面心立方结构：$n=8\times\frac{1}{8}+6\times\frac{1}{2}=4$；

体心立方结构：$n=8\times\frac{1}{8}+1=2$；

密排六方结构：$n=12\times\frac{1}{6}+2\times\frac{1}{2}+3=6$。

2. 点阵常数与原子半径

晶胞的大小一般由晶胞的棱边长度（a，b，c）即点阵常数（或晶格常数）衡量，是表征晶体结构的一个重要基本参数。点阵常数主要通过 X 射线衍射分析求得。不同金属可以有相同的点阵类型，但各元素由于电子结构及其所决定的原子间结合情况不同，因而具有各不相同的点阵常数，且随温度不同而变化。

如果把金属原子看作刚性小球，并设其半径为 R，则可以根据几何关系求出三种典型金属晶体结构的点阵常数与 R 之间的关系：

面心立方结构：点阵常数为 a，且 $\sqrt{2}a=4R$；

体心立方结构：点阵常数为 a，且 $\sqrt{3}a=4R$；

密排六方结构：点阵常数由 a 和 c 表示。在理想的情况下，即把原子看作等径的刚性小球，可算得 $c/a=1.633$，此时，$a=2R$。但实际测得的轴比常偏离此值，即 $c/a\neq 1.633$，此时，$\left(\frac{a^2}{3}+\frac{c^2}{4}\right)^{\frac{1}{2}}=2R$。

3. 配位数与致密数

晶体中，原子排列的紧密程度与晶体结构类型有关，通常以配位数（CN）和致密度（K）两个参数来描述。

配位数指晶体结构中任一原子周围最近邻且等距离的原子数。致密度是指晶体结构中原子体积占总体积的百分数。如以一个晶胞来计算，则致密度就是晶胞中原子体积与晶胞体积之比值，即

$$K=\frac{nv}{V}$$

式中，K——致密度；

n——晶胞中的原子数；

v——一个原子的体积，这里将金属原子视为刚性等径球，所以 $v=4\pi R/3$；

V——晶胞体积。

三种典型金属晶体结构的配位数和致密度如表 2－3 所列。

表 2－3　典型金属晶体结构的配位数和致密度

晶体结构类型	配位数 CN	致密度 K
A1	12	0.74
A2	8（8＋6）	0.68
A3	12（6＋6）	0.74

2.3　晶体缺陷

在实际晶体中，由于原子（或离子、分子）的热运动、晶体的形成条件、冷热加工过程，以及其他辐射、杂质等因素的影响，原子的排列不可能规则、完整，经常存在各种偏离理想结构的情况，即晶体缺陷。晶体缺陷对晶体的性能，特别是对那些结构敏感的性能

（屈服强度、断裂强度、塑性、电阻率、磁导率等）有很大的影响。另外，晶体缺陷与扩散、相变、塑性变形、再结晶、氧化、烧结等有着密切关系。因此，研究晶体缺陷具有重要的理论与实际意义。

根据晶体缺陷的几何特征，可以将它们分为三类：

①点缺陷，特征是在三维空间的各个方向上的尺寸都很小，尺寸范围约为一个或几个原子尺度，所以称零维缺陷，包括空位、间隙原子、杂质或溶质原子等。

②线缺陷，特征是在两个方向上的尺寸很小，另外一个方向上延伸较长，也称一维缺陷，如各类位错。

③面缺陷，特征是在一个方向上的尺寸很小，另外两个方向上扩展很大，也称二维缺陷。晶界、相界、孪晶界、堆垛层错等都属于面缺陷。

在晶体中，这三类缺陷经常共存，它们互相联系、互相制约，在一定条件下能互相转化，从而对晶体性能产生复杂的影响。下面分别讨论这三类缺陷的产生和发展、运动方式、交互作用，以及与晶体的组织和性能有关的主要问题。

2.3.1 点缺陷

点缺陷是最简单的晶体缺陷，是在结点上或邻近的微观区域内偏离晶体结构正常排列的一种缺陷。晶体点缺陷包括空位、间隙原子、杂质或溶质原子，以及由它们组成的复杂点缺陷，如空位对、空位团、空位－溶质原子对等。

在晶体中，位于点阵结点上的原子不是静止的，而是以其平衡位置为中心做热振动。原子的振动能按概率分布，有起伏涨落。当某一原子具有足够大的振动能而使振幅增大到一定限度时，就可能克服周围原子对它的制约作用，跳离其原来的位置，使点阵中形成空结点，称为空位。离开平衡位置的原子有三个去处：一是迁移到晶体表面或内表面的正常结点位置上，使晶体内部留下空位，称为肖特基（Schottky）缺陷；二是挤入点阵的间隙位置，在晶体中同时形成数目相等的空位和间隙原子，称为弗仑克尔（Frenkel）缺陷；三是跑到其他空位中，使空位消失或使空位移位，如图2－15所示。另外，在一定条件下，晶体表面上的原子也可能跑到晶体内部的间隙位置形成间隙原子。

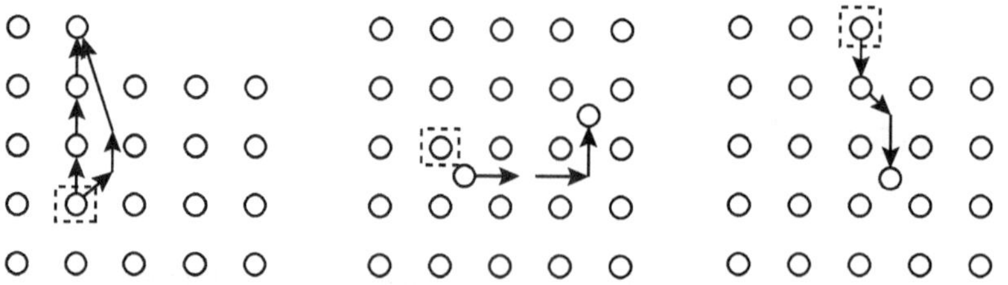

（a）肖特基缺陷　（b）弗仑克尔缺陷　（c）空位消失或空位移位

图2－15　晶体中的点缺陷

晶格正常结点位置出现空位后，其周围原子由于失去了一个近邻原子而使相互间的作用力失去平衡，会朝空位方向作一定程度的弛豫，并使空位周围出现一个波及一定范围的弹性畸变区。空位形成时，除引起点阵畸变、产生畸变能外，还会割断键力，改变周围的电子能量（势能和动能）。因此，空位的形成能 E 定义为在晶体内取出一个原子放在晶体表面上（但不改变晶体的表面积和表面能）所需要的能量。通常，材料的熔点越高，结合能越大，则空位的形成能越大。处于间隙位置的间隙原子同样会使其周围点阵产生弹性畸变，而且畸变程度要比空位引起的畸变大得多，也会改变其周围的电子能量。因此，它的形成能大，在晶体中的浓度一般低得多。

上述由于热起伏促使原子脱离点阵位置而形成的点缺陷称为热平衡缺陷。另外，晶体中的点缺陷可以通过高温淬火、冷变形加工、高能粒子（中子、质子、α 粒子等）的辐照效应等形成。这时，晶体中的点缺陷数量往往超过了其平衡浓度，通常称为过饱和的点缺陷。

对于高分子晶体除了上述的空位、间隙原子、杂质原子等点缺陷外，还有其特有的点缺陷。如图 2－16（a）所示的点缺陷是由分子链上的异常键合所形成的，如在顺 1.4－丁二烯分子链上有个别 1.2－加成的点形成这种点缺陷；图 2－16（b）是分子链位置发生交换的情况；图 2－16（c）是两个分子链相对方向折叠的情况。

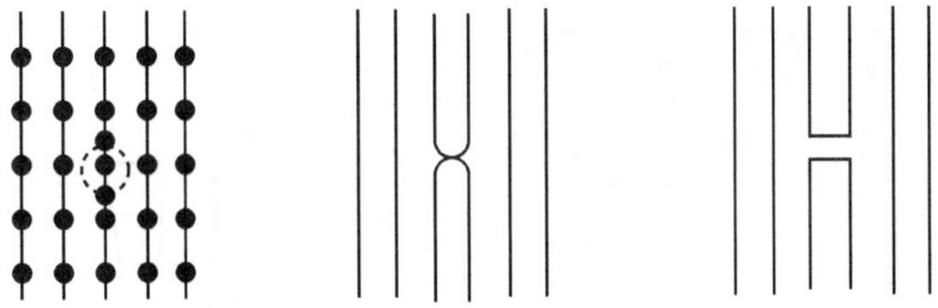

（a）分子链上的异常键合　（b）分子链位置发生交换　（c）两个分子链相对方向折叠

图 2－16　高分子晶体特有的点缺陷

2.3.2　线缺陷

晶体的线缺陷表现为各种类型的位错。位错的概念最早是在研究晶体滑移过程时提出来的。当金属晶体受力发生塑性变形时，一般通过滑移过程进行，即晶体中相邻两部分在切应力的作用下沿着一定的晶面和晶向相对滑动，滑移的结果在晶体表面上出现明显的滑移痕迹——滑移线。为了解释此现象，根据刚性相对滑动模型，对晶体的理论抗剪强度进行了理论计算，估算出使完整晶体产生塑性变形所需的临界切应力约等于 $G/30$，其中，G 为切变模量。但是，由实验测得的实际晶体的屈服强度要比这个理论值低 3～4 个数量级。为了解释这种差异，1934 年，泰勒（Taylor）、奥罗万（Orowan）、波拉尼（Polanyi）几乎同时提出了晶体中位错的概念，他们认为：晶体的实际滑移过程并不是滑移面两边的所有原子同时作整体刚性滑动，而是通过在晶体存在着的线缺陷（位错）来进行，位错在较低应力的作用下就能开始移动，使滑移区逐渐扩大，直至整个滑移面上的原子先后发生相对位移。按照这一模型进行理论计算，其理论屈服强度比较接近于实验值。在此基础上，位错理论也有了很大发展。20 世纪 50 年代后，随着电子显微分析技术的发展，位错模型才为实验所证实，位错理论也有了进一步的发展。目前，位错理论不仅成为研究晶体力学性能的基础理论，而且广泛地用来研究固态相变，晶体的光学、电学、声学、磁学、热学性，以及催化和表面性质等。

1. 位错的基本类型和特征

位错是晶体原子排列的一种特殊组态。从位错的几何结构来看，可将它们分为两种基本类型：刃型位错和螺型位错。

（1）刃型位错

刃型位错的结构如图 2－17 所示。设含位错的晶体为简单立方晶体，在晶面 *ABCD* 上半部存在多余的半排原子面 *EFGH*，这个半原子面中断于 *ABCD* 面上的 *EF* 处，好像一把刀刃插入晶体中，使 *ABCD* 面上下两部分晶体之间产生了原子错排，故称“刃型位错”，多余的半原子面与滑移面的交线 *EF* 称作刃型位错线。

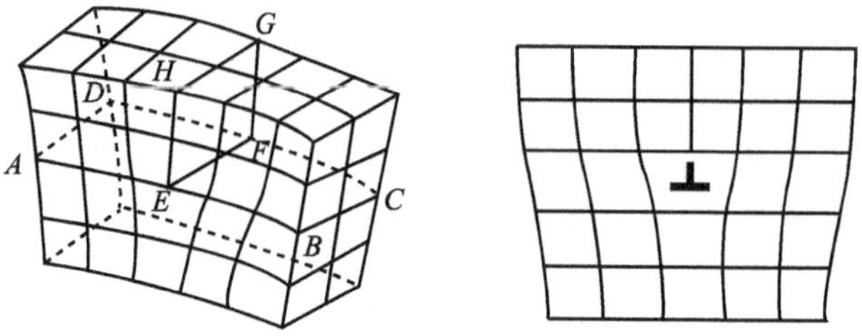

（a）立体图　　（b）平面图

图 2－17　刃型位错的结构

刃型位错结构的特点如下：

①刃型位错有一个额外的半原子面。一般将多出的半原子面在滑移面上边的称为正刃型位错，将多出的半原子面在滑移面下边的称为负刃型位错。其实，这种正负之分只具有相对意义，而无本质的区别。

②刃型位错线可理解为晶体中已滑移区与未滑移区的边界线。它不一定是直线，可以是折线或曲线，但必定与滑移方向相垂直，也垂直于滑移矢量，如图 2－18 所示。

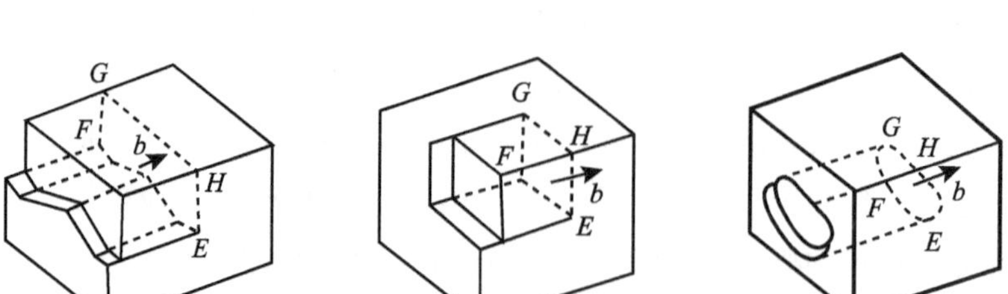

图 2－18　几种形状的刃型位错线

③滑移面必定是同时包含位错线和滑移矢量的平面，在其他面上不能滑移。由于在刃型位错中，位错线与滑移矢量互相垂直，所以由它们所构成的平面只有一个。

④晶体中存在刃型位错之后，位错周围的点阵发生弹性畸变，既有切应变又有正应变。就正刃型位错而言，滑移面的上方点阵受到压应力，下方点阵受到拉应力；负刃型位错与此相反。

⑤在位错线周围的过渡区（畸变区），每个原子具有较大的平均能量。但过渡区只有几个原子间距宽，是狭长的管道，所以刃型位错是线缺陷。

（2）螺型位错

螺型位错是另一种基本类型的位错，它的结构特点可用图 2－19 来加以说明。设立方晶体右侧受到切应力 τ 的作用，其右侧上下两部分晶体沿滑移面 $ABCD$ 发生错动，如图 2－19（a）所示。这时，已滑移区和未滑移区的边界线 bb'（位错线）不是垂直于滑移方向，而是平行于滑移方向。图 2－19（b）是 bb' 附近原子排列的顶视图。图中以圆点“●”表示滑移面 $ABCD$ 下方的原子，用圆圈“○”表示滑移面 $ABCD$ 上方的原子。可以看出，在 aa' 右边，晶体的上下层原子相对错动了一个原子间距；在 bb' 和 aa' 之间出现了一个约有几个原子间距宽、上下层原子位置不相吻合的过渡区，原子的正常排列遭到破坏。如果以位错线 bb' 为轴线，从 a 开始，按顺时针方向依次连接此过渡区的各原子，则其走向与一个右螺旋线的前进方向一样，如图 2－19（c）所示。这就是说，位错线附近的原子按螺旋形排列，所以将这种位错称为螺型位错。

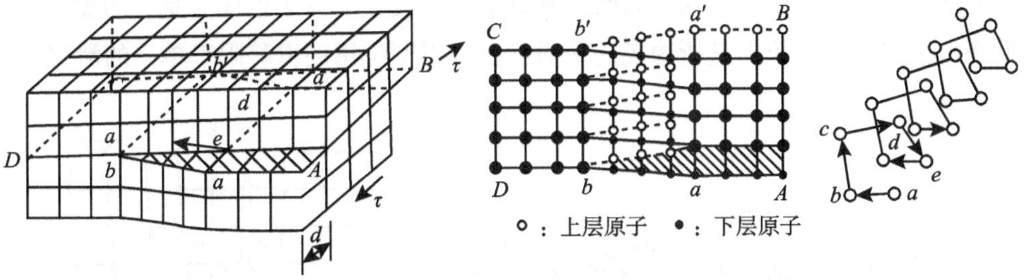

（a）西部晶体沿滑移面发生了错动　（b）位错线附近原子排列的预视图　（c）位错线附近的原子按螺旋形排列

图 2－19　螺型位错的结构特点

螺型位错具有以下特征：

①螺型位错无额外半原子面，原子错排呈轴对称。

②根据位错线附近呈螺旋形排列的原子的旋转方向不同，螺型位错可分为右旋螺型位错和左旋螺型位错。

③螺型位错线与滑移矢量平行，因此一定是直线，而且位错线的移动方向与晶体滑移方向互相垂直。

④纯螺型位错的滑移面不是唯一的。凡是包含螺型位错线的平面都可以作为它的滑移面。但实际上，滑移通常在那些原子密排面上进行。

⑤螺型位错线周围的点阵也发生弹性畸变，但是只有平行于位错线的切应变而无正应变，则不会引起体积膨胀和收缩，且在垂直于位错线的平面投影上看不到原子的位移，也看不出有缺陷。

⑥螺型位错周围的点阵畸变随离位错线距离的增加而急剧减少，所以它也是包含几个原子宽度的线缺陷。

2. 位错的运动

位错的最重要性质之一是可以在晶体中运动，而晶体宏观的塑性变形是通过位错运动来实现的。晶体的力学性能（强度、塑性、断裂等）均与位错的运动有关。因此，了解位错运动的有关规律，对于改善和控制晶体力学性能是有益的。

位错的滑移是在外加切应力的作用下，通过位错中心附近的原子沿伯氏矢量方向在滑移面上不断地做少量的位移（小于一个原子间距）而逐步实现的。

图 2－20 是刃型位错的滑移过程。在外切应力 τ 的作用下，位错中心附近的原子移动小于一个原子间距的距离，使位错在滑移面上向左移动了一个原子间距，如图 2－20（b）所示。如果切应力继续作用，位错将继续向左逐步移动。当位错线沿滑移面滑移通过整个晶体时，就会在晶体表面沿伯氏矢量方向产生宽度为一个伯氏矢量 $\boldsymbol{b}$ 大小的台阶，即造成了晶体的塑性变形。从图 2－20 可知，随着位错的移动，位错线所扫过的区域 $ABCD$（已滑移区）逐渐扩大，未滑移区逐渐缩小，两个区域始终由位错线为分界线。值得注意的是：在滑移时，刃型位错的运动方向始终垂直于位错线、平行于伯氏矢量。刃型位错的滑移面就是由位错线与伯氏矢量所构成的平面，所以刃型位错的滑移限于单一的滑移面上。

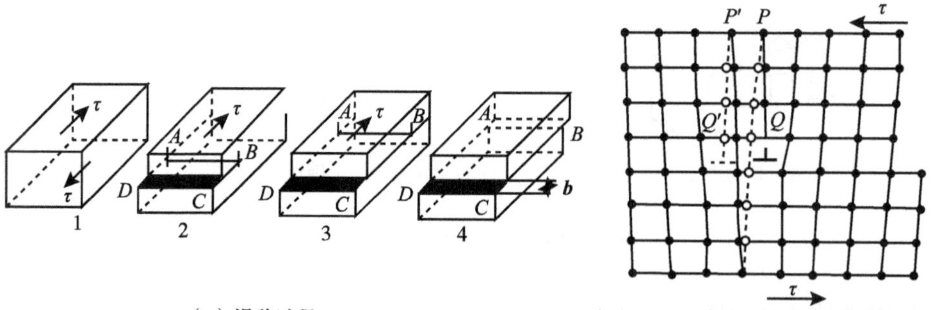

（a）滑移过程　　（b）正刃型位错滑移时附近原子的位移

图 2－20　刃型位错的滑移过程

图 2－21 为螺型位错滑移过程示意图。由图 2－21(b)和(c)可见，与刃型位错一样，在滑移时，位错线附近原子的移动量很小，所以螺型位错运动所需的力也是很小的。当位错线沿滑移面滑过整个晶体时，同样会在晶体表面沿伯氏矢量方向产生宽度为一个伯氏矢量 $\boldsymbol{b}$ 的台阶。应当注意的是：在滑移时，螺型位错的移动方向与位错线垂直，也与伯氏矢量垂直。对于螺型位错，由于位错线与伯氏矢量平行，所以它的滑移不限于单一的滑移面上。

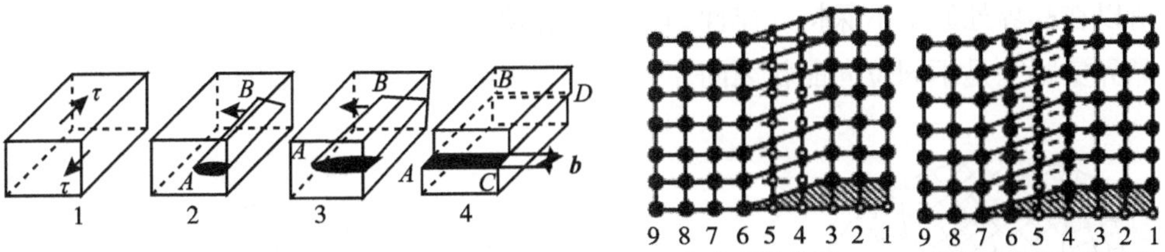

（a）滑移过程　（b）原始位置　（c）位错向左移动了一个原子间距

图 2－21　螺型位错的滑移

图 2－22 是混合位错沿滑移面的移动情况。前面已经指出，任何一个混合位错均可分解为刃型分量和螺型分量，根据对这两种位错的分析，不难确定其混合情况下的滑移运动。该混合位错在外切应力 $\boldsymbol{\tau}$ 作用下沿其各点的法线方向在滑移面上向外扩展，最终使上下两块晶体移动一个伯氏矢量 $\boldsymbol{b}$ 大小的距离。

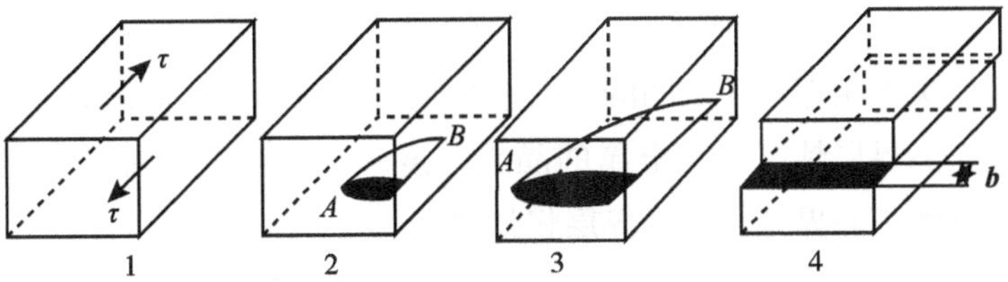

图 2－22　混合位错的滑移过程

由于攀移伴随着位错线附近原子的增加或减少即有物质迁移，需要通过扩散才能进行。所以，将攀移运动称为“非守恒运动”，相对应的位错滑移为“守恒运动”。位错攀移需要热激活，比滑移所需的能量更大。对大多数材料而言，在室温下很难进行位错的攀移；在较高温度下，攀移较易实现。

经高温淬火、冷变形加工、高能粒子辐照后，晶体中将产生大量的空位和间隙原子。晶体中过饱和点缺陷的存在有利于攀移运动的进行。

2.3.3　面缺陷

实际的金属晶体内存在许多界面，如晶界、亚晶界、孪晶界、相界、层错界、胞壁等。界面处原子排列不规则，是一种“面型”的不完整结构，属于面缺陷。面缺陷对塑性变形与断裂、固态相变，以及材料的物理、化学、力学性能有显著影响。下面主要讨论晶界和亚晶界。

1. 晶界

实际使用的金属材料基本上是多晶体，由许多单晶体（晶粒）组成，如图 2－23 所示。其中，每个小区域为一个晶粒，两个晶粒之间的交界称为晶界。由于各晶粒间位向不同，所以在晶界处原子不保持规律性的排列，必须从一种位向逐步过渡到另一种位向。因此，晶界实际上是不同位向晶粒之间原子排列无规则的过渡层，如图 2 - 24 所示。

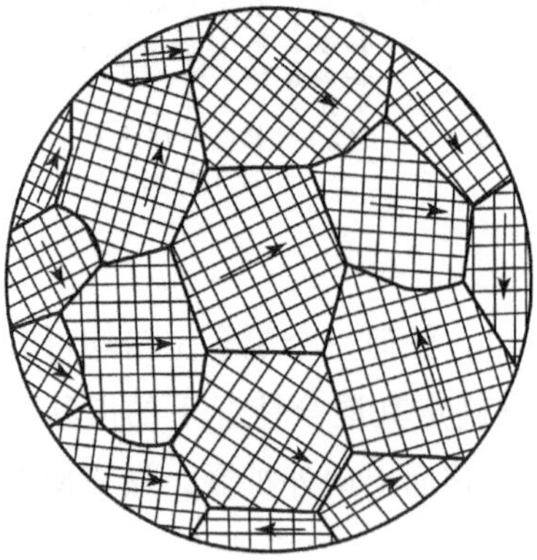

图 2 - 23　多晶体的示意图

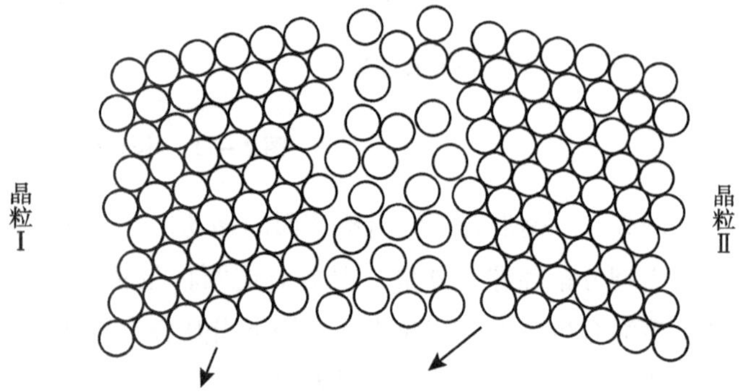

图 2 - 24　晶界的过渡结构模型

晶界的厚度取决于相邻晶粒之间的位向差与金属的纯度，位向差越小、纯度越高，晶界层越薄；反之，晶界层越厚。纯金属的晶界厚度一般只有几个原子。若金属中含有杂质，由于杂质常富集于晶界处，则晶界层将加厚。

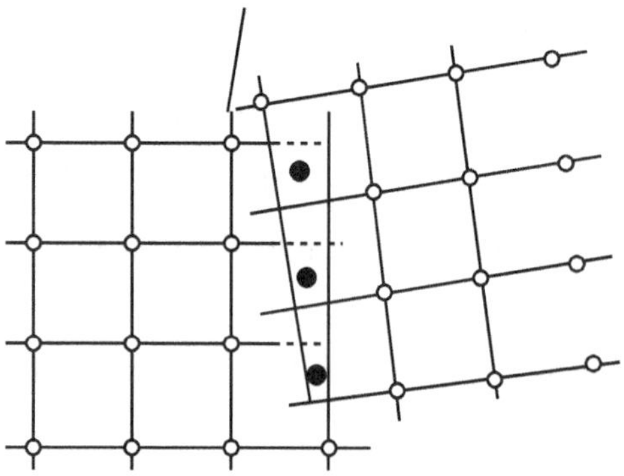

图 2 - 25　小角度晶界的模型

晶界的结构和性质与相邻晶粒的取向差有关。一般将取向差小于 10°的晶界称为小角度晶界。小角度晶界由一系列相隔一定距离的刃型位错所组成，如图 2 - 25 所示。取向差大于 10°的晶界称为大角度晶界。大角度晶界通常具有过渡点阵结构，如图 2 - 26（a）所示。有时，晶界可能有共格结构，即界面上的原子恰好位于两边晶格的共同结点之上，如图 2 - 26（b）所示。此外，大角度晶界也可能具有密集位错结构，如图 2 - 26（c）所示。

实际的金属材料各晶粒之间的位向差大多为 30° ~ 40°，所以是大角度晶界。

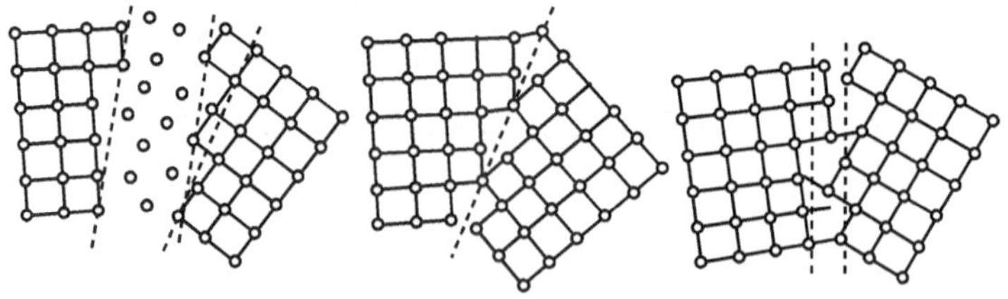

（a）过渡点阵结构　（b）共格结构　（c）密集位错结构

图 2 - 26　大角度晶界的结构示意图

2. 亚晶界

在实际金属晶体中的一个晶粒内部，其晶格位向也不完全一致，存在着许多尺寸更小、位向差很小（一般是几十分，高也不过1°～2°）的小晶块，这些小晶块称为亚晶（亚结构、镶嵌块），如图2－27所示。亚晶相互嵌镶成一颗晶粒，两个相邻亚晶的边界称为亚晶界。

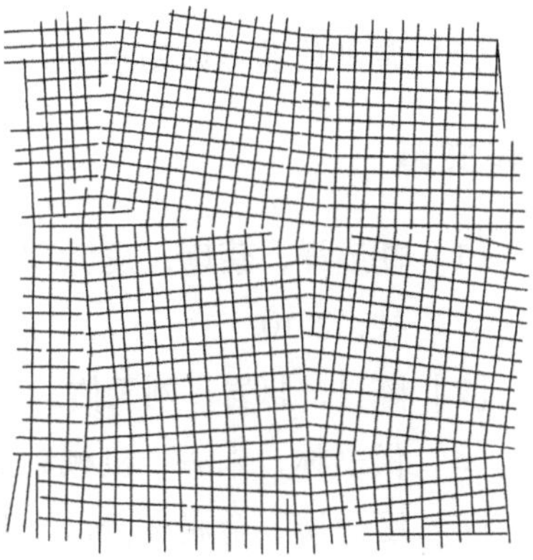

图 2－27　亚晶的示意图

亚晶界实际上是由一系列刃型位错组成的小角度晶界。亚晶尺寸的大小和金属加工条件有关。在铸态金属中，亚晶尺寸较大，边长一般为 10^{-2} cm；经加工变形和热处理后，边长可细化至 10^{-6}～10^{-4} cm。

由于亚晶界处的原子排列不规则，产生晶格畸变，具有较高的能量，所以亚晶的存在及其尺寸的大小对金属性能同样有较大的影响。在晶粒大小一定时，亚晶越细或位向差越大，则金属的屈服强度越高。

晶界的结构与晶内不同，且具有较高的界面能，使晶界具有一系列不同于晶内的特性：

①常温下，晶界对位错运动起阻碍作用。所以，晶粒越细小，则单位体积晶界面积越多，金属材料的强度、硬度越高。

②晶界层的原子偏离了平衡位置，具有较高的能量，所以晶界的熔点较低。

③由于晶界的能量较高，原子处于不稳定状态，所以晶界比晶内更易优先氧化和腐蚀。

④晶界上的原子具有较高的能量，且存在较多的晶体缺陷，使原子的扩散速度比晶粒内部快得多。

⑤由于晶界原子排列不规则，所以晶界电阻高于晶粒内部。

⑥晶界能量较高，且原子排列紊乱，容易产生能量起伏、结构起伏、浓度起伏，所以固态相变时优先在母相晶界上形核。

综上所述不难看出，金属的实际晶体结构并不是完整无缺的，而是存在着点、线、面等各种缺陷。这些不断运动和变化着的缺陷，对于金属在固态下的相变、热处理、金属的性能有着极其重要的影响。

应当指出的是，金属材料的宏观组织缺陷和显微组织缺陷与晶体结构缺陷有着本质的区别，关于宏观组织缺陷和显微组织缺陷，在以后的有关章节中将加以介绍。

【练习与思考】

简答题

(1) 请回答什么是金属键？并解释金属的特性（导电性、导热性、金属光泽、延展性）。

(2) 晶体与非晶体的主要区别是什么?
(3) 什么是晶体结构? 什么是晶格? 什么是晶胞?
(4) 金属有哪几种典型的晶体结构?
(5) 什么是点阵参数? 各种晶系各有几个点阵参数?
(6) 常见的晶体缺陷有哪几种?

参考文献

[1] 胡赓祥，蔡珣，戎咏华．材料科学基础[M]．3 版．上海：上海交通大学出版社，2010.
[2] 陈丹，赵岩，刘天佑．金属学与热处理[M]．北京：北京理工大学出版社，2017.
[3] 侯书林，朱海．机械制造基础（上册）[M]．北京：北京大学出版社，2011.
[4] 廖健诚．金属学[M]．北京：冶金工业出版社，1994.
[5] 王运炎，叶尚川．机械工程材料[M]．北京：机械工业出版社，1999.
[6] 刘世荣．金属学与热处理[M]．北京：机械工业出版社，1992.
[7] 崔忠圻，刘北兴．金属学与热处理原理[M]．哈尔滨：哈尔滨工业大学出版社，1998.
[8] 戴起勋．金属材料学[M]．2 版．北京：化学工业出版社，2012.

第 3 章　金属的晶体结构与结晶

【教学要求】

金属材料是现代机械制造工业中应用最广泛的工程材料。不同的金属材料具有不同的力学性能，即使是相同的金属材料，在不同的条件下其力学性能也是不同的。本章让读者了解纯金属的晶体结构、纯金属的结晶、合金的晶体结构与结晶、金属的铸锭组织等。

3.1　纯金属的晶体结构

金属在固态下通常是晶体，其性能主要取决于内部组织结构。在化学成分不变的条件下，可能会改变金属的内部组织结构，从而改变其性能。因此，要了解金属材料内部的组织结构，首先要了解晶体学的基础知识、金属的晶体结构、实际晶体中的各种缺陷。

3.1.1　晶体与非晶体

物质是由原子构成的。根据原子排列的特征，可将固态物质分为晶体和非晶体。

1. 晶体

晶体指组成物质的原子在空间按一定规则排列的固体，如图 3 - 1 所示。绝大多数金属和合金在固态下都属于晶体，如金刚石、石墨、纯铁等。晶体通常具有固定的熔点、规则的外形、各向异性等特性。

图 3 - 1　晶体中的原子排列

2. 非晶体

非晶体指组成物质的原子无规则堆积在一起的固体，如塑料、松香、玻璃、沥青、石蜡等。非晶体往往没有固定的熔点，且性能无方向性，即所谓的各向同性。

晶体和非晶体在一定条件下可以互相转化。例如，通常是晶态的金属，加热到液态后急冷，若冷却速度足够大，也可获得非晶态金属。非晶态金属与晶态金属相比，具有高强度、硬度、韧性、耐腐蚀性等一系列优良性能，例如玻璃经高温长时间加热可以变为晶态玻璃。

3.1.2 金属的晶体结构

1. 金属晶体结构的基本概念

(1) 晶格

晶体内部原子是按一定的几何规律排列的。为了便于描述，将晶体内部的原子近似地看成是刚性质点，将质点中心用假想的线条连接起来，形成一个空间格子，如图 3－2 (a) 所示。这种表示原子在晶体中排列规律的空间格子，称为晶格。晶格中的每个点称为结点。晶格中各种不同方位的原子面，称为晶面。

(2) 晶胞

晶格是由许多形状、大小相同的最小几何单元重复堆积而成的。从晶格中选取最小几何单元进行分析，确定原子排列特点。这个组成晶格的最小几何单元称为晶胞，如图 3－2 (b) 所示。晶胞中各棱边的长度称为晶格常数，其大小以 Å(埃)进行度量 ($1\ Å = 10^{-10}$ m)。各种金属结构的主要差别在于其晶格类型和晶格常数的不同。

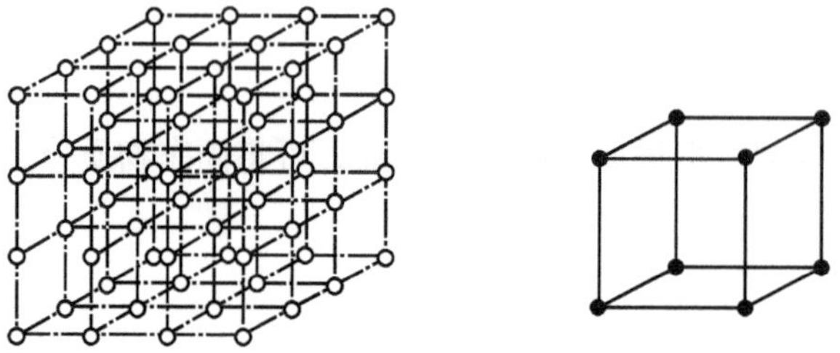

(a) 晶格　　(b) 晶胞

图 3－2　金属的晶格与晶胞

(3) 原子半径

金属晶体的原子半径通常是晶胞中相距最近的两个原子之间距离的一半。例如：体心立方晶胞中距离最近的方向是体对角线，所以原子半径 $r = \frac{\sqrt{3}}{4}a$。对于同一种金属原子，当它处于不同类型的晶格中时，原子半径是不一样的，通常采用最密排晶胞的原子半径作为金属之间进行比较的标准。

(4) 致密度

如果把原子看作是刚性圆球，那么原子之间必然有空隙存在，金属晶体中原子排列的紧密程度可用晶胞中原子本身所占有的体积百分数来表示，称为晶格的密排系数或晶格的致密度：

$$致密度=\frac{晶胞中原子体积}{晶胞体积}=\frac{晶胞原子数\times原子体积}{晶胞体积}$$

晶格的致密度越大，则说明原子排列越紧密。

在体心立方晶格中，每个晶胞含有 2 个原子，这 2 个原子的体积为 $2\times4\pi r^3/3$，其中，r 为原子半径。原子半径 r 与晶格常数 a 的关系为 $r=(\sqrt{3}/4)a$，体心立方晶胞体积为 a^3，所以体心立方晶格的致密度为：

$$致密度=\frac{2\times4\pi r^3/3}{a^3}=\frac{\sqrt{3}}{8}\pi=0.68$$

这表明在体心立方晶格中有 68% 的体积被原子占有，其余为空隙。同理可求出面心立方晶格和密排六方晶格的致密度均为 0.74。

(5) 晶面和晶向

在研究有关晶体的生长、变形、相变、性能等问题时，常常涉及晶体中原子、原子列、原子平面的空间位置。在晶体中，由一系列原子组成的二维平面称为晶面，任意两个原子之间连线所指的方向称为晶向。在同一晶格的不同晶面和晶向上，原子排列的疏密程度不同，原子结合力也就不同，从而在不同的晶面和晶向上显示出不同的性能，这就是晶体具有各向异性的原因。

现在，国际上统一采用密勒指数对晶向和晶面进行标定，分别称为晶面指数和晶向指数。它是由英国晶体学家密勒（W. H. Miller）于 1939 年提出的。研究表明，晶体中一些特定的晶向、晶面与晶体表现出的性能有密切的关系。

第一，晶面指数

以图 3－3 所示带影线的晶面为例，说明其晶面指数确定的方法和步骤。

①选原点：选晶格中某一原子为三维坐标的原点 O（原点应位于待测晶面外，以免出现零截距）。

②设坐标：过原点以晶胞的三棱边作 OX，OY，OZ 三个标轴，并以晶格常数 a，b，c 分别作为三个坐标轴上的单位。

③求截距：求晶面在三个坐标轴上的截距（当晶面与坐标轴平行时，截距为∞）1，2，∞。

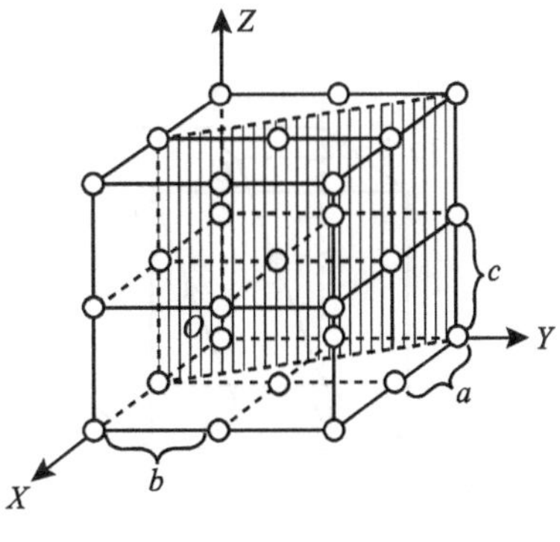

图 3－3　确定晶面指数的示意图

④取倒数：取晶面截距的倒数 1，1/2，0。

⑤化整数：把倒数化为最小整数 2，1，0。

⑥加圆括号：放入圆括号内，即所求晶面指数（210）。

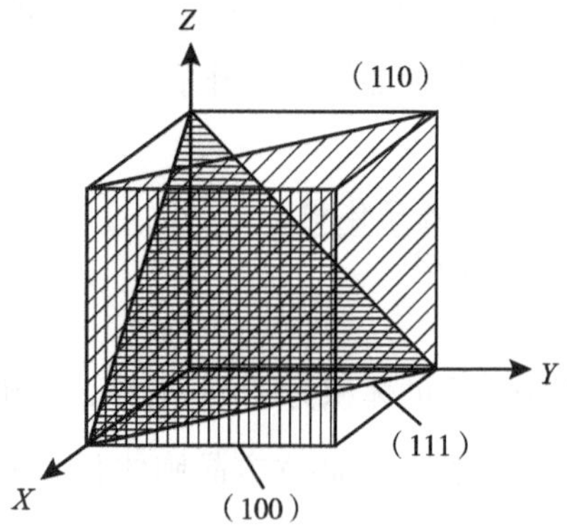

图 3－4　立方晶格的三个重要晶面

在立方晶胞中，通常以（*hkl*）作为晶面指数的通式。图 3－4 为立方晶格的三个重要晶面（100）、（110）、（111）。如果晶面与坐标的负半轴相交，则在晶面指数之上冠以负号，如（$\bar{1}00$）。

应该指出，晶面指数并非表示某一晶面，而是代表一组平行的晶面，其晶面指数相同。另外，在一种晶格中，有些晶面位向不同，但原子排列相同，这些面归为一个晶面族，通用 {100} =（100）+（010）+（001）+（$\bar{1}00$）+（$0\bar{1}0$）+（$00\bar{1}$）。

第二，晶向指数

在立方晶格中，确定晶向指数的方法如下：

①过坐标原点 *O* 作一条直线平行于待测的晶向。

②在所引直线上任取一点，求该点的三个坐标值。

③将两个坐标轴化为最小整数，放入方括号中，即所求的晶向指数 [*uvw*]。

如图 3－5 所示的 *AB* 晶向：过坐标原点 *O* 作 *OC*//*AB* 交顶面于 *C* 点；*C* 点的三个坐标值分别是 1/2，1/2，1；化为最小整数为 1，1，2，放入方括号内，即所求的晶向指数 [112]。

显然，晶向指数表示所有相互平行而方向一致的晶向。另外，具有相同原子排列的晶向可归为一个晶向族〈*uvw*〉。

在立方晶格中，凡指数相同的晶面与晶向垂直，如（100）⊥[100]；若晶向指数 [*uvw*] 与晶面指数（*hkl*）满足 $uh + vk + wl = 0$，则 [*uvw*]//（*hkl*），如 [010]//（100）。

图 3－6 中的 [100]、[110]、[111] 晶向为立方晶格中最重要的三种晶向。

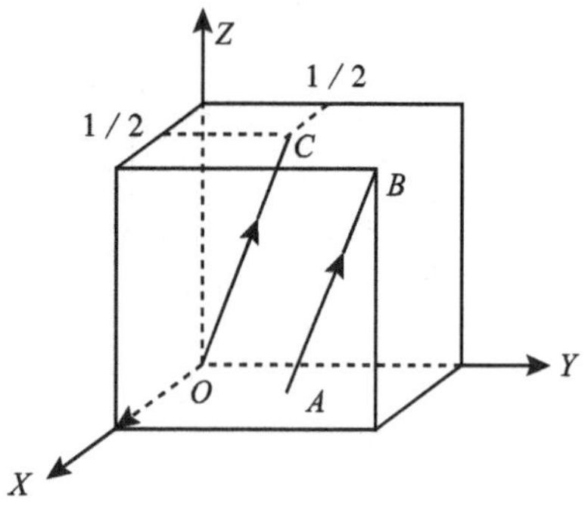

图 3－5　确定晶向指数的示意

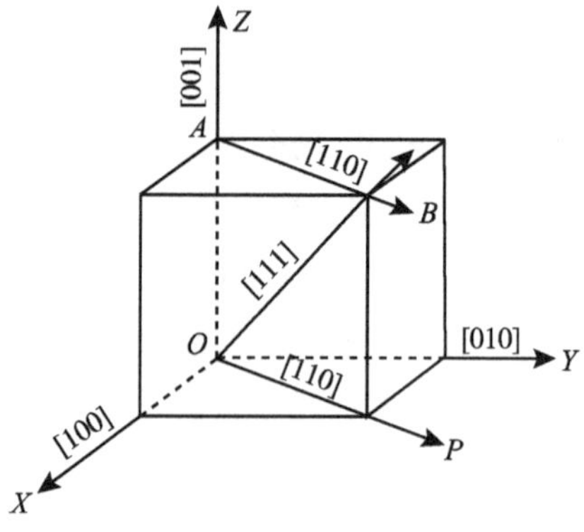

图 3－6　立方晶格中较重要的三种晶向

第三，晶面及晶向的原子密度

晶面原子密度指单位面积中的原子数。晶向原子密度指单位长度上的原子数。在各种晶格中，不同晶面和晶向上的原子密度不同。在体心立方晶格中，原子密度最大的晶面是{100}，原子密度最大的晶向是〈111〉。

2. 金属晶格的类型

在金属晶体中，原子总是趋于紧密排列。工业上常用的金属中，绝大多数金属的晶体结构属于三种类型：体心立方晶格、面心立方晶格、密排六方晶格。

（1）体心立方晶格

体心立方晶格的晶胞是立方体，立方体晶胞中心有 1 个原子，8 个顶角各排列 1 个原子，由于每个顶角上的原子与周围 8 个晶胞共有，所以晶胞中实际原子数为 2 个，如图 3 -7 所示。具有这种晶格的结构的金属材料，强度较大，塑性相对较差一些，如铬（Cr）、钨（w）、钼（Mo）、α - 铁（α - Fe）等金属。

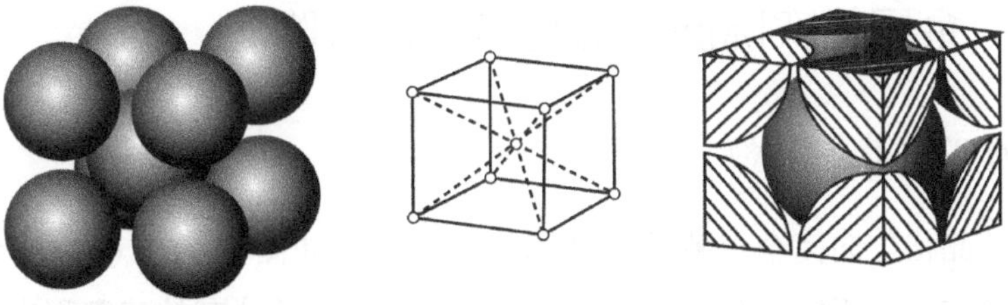

（a）模型　　（b）晶胞　　（c）晶胞原子数

图 3 -7　体心立方晶格

（2）面心立方晶格

面心立方晶格的晶胞也是立方体，立方体 6 个面的中心和 8 个顶角各有 1 个原子，由于每个面中心的原子与 2 个晶胞共有，所以晶胞中实际原子数为 4 个，如图 3 -8 所示。具有这种晶格的结构的金属材料，强度较低，塑性很好，如铝（Al）、铜（Cu）、金（Au）、镍（Ni）、γ - 铁（γ - Fe）等金属。

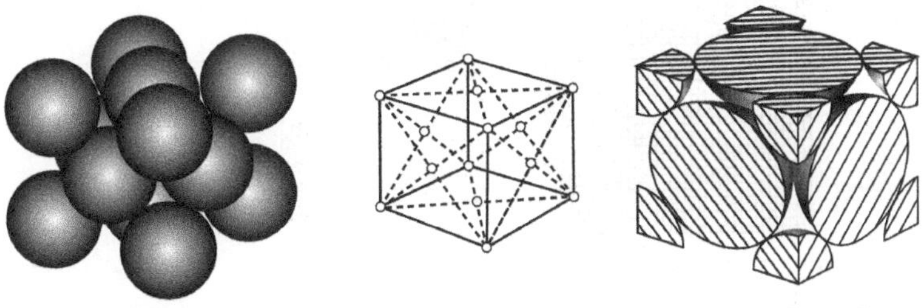

（a）模型　　（b）晶胞　　（c）晶胞原子数

图 3 -8　面心立方晶格

（3）密排六方晶格

密排六方晶格晶胞是六方柱体，在六方柱体的上下底面中心和 12 个顶角各有 1 个原子，在顶面和底面之间还有 3 个原子，所以晶胞中实际原子数为 6 个，如图 3 -9 所示。

具有这种晶格的结构的金属材料，强度和塑性都不好，脆性较大，如镁（Mg）、锌（Zn）、铍（Be）等。

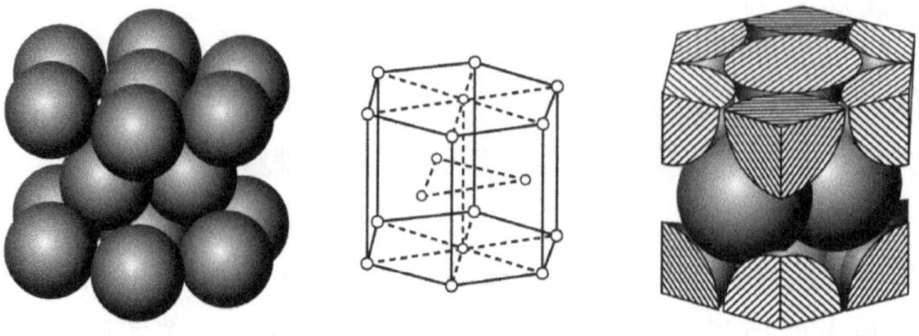

（a）模型　　（b）晶胞　　（c）晶胞原子数

图 3－9　密排六方晶格

3.1.3　金属的实际晶体结构与晶体缺陷

1. 金属的实际晶体结构

金属内部的晶格位向完全一致的晶体称为单晶体，如图 3－10（a）所示。单晶体在自然界几乎不存在。由于同一晶体的不同晶面和晶向上原子分布的疏密程度不同，所以单晶体的性能在各个方向上均不同，即单晶体具有各向异性的特点。但实际应用的金属材料通常是多晶体结构，一般不具有各向异性。

由许多小晶体组成的晶体称为多晶体，如图 3－10（b）所示。原子排列方式基本一致，外形不规则的小晶体称为晶粒，晶粒与晶粒之间的界面称为晶界。晶粒越细小，晶界越多，使金属的强度、硬度增加，塑性、韧性有所改善。

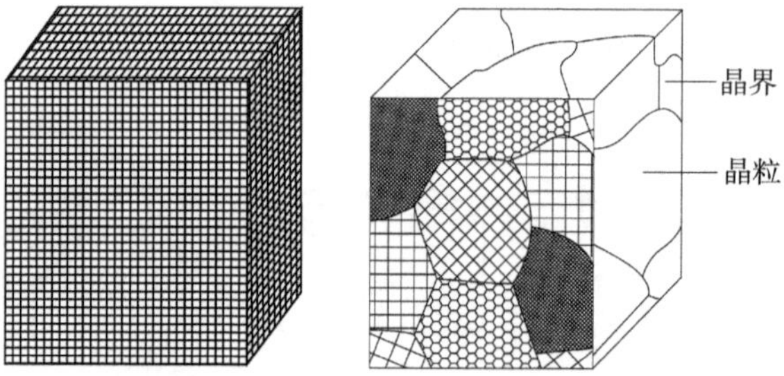

（a）单晶体　　（b）多晶体

图 3－10　金属的晶体结构示意图

在多晶体中，由于每个晶粒的晶格位向不同，所以晶界上原子的排列总是不规则的。多晶体金属一般不显示出各向异性，这是因为虽然每个晶粒具有各向异性的特点，但由于多晶体内各晶粒的晶格位向互不一致，它们自身的各向异性相互抵消，所以表现出各向同性，称为“伪各向同性”。

2. 晶体缺陷

如果晶格完全规则，每个结点都填满原子，就是理想晶体。实际上，由于金属结晶条件不理想、压力加工等影响，原子的排列情况并不是绝对规则的。晶体中原子排列不规则的区域，称为晶体缺陷。按缺陷的几何形态，晶体缺陷分为点缺陷、线缺陷、面缺陷。

（1）点缺陷

点缺陷的特征是3个方向的尺寸都很小，不超过几个原子间距。晶体中的点缺陷主要指空位、间隙原子、置换原子。晶格中某个原子脱离了平衡位置，形成空结点，称为空位，如图3－11（a）所示。某个晶格间隙挤进了原子，此原子称为间隙原子，如图3－11（b）所示。当异类原子占据晶格的位置时，此异类原子称为置换原子，如图3－11（c）。

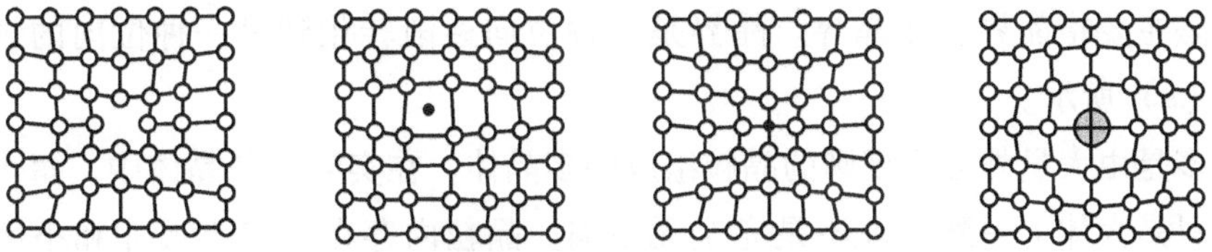

（a）空位　（b）间隙原子　（c）置换原子

图3－11　点缺陷

点缺陷的形成主要是原子在各自的平衡位置上不停地进行热振动的结果。在某一温度下的某一瞬间，总有一些原子具有足够高的能量，以克服周围原子对它的约束，脱离原来的平衡位置迁移到别处，结果是在原位置上出现了空位。若原子跳到晶格间隙位置，则形成间隙原子。若其他异类原子跳到晶格结点位置，则形成置换原子。点缺陷的存在，提高了材料的硬度和强度。

（2）线缺陷

线缺陷的特征是缺陷在两个方向上的尺寸很小，在第三个方向上的尺寸却很大，甚至可以贯穿整个晶体。晶体中的线缺陷主要指位错，位错的主要类型有螺型位错和刃型位错。

刃型位错的几何模型如图3－12所示。在这个晶体的某一水平面*ABCD*的上方，多出一个垂直方向的原子面*EFGH*，中断于*ABCD*面上的*EF*处，原子面如同刀刃一样插入晶体，使晶体中以*EF*为中心线附近一定区域内原子位置都发生错动，称为刃型位错。*EF*是位错线，位错线中心的原子错动最大，晶格畸变严重；离位错线越远，晶格畸变越小，直至恢复正常。

刃型位错可分为正负两种。当多出的晶面位于位错线上方时，位错线称为正刃型位错，以符号“⊥”表示；当多出的晶面位于位错线下方时，位错线称为负刃型位错，以符号“┬”表示，如图3－12（b）表示。位错的产生会使金属的强度提高，塑性和韧性下降。

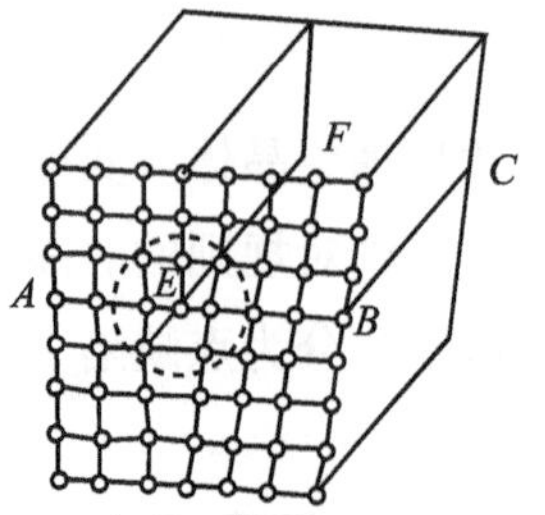

（a）立体图

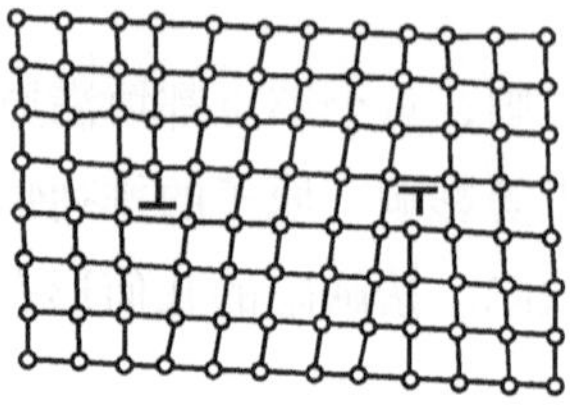

（b）平面图

图 3－12　刃型位错的几何模型

（3）面缺陷

面缺陷的特征是缺陷在一个方向上的尺寸很小，在其余两个方向上的尺寸很大。晶体中的面缺陷主要指晶界和亚晶界。晶界是一种位向逐渐转化到另一种位向的过渡层，如图 3－13（a）所示。

金属多是由大量外形不规则的晶粒组成的多晶体。在实际金属晶体中，每个晶粒内部原子排列只是大体上一致，并不是完全无缺陷。晶粒内存在许多小尺寸和小位向差的晶块，称为亚晶粒。相邻两个亚晶粒的边界称为亚晶界，为一系列刃型位错形成的小角度晶界，如图 3－13（b）所示。面缺陷会使晶格产生畸变，提高金属材料的强度。亚晶界对金属的性能影响与晶界相似。通过细化晶粒可增加晶界的数量，细化晶粒也可以使金属的塑性和韧性得到改善。

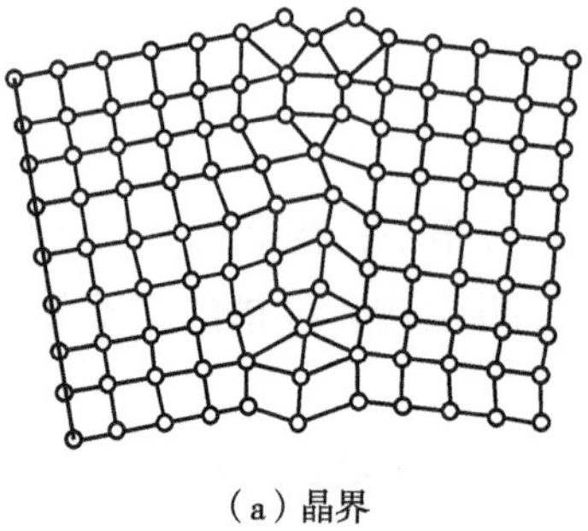

（a）晶界

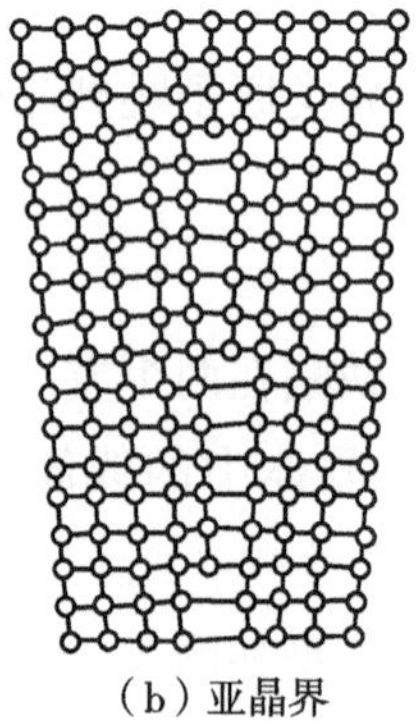

（b）亚晶界

图 3－13　面缺陷示意图

总之，纯金属的晶体结构不仅是多晶体的，而且存在各种晶体缺陷，这些缺陷会随着温度和加工过程中的各种因素的改变而变化。从晶体的整体性来看，这些缺陷是局部的、少量的，但会对金属的许多性能产生很大的影响。例如，由于晶体缺陷引起的晶格畸变，可提高常温下金属材料的强度和硬度；晶体缺陷也能对金属的塑性变形和热处理产生影响；等等。

3.2　纯金属的结晶

金属的结晶是金属从液态变为固态的过程，即金属原子由不规则排列状态转变为有规则排列状态的过程。掌握结晶规律可以帮助人们有效地控制金属的结晶过程，获得性能优良的金属材料。

3.2.1　纯金属的结晶过程

金属材料的成型通常需要经过熔炼和铸造，即经历由液态变成晶体状态的结晶过程。下面以纯金属为例，说明金属的结晶过程。

1. 金属结晶的条件

纯金属的结晶在一定温度下进行，其温度和结晶过程的规律可以通过热分析法进行研究。热分析法装置如图 3－14 所示，首先将纯金属熔化，然后让纯金属缓慢冷却下来，在冷却过程中每隔一定的时间测量一次温度，最后将测量结果绘成纯金属的冷却曲线，如图 3－15 所示。

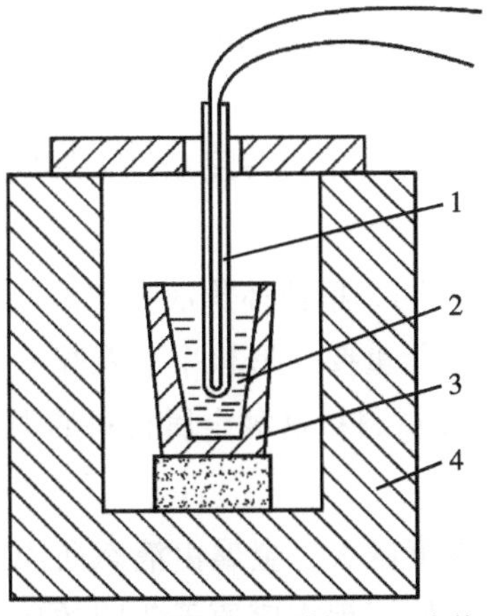

1—热电偶；2—金属液；3—坩埚；4—电炉

图 3－14　热分析法装置

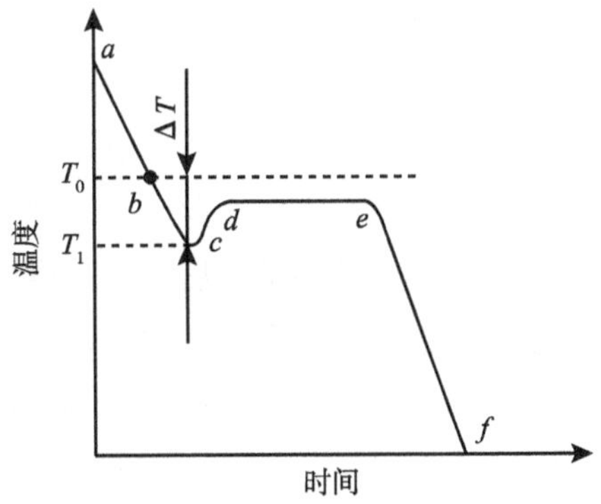

图 3－15　纯金属的冷却曲线

由冷却曲线可见，当液体金属缓慢冷却到 a 点时，液体金属开始结晶；到 b 点时，结晶终了；a 到 b 点的水平线为结晶阶段，它所对应的温度就是纯金属的理论结晶温度。纯金属在缓慢冷却条件下（平衡条件）的结晶温度与缓慢加热条件下的熔化温度是同一温度，称为理论结晶温度，用 T_0 表示。

纯金属在实际结晶过程中，液态金属必须冷却到理论结晶温度以下才开始结晶，如图 3-16 所示。纯金属实际结晶温度 T_1 低于理论结晶温度 T_0 的现象称为过冷现象。理论结晶温度和实际结晶温度之差 ΔT 称为过冷度，$\Delta T = T_0 - T_1$。

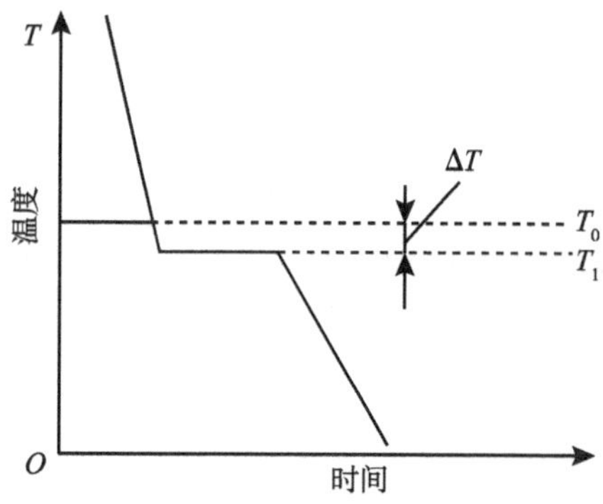

图 3-16　纯金属实际结晶时的冷却曲线

过冷是纯金属能够自动进行结晶的必要条件。纯金属结晶时，过冷度并不是一个恒定值，大小与冷却速度有关，冷却速度越大，过冷度就越大，纯金属的实际结晶温度越低。

2. 纯金属的结晶过程

实验证明，液态金属结晶时，首先形成一些微小的晶体，称为晶核。金属结晶的过程即晶核的形成与长大的过程。

（1）形核

由于结晶条件的不同，金属结晶时可能出现两种不同的形核方式：自发形核和非自发形核。

当液态金属的温度下降到接近 T_1 时，从液体中首先形成一些按一定晶格类型排列的微小晶体。这些微小晶体很不稳定，遇到热流和振动就会立即消失。但是，在过冷度存在的条件下，一些稍大一点的细微小晶体的稳定性较好，有可能进一步长大成为结晶的核心，即晶核。在一定过冷度下能成为结晶核心的短程有序原子集团的最小半径 r_k 叫临界晶核尺寸。

晶核的形成过程称为形核，而这种只依靠液体本身在一定过冷度条件下形成晶核的过程叫自发形核。

晶核的形成速度用形核率表示，形核率指在单位时间、单位体积液相中形成的晶核数目，以 N 表示，单位为 cm^{-3}/s。形核率对实际生产十分重要，形核率高意味着单位体积内的晶核数目多，结晶结束后可以获得细小晶粒的金属材料；这种金属材料的强度、硬度高，塑性、韧性好，具有良好的综合性能。

温度越低，即过冷度越大，金属由液态向固态转变的动力越大，能稳定存在的短程有序原子集团的尺寸可以越小，所生成的自发晶核越多。但是过冷度过大或温度过低时，由于生成晶核所需要的原子扩散能力下降，生核速率反而减小。所以，生核速率 N 与过冷度有如图 3-17 所示的关系。

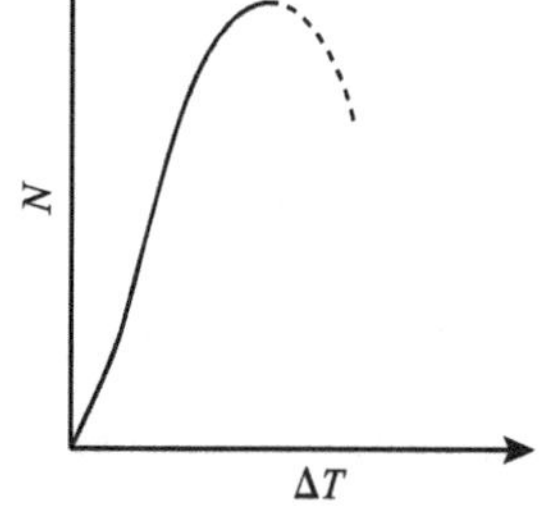

图 3-17　晶体生核速率与过冷度的关系

在实际生产中，在金属液体内常存在一些微小的固体微粒，晶核优先于这些现成的固体表面形成，这种形核方式称为非自发形核。按照生核时能量有利的条件分析，能起非自发形核作用的固体必须符合“结构相似、尺寸相当”的原则。只有当固体的晶体结构和晶格参数与金属的相似或相当时，它才能成为非自发晶核的基底，容易在其上生长出晶核来。但是，有一些难熔固体，虽然其晶体结构与金属的相结构差距甚远，但由于表面的微细凹孔和裂缝中有时能残留未熔金属，所以也能强烈地促进非自发晶核的生成。

自发形核和非自发形核是同时存在的。在实际金属和合金中，非自发形核比自发形核更重要，往往起优先、主导的作用。

（2）长大

晶核形成后，会吸附其周围液态中的原子不断长大。这时，形核与长大两个过程是同时进行的。当冷却速度较慢时，金属晶体以其表面向前平行推移的方式长大，结果是晶体获得表面为密排面的规则形状；当冷却速度较快时，晶体的棱角和棱边以较大成长速度形成枝干，在枝干长大过程中又不断生出分支，最后填满枝干的空间，形成树枝状晶体，即枝晶。实际金属结晶时，多以树枝状长大方式长大。

当每个晶核长大到互相接触、液态金属耗尽时，结晶过程结束。纯金属的结晶过程如图3－18所示。

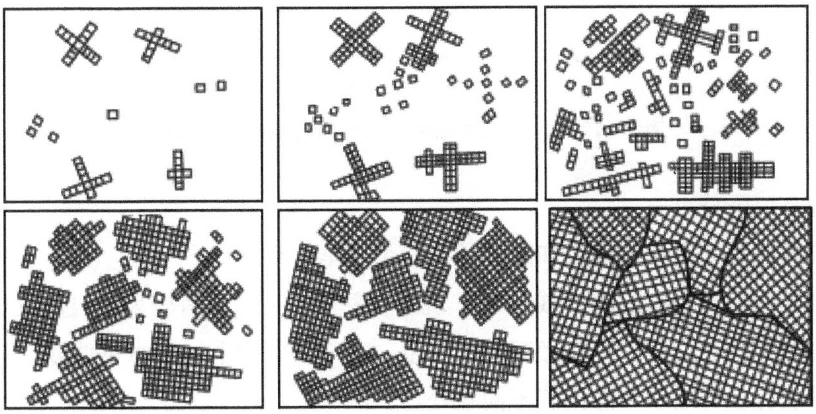

图3－18　纯金属的结晶过程

3.2.2　纯金属的同素异构转变

大多数金属结晶完成后，晶格类型不再发生变化，如Al，Cu，Ag等金属在固态时无论温度高低，均为面心立方晶格；W，Mo，V等金属则为体心立方晶格。但有些金属在结晶成固体后继续冷却时，晶格类型会变化，如Fe，Co，Ti等。在固态下，金属随着外界条件（温度、压力等）的变化由一种晶格转变为另一种晶格的现象，称为同素异构转变或同素异晶转变。

图3－19为纯铁的冷却曲线及晶体结构转变示意图。由图可知，液态纯铁经1 538 ℃

结晶后为体心立方晶格，称为 δ－Fe；当其冷却到 1 394 ℃时，发生同素异构转变，变为面心立方晶格，称为 γ－Fe；冷却到 912 ℃时，呈体心立方晶格，称为 α－Fe。上述转变过程可表示为：

金属的同素异构转变是金属在固态下发生的一种重新结晶的过程，通过原子的重新排列完成。如果要实现晶体结构即原子排列规则的转变，首先要在晶界上形成新的晶核，继而通过原子扩散来实现晶体结构的改组。所以，金属的同素异构转变过程是不断产生晶核和晶核不断长大的过程，也称二次结晶。

$$\delta-\mathrm{Fe} \xrightleftharpoons{1\,394\ ℃} \gamma-\mathrm{Fe} \xrightleftharpoons{912\ ℃} \alpha-\mathrm{Fe}$$

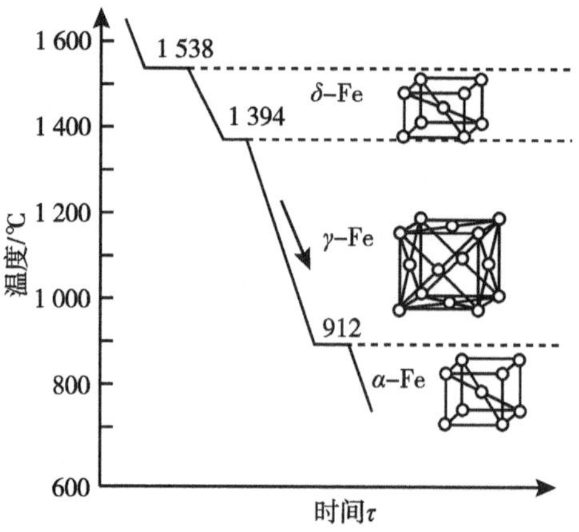

图 3－19　纯铁的冷却曲线及晶体结构转变示意图

该过程有以下特点：

①同素异构转变由晶核形成和晶核长大两个基本过程完成。

②同素异构转变时有过冷（或过热）现象，并且转变时具有较大的过冷度。

③同素异构转变过程中，有相变潜热产生，在冷却曲线上出现水平线段。但这种转变是在固态下进行，与液体结晶比有不同之处。

④同素异构转变常伴有金属的体积变化。

3.2.3　晶粒大小与细化晶粒

金属结晶后形成由许多晶粒组成的多晶体。由结晶过程可知：金属结晶后的晶粒大小取决于结晶时的形核率（单位时间、单位体积所形成的晶核数目）与晶核的长大速度，形核率越高，晶核长大速度越小，则结晶后的晶粒越细小。晶粒大小可用晶粒度来表示，晶粒度级别越大，晶粒越细。

晶粒大小对金属的力学性能影响很大。一般情况下，室温时，金属的晶粒越细，强度、硬度越高，塑性、韧性越好，这种现象称为细晶强化。因此，生产中，细化晶粒是改善材料力学性能的重要措施。常用细化晶粒的方法有以下三种。

1. 增加过冷度

金属的形核率和晶核长大速度均随过冷度而发生变化，在结核过程中有两个因素同时起作用：一是晶体与液体的自由能差，这是晶核形成和长大的驱动力；二是液体中原子迁移能力或扩散系数，这是晶核形成和长大的必要条件。如图 3－20 所示，在很大范围内，形核率比晶核长大速度增长更快，所以增加过冷度能使晶粒细化。

增大过冷度的主要办法是提高液态金属的冷却速度，采用冷却能力强的铸型。例如，采用蓄热大和散热快的金属铸型；局部加冷铁及采用水冷铸型；等等。这种方法只适用于小型铸件，因为大型铸件冷却速度较慢，不易获得较大的过冷度，而且冷却速度过大时容易造成铸件开裂。

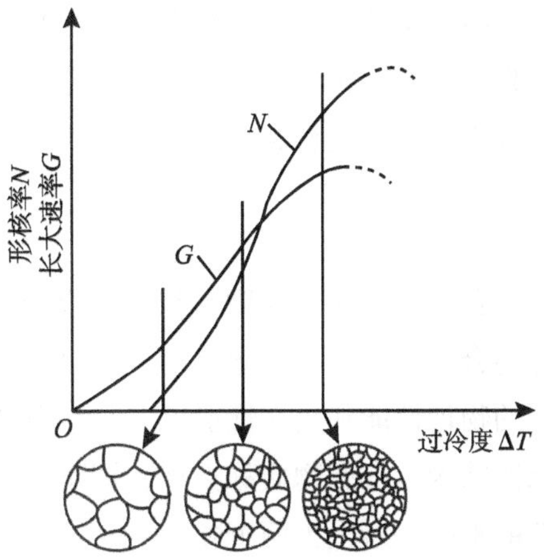

图 3－20　形核率、长大速度与过冷度的关系

2. 变质处理

变质处理就是在浇注前将少量固体材料加入熔融金属液中，促进金属液形核，以改善其组织和性能的方法。例如，在钢中加入 Ti，B，Al，在铸铁中加入硅铁、硅钙等变质剂，均能起到细化晶粒的作用。变质处理是生产中最常用的细化晶粒的方法。

3. 振动处理

金属在结晶时，对液态金属加以机械振动、超声波振动、电磁振动等措施，可使生长中的枝晶破碎，使晶核数增多，达到细化晶粒的目的。

3.3　合金的晶体结构与结晶

纯金属一般具有良好的导电性、导热性、金属光泽，但种类有限，生产成本高，强度和硬度一般比较低。因此，通过配制各种不同成分的合金，可以有效地改变金属材料的结构、组织、性能，满足了人类生产和生活中对金属材料高性能、多品种的要求。

3.3.1　概念

1. 合金

合金是由两种或两种以上的金属元素，或者金属元素与非金属元素，经过熔炼或其他方法结合而成的具有金属特性的物质。同纯金属相比，合金材料具有优良的综合性能，比纯金属应用更广泛。

2. 组元

组元是组成合金的最基本的、独立的物质，简称元。一般来说，组元就是组成合金的元素，有时也可以是较稳定的化合物，如 Fe_3C，Al_2O_3 等。普通黄铜是由铜和锌两种金属元素组成的二元合金。

3. 相

合金的硬度、强度通常比组成合金的组元高，且各给定组元可以配制出一系列不同成分的合金，这一系列合金构成一个合金系统，称为合金系。相指在一个合金系统中具有相同的物理性能和化学性能，并与该系统的其余部分以界面分开的部分。不同的相有不同的晶体结构，液态物质称液相，固态物质称固相。例如，水和冰虽然化学成分相同，但物理性能不同，所以为两个相。

若合金由成分、结构都相同的同一种晶粒构成，各晶粒之间虽有界面分开，但它们仍属于同一种相；若合金是由成分、结构都不相同的几种晶粒构成，则它们属于不同的几种相。金属与合金的一种相在一定条件下可以变为另一种相，叫作相变。例如，金属结晶是液相变为固相的一种相变；金属在固态下的“同素异晶转变”是一种固态相变。

4. 合金组织

数量、形态、大小、分布方式不同的各种相组成合金组织，组织可由单相组成，也可由多相组成。合金的性能一般由组成合金各相的成分、结构、形态、性能及各相的组合形式共同决定，组织是决定材料性能的关键因素。

由于合金的性能取决于组织，组织又首先取决于合金中的相，所以要了解合金的组织和性能，就必须先了解合金的晶体结构。

3.3.2 合金的晶体结构

根据合金的晶体结构特征，合金中的晶体结构可分为固溶体、金属化合物、机械混合物。

1. 固溶体

合金由液态结晶为固态时，一种组元的原子溶入另一种组元的晶格中所形成的均匀固相称为固溶体，其中，溶入的元素称为溶质，基体元素（占主要地位）称为溶剂。固溶体的晶格类型保持溶剂的晶格类型。在固溶体中，一般溶剂含量较多，溶质的含量较少。

根据固溶体晶格中溶质原子在溶剂晶格中占据的位置不同，固溶体可分为间隙固溶体和置换固溶体，如图 3－21 所示。

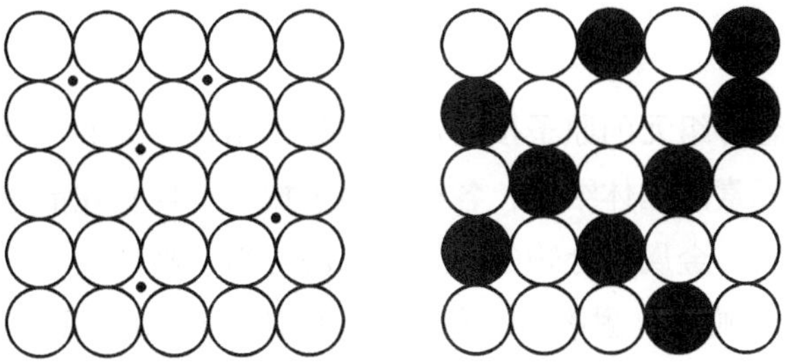

图 3-21　固溶体的类型

(1) 间隙固溶体

溶质原子溶入溶剂晶格间隙形成的固溶体，称为间隙固溶体，如图 3-21 (a) 所示。由于溶剂晶格的间隙有限，所以间隙固溶体只能是有限的固溶体；同时，只有在溶质原子和溶剂原子直径之比小于 0.59 时，才能形成间隙固溶体，如 H (0.046 nm)、B (0.097 nm)、O (0.060 nm) 等。

在金属材料的相结构中，如碳钢，碳原子溶入 $\alpha-Fe$ 晶格空隙中形成的间隙固溶体，称为铁素体；碳原子融入 $\gamma-Fe$ 晶格间隙中形成的间隙固溶体，称为奥氏体。间隙固溶体的溶解度与温度、溶质与溶剂原子半径比值、溶剂晶格类型等有关。

(2) 置换固溶体

溶质原子置换溶剂晶格结点上的部分原子形成的固溶体，称为置换固溶体，如图 3-21 (b) 所示。形成置换固溶体的基本条件是溶剂和溶质原子尺寸相近，电负性相差不大。按照溶质溶解度的不同，置换固溶体可分为有限固溶体和无限固溶体。实际上，大多数合金只能有限固溶，且随着温度的升高，溶解度增加，如 Cu-Sn 系、Cu-Zn 系等。只有两组元晶格类型相同，原子半径相差很小时，才可以无限互溶，形成无限固溶体，如 Cu-Ni 系、Ag-Au 系等。

无论是间隙固溶体还是置换固溶体，异类原子的溶入都使固溶体的晶格发生了畸变，如图 3-22 所示。晶格畸变使位错运动阻力增大，使固溶体的强度和硬度提高，但塑性下降，此现象称为固溶强化。固溶强化是提高金属材料力学性能的重要途径之一。例如，在低合金钢中利用 Mn，Si 等元素来强化铁素体。

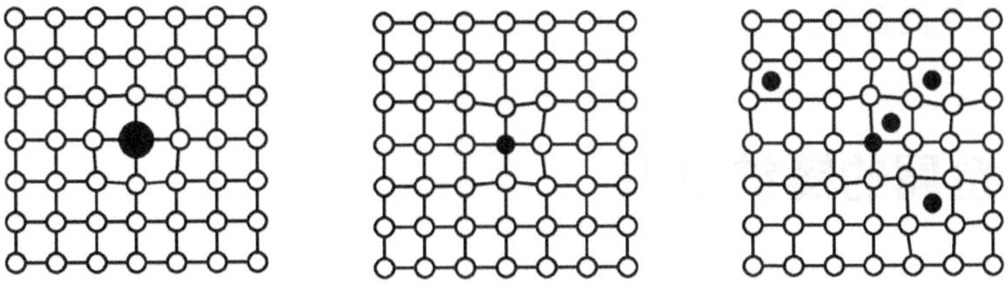

图 3-22　溶质原子引起的晶格畸变

2. 金属化合物

金属化合物是合金各组元的原子按一定的整数比结合而成的一种新相。金属化合物具有完全不同于各组成元素的晶体结构，各组元原子按一定规则在晶格中有序排列，这是其与固溶体最重要的区别。金属化合物的熔点高、硬度高、脆性大。当合金中出现金属化合物时，能提高其强度、硬度、耐磨性，但塑性和韧性会明显降低，例如，铁碳合金中的 Fe_3C（渗碳体）。

3. 机械混合物

若组成合金的各组元在固态下既互不溶解又不形成化合物，而是按一定的重量比例以混合方式存在，形成各组元晶体的机械混合物。组成机械混合物的物质可能是纯组元、固溶体或者是化合物各自的混合物，也可以是它们之间的混合物。

在机械混合物中各组成相保持原有晶格类型和性能，整个机械混合物的性能介于各组成相性能之间，与各组成相的性能以及相的数量、形状、大小和分布状况等有关。它比单一的固溶体或金属化合物具有更高的综合性能。在使用的合金材料中绝大多数是机械混合物这种组织状态。

3.3.3 合金的结晶

合金结晶后可形成不同类型的固溶体、金属化合物或机械混合物，其结晶过程分为晶核形成和晶核长大两个过程，且结晶过程需要一定的过冷度，结晶结束后形成由多晶粒组成，但合金的结晶要复杂得多。合金与纯金属结晶的不同之处如下：

①纯金属结晶是在恒温下进行，只有一个结晶温度。合金有开始温度与终止温度两个结晶温度。

②合金结晶过程中，局部范围内相的化学成分有变化。结晶终止后，整个晶体的平均化学成分与原合金的化学成分相同。

③合金结晶后分三种情况：第一种是由单相固溶体组成；第二种是由单相金属化合物或同时结晶出两相机械混合物组成；第三种是由结晶开始形成单相固溶体，剩余液体又同时结晶出两相机械混合物。

3.4 金属的铸锭组织

过冷度和难熔杂质对金属的结晶过程会产生很大的影响，结晶过程还可能受其他各种各样因素的影响，如金属的浇注温度、浇注方法、铸件的截面尺寸等。下面通过金属铸锭的剖面组织来说明铸件的组织特点，其典型的宏观组织从表面到中心分别由表层细晶粒区、柱状晶粒区、中心等轴晶粒区三层组成，如图 3 – 23 所示。

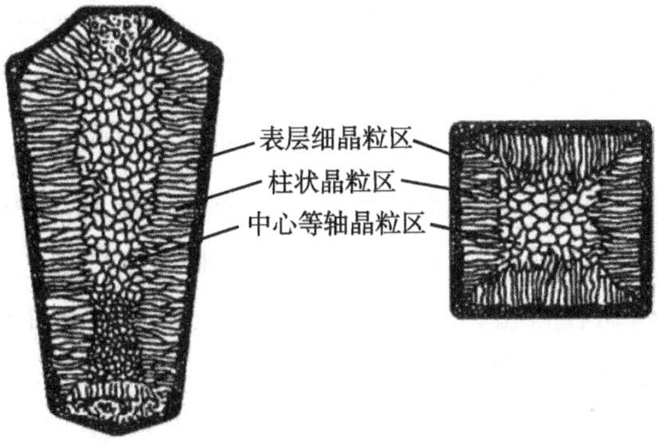

图 3 – 23　金属铸锭的组织示意

1. 表层细晶粒区

表层细晶粒区的形成主要是因为金属液刚加入铸锭模时，模壁温度较低，表层金属受到剧烈的冷却，造成较大的过冷所致。此外，模壁的人工晶核作用也是这层晶粒细化的原因之一。

表层细晶粒区的形核数目取决于下列因素：模壁的形核能力及模壁处所能达到的过冷度大小，后者主要依赖于铸锭模的表面温度、铸锭模的热传导能力、浇注温度等因素。如果铸锭模的表面温度低、热传导能力好、浇注温度较低，便可以获得较大的过冷度，从而使形核率增加，表层细晶粒区的厚度即可增大。相反，如果浇注温度高、铸锭模的散热能力小，而使其温度很快升高，就可大大降低晶核数目，表层细晶粒区的厚度也可相应地减小。

2. 柱状晶粒区

柱状晶粒区是紧接表面细晶粒区向铸锭中心长出的一层长轴形晶粒，它们的轴向垂直于模壁。柱状晶粒区的形成主要是因为铸锭垂直于其模壁散热的影响。在表层细晶粒区形成时，随着模壁温度的升高，铸锭的冷却速度便有所降低，晶核的形核率不如长大速度大，各晶粒便可得到较快的成长。此时，所有枝轴垂直于模壁的晶粒，因为其沿着枝轴向模壁传热比较有利，它们的成长也不致由于相互抵触而受到限制，所以只有这些晶粒才可能优先得到成长，从而形成柱状晶粒区。

柱状晶粒区的各个晶粒几乎平行地长大，相互妨碍，不易产生发达的枝晶粒，组织比较致密。但柱状晶粒比较粗大，方向基本一致，具有明显的各向异性；另外，晶粒交界处容易聚集杂质与气体，受力时容易沿晶界开裂。因此，一般应尽量避免大的柱状晶粒区。

钢锭尽量避免出现柱状晶粒组织，因为这时钢的塑性较差，而且柱状晶粒平行排列呈现各向异性，在锻造或轧制时容易发生裂纹，尤其在柱状晶粒区的前沿及柱状晶粒彼此相通处，若存在低熔点杂质，则可形成一个明显的脆弱界面，更容易发生开裂。所以，生产中经常采用振动浇注或变质处理等方法来抑制结晶时柱状晶粒区的扩展。

有时，柱状晶区也有利用价值。例如，涡轮机叶片采用定向凝固技术，使金属在结晶时形成与叶片方向一致的柱状晶粒，沿柱状晶粒方向可以承受大的荷载，性能得到提高。磁性铁合金也希望得到柱状晶粒，因为它的最大磁导率方向是〈001〉方向，柱状晶粒的一次轴也正好是这一方向。此外，对于具有良好塑性的有色金属（铜、铝等）希望得到柱状晶粒组织。因为这种组织较致密，对力学性能有利。在压力加工时，由于这些金属本身具有良好的塑性，不至于发生开裂。

3. 中心等轴晶粒区

随着柱状晶粒区的发展，液体金属的冷却速度很快降低，过冷度大大减小，温度差不断降低，散热的方向性已不明显，趋于均匀冷却的状态。同时，由于种种原因，如液体金属的流动可能将一些未熔杂质推至铸锭中心，或将柱状晶粒的枝晶分枝冲断，飘移到铸锭中心，它们都可以成为剩余液体的晶核，这些晶核由于在不同方向上的长大速度相同，从而形成较粗大的中心等轴晶粒区。

与柱状晶粒区相比，中心等轴晶粒区的各个晶粒在长大时彼此交叉，枝杈间的搭接牢固，裂纹不易扩展；不存在明显的脆弱界面；各晶粒的取向各不相同，其性能也没有方向性，这些都是中心等轴晶粒区的优点。但其缺点是等轴晶的树枝状晶体比较发达，分枝较多，所以显微缩孔较多、组织不够致密，但显微缩孔一般均未氧化、因此，铸锭经热压力加工之后，一般均可焊合，对性能影响不大。由此可见，一般的铸锭，尤其是铸件，都要求得到发达的等轴晶粒组织。

铸锭组织从表层到心部是不均匀的。通过改变结晶条件可以改变这三层晶区的相对大小和晶粒的粗细，甚至可以获得只有两层或单独一个晶区所组成的铸锭。在金属铸锭中，除组织不均匀外，还经常存在有各种铸造缺陷，如缩孔、缩松、气孔、偏析等。

【练习与思考】

1. 名词解释

（1）晶体；（2）非晶体；（3）晶格；（4）晶面；（5）晶向；（6）致密度；（7）过冷度；（8）同素异构转变；（9）变质处理。

2. 简答题

（1）晶体与非晶体的主要区别是什么？

（2）常见的金属晶格结构有哪几种？Cr，Mg，Zn，W，V，Fe，Al，Cu 等各具有哪种晶格结构？

(3) 晶体的各向异性是如何产生的？为什么实际晶体一般都显示不出各向异性？

(4) 实际金属晶体中存在哪种晶体缺陷？它们对金属的性能有哪些影响？

(5) 在立方晶体结构中，一个平面通过 $y=\frac{1}{2}$，$z=3$，并平行于 x 轴，它的晶面指数是多少？请画图表示。

(6) 画出立方晶系中（110）晶面和［110］晶向，（101）晶面和［101］晶向，并说明它们之间存在的关系。

(7) 单晶体与多晶体有什么区别？为什么单晶体有各向异性，而多晶体无各向异性？

(8) 简述金属的结晶过程。为什么一般金属结晶后会形成很多晶粒？

(9) 什么叫过冷度？过冷度与冷却速度有什么关系？过冷度对晶粒大小有哪些影响？

(10) 晶粒的大小对金属的性能有什么影响？在铸造生产中常采用哪些措施控制晶粒大小？

(11) 分析柱状晶的形成条件及其性能特点。

(12) 固溶体、金属化合物在晶体结构与力学性能方面有哪些特点？

参考文献

[1] 刘会霞. 金属工艺学[M]. 北京：机械工业出版社，2001.

[2] 丁德全. 金属工艺学[M]. 北京：机械工业出版社，2011.

[3] 宋金虎. 金属工艺基础[M]. 北京：北京交通大学出版社，2016.

[4] 吕广庶，张远明. 工程材料及成形技术基础[M]. 北京：高等教育出版社，2011.

[5] 张彦华. 工程材料与成型技术[M]. 2 版. 北京：北京航空航天大学出版社，2015.

[6] 杜丽娟. 工程材料成形技术基础[M]. 北京：电子工业出版社，2003.

第 4 章　铁碳合金相图

【教学要求】

碳钢和铸铁都是现代工业中应用最广泛、不可缺少的重要金属材料，是以铁碳为基本组元的合金。铁碳合金相图是研究铁碳合金的重要工具，了解与掌握铁碳合金相图，对于钢铁材料的研究和使用、各种热加工工艺的制订、工艺废品产生原因的分析等都有很重要的指导意义。本章具体教学要求如下：

①了解一元相图、二元相图相关概念。

②掌握铁碳合金的相关基础知识。

③学会利用相图分析材料的成分、组织、性能。

④了解铁碳合金相图上的各种合金的结晶过程。

在铁碳合金中，铁与碳可以形成 Fe_3C，Fe_2C，FeC 等一系列亚稳定金属化合物，所以整个 Fe－C 相图可以看成由 Fe－Fe_3C，Fe_3C－Fe_2C，Fe_2C－FeC，FeC－C 等二元相图组成，如图 4－1 所示。由于含碳量水平超过 5% 的铁碳合金硬度高，脆性大，实际上没有使用价值，所以在铁碳合金相图中仅研究 Fe－Fe_3C 部分。通常所说的铁碳合金相图，实际上就是 Fe－Fe_3C 相图。

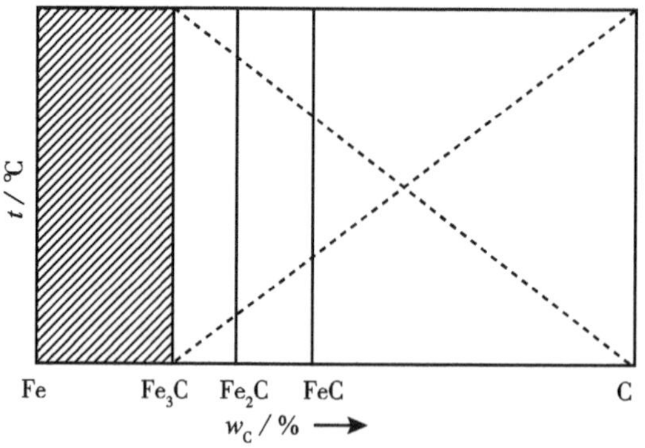

图 4－1　Fe－C 相图

4.1　一元相图

组成一个体系的基本单元，如单质（元素）和稳定化合物，称为组元。体系中具有相同物理与化学性质、与其他部分以界面分开的均匀部分，称为相。通常把具有 n 个组元都是独立的体系称为 n 元系，组元数为一的体系称为单元系。

单元系相图通过几何图形描述：由单一组元构成的体系在不同温度和压力条件下可能存在的相及多相的平衡。现以 H_2O 为例，说明单元系相图的表示和测定方法。H_2O 可以以气态（水蒸气）、液态（水）、固态（冰）的形式存在。绘制 H_2O 的相图，首先在不同温度和压力条件下，测出水－水蒸气、冰－水蒸气、水－冰两相平衡时相应的温度和压力；然后，以温度为横坐标、压力为纵坐标作图，把每一个数据都在图上标出一个点，再将这些点连接起来，得到如图 4－2（a）所示的 H_2O 相图。根据相律

$$f = C - P + 2 = 3 - P$$

由于 $f \geqslant 0$，所以 $P \leqslant 3$，即在温度和压力两个外界条件变化下，单元系中最多只能有三相平衡。图 4－2（a）中有三条曲线：水和水蒸气共存的平衡曲线 O_1C；冰和水蒸气共存的平衡曲线 O_1B；水与冰共存的平衡曲线 O_1A。它们将相图分为三个区域：水蒸气区、水区、冰区。在每个区中只有一相存在，由相律可知，其自由度为 2，表示在该区内温度和压力的变化不会产生新相。在 O_1A，O_1B，O_1C 三条曲线上，两相平衡（共存），$P=2$，所以 $f=1$。这表明：为了维持两相平衡，温度和压力两个变量中只有一个可独立变化，另一个必须按曲线作相应改变。O_1A，O_1B，O_1C 三条曲线交于 O_1 点，它是水蒸气、水、冰三相平衡点。根据相律，此时 $f=0$，因此要保持三相共存，温度和压力都不能变动。

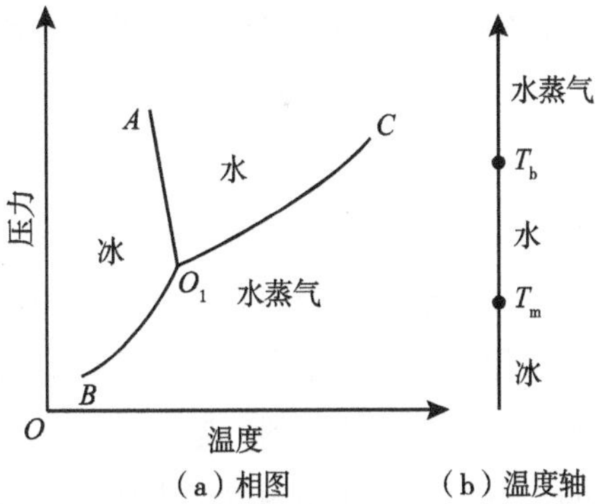

（a）相图　　（b）温度轴

图 4－2　H_2O 的相图

如果外界压力保持恒定（如一个标准大气压），那么单元系相图只要一个温度轴来表示，如 H_2O 的情况见图 4－2（b）。根据相律，在水蒸气、水、冰的各单相区内（$f=1$），温度可在一定范围内变动。在熔点和沸点处，两相共存，$f=0$，且温度不能变动，即相变为恒温过程。

在单元系中，除了可以出现气、液、固三相之间的转变外，某些物质还可能出现固态中的同素异构转变。例如，图 4－3（a）是纯铁的相图，其中，δ－Fe 和 α－Fe 是体心立方结构，两者点阵常数略有不同；γ－Fe 是面心立方结构。图中，三个相之间有两条晶型转变线把它们分开。对金属一般只考虑沸点以下的温度范围，外界压力通常为一个标准大

气压，所以纯金属相图可用温度轴来表示，见图 4 – 3（b）。T_m（1 538 ℃）是纯铁的熔点，A_4点（1 394 ℃）是δ – Fe 和γ – Fe 的转变点；A_3点（912 ℃）是γ – Fe 和α – Fe 的转变点；A_2点（768 ℃）是磁性转变点。

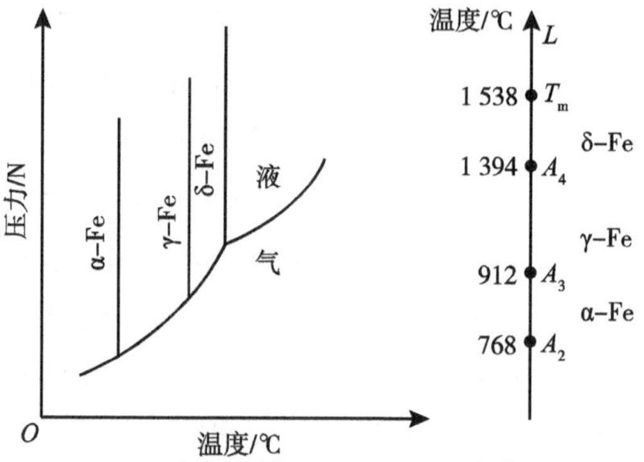

（a）相图　　（b）温度轴

图 4 – 3　纯铁的相图

4.2　二元相图

在实际工业中，广泛使用的不是前述的单组元材料，而是由二组元及多组元组成的多元系材料。多组元的加入使材料的凝固过程和凝固产物趋于复杂，为材料性能的多变性及其选择提供了契机。在多元系中，二元系是最基本、目前研究最充分的体系。二元系相图是研究二元体系在热力学平衡条件下，相与温度、成分之间关系的有力工具，已在金属、陶瓷、高分子材料中得到广泛的应用。

二元系比单元系多一个组元，有成分的变化。若同时考虑成分、温度、压力，则二元相图必为三维立体相图。鉴于三坐标立体图的复杂性，并由于体系在研究中处于一个大气压的状态下，二元相图仅考虑体系在成分和温度两个变量下的热力学平衡状态。二元相图的横坐标表示成分，纵坐标表示温度。如果体系由组元 A 与 B 组成，横坐标的一端为组元 A，另一端表示组元 B，那么体系中任意两组元不同配比的成分均可在横坐标上找到相应的点。二元相图中的成分按国家标准有两种表示方法：质量分数 w 和摩尔分数 x。若组元 A 与 B 为单质，二者换算方式如下：

$$w_A = \frac{A_{rA}x_A}{A_{rA}x_A + A_{rB}x_B}$$

$$w_B = \frac{A_{rB}x_B}{A_{rA}x_A + A_{rB}x_B}$$

$$x_A = \frac{\dfrac{w_A}{A_{rA}}}{\dfrac{w_A}{A_{rA}} + \dfrac{w_B}{A_{rB}}}$$

$$x_B = \frac{\dfrac{w_B}{A_{rB}}}{\dfrac{w_A}{A_{rA}} + \dfrac{w_B}{A_{rB}}}$$

式中，w_A——组元 A 的质量分数；

w_B——组元 B 的质量分数；

A_{rA}——组元 A 的相对原子质量；

A_{rB}——组元 B 的相对原子质量；

x_A——组元 A 的摩尔分数；

x_B——组元 B 的摩尔分数。

$w_A + w_B = 1$（或 100%），$x_A + x_B = 1$（或 100%）。

若二元相图中的组元 A 和 B 为化合物，则以组元 A 或 B 化合物的相对分子质量 M_{rA} 或 M_{rB} 取代式中组元 A 或 B 的相对原子质量 A_{rA} 或 A_{rB}，以组元 A 或 B 化合物的分子质量分数来表示对应组元的原子质量分数，可得到化合物的摩尔分数表达式。这种摩尔分数表达方式在陶瓷二元相图和高分子二元相图中普遍使用。

二元相图是根据各种成分材料的临界点绘制的，临界点表示物质结构状态发生本质变化的相变点。测定材料临界点的方法有动态法和静态法，前者有热分析法、膨胀法、电阻法等；后者有金相法、X 射线结构分析等。相图的精确测定必须由多种方法配合使用。为了提高测量的精度，也可以几种方法配合使用，但是经常使用的是比较方便的热分析法。下面以铜镍合金为例，说明用热分析法测定合金相图的过程。

首先配制包括纯镍、纯铜在内的若干个成分的合金，例如含铜量分别为 20%、40%、60%、80% 的 4 个铜镍合金。合金种类越多，图形越精确。将它们分别熔化，然后在极缓慢的冷却速度（<0.5 ℃/s）下，测定它们的冷却曲线，如图 4－4（a）所示。纯镍、纯铜在恒温下结晶，冷却曲线上出现一个平台，只有一个临界点；其他合金的结晶在一段温度范围内进行，冷却曲线上有两个折点。上折点是结晶的开始温度，称为上临界点；下折点是结晶的终了温度，称为下临界点。再将合金的临界点绘在温度－成分图上，并把上、下临界点的温度分别用曲线连接起来，得到如图 4－4（b）所示的铜镍二元合金的相图。由于纯镍和纯铜只有一个临界点，所以它是连接两曲线的端点。

图 4－4 中，结晶开始温度（上临界点）的连线称为液相线，表示合金结晶的开始温度或加热过程中熔化终了的温度；结晶终了温度（下临界点）的连线称为固相线，表示合金结晶终了的温度或加热时开始熔化的温度。这两条线把铜镍合金相图分为三个相区。液相线以上，所有合金都处于液态，是液相单相区，用 L 表示；在固相线以下，所有合金结

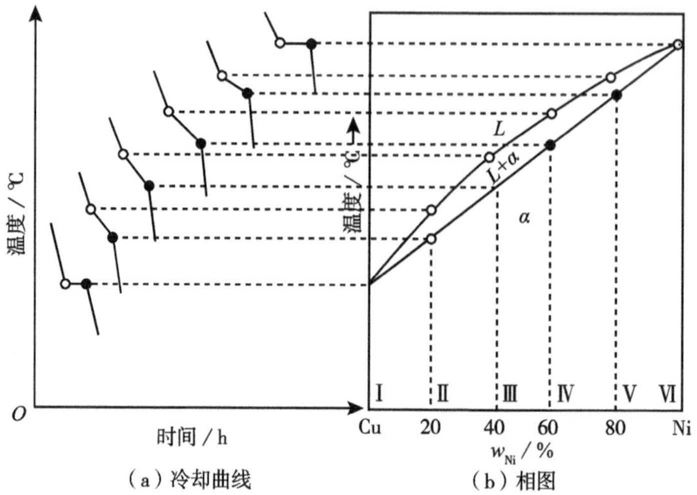

（a）冷却曲线　　（b）相图

图 4-4　铜镍合金的冷却曲线及相图的测定

晶完毕，处于固态，是固相单相区，对于铜镍合金是单相固溶体，用 α 表示；在固相线与液相线之间，合金正在结晶（冷却）或正在熔化（加热）时，是液相 L 和固相 α 共存的两相区，用 $L+\alpha$ 表示。

4.3　铁碳合金的基本相

组成铁碳合金的基本元素是 Fe 和 C。纯铁具有同素异构转变现象。室温下，纯铁的原子排列成体心立方晶格，称为 α-Fe；当温度升高到 912 ℃时，纯铁将发生同素异构转变，铁的原子排列成面心立方晶格，称为 γ-Fe；当继续升温至 1 394 ℃时，铁的原子又将排列成体心立方晶格，称为 δ-Fe；当温度升高到 1 535 ℃时，纯铁将熔化。反之亦然。即：

$$\alpha\text{-Fe} \xleftrightarrow{912\ ℃} \gamma\text{-Fe} \xleftrightarrow{1\,394\ ℃} \delta\text{-Fe}$$

4.3.1　铁素体

碳溶于 α-Fe 中的间隙固溶体称为铁素体（Ferrite），以符号 F 或 α 表示。铁素体的溶碳能力极差，在 727 ℃时，溶碳量最大，可达 $w_C=0.028\,1\%$。随着温度的下降其溶碳能力逐渐减小，在 600 ℃时，溶碳量约为 $w_C=0.005\,7\%$；在室温时，溶碳量就更低了，一般在 0.008% 以下。因此，其力学性能与纯铁相差无几，数值如下：

抗拉强度：180～280 MPa。

屈服强度：100～170 MPa。

断后伸长率：30%～50%。

断面收缩率：70%～80%。

冲击吸收功：128～160 J。

硬度：约 80 HBS。

由此可见，铁素体的强度、硬度不高，但具有良好的塑性与韧性，所以很少用于制造机械零件。用其加工的钢板，可利用冷轧工艺提高强度。

碳可溶于体心立方晶格的 $\delta-Fe$ 中，形成铁素体，这种高温区域存在的铁素体称为 δ 铁素体或高温铁素体，在 1 495 ℃时，碳在 $\delta-Fe$ 中最大溶解度为 $w_C=0.09\%$。碳溶于体心立方晶格的 $\alpha-Fe$ 中形成的铁素体称为 α 铁素体或低温铁素体，通常称为铁素体。

在显微镜下，铁素体呈明亮的等轴多边形，如图 4－5 所示；珠光体中，铁素体为白色厚片状；含碳量较高的亚共析钢平衡组织中，铁素体为白色网状；在亚共析钢中，魏氏体组织铁素体可以是针片状。

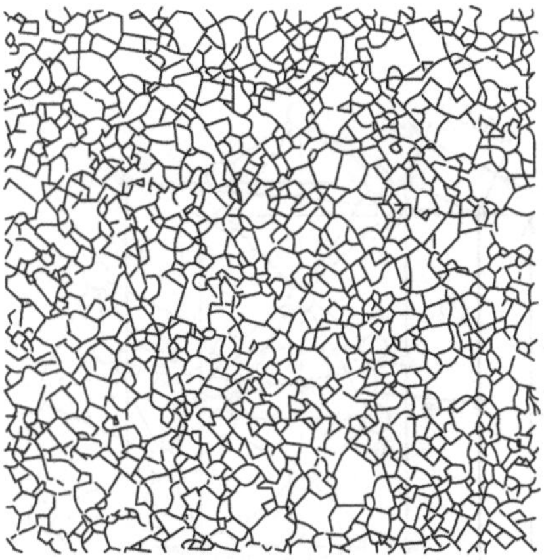

图 4－5 铁素体的显微组织（放大 100 倍）

铁素体的居里点为 770 ℃，即铁素体在 770 ℃以下具有铁磁性，在 770 ℃以上失去铁磁性。

4.3.2 奥氏体

碳溶于 $\gamma-Fe$ 中的间隙固溶体称为奥氏体（Austenite），以符号 A 或 γ 表示。奥氏体溶碳能力比铁素体大得多。在 727 ℃时，溶碳量为 $w_C=0.77\%$；在 1 148 ℃时，可达到 $w_C=2.11\%$。

碳钢中的奥氏体是高温相，在室温下不存在；但在钢中加入足够多的扩大 γ 相区的合金元素，可使奥氏体稳定到室温，如高锰钢、奥氏体不锈钢，实际应用时的组织为奥氏体。高温下，奥氏体的显微组织如图 4－6 所示，晶粒呈多边形，与铁素体的组织近似，但晶粒边界比铁素体平直，且晶粒内部有孪晶出现。

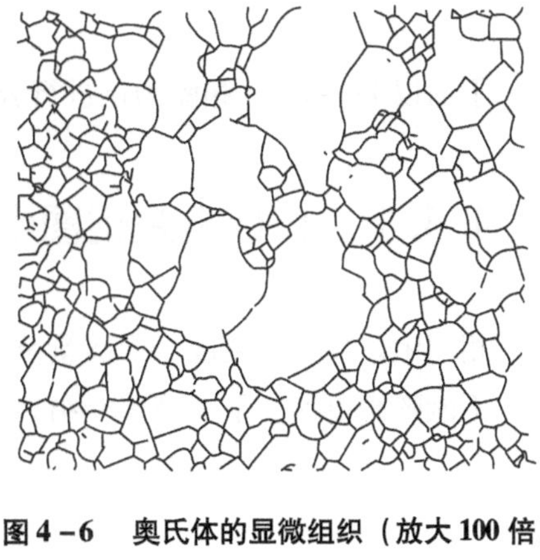

图 4－6 奥氏体的显微组织（放大 100 倍）

奥氏体的力学性能与其溶碳量及晶粒大小有

关。一般奥氏体的硬度为 170 ~ 220 HBS，伸长率为 40% ~ 50%，所以奥氏体的硬度低、塑性高，易于锻压成形。由于面心立方晶格是一种最密排的晶体结构，所以奥氏体的比容最小。奥氏体的导热性差，线膨胀系数比铁素体与渗碳体的平均线膨胀系数高约 1 倍，所以奥氏体钢可以制作要求热膨胀灵敏的仪表元件。由于奥氏体是顺磁性的，所以奥氏体钢是无磁性钢。

4.3.3 渗碳体

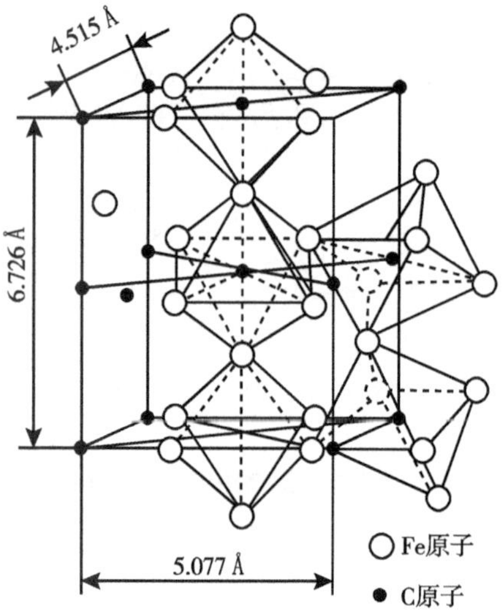

图 4-7 Fe_3C 的晶体结构

渗碳体是铁与碳形成的间隙化合物 Fe_3C，是铁碳相图中的重要基本相。渗碳体的含碳量为 $w_C = 6.69\%$，其晶体结构如图 4-7 所示。

Fe_3C 的晶体结构决定了它的硬度很高（950 ~ 1 050 HV 或 800 ~ 820 HBW），塑性和韧性几乎为零，脆性很大。渗碳体的磁性转变温度是 230 ℃；密度为 7.82 g/cm^3。根据理论计算，渗碳体的熔点为 1 227 ℃。

渗碳体不受硝酸腐蚀，在显微镜下呈白亮色，在碱性苦味酸钠腐蚀下，被染成黑色。在钢和铸铁中与其他相共存时可以片状、粒状、网状或板状出现，过共析钢中魏氏组织渗碳体一般呈针状。渗碳体是钢中主要的强化相，它的相对量、形状、大小和分布对钢的性能有很大的影响。

4.4 相图分析

下面以 Fe - Fe_3C 相图为例进行分析，如图 4-8 所示。

4.4.1 铁碳合金相图中的特性点

相图中，各点的温度、含碳量及其含义列于表 4-1 中。各特性点的符号是国际通用的，不能随意更换。下面简单介绍表中较为重要的 *C*，*S*，*E*，*P* 等点的含义。

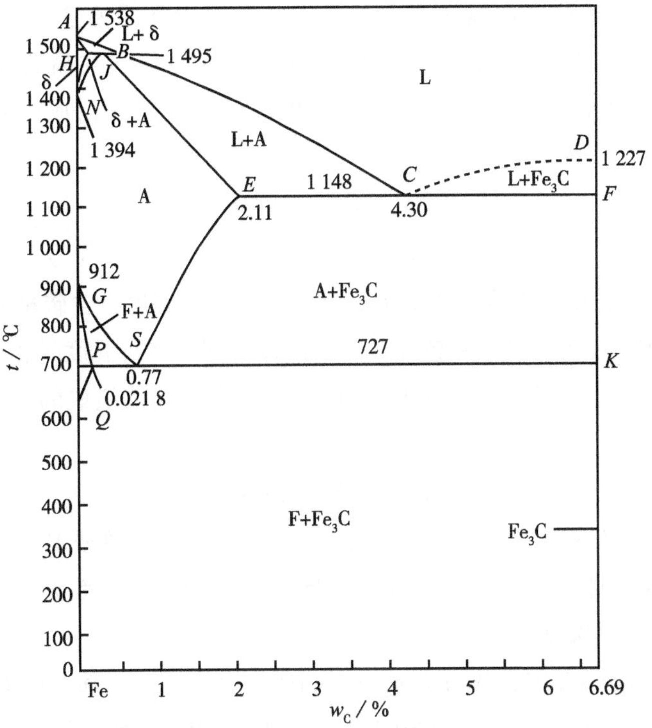

图 4－8　以相组成表示的 Fe－Fe_3C 相图

表 4－1　铁碳合金相图中的特性点

特性点	温度/℃	含碳量 w_C/%	特性点的含义
A	1 538	0	纯铁的熔点
B	1 495	0. 53	包晶转变时液相的成分
C	1 148	4. 30	共晶点
D	1 227	6. 69	渗碳体的熔点
E	1 148	2. 11	C 在奥氏体中的最大溶解度
F	1 148	6. 69	共晶渗碳体的成分点
G	912	0	α－Fe⇌γ－Fe 同素异晶转变点（A_3）
H	1 495	0. 09	C 在 δ 周溶体中的最大溶解度
J	1 495	0. 17	包晶点
K	727	6. 69	共析渗碳体的成分点
N	1 394	0	γ－Fe⇌δ－Fe 同素异晶转变点（A_4）
P	727	0. 021 8	C 在铁素体中最大溶解度
S	727	0. 77	共析点
Q	600	0. 005 7	600 ℃时，C 在铁素体中的溶解度

C 点称为共晶点，所在温度为 1 148 ℃，此温度为共晶温度；含碳量 w_C = 4.3%，此成分为共晶成分。实验证明，具有共晶成分的铁水冷却到共晶温度时将发生共晶转变，即从液体 $L_{4.30}$ 晶出含碳量 w_C = 2.11% 的奥氏体和渗碳体组成的共晶混合物，其反应式为：

$$L_{4.30} \xrightleftharpoons{1\,148\ ℃} (A_{2.11} + Fe_3C)$$

共晶转变的产物（$A + Fe_3C$）称为莱氏体（Ledeburite），以符号 L_d 表示。

S 点称为共析点，所在温度为 727 ℃，此温度为共析温度；含碳量 w_C = 0.77%，此成分为共析成分。实验证明，具有共析成分的奥氏体冷却到共析温度时将发生共析转变，即从奥氏体中同时析出含碳量 w_C = 0.021 8% 的铁素体和渗碳体组成的细密混合物，其反应式为：

$$L_{0.77} \xrightleftharpoons{727\ ℃} (F_{0.021\,8} + Fe_3C)$$

共析转变产物（$F + Fe_3C$）称为珠光体（Pearlite），常用符号 P 表示。珠光体的力学性能介于两组成相性能之间，数值为 Rm = 750 ~ 900 MPa，硬度为 180 ~ 280 HBS，δ = 20% ~ 25%，AK = 24 ~ 32 J。

E 点所在温度为 1 148℃，成分为 w_C = 2.11%，是 C 在奥氏体中最大溶解度的成分点。含碳量 w_C 小于 2.11% 的铁碳合金称为钢，w_C 大于 2.11% 的铁碳合金称为白口铁。

P 点所在温度为 727 ℃，成分为 w_C = 0.021 8%，是 C 在铁素体中最大溶解度的成分点。含碳量 w_C 小于 0.021 8% 的铁碳合金称为工业纯铁，w_C 大于 0.021 8% 的铁碳合金称为钢。

4.4.2 铁碳合金相图中的特性线

相图中的特性线是各种不同成分的铁碳合金具有相同意义的临界点的连线。铁碳合金相图中的特性线的含义列于表 4－2。

表 4－2 铁碳合金相图中的特性线

特性线	特性线的含义
ABCD	铁碳合金的液相线
AHJECF	铁碳合金的固相线
HN	δ 固溶体向奥氏体转变开始温度线，即碳在 δ 固溶体中的溶解度线
JN	δ 固溶体向奥氏体转变终了温度线（A_4）
GS	奥氏体向铁素体转变开始温度线（A_3）
GP	奥氏体向铁素体转变终了温度线
PQ	C 在铁素体中的溶解度线，也叫固溶线
ES	C 在奥氏体中的溶解度线（A_{cm}）

续表

特性线	特性线的含义
HJB	$L_B + \delta_H \rightleftharpoons A_J$ 包晶转变线
ECF	$L_C \rightleftharpoons A_E + Fe_3C$ 共晶转变线
PSK	$A_S \rightleftharpoons F_P + Fe_3C$ 共析转变线（A_1）
MO	铁素体的磁性转变线（A_2）

为了便于分析典型铁碳合金的平衡结晶过程及其平衡组织，相图中的三条水平线（表示三种等温转变线）和三条斜线较为重要，下面分别说明。

1. 相图中的三条重要的水平线

（1）*HJB* 线

HJB 线所在温度为 1 495 ℃，所在成分为 $w_C = 0.09\% \sim 0.53\%$，*J* 点为包晶转变点。此线称为包晶转变线，即成分为 $w_C = 0.09\%$ 的 δ 固溶体（δ 铁素体）和成分为 $w_C = 0.53\%$ 的液体 L 在 1 495 ℃时共同作用，而生成成分为 $w_C = 0.17\%$ 的 γ 固溶体（奥氏体），即发生包晶转变：

$$\delta_{0.09} + L_{0.53} \xrightleftharpoons{1\,495\ ℃} A_{0.17}$$

包晶转变的产物是奥氏体，凡成分在 $w_C = 0.09\% \sim 0.53\%$ 的铁碳合金缓慢冷却至 *HJB* 线（1 495 ℃）上时均发生包晶转变。

（2）*ECF* 线

ECF 线所在温度为 1 148 ℃，所在成分为 $w_C = 2.11\% \sim 6.69\%$，*C* 点是共晶点。此线称为共晶转变线，即具有共晶成分 $w_C = 4.30\%$ 的液相 L 在共晶温度为 1 148 ℃时，要同时结晶出成分 $w_C = 2.11\%$ 的奥氏体（A）和渗碳体（Fe_3C）组成的共晶混合物，即发生共晶转变：

$$L_{4.30} \xrightleftharpoons{1\,148\ ℃} (A_{2.11} + Fe_3C)$$

共晶转变的产物称为莱氏体，用 L_d 表示。莱氏体中的奥氏体和渗碳体分别称为共晶奥氏体和共晶渗碳体。凡是含碳量 $w_C = 2.11\%$ 以上的铁碳合金在 *ECF* 线上，即在 1 148 ℃ 时均发生共晶转变。

（3）*PSK* 线

PSK 线所在温度为 727 ℃，所在成分为 $w_C = 0.021\,8\% \sim 6.69\%$，*S* 点是共析点。此线称为共析转变线，用符号 A_1 表示，即具有共析成分 $w_C = 0.77\%$ 的奥氏体在共析温度为 727 ℃时，要同时析出成分 $w_C = 0.021\,8\%$ 的铁素体和渗碳体组成的细密机械混合物，即发生共析转变：

$$A_{0.77} \xrightleftharpoons{727\ ℃} (F_{0.021\,8} + Fe_3C)$$

共析转变的产物称为珠光体，用符号 P 表示。珠光体中的铁素体和渗碳体分别称为共析铁素体和共析渗碳体。凡含碳量超过 $w_C=0.0218\%$ 的铁碳合金在 *PSK* 线上，即在 727 ℃ 时均发生共析转变。

2. 相图中三条重要的斜线

(1) *ES* 线

ES 线是 C 在奥氏体中的饱和溶解度曲线（固溶线）。奥氏体的最大溶碳量是在 1 148 ℃ 时，可溶碳 $w_C=2.11\%$，随着温度下降，奥氏体中的溶碳量逐渐减少，到 727 ℃ 时仅为 $w_C=0.77\%$。因此，凡是含碳量大于 $w_C=0.77\%$ 的铁碳合金，自 1 148 ℃冷至 727 ℃的过程中，从奥氏体中析出渗碳体。为了区别自液相中直接结晶出的一次渗碳体（Fe_3C_{I}），将从奥氏体中析出的渗碳体称为二次渗碳体（Fe_3C_{II}）。*ES* 线又叫 A_{cm}线。

(2) *GS* 线

GS 线是含碳量小于 $w_C=0.77\%$ 的铁碳合金在冷却过程中，由奥氏体析出铁素体的开始线；或者在加热时，铁素体溶入奥氏体的终了线。*GS* 线又叫 A_3线。奥氏体与铁素体之间的转变是溶剂金属（Fe）发生同素异构转变的结果，也称为固溶体的同素异构转变。纯铁在一定温度下发生同素异构转变，当 Fe 溶入了 C 后，其转变温度就要改变。

(3) *PQ* 线

PQ 线是 C 在铁素体中的饱和溶解度曲线。铁素体的最大溶碳量是在 727 ℃时，可溶碳 $w_C=0.0218\%$，而在 600 ℃时仅可溶碳 $w_C=0.0057\%$，在 200 ℃时只能溶解碳 $w_C=7\times10^{-7}\%$。因此，一般铁碳合金由 727 ℃冷却到室温时，从铁素体中析出渗碳体，这种渗碳体称为三次渗碳体（Fe_3C_{III}）。对于工业纯铁和含碳很低的低碳钢，由于三次渗碳体沿铁素体晶界析出，会使钢的塑性和韧性下降，脆性增加，所以要重视三次渗碳体的存在与分布情况。对于含碳量较高的铁碳合金，由于存在很多其他形态的渗碳体，从而掩盖了三次渗碳体的作用，所以，三次渗碳体的影响可忽略不计。

在相图中有一条水平虚线 *MO*（770 ℃），是铁素体的居里点，即铁素体的磁性转变温度线，以符号 A_2表示。铁素体在 A_2以下是铁磁性物质，在 A_2以上转变为顺磁性物质。还有一条水平虚线（230 ℃），是渗碳体居里点，即渗碳体的磁性转变温度线，以 A_0表示。渗碳体在 A_0以下是弱铁磁性物质，在 A_0以上转变为顺磁性物质。磁性转变时，晶体结构类型不发生变化。

4.4.3 铁碳合金相图中的相区

相图中的各条特性线把铁碳相图分割成 5 个单相区和 7 个两相区，此外 3 条水平线是 3 个三相区。

5 个单相区：L 相区、δ 相区、A 相区、F 相区和 Fe_3C 相区。

7 个两相区：L + δ 相区、L + A 相区、L + Fe_3C 相区、δ + A 相区、A + Fe_3C 相区、

A + F 相区和 F + Fe_3C 相区。

3 个三相区：*HJB* 线（L + δ + A）、*ECF* 线（L + A + Fe_3C）、*PSK* 线（A + F + Fe_3C）。

4.5　典型合金的平衡结晶及其组织

根据相变特征和室温组织不同，可将铁碳合金相图上的各种合金分成工业纯铁、钢、白口铁三大类：

①工业纯铁是含碳量 w_C < 0.021 8% 的铁碳合金，室温平衡组织为铁素体和极少量的三次渗碳体。

②钢是含碳量 w_C = 0.021 8% ~ 2.11% 的铁碳合金，特点是高温固态组织为单相奥氏体，具有良好的塑性，因此能够进行热变加工。根据室温组织的不同，钢可分为三小类：

亚共析钢的含碳量 w_C = 0.021 8% ~ 0.77%，室温平衡组织是铁素体和珠光体。

共析钢的含碳量 w_C = 0.77%，室温平衡组织是珠光体。

过共析钢的含碳量 w_C = 0.77% ~ 2.11%，室温平衡组织是珠光体和二次渗碳体。

③白口铁是含碳量 w_C = 2.11% ~ 6.69% 的铁碳合金，因其宏观断口呈白亮色而得名，特点是液态结晶时都有共晶转变。液态合金的流动性好，所以铸铁都具有良好的铸造性能。但其共晶转变产物是以渗碳体为基体的莱氏体组织，性能很脆，高温下也不能进行锻造和轧制。根据室温组织不同，白口铁分为三小类：

亚共晶白口铁的含碳量 w_C = 2.11% ~ 4.3%，室温平衡组织是珠光体、二次渗碳体、低温莱氏体。

共晶白口铁的含碳量 w_C = 4.3%，室温平衡组织是低温莱氏体。

过共晶白口铁的含碳量 w_C = 4.3% ~ 6.69%，室温平衡组织是莱氏体和一次渗碳体。

下面选取 7 种典型的铁碳合金，分别分析其平衡结晶过程及组织转变。

4.5.1　工业纯铁

以含碳量 w_C = 0.01% 的合金为例研究其结晶过程图 4 - 9 中的 Ⅰ - Ⅰ 合金。液相合金 L 冷却到 1 点时开始结晶出 δ 铁素体。2 点时，结晶结束，合金全部为 δ 铁素体。δ 铁素体冷却到 3 点时，开始发生固溶体的同素异构转变（δ→A）。转变过程中，A 的晶核优先在 δ 相的晶界上形成，然后不断长大。到 4 点时，合金全部转变为单相 A。A 冷却到 5 ~ 6 点时，发生同素异构转变（A→F）。同样，F 晶核是在 A 的晶界上先形成后长大。6 点时，合金组织全部为铁素体 F。F 冷却到 7 点时，C 在 F 中的溶解度达到饱和，温度下降使得 F 的晶界析出三次渗碳体 Fe_3C，数量很少，一般沿铁素体晶界呈断续片状分布，光镜下很难分辨。由于渗碳体的析出，F 中的含碳量沿 *PQ* 线变化，至室温时几乎降到零。如图 4 - 10

所示，为工业纯铁缓冷到室温的显微组织：铁素体 + 三次渗碳体。含碳量 $w_C = 0.021\ 8\%$ 的合金，冷却到室温时析出的三次渗碳体的量最多，可用杠杆定律计算：

$$w_{Fe_3C} = \frac{0.021\ 8}{6.69} \times 100\% = 0.33\%$$

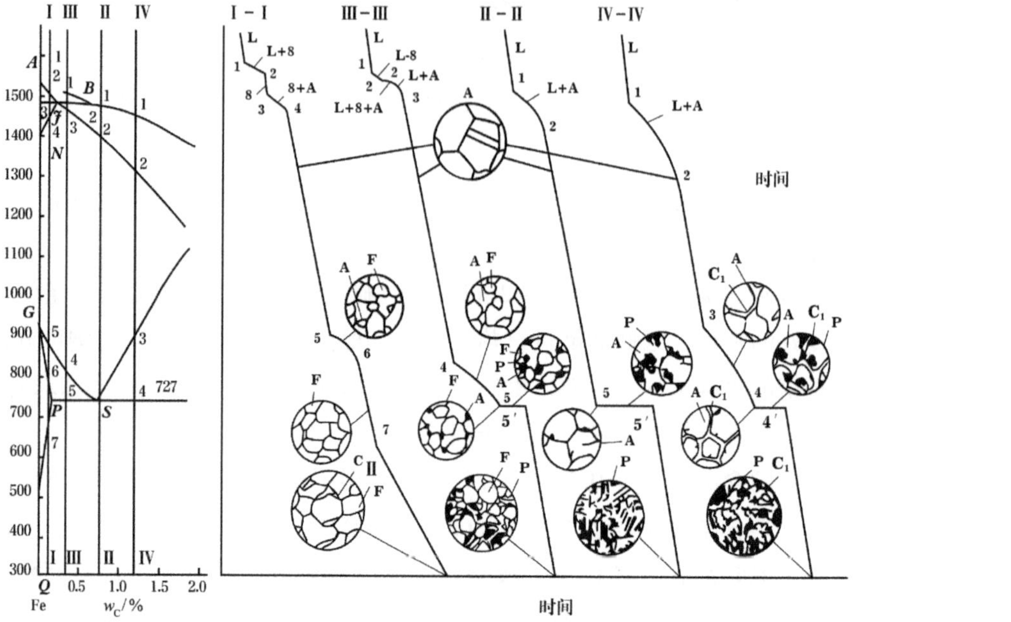

图 4-9　工业纯铁和钢的结晶过程组织转变示意图（C_{II} 表示 Fe_3C_{II}）

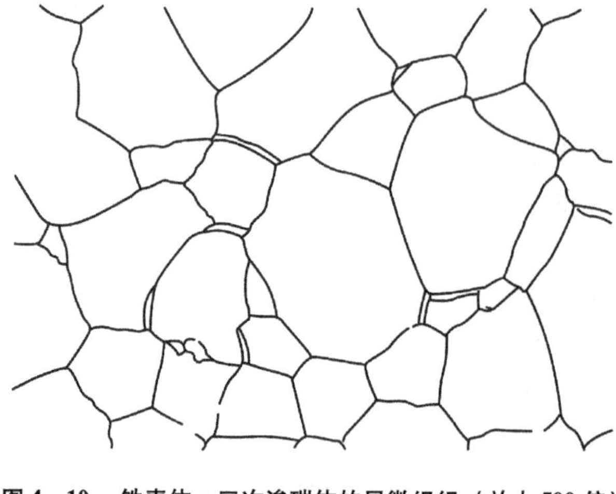

图 4-10　铁素体 + 三次渗碳体的显微组织（放大 500 倍）

4.5.2　共析钢

共析钢如图 4-9 中的Ⅱ-Ⅱ合金所示，含碳量 $w_C = 0.77\%$，其结晶过程为：液相合金 L 冷却到 1 点时，开始结晶出 A。1～2 点，按匀晶转变结晶。A 开始以树枝状生长，最后得到多面体的 A 晶粒。共析成分的 A 冷却到 S 点（727 ℃）时发生共析转变：

$$A_{0.77} \xrightleftharpoons{727\ ℃} (F_{0.0218} + Fe_3C)$$

转变在恒温下进行，转变结束后可得到珠光体组织。珠光体一般呈片状，其显微组织如图 4－11 所示。珠光体中的铁素体称为共析铁素体，其中的渗碳体称为共析渗碳体。

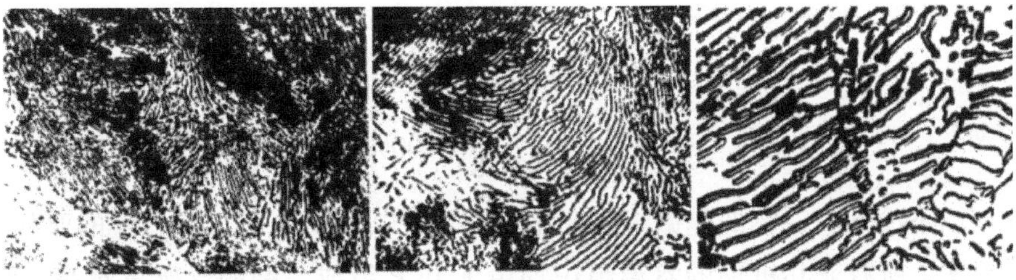

（a）放大500倍　（b）放大1 000倍　（c）放大6 000倍

图 4－11　共析钢的显微组织

珠光体中的铁素体和渗碳体的相对量，可用杠杆定律求得：

$$w_{F_{0.0218}} = \frac{6.69 - 0.77}{6.69 - 0.0218} \times 100\% \approx 88.8\%$$

$$w_{Fe_3C} = 1 - w_F \approx 11.2\%$$

由于珠光体中渗碳体的数量比铁素体少，所以片状珠光体中的渗碳体形成窄条，铁素体形成宽条。在金相组织腐蚀显示时，铁素体和渗碳体的相界面被腐蚀成凹洼，在直射光照射下变成黑色线条。当放大倍数较大时，可以看到渗碳体四周有一圈黑线围着，如图 4－11（b）所示。若放大倍数较低，且显微镜的鉴别能力小于渗碳体片层厚度时，只能看出一条黑线。这条黑线代表渗碳体边缘的两条边界线，也表示渗碳体相，如图 4－11（a）所示。如果放大倍数更小或珠光体很细密，片层间距很小，腐蚀时间过长，则其中的铁素体与渗碳体甚至无法分辨，珠光体只是灰暗的一片。

4.5.3　亚共析钢

以含碳量 $w_C = 0.45\%$ 的合金为例研究其结晶过程，见图 4－9 中的Ⅲ－Ⅲ合金。合金液相 L 在 1 ~2 点结晶出 δ 固溶体。冷却到 2 点（1 495 ℃）时，δ 固溶体的含碳量为 $w_C = 0.09\%$，液相 L 的含碳量为 $w_C = 0.53\%$，此时液相 L 与 δ 固溶体发生包晶转变：

$$\delta_{0.09} + L_{0.53} \xrightleftharpoons{1\,495\ ℃} A_{0.17}$$

转变在恒温下进行。由于合金中含碳量 $w_C = 0.45\%$ 大于包晶点 J 中含碳量 $w_C = 0.17\%$，所以包晶转变结束时，除了 δ 固溶体和部分液相转变为 A 外，还剩余一定量的液相，这些液相在 2 ~3 点的温度间继续结晶出 A。当冷却到 3 点时，合金全部由含碳量为 $w_C = 0.45\%$ 的 A 组成。

当 A 冷却到 4 点时，开始从 A 中析出 F，称为先共析铁素体。在 4 ~5 点冷却时，F 不断从 A 中析出，A 量不断减少，F 量不断增多，剩余 A 的含碳量沿 *GS* 线从 4 点向 *S* 点变化，先共析铁素体的含碳量沿着 *GP* 线向点 *P* 变化。当温度降到 5 点（727 ℃）时，先共析铁素体的含碳量达 $w_C=0.0218\%$，剩余 A 的含碳量达 $w_C=0.77\%$。因此，剩余 A 在 727 ℃时发生共析转变，生成珠光体。此时，合金组织为 F + P，相对量可用杠杆定律求得：

$$w_{F_{0.0218}}=\frac{0.77-0.45}{0.77-0.0218}\times 100\%=42.7\%$$

$$w_{P_{0.077}}=\frac{0.45-0.0218}{0.77-0.0218}\times 100\%=57.3\%$$

在 5 点以下冷却时，钢的显微组织变化不大，所以含碳量 $w_C=0.45\%$ 的亚共析钢室温组织是 F 和 P。所有亚共析钢的室温组织均由 F 和 P 组成，钢的含碳量越高，则 P 量越多，F 量越少。通常可以近似地根据亚共析钢的显微组织来估计其含碳量：

$$w_C \approx P\% \times 0.77\%$$

式中，P% ——珠光体在显微镜的视场中所占的面积百分比。

各种不同含碳量的亚共析钢的显微组织如图 4 - 12 所示。

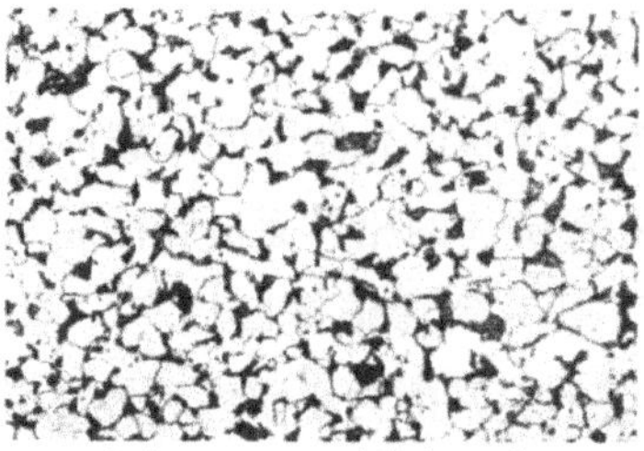

（a）w_C=0.20%（放大100倍）

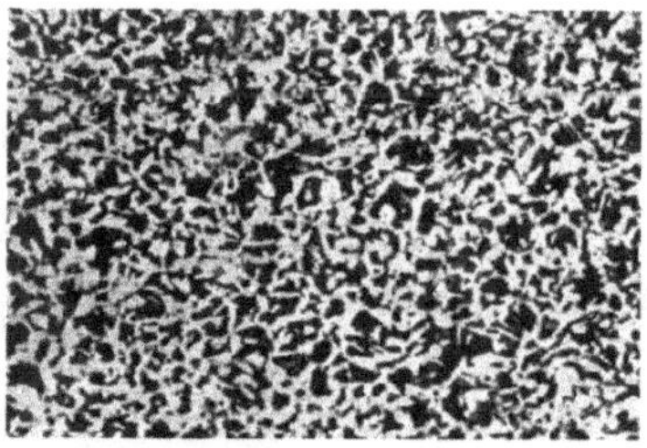

（b）w_C=0.45%（放大100倍）

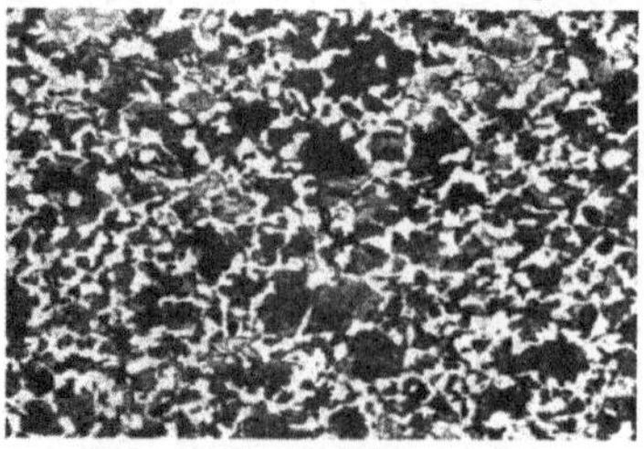

（c）w_C=0.65%（放大200倍）

图 4 - 12　亚共析钢的显微组织

4.5.4　过共析钢

以含碳量 $w_C=1.2\%$ 的合金为例研究其结晶过程，见图 4 - 9 中的Ⅳ - Ⅳ合金。合金液相 L 冷却到 1 点后，由液相中结晶出 A。冷却到 2 点时全部凝固为 A 晶粒。当冷却到 3 点时，A 中含碳量达到最大，温度再下降就开始沿 A 晶界析出二次渗碳体，并呈网状分布。由于渗碳体的析出，剩余 A 的含碳量沿 *GS* 线变化而逐渐减少。当冷却到 4 点（727 ℃）

时，A 的含碳量达到 $w_C=0.77\%$，A 将发生共析转变而形成珠光体，温度继续下降，其组织基本不变。室温组织为珠光体和二次渗碳体，如图 4－13 所示。珠光体和二次渗碳体的相对量可用杠杆定律求得：

$$w_P=\frac{6.69-1.2}{6.69-0.77}\times100\%=92.7\%$$

$$w_{Fe_3C_{Ⅱ}}=\frac{1.2-0.77}{6.69-0.77}\times100\%=7.3\%$$

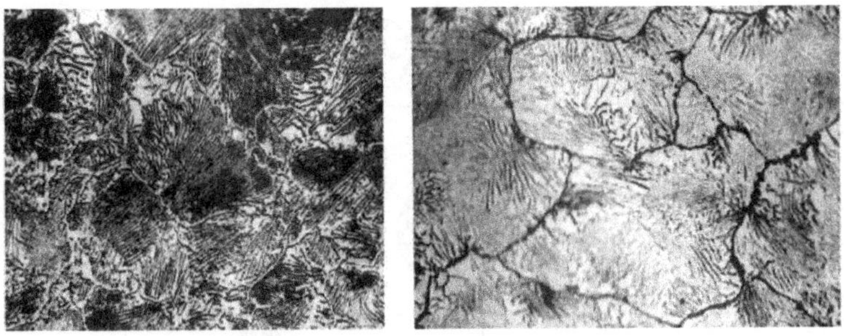

（a）w_{HNO_3}=4%的酒精浸蚀　　（b）用碱性苦味酸钠煮沸

图 4－13　过共析钢的显微组织（500 倍）

在过共析钢中，二次渗碳体的相对量随钢中含碳量的增大而增大；当含碳量达到 $w_C=2.11\%$ 时，二次渗碳体的量达到最大，其值可用杠杆定律求得：

$$w_{Fe_3C_{最大}}=\frac{2.11-0.77}{6.69-0.77}\times100\%=22.6\%$$

4.5.5　共晶白口铁

共晶白口铁含碳量 $w_C=4.3\%$，见图 4－14 中的Ⅰ－Ⅰ合金。合金液相 L 冷到 C 点（1 148 ℃）时，在恒温下发生共晶转变：

$$L_{4.30}\xrightarrow{1\,148\ ℃}(A_{2.11}+Fe_3C_{共晶})$$

转变结束后其组织为莱氏体（$A_{2.11}+Fe_3C$），也称高温莱氏体，以符号 L_d 表示。

继续冷却到 C 点以下时，奥氏体的含碳量沿 ES 线降低，从 C 点至 2 点冷却过程中，从奥氏体中不断析出二次渗碳体。当温度降至 2 点（727 ℃）时，奥氏体的含碳量降至 0.77%，奥氏体将在恒温（727 ℃）下发生共析转变：

$$A_{0.77}\xrightarrow{727\ ℃}P$$

2 点以下，继续冷却，其组织基本不变。共晶白口铁的室温组织为（$P+Fe_3C_{Ⅱ}+Fe_3C_{共晶}$），称为低温莱氏体，用符号 L'_d 表示。如图 4－14 所示，为共晶白口铁的显微组织，黑色部分为珠光体，白色基体为渗碳体，其中，二次渗碳体与共晶渗碳体连在一起，两者本质一样，不易分辨。

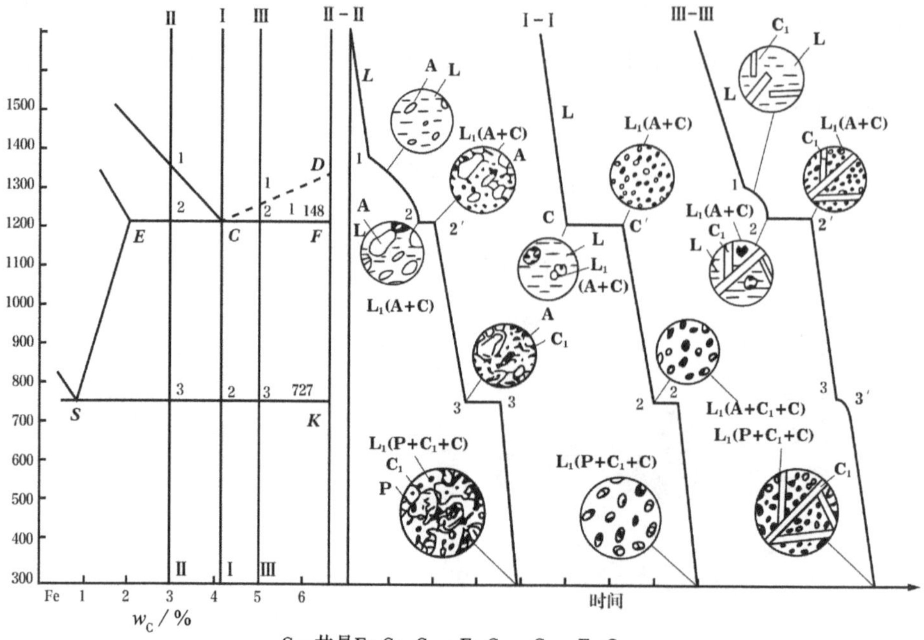

C—共晶Fe_3C；$C_Ⅱ$—$Fe_3C_Ⅱ$；$C_Ⅰ$—$Fe_3C_Ⅰ$。

图 4－14　白口铁的结晶过程组织转变示意图

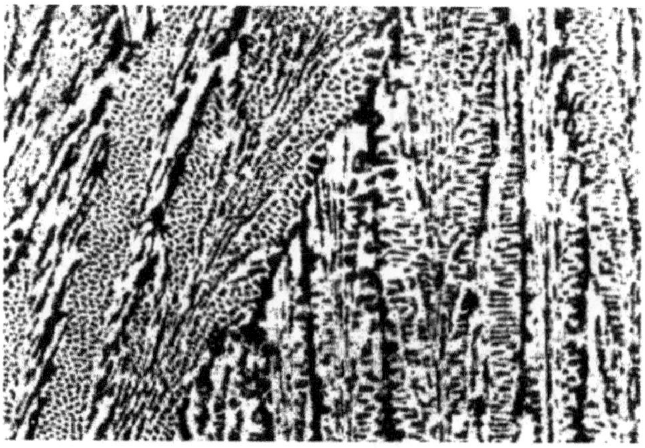

图 4－15　共晶白口铁的显微组织（放大 250 倍）

4.5.6　亚共晶白口铁

以含碳量 $w_C=3\%$ 的合金为例，研究其结晶过程，见图 4－14 中的Ⅱ－Ⅱ合金。当液相 L 冷却至 1 点时，开始结晶出 A，为区别于共晶 A，称为初生 A。初生 A 在液相中以树枝状长大。在 1～2 点冷却时，初生 A 量不断增多，剩余液相 L 量逐渐减少；同时，初生 A 的含碳量沿 *JE* 线变化，液相的含碳量由 1 点沿 *BC* 线向 *C* 点变化。当温度到达 2 点（1 148 ℃）时，初生 A 的含碳量达到 $w_C=2.11\%$，剩余液相的含碳量达到 $w_C=4.3\%$，剩余液相发生共晶转变，形成高温莱氏体 L_d。当共晶转变结束时，合金的组织为初生 A 和 L_d，即 $A_{2.11}+L_d(A_{2.11}+Fe_3C_{共晶})$。

在2点以下冷却时，共晶渗碳体不发生变化；初生 A 和共晶 A 的含碳量都要沿 *ES* 线降低，从 A 中析出二次渗碳体。在2~3点时，合金组织为初生奥氏体 A 初次、二次渗碳体 Fe_3C_{II} 和高温莱氏体 L_d（$A_{共晶}+Fe_3C_{II}+Fe_3C_{共晶}$）。

当温度达到3点（727 ℃）时，合金 A 中的含碳量达到 $w_C=0.77\%$，初生 A 和共晶 A 都要发生共析转变，生成珠光体 P。在3点以下冷却时，其组织基本不变，所以室温下，亚共晶白口铁的组织为珠光体 P + 二次渗碳体 Fe_3C_{II} + 低温莱氏体 L'_d（$P+Fe_3C_{II}+Fe_3C_{共晶}$），如图4-16所示。图中的黑色大块是初生 A 转变的珠光体，保留了初生 A 的枝晶形态；在它的周围是由初生 A 中析出的二次渗碳体，白底黑点形态的是低温莱氏体；从初生 A 和共晶 A 中析出的二次渗碳体和共晶渗碳体一样，均为亮白色，无分界线，在显微镜下难以分辨。

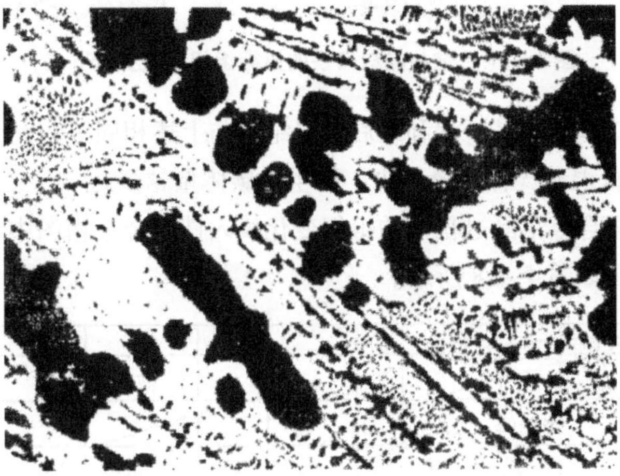

图4-16 亚共晶白口铁的显微组织（放大80倍）

随着碳的质量分数增加，亚共晶白口铁室温组织中，大块状珠光体量减少，低温莱氏体量增多。

4.5.7 过共晶白口铁

以含碳量 $w_C=5.0\%$ 的合金为例研究其结晶过程，见图4-14中的Ⅲ-Ⅲ合金。液相 L 冷却到1点时，开始结晶出初生渗碳体，也称一次渗碳体 Fe_3C_I。随着渗碳体的结晶，剩余液相的含碳量不断减少，沿 1*C* 线变化。冷却至2点（1 148 ℃）时，剩余液相成分达到 $w_C=4.30\%$，发生共晶转变，形成高温莱氏体。2~3点冷却过程中，初生渗碳体不发生变化，高温莱氏体中的共晶 A 析出二次渗碳体。冷却到3点（727 ℃）时，A 转变为珠光体 P，温度继续下降，其组织不变。所以，过共晶白口铁的室温组织为初生渗碳体

$Fe_3C_{Ⅰ}$ + 低温莱氏体（$P+Fe_3C_{Ⅱ}+Fe_3C$ 共晶），显微组织如图 4－17 所示。图中，亮白色的长条状（板状）为初生渗碳体，也称一次渗碳体；基体为低温莱氏体，其中，黑点为珠光体，白色部分为共晶渗碳体。

图 4－17　过共晶白口铁的显微组织（放大 250 倍）

所有过共晶白口铁的结晶过程和最后室温组织与上述相同，只是合金中的含碳量越接近 6.69%，组织中低温莱氏体数量越少，初生渗碳体量越多。

将上述各类铁碳合金结晶过程中的组织变化填入铁碳合金相图中，则可得到按组织分区的铁碳合金相图，如图 4－18 所示。

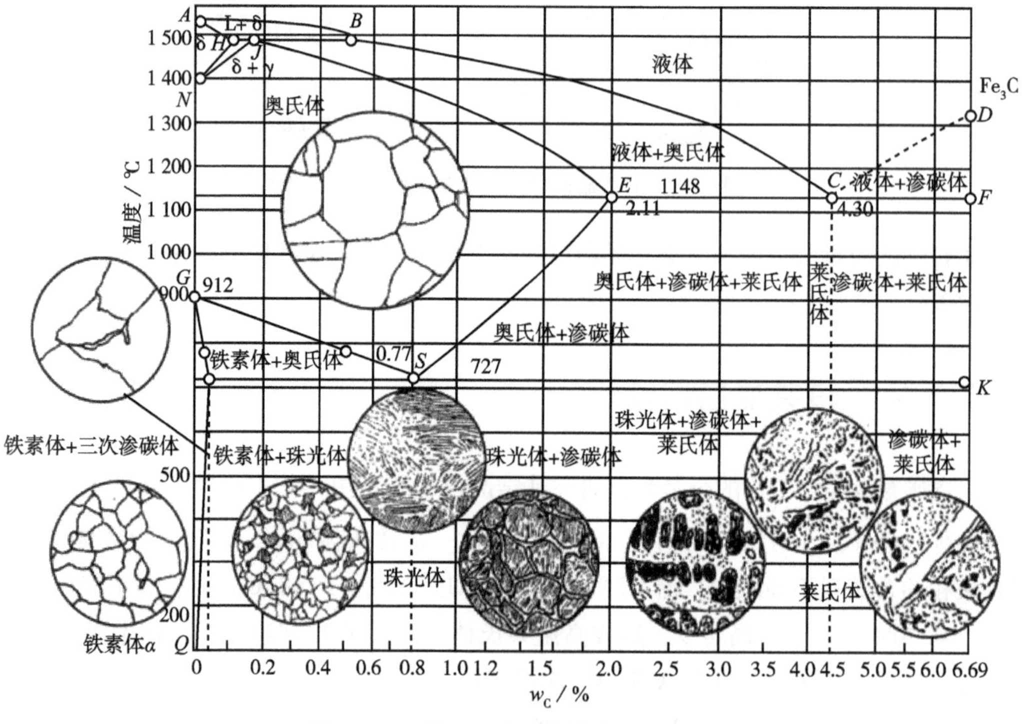

图 4－18　按组织分区的铁碳合金相图

4.6　含碳量对铁碳合金平衡组织和力学性能的影响

含碳量是铁碳合金性能的决定因素之一，本节将详细阐述含碳量如何影响铁碳合金的平衡组织和力学性能，包括强度、硬度、韧性等方面的变化，为合金材料的选择与应用提供科学依据。

4.6.1　含碳量对平衡组织的影响

不同种类的铁碳合金，其室温平衡组织不同，构成其组织的铁素体和渗碳体两个相的形态、数量、大小、分布有着明显的区别。可以应用杠杆定律求得含碳量与铁碳合金平衡组织组成物及相组成物之间的定量关系，如图 4－19 所示。由图可以看出，随着含碳量的增加，组织中，相（F 和 Fe_3C）的相对量也发生变化，F 相的相对量不断减少，Fe_3C 的相对量不断增加。同时，组织组成物的相对量也随含碳量的增加而发生变化，亚共析钢组织中，先共析铁素体的量随含碳量增加而不断减少，珠光体的量不断增加。过共析钢组织中，二次渗碳体的量不断增加，珠光体的量不断减少。

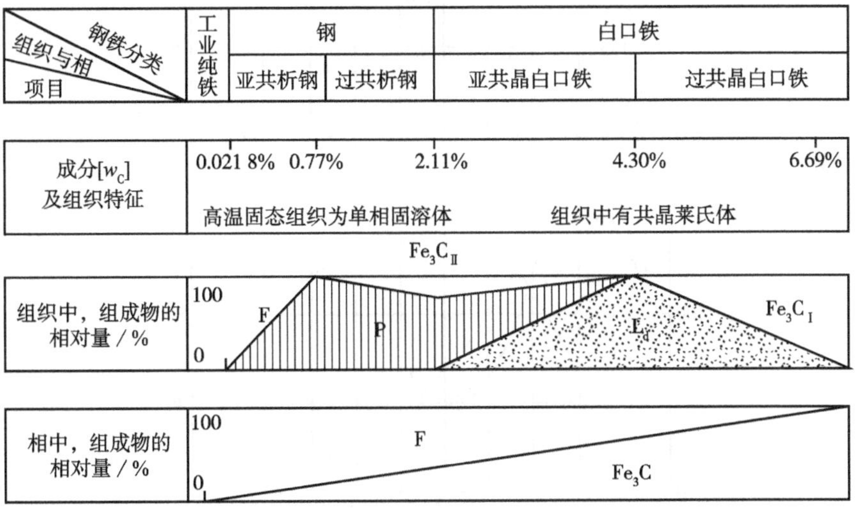

图 4－19　铁碳合金中含碳量与组织组成物及相组成物间的关系

当含碳量增高时，不仅组成相的量发生变化，相的形态和分布也在变化。例如组织中的 Fe_3C 相，当含碳量增加时，不仅数量增加，而且存在的形式由以片状分布在铁素体基体内（如珠光体）变为以网状分布在奥氏体的晶界上（Fe_3C_{II}）。当形成莱氏体时，Fe_3C 则作为基体出现。这就是说，不同含碳量的钢铁具有不同的组织，这决定了其性能各异。

4.6.2 含碳量对力学性能的影响

在平衡状态下，铁碳合金室温时的力学性能与组织中相的性质、数量、形状、大小、分布密切相关。Fe_3C 硬度高，是铁碳合金的一种强化相。当它与铁素体构成片状珠光体时，合金的强度和硬度得到提高。所以，合金中的珠光体量越多，强度与硬度越高，而塑性、韧性相应降低。过共析钢中，渗碳体明显地以网状分布在晶界上，特别在白口铁中渗碳体是作为基体或以板条状分布在莱氏体基体上时，不仅使铁碳合金的塑性和韧性大幅下降，而且强度随之降低。含碳量对碳钢力学性能的影响如图 4－20 所示。由图可见，当钢的含碳量小于 $w_C = 0.9\%$ 时，随着含碳量的增加，钢的强度、硬度直线上升，而塑性、韧性不断降低；当钢中含碳量大于 $w_C = 0.9\%$ 时，因沿晶界形成的二次渗碳体网趋于完整，不仅使钢的塑性、韧性进一步降低，强度也明显下降。为了保证工业上使用的钢具有足够的强度，并具有一定的塑性和韧性，钢中的含碳量一般不超过 $w_C = 1.4\%$ 。

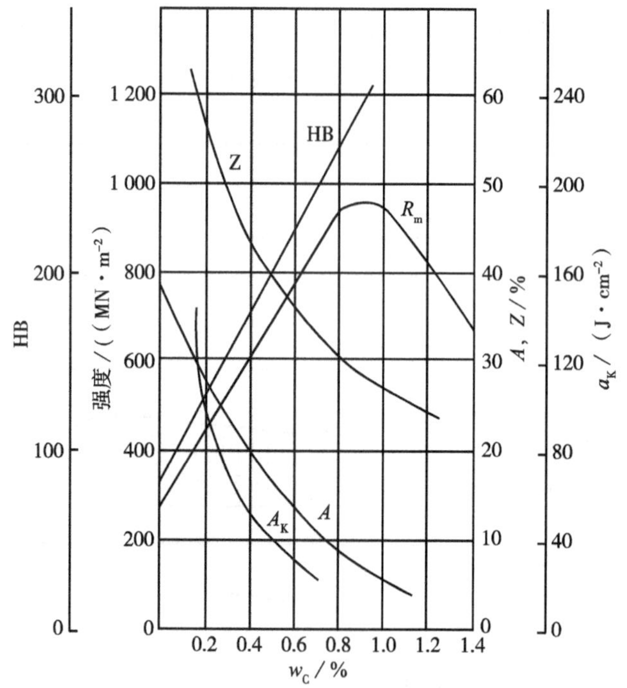

图 4－20 含碳量对碳钢力学性能的影响

含碳量大于 $w_C = 2.11\%$ 的白口铁，由于具有较多的渗碳体，在组织中已连片成基体，在性能上又硬又脆，难以切削加工，所以应用不广泛。

4.7　铁碳相图的应用

铁碳合金相图较直观地反映了铁碳合金平衡组织随成分和温度变化的规律。它为研究钢铁材料，特别是合金钢奠定了重要的理论基础，同时为钢铁材料的选用与制订各种热处理工艺提供了主要依据。

4.7.1　作为选用钢铁材料的依据

各种工程结构件、机器零件、工具对性能的要求各异，所以需要选用不同含碳量的钢铁材料。例如，桥梁、船舶、车辆、锅炉、容器、农业机械、各种建筑结构等属于工程结构，要求强度较高、塑性及韧性好、焊接性能好的材料，所以选用含碳量较低的低碳钢，通常不进行热处理，在热轧状态下使用即可满足其对性能的要求；各种机器零件需要强度、塑性、韧性等综合性能较好的材料，一般选用中碳钢，经调质处理后，具有良好的综合力学性能；各种工具（刃具、模具、量具）需要高硬度、高耐磨性、具有足够强度和适当韧性的材料，可选用高碳钢，经淬火和低温回火后可满足其性能要求。应当指出：铁碳相图反映的是室温下的平衡组织，具有平衡组织的中碳钢或高碳钢的力学性能并不高，必须经过相应的热处理才能用于制作机器零件或各类工具。白口铸铁中存在莱氏体组织，含有大量的渗碳体，硬度高、脆性大，既难以切削加工也不能锻造，所以应用不广泛。但白口铸铁耐磨性高，适于制作不受冲击、要求耐磨的工件，如冷轧辊、拔丝模、犁铧、球磨机磨球等。此外，白口铸铁熔炼简便、成本低、导热好，特别是铸造性能比钢好，所以常用来制作散热片等。

4.7.2　在铸造生产方面的应用

铸件的质量与浇注工艺有着密切的关系，浇注温度是浇注工艺中的一个重要工艺参数。浇注温度过高，尽管液体的流动性好，但液态收缩率增大，将增加缩孔、缩松的倾向，铸件易粘砂，冷却速度减慢，使得晶粒粗大；浇注温度过低，液体的流动性会降低，使铸件产生浇不足、冷隔、气孔、夹渣等铸造缺陷。因此，在保证流动性的前提下，浇注温度应尽量低。通常，依据铁碳合金相图的液相线，找出不同成分的合金的熔点，确定合适的浇注温度，浇注温度一般在液相线以上 50 ~ 100 ℃，如图 4 - 21 所示。

铸件的质量还与合金的成分有关，可根据铁碳相图确定铸造性能良好的合金成分。由相图可知，共晶成分的白口铁，其凝固温度区间最小（为零），流动性最好，分散缩孔少，

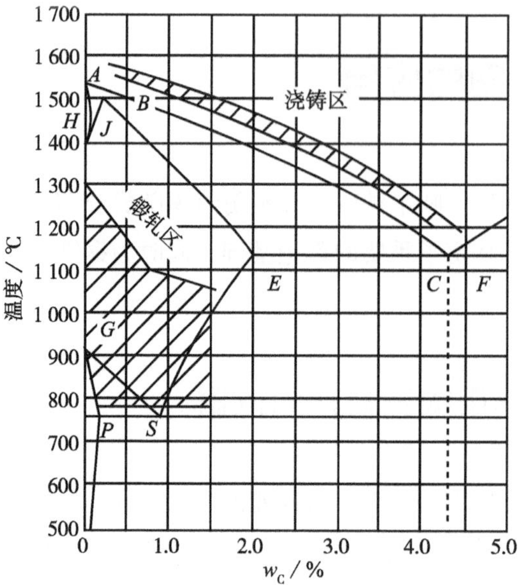

图 4-21　铁碳相图与热加工工艺之间的关系

可使缩孔集中在冒口内，从而获得组织致密的铸件。所以，生产中铸铁的成分应尽量选在共晶成分附近。此外，共晶成分的铸铁熔点低，便于生产操作。

由铁碳相图可知，钢的凝固温度区间随着含碳量的增加而增大，钢液的流动性应该变差。但是，随着含碳量的增加，液相线温度降低。所以，当浇注温度相同时，含碳量高的钢，其液相过热度大（液相线温度与钢液温度之差大），对增强钢液流动性有利。上述影响钢液流动性的原因中，后者占有一定优势，所以钢液的流动性随含碳量的提高而提高。根据相图选用合适的铸钢成分时，既要考虑流动性（铸造性能）又要考虑力学性能。所以，生产上将铸钢的成分规定在适当的范围内，一般含碳量 w_C =0.15%~0.55%。

4.7.3　在压力加工工艺方面的应用

钢除了少部分铸造成铸件以外，大部分必须经过轧制、锻造成各种钢材。钢处于奥氏体状态时，强度较低，塑性较好，有利于轧制、锻造成型加工。因此，钢材的轧制或锻造必须选择在 Fe-C 相图单相奥氏体的适当温度范围内进行。其选择温度的原则是开轧或开锻温度不得过高，以免钢材严重氧化、晶粒过分粗大，甚至晶界熔化，一般控制在固相线以下 100~200 ℃。终轧或终锻温度不宜过高，停轧或停锻后，奥氏体晶粒会通过再结晶长大，使钢材室温组织粗大；终轧或终锻温度也不宜过低，否则奥氏体再结晶就比较困难，加工硬化现象严重，变形抗力大，塑性差，易产生热加工裂纹，以及损坏设备和工具。一般低碳钢塑性好，变形终止温度可在 800 ℃左右。对于过共析钢，为了得到细小的奥氏体，以及冷却时渗碳体不致呈网状，变形终止温度为 750~850 ℃。具体温度要根据情况合理地确定。

4.7.4　在热处理方面的应用

铁碳相图对于制订热处理工艺有着非常重要的意义。各种热处理工艺的加热温度的选定主要是依据铁碳相图，将在第 6 章详细介绍。必须指出，Fe－C 相图只能描述平衡条件下的组织转变规律，各类 Fe－C 合金的组织是平衡组织。实际生产和加工过程中，加热和冷却速度较快，不能完全用 Fe－C 合金相图来进行分析，还必须借助其他理论知识。通常使用的铁碳合金中，除含 Fe 和 C 两种元素外，还残留其他多种杂质，特别是合金钢含有较多的合金元素，这些都会对 Fe－C 相图产生较大影响。因此，在使用 Fe－C 相图来分析问题时，应考虑它们的影响。

【练习与思考】

简答题

（1）测定材料临界点有哪些方法？其中比较简便的是哪几种？

（2）含碳量对于碳钢力学性能的影响规律是什么？

（3）分析 $w_C=0.2\%$、$w_C=0.6\%$、$w_C=1.2\%$ 的铁碳合金从液态平衡冷却至室温的转变过程，用冷却曲线和组织示意图说明各阶段的组织。

（4）计算铁碳合金中二次渗碳体和三次渗碳体最大的可能含量。

（5）利用 $Fe-Fe_3C$ 相图说明铁碳合金的成分、组织、性能之间的关系。

（6）$Fe-Fe_3C$ 相图有哪些应用，又有哪些局限性？

参考文献

[1] 崔忠圻，覃耀春．金属学与热处理[M]．北京：机械工业出版社，2020.

[2] 潘金生．材料科学基础（修订版）[M]．北京：清华大学出版社，2011.

[3] 胡赓祥，钱苗根．金属学 [M]．上海：上海科学技术出版社，1988.

[4] 石德珂，沈莲．材料科学导论 [M]．西安：西安交通大学出版社，1995.

[5] 戴起勋．金属材料学[M]．北京：化学工业出版社，2005.

第5章　金属的塑性变形与再结晶

【教学要求】

金属发生塑性变形不仅是为了得到零件的外形和尺寸，更重要的是金属内部的组织发生很大变化，从而使其性能发生变化。如经冷轧和冷拉等加工后，金属的强度显著提高，塑性下降。但塑性变形后的金属材料比变形前处于不稳定的高自由能状态，具有自发地向着自由能降低方向转变，温度升高时可加速这种转变，此转变过程被称为回复与再结晶。本章让读者了解金属塑性变形的本质、塑性变形的作用，以及其对合金组织强度、硬度和韧性等的影响，了解冷变形金属加热的三个阶段和金属的强化机制。

5.1　塑性变形的理论基础

塑性变形是金属材料的一个重要性能，也是金属的一种加工方法。大多数金属材料具有良好的塑性变形能力，所以获得广泛应用。塑性变形不仅可以改变金属的外形，而且能改变金属的内部组织和结构。为了消除塑性变形带来的不利影响，在加工之后或加工过程中，通常对材料加热，使其内部组织发生回复和再结晶过程。为了说明多晶体的塑性变形，首先应了解单晶体的塑性变形。

5.1.1　单晶体金属的塑性变形

单晶体指原子排列方式完全一致的晶体。单晶体受拉时，外力在任何晶面上都可以分解为正应力和切应力。其中，正应力只能引起正断，无法引起塑性变形，如图5－1（a）所示。只有在受切应力的作用并达到临界值时，才能产生塑性变形，如图5－1（b）所示。虽然工程中应用的通常是多晶体，但多晶体的变形是和各个晶粒变形相关的，所以单晶体的塑性变形是金属变形的基础。

单晶体塑性变形的基本形式（塑性变形实质）主要有滑移和孪生，其中，滑移是金属中最主要的塑性变形方式。

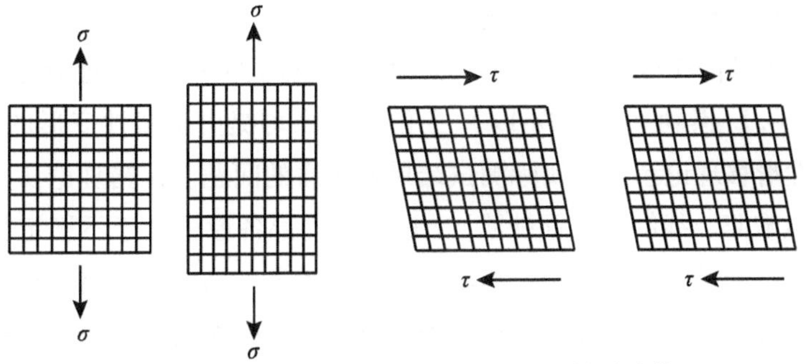

（a）受正应力作用　　（b）受切应力作用

图 5－1　不同力作用下金属的塑性变形

1. 滑移

滑移指在切应力的作用下，晶体的一部分相对于另一部分沿着一定的晶面（滑移面）和晶向（滑移方向）产生相对位移，且不破坏晶体内部原子排列规律性的塑性变形方式。

（1）特点

①滑移总是沿晶体中原子密度最大的晶面（密排面）和其上密度最大的晶向（密排方向）进行。因为原子密度最大的晶面和晶向之间原子间距最大，结合力最弱，产生滑移所需的切应力最小。

②滑移时，晶体伴随有转动。在拉伸时，单晶体发生滑移，外力将发生错动，产生一个力偶，迫使滑移面向拉伸轴平行方向转动。同时，晶体会以滑移面的法线为转轴转动，使滑移方向趋向于最大切应力方向。

③滑移只能在切应力的作用下发生，如图 5－1 所示。

④滑移通过位错的运动来实现，如图 5－2 所示。

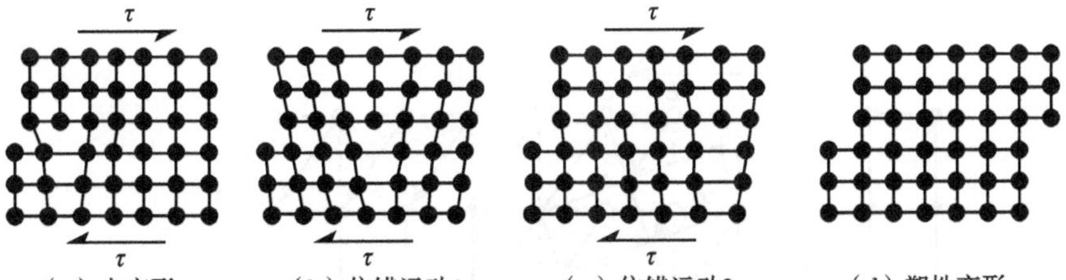

（a）未变形　（b）位错运动1　（c）位错运动2　（d）塑性变形

图 5－2　位错运动引起的塑性变形示意图

（2）单晶体塑性变形微观机制

①刚性滑移理论认为在滑移时原子整排刚性移动，如图 5－3 所示。此理论导致实验值与理论值存在巨大差别。1926 年，苏联物理学家雅科夫·弗仑克尔（Jacov Frenkel）从理想完整晶体模型出发，假定材料发生塑性切变时，微观上对应着切边面两侧的两个最密排晶面（相邻间距最大的晶面）发生整体同步滑移。根据该模型计算出理论临界分剪应力，在塑性变形试验中测得的这些金属的屈服强度比理论强度低了 3 个数量级。因此可以

证明，晶体的塑性变形不是原子整排刚性移动。

②位错运动机制。1934 年，埃贡·奥罗万（Egon Orowan）、迈克尔·波拉尼（Michael Polanyi）、G. I. 泰勒（G. I. Taylor）三位科学家均提出了塑性变形的位错机制理论，解决了上述刚性滑移理论预测与实际测试结果相矛盾的问题。位错理论认为，由于晶体内部存在缺陷（点缺陷、线缺陷、面缺陷），是晶体内部各原子处于不稳定状态，高位能的原子很容易地从一个相对平衡的位置移动到另一位置上。晶体内位错运动到晶体表面就实现了整个晶体的塑性变形。与整体滑移所需的打断一个晶面上所有原子与相邻晶面原子的键合相比，位错滑移仅需要打断位错线附近少数原子的键合，所需的外加剪应力大大降低，如图 5－2 所示。

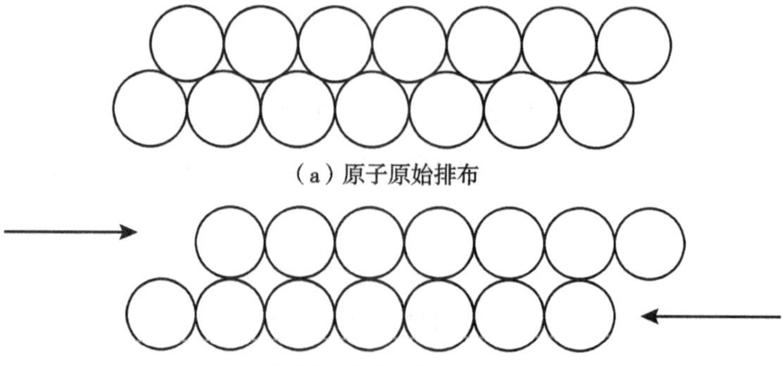

（a）原子原始排布

（b）原子刚性滑移后排布

图 5－3　刚性滑移模型

2. 孪生

孪生指在切应力作用下，其一部分相对另一部分发生以某晶面（孪生面）和晶向（孪生方向）产生剪切变形（切变），产生切变的部分称为孪生带或孪晶，如图 5－4 所示。

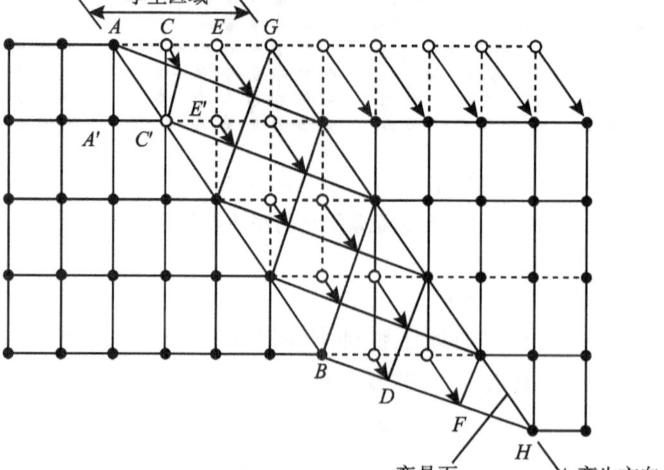

图 5－4　孪生

5.1.2　多晶体金属的塑性变形

1. 多晶体金属的组织、结构特点对塑性变形的影响

（1）晶粒与晶格

各晶粒形状、大小不同，成分、性能不均匀，各相邻晶粒的晶格位向不同；塑性变形抗力增大，相互约束、阻碍；应力、应变分布不均匀，相互协调、适应。

（2）晶界

晶内与晶界性能不同，晶界容易聚集杂质，晶格排列紊乱：晶格畸变增大，滑移位错运动阻力增大，难以变形，塑性变形抗力增大。晶粒越细越多，塑性变形抗力越大；晶粒越细，塑性、韧性越好，单位体积中的晶粒数越多，变形量分散到更多晶粒中进行，产生较均匀的变形，不会造成局部应力集中，引发裂纹的产生和扩展，断裂前可产生较大塑性变形量。

工业上，常用压力加工、热处理方法细化晶粒，以提高性能。

2. 多晶体金属的塑性变形过程

多晶体金属中，各晶粒的晶格位向不同，所受分切应力不同，塑性变形在不同晶粒中逐批进行，是个不均匀过程。

（1）软位向

晶格位向与外力处于或接近 45°角的晶粒所受分切应力最大，首先发生塑性变形。

（2）硬位向

晶格位向与外力处于或接近平行或垂直的晶粒所受分切应力最小，难以进行塑性变形。

多晶体金属的塑性变形是一批一批晶粒逐步发生，由少数晶粒发生塑性变形逐渐趋于大量晶粒发生塑性变形，由不均匀变形逐渐趋于较均匀变形，如图 5－5 所示。

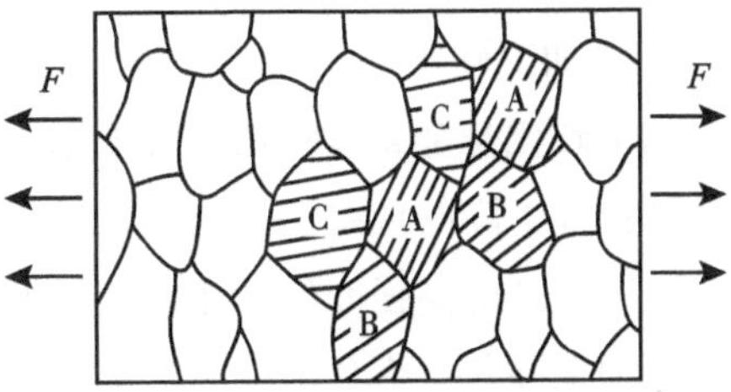

图 5－5　多晶体金属的塑性变形

5.1.3　塑性变形对金属组织和性能的影响

1. 塑性变形对金属组织的影响

（1）晶粒形状发生变化

晶粒沿变形方向被拉长，形成纤维组织。

（2）晶粒内产生亚结构

晶粒破碎，位错密度增大，形成亚晶，如图 5－6 所示。

(3) 产生形变织构

塑性变形伴随着晶粒转动，当变形量超过一定值后，原先任意取向的晶粒经转动而趋于一致，择优取向，形成形变织构，如图 5－7 所示。

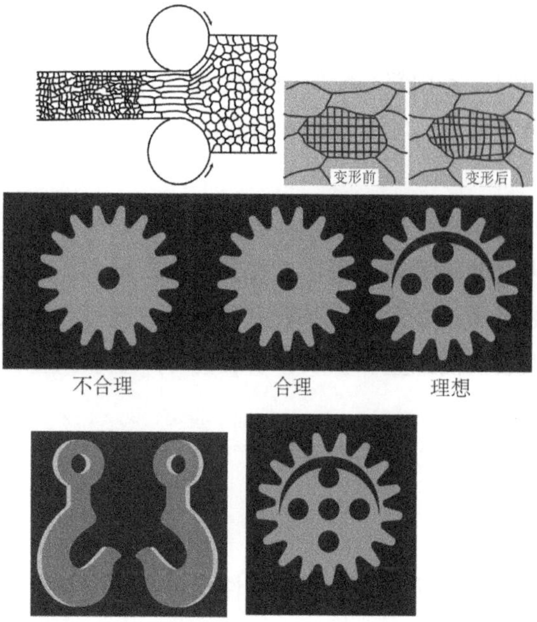

图 5－6　晶粒的亚结构

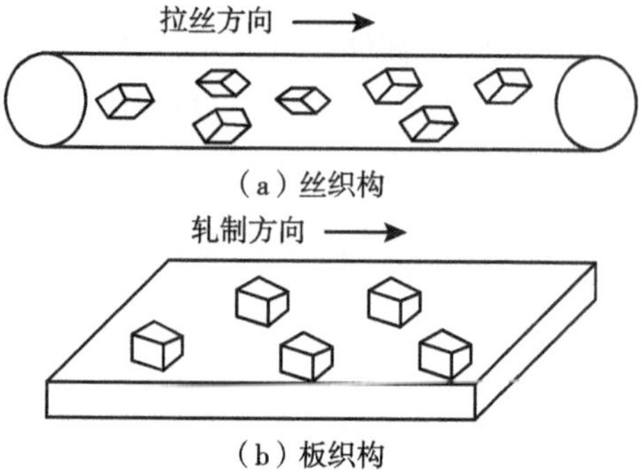

图 5－7　形变织构

2. 塑性变形对金属性能的影响

(1) 加工硬化

加工硬化是金属材料在塑性变形过程中，随着变形量的增加，强度和硬度显著提高，塑性和韧性下降的现象。加工硬化是提高金属材料强度、硬度的重要手段，特别是对不能以相变热处理提高强度的单相合金，如铜、铝合金、不锈钢。中间退火（再结晶退火）可以消除加工硬化，恢复塑性变形能力。

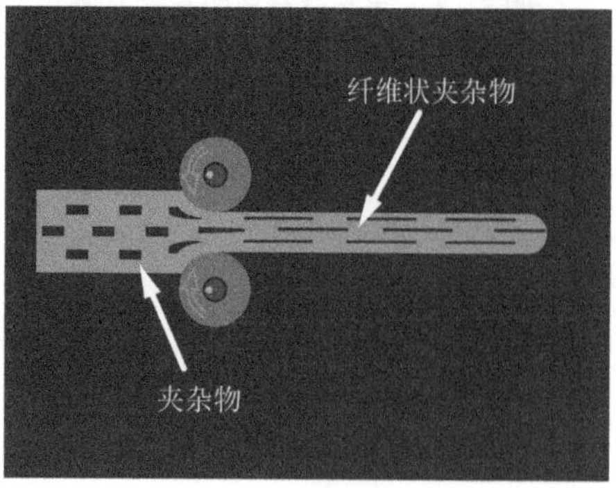

图 5－8　残余应力

(2) 各向异性

金属形成纤维组织，沿纤维组织纵向的性能优于横向性能。

(3) 物理与化学性能的变化

金属的电阻增大，耐蚀性下降。

(4) 残余应力

金属塑性形变时，外力所做的功除了转化为热量之外，还有一小部分被保留在金属内部，表现为残余应力，如图 5－8 所示。

按照残余应力平衡范围的不同，通常将其分为第一类内应力（宏观残余应力）、第二类内应力（微观内应力）、第三类内应力（晶格畸变应力）。

第一类内应力平衡于表面与心部之间，作用范围为整个工件，由金属材料各个部分的宏观形变不均匀而引起。此类内应力使得工件的尺寸不稳定，严重时甚至会使工件在受力之下变形产生断裂。

第二类内应力平衡于晶粒之间或晶粒内不同区域之间，作用尺度与晶粒尺寸为同一数量级，由晶粒或亚晶粒之间变形不均匀而引起。此类内应力使金属更容易腐蚀。

第三类内应力是由晶格缺陷引起的畸变应力，也属于微观内应力。塑性变形时产生大量空位和位错，其周围产生点阵畸变和应力场，此时的内应力在几百或几千个原子范围内保持平衡。此类内应力是形变金属中的主要内应力，也是金属强化的主要原因。

残余应力的危害如下：

①降低工件的承载能力。当残余应力与工作应力一致时会降低工件承受的实际应力；当残余应力很大时，在随后的加工过程中，会使工件产生宏观或微观破坏。

②改变工件的尺寸及形状。工件在加工或使用过程中，通常其内存的残余应力的平衡状态会遭到破坏，致使工件的应力状态重新分布，从而引起工件形状和尺寸的改变。

③降低工件的耐蚀性。残余应力的存在，使金属晶体处于高能量状态，容易与周围介质发生化学反应，从而导致金属耐蚀性降低。因此，金属在塑性形变后，通常要进行退火处理，以消除或降低内应力。

5.2　回复与再结晶

金属经冷塑性变形后，晶格畸变严重、位错密度增加、晶粒破碎、产生内应力等导致系统自由能升高，因而处于组织不稳定的状态，具有自发地恢复到原来自由能较低状态的趋势。在室温时，由于原子活动能力不足，这种不稳定状态能维持相当长时间而不发生变化。若将冷变形金属加热，由于原子活动能力增强，会产生一系列组织与性能的变化。

5.2.1　形变金属在加热时的组织和性能变化

随着温度的升高，将依次产生回复、再结晶、晶粒长大3个阶段，如图5-9所示。

1. 回复

冷塑性变形的金属在加热温度较低时，因金属中的一些点缺陷和位错的迁移而引起某些晶内变化过程称为回复。

由于加热温度低，金属原子的活动能力低，晶粒的大小、组织形态、形状无变化，所

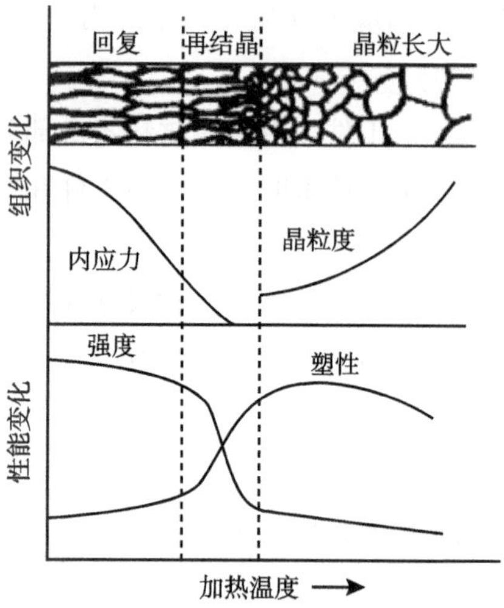

图5-9　变形金属加热时组织和性能的变化

以机械性能变化不大。但点缺陷、位错发生迁移导致缺陷减少，从而减少了晶格畸变，残余应力下降，物理化学性能恢复。

回复用于消除内应力，稳定组织，保留加工硬化，改善某些物理性能。如深冲黄铜弹壳经260 ℃回复后，可以消除内应力和防止应力腐蚀；冷卷钢丝弹簧经250～300 ℃回复后，可以消除内应力，容易定型，且获得较高的弹性极限。

2. 再结晶

冷塑性变形的金属在加热温度较高时，通过新晶核的形成和长大，由畸变晶粒变为等轴晶粒的过程称为再结晶。

由于加热温度较高，金属原子的活动能力增强，先在畸变较严重的区域形成无畸变的晶核，然后向畸变的基体长大，直至彼此相遇为止，彻底改变了变形组织，从破碎拉长的晶粒变为新的无畸变的等轴晶粒，性能发生显著变化：强度、硬度显著下降，塑性、韧性提高，加工硬化消除。

再结晶过程没有晶格结构和化学成分的变化，仅有组织的变化过程。

再结晶的应用如下：

①中间退火：压力加工过程中，消除加工硬化，恢复塑性变形能力，以便继续进行压力加工。

②冷塑性变形后改善组织。

③对不能进行相变热处理的金属材料，利用“变形＋再结晶”过程提高机械性能，控制变形量和再结晶条件，调整再结晶晶粒的大小。

3. 晶粒长大

冷塑性变形的金属在加热温度过高或加热时间过长时，晶粒正常长大的基体中出现少数迅速长大的晶粒，并逐渐吞并周围大量较小的再结晶晶粒，直到迅速长大的晶粒相互接触，形成异常粗大的晶粒组织，机械性能显著下降。晶粒异常长大是一种晶粒的不均匀长大的现象，称为二次再结晶，实际生产中要避免这种情况。

5.2.2　金属的再结晶温度

再结晶温度实际指开始再结晶的温度。变形程度、合金纯度、再结晶加热速度、保温时间均对再结晶温度有影响，如表5-1所示。

表 5-1 部分金属的燃点与最低再结晶温度

金属	W	Mo	Fe	Ni	Cu	Al	Mg	Pb	Sn
燃点/℃	3 380	2 025	1 538	1 455	1 083	660	650	327	232
最低再结晶温度/℃	1 188	886	451	418	269	100	96	-33	-71

①变形程度增大,再结晶温度下降。变形程度大，金属破碎程度增加，晶格缺陷增多，组织不稳定。当变形达到一定程度后，金属的再结晶温度趋于最低极限值，称为最低再结晶温度：

$$T_{再}=0.4\times T_{熔}$$

在工业生产中，为缩短退火周期，再结晶温度一般定为 $T_{再}$ 以上 100～200 ℃。

②杂质或合金元素，特别是高熔点元素，阻碍原子的扩散和晶界迁移，再结晶温度显著提高。

③加热速度提高，再结晶温度也随之提高；保温时间延长，再结晶温度下降。

5.2.3 再结晶退火的晶粒度

1. 加热温度、保温时间

加热温度越高，保温时间越长，晶粒越粗大。

2. 变形程度

当变形量很小时，晶格畸变小，不能引起再结晶，晶粒保持原样。

当变形量为 2%～10% 时，再结晶后，晶粒粗大，如图 5-10 所示。由于只有部分晶粒发生变形，变形不均匀，再结晶时，形核数目少，晶粒度不均匀，极易相互吞并长大。这种变形度称为临界变形度。变形趋于均匀，再结晶后的晶粒细小均匀。

当变形量过大时，退火形成再结晶织构，阻碍晶粒正常长大，只有少数一次再结晶基体中的晶粒长大，发生二次再结晶，如图 5-11 所示。

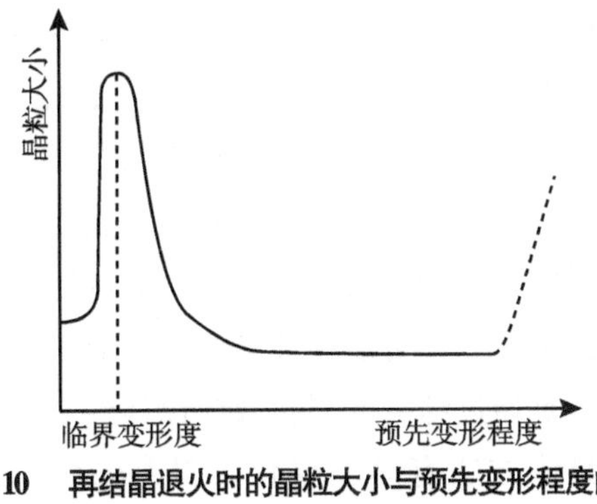

图 5-10 再结晶退火时的晶粒大小与预先变形程度的关系

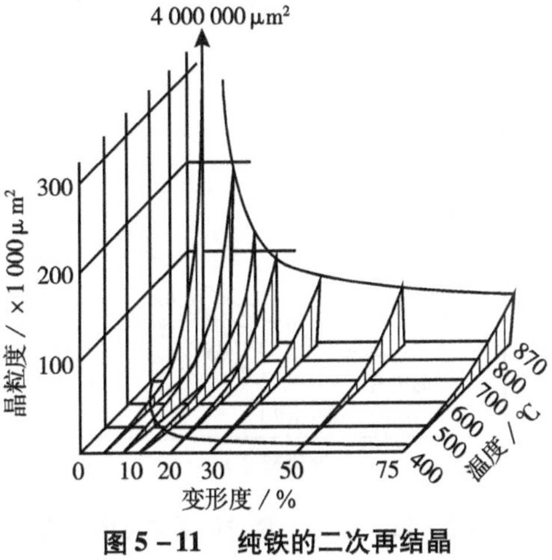

图 5-11 纯铁的二次再结晶

5.3 金属的强化机制

通过合金化、塑性变形、热处理等手段提高金属材料的强度，称为金属的强化。随试验条件不同，强度有不同的表示方法，如室温准静态拉伸试验所测定的屈服强度、流变强度、抗拉强度、断裂强度等，压缩试验中的抗压强度，弯曲试验中的抗弯强度，疲劳试验中的疲劳强度，高温条件静态拉伸所测的持久强度，等等。每一种强度都有特殊的物理本质，所以金属的强化不是笼统的概念，而是具体反映到某个强度指标上。一种手段对提高某一强度指标可能是有效的，而对另一强度指标未必有效。影响强度的因素很多，最重要的是材料本身的成分、组织结构和表面状态。其次是受力状态，如加力快慢、加载方式，是简单拉伸还是反复受力，都会表现出不同的强度。此外，试样几何形状和尺寸及试验介质也有很大的影响，有时甚至是决定性的，如超高强度钢在氢气氛中的拉伸强度可能断崖式下降。

5.3.1 金属的强化机理

金属的强度主要指抵抗塑性变形的能力。大多数情况下，以抗拉强度作为评定材料性能好坏的指标。塑性变形产生的主要机制是位错在滑移面上的移动。所以，根据目前工业生产中采用的金属材料的强化手段及国内外材料发展的新动向，可知强化包括以下两种途径。

1. 尽量消除位错等晶体缺陷，获得近乎理想的单晶材料

例如，可采用特殊方法制造出几乎不含位错的结构完整的小晶体（晶须）。直径 1.6 μm 的铁晶须强度就高达 13 400 MN/m^2，实际工业纯铁的强度仅为 300 MN/m^2，提高了 40 多倍。这个强度值很接近铁的理想晶体的理论估算强度。目前，这种晶体仅能制成直径几微米的晶须，如果更粗就会因含有缺陷而使强度迅速下降。所以，现在提高金属强度的主要方法是沿着提高位错密度 ρ 的方向努力，如图 5-12 所示。

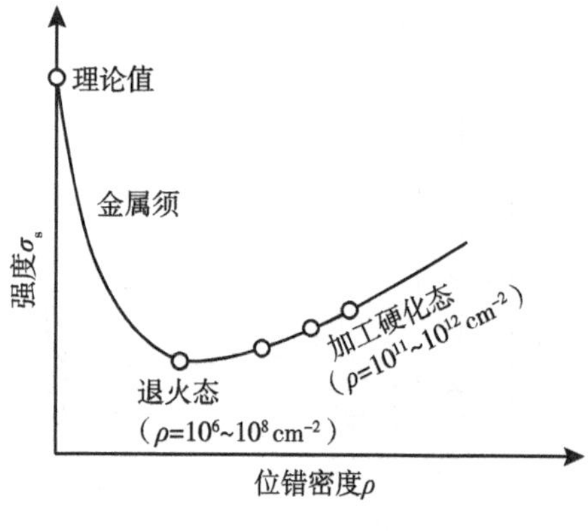

图 5-12　金属强度与位错密度的关系

2. 向晶体内引入大量晶体缺陷

晶体缺陷包括位错、点缺陷、异类原子、晶界、高度弥散的质点或不均匀性（如偏聚）等，可以阻碍位错运动，也会明显地提高金属强度。事实证明，这是提高金属强度最有效的途径。

金属的理论强度与实际强度之间的巨大差别为金属的强化提供了可能性和必要性。对工程材料来说，一般是通过综合的强化效应以达到较好的综合性能，具体方法有晶界强化、固溶强化、形变强

化、沉淀强化、弥散强化、位错强化、相变强化等。

5.3.2　金属的强化措施

1. 晶界强化

晶界分大角度晶界（位向差大于10°）和小角度晶界（亚晶界位向差，最大范围为1°～2°）。晶界两边相邻晶粒和亚晶块的原子排列位向不同，处于一种畸变状态。晶界处位错密度较大，对金属滑移、位错运动起阻碍作用，即对塑性变形抗力较之晶粒内部大，使晶粒变形时的滑移带不能穿越晶界，裂纹穿越也困难。在室温下，当金属晶粒受外力而断裂时，其裂纹几乎发生在晶粒内部，可见室温下晶界强度较晶内强度高。上述现象说明晶界的主要作用是阻碍位错滑移，对金属塑性变形时的位错运动起阻碍作用。基于这个道理，晶粒越细，晶界越多，其阻碍作用越大，金属材料的屈服强度也越高，如图5－13所示。

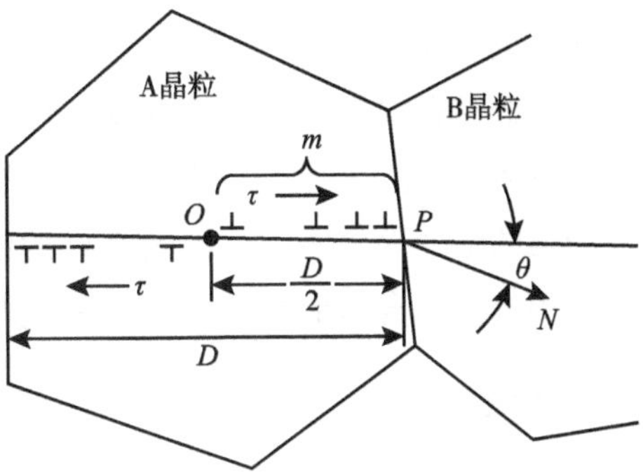

图5－13　晶界附近的位错塞积群强化机制示意图

2. 位错强化

现代塑性理论和电镜、X射线衍射等现代微观测试技术研究可以证明：第一，以刚性塑性滑移计算滑移开始所需的临界切应力比实际测定的大几百至几千倍；第二，晶体中存在位错，在切应力作用下，位错会发生迁移，因为迁移距离小于一个原子间距，所以位错移动所需的临界切应力小得多。

金属晶体中的位错是由相变和塑性变形引入的，位错密度越高，位错运动越困难，金属抵抗塑性变形的能力就越大，表现在力学性能上为金属强度提高，也就是说当金属晶体内部位错大量增殖时，金属就表现出强化效果。理论研究也说明：制成无缺陷、几乎不存在位错的完整晶体，使金属晶体强化接近理论强度，就会使金属强化效果表现得更为突出。因此，根据位错理论，金属可以有两种强化途径：一是对有晶体缺陷的实际金属（存在位错的金属），可以通过位错增殖而强化；二是制成无晶体缺陷的理想金属，使其晶体中几乎不存在位错，则金属强化效果更大，如图5－14所示。

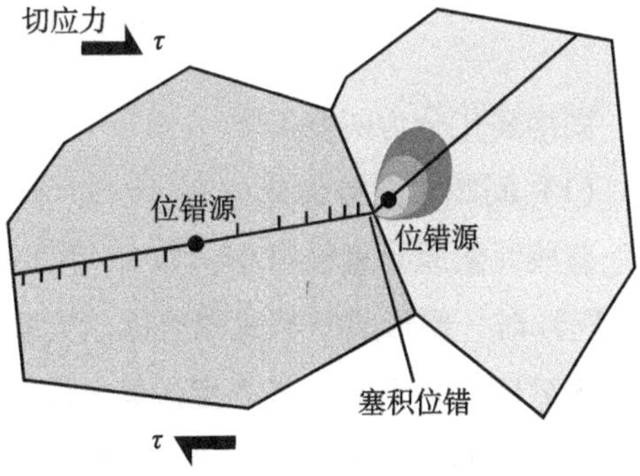

图5－14　位错塞积示意图

3. 形变强化

随着塑性变形量增加，金属的流变强度也增加，这种现象称为形变强化或加工硬化。形变强化是位错运动受到阻碍的结果。

金属材料经冷加工塑性变形可以提高强度，这是材料在塑性变形后位错运动的阻力增加所致。形变强化是金属强化的重要方法之一，能为金属材料的应用提供安全保证，也是某些金属塑性加工工艺所必须具备的条件（如拔制）。形变强化是近年来国内外广泛研究应用的工艺之一，常用的方法主要有滚压、内挤压、喷丸等工艺，强化效果显著、成本低廉。研究人员用 AISI304 钢与 Cr－Mn－N 双相不锈钢进行磨损和腐蚀磨损试验，测定了磨损和磨蚀的体积损失随载荷及接触应务的变化关系及磨痕的显微硬度，观察了磨痕形貌与 Cr－Mn－N 双相不锈钢形变引起的位错滑移及增殖。结果表明，双相 Cr－Mn－N 不锈钢具有较强的形变强化能力，以及良好的耐磨性和耐腐蚀性。在不降低合金耐蚀性的前提下，利用合金本身的形变强化能力提高其耐磨蚀性能，是一种开发磨蚀合金的有效途径。

4. 固溶强化

随着溶质原子的溶入固溶体，晶格发生畸变，晶格畸变增大位错运动的阻力，使金属的滑移变形变得更加困难，从而提高合金的强度和硬度。这种通过形成固溶体使金属强度和硬度提高的现象称为固溶强化，如图 5－15 所示。

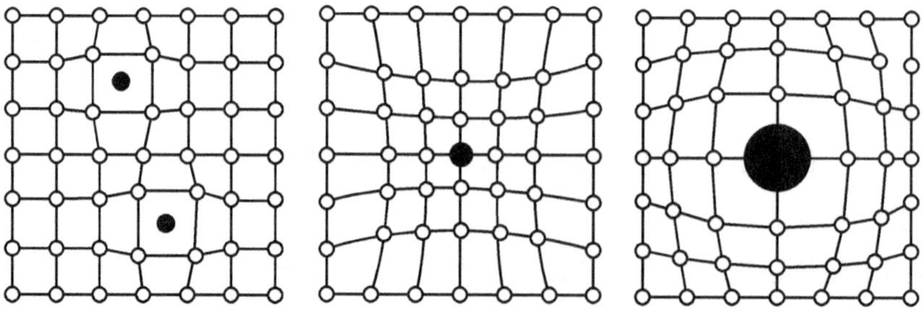

（a）间隙固溶体　（b）置换固溶体1　（c）置换固溶体2

○—溶剂原子；●—溶质原子。

图 5－15　固溶强化的示意图

固溶强化分为两类：

（1）间隙式固溶强化

有些元素原子直径很小，如 C，N，H，B，O 等。当它们作为溶质元素溶入溶剂金属（如 Fe）时，便形成间隙式固溶体。实验证明：两者直径之比 $d_{质}/d_{剂}<0.59$ 时，容易形成间隙固溶体。组织中的基本相，奥氏体（A）是 C 在面心立方晶格的 7－Fe 中的间隙固溶体，最大溶解度为 2.06%（Wt），铁素体（F）则是 C 在体心立方晶格的 a－Fe 中的间隙固溶体，最大溶解度只有 0.02%（Wt）。当 C 与 N 原子嵌入 a－Fe 晶格的八面体间隙中，

使晶格产生不对称正方性畸变（$a>1$）造成强硬化效应，铁基体的屈服强度随间隙原子量的增大而变大，强化增量和 C 原子含量的平方根成直线关系。C 与 N 等间隙原子在基体中与位错产生弹性交互作用，当进入刃型位错附近并沿位错线呈统计分布，形成柯氏气团。在螺型位错应力场作用下，C 与 N 原子在位错线附近有规则排列，形成史氏气团。这些在位错附近所形成的气团对位错的移动起阻碍和钉扎作用，所以对金属基体产生强化效应。实验证明：C 与 N 原子造成的强化增量和温度无关，每增加 1% 原子百分数的 C 与 N，可以使基体强化 45 kg/mm^2。

（2）置换式固溶强化

置换式溶质原子在基体晶格中造成的畸变大多是球面对称，所以强化效能比间隙式原子小（约小 2 个数量级），这种强化效应称为弱硬化。形成置换固溶体时，溶剂原子在溶剂晶格中的溶解度同溶质与溶剂的原子尺寸、电化学性质等因素密切相关。当原子尺寸越接近，周期表中位置越相近，其电化性质也越接近，则溶解度越大。若晶格类型也相同，则可形成无限固溶体（如 Cu－Au，Fe－Cr）。由于溶质原子置换了溶剂晶格结点上的原子，当原子直径存在差别时就会破坏溶剂晶格结点上原子引力平衡，而使其偏离原平衡位置，从而造成晶格畸变，随着原子直径差别增加，造成畸变的程度愈大，由此而造成的强化效果更大。在 Fe 中加入 Mn，Cr，Ni，Mo 等元素，均可形成置换式固溶强化作用。

5. 沉淀强化与弥散强化

（1）沉淀强化

过饱和固溶体随温度下降或在长时间保温过程中（时效）发生脱溶分解。时效过程往往很复杂，细小的沉淀物分散于基体中，阻碍着位错运动而产生强化作用，这就是沉淀强化或时效强化。

（2）弥散强化

为了提高金属（特别是粉末冶金材料）的强度，往往加入一些坚硬的细质点，弥散于基体中，称为弥散强化。

（3）二者的区别

沉淀强化和弥散强化通过加入合金元素来改变钢的成分，再通过一系列热处理而产生强化作用，所以成本高于碳钢，常用于强化比较重要的金属材料和零件。另外，沉淀强化不受热处理条件的限制，弥散强化必须通过热处理工艺才能实现。

就本质来说，沉淀强化与弥散强化有两种途径：第一是第二相质点沉淀时，沉淀相在基体中造成应力场，应力场和运动“位错”之间交互作用使基体强化。第二是第二相质点和基体处于共格或半格状态时，质点周围有一个高能区，具有很大的弹性畸变，致使强度、硬度急剧增加而强化。

总体来说，沉淀强化和弥散强化效应可总结成三点：一是沉淀相的体积比越大，强化效果越显著，要使第二相有足够的数量，必须提高基体的过饱和度。二是第二相弥散度越大，强化效果越好，共格第二相比非共格第二相的强化效能大。三是第二相质点对位错运动的阻力越大，强化效果也越大。

6. 相变强化

（1）定义

合金化的金属材料，通过热处理等手段发生固态相变，获得需要的组织结构，使金属材料得到强化，称为相变强化。

（2）过剩相（第二相）强化

当合金元素加入量超过极限溶解度时，合金固溶处理时就有一部分合金元素不能溶入固溶体，组成第二相，称为过剩相。过剩相一般为硬而脆的金属化合物（如渗碳体），当其数量一定且分布均匀时，对合金有较好的强化作用，但也会使塑性、韧性下降，数量过多时还会使合金脆化，强度也会降低。

在生产中，根据具体的情况，可采用不同的方法或综合使用几种方法来达到强化的目的。金属的强化可以改善零件的使用性能，提高产品的质量，充分发挥材料的性能潜力，延长工件的使用寿命，在实际应用中有着非常重要的意义。因此，研究强化理论、探索强化的途径，是一项重要任务。

7. 细晶强化

晶界是位错运动难以克服的障碍。晶界上，原子排列紊乱，容易形成阻碍其他位错继续向晶界移动的反向能力，能有效阻碍位错运动，使金属强化。金属的晶粒越细，晶界越多，这一阻碍运动越强。其强化效果可由霍尔－佩奇（Hall－Petch）关系式表示：

$$\sigma_s = \sigma_i + K_y d^{-\frac{1}{2}}$$

晶粒的平均值 d 越小，材料的屈服强度越高，即强化量与晶粒直径的平方成反比。

细晶强化不仅能显著提高强度，还能提高韧性，降低韧－脆转变温度，远强于其他强化方法。因此，细晶强化在所有金属材料的强化方法中最受重视，在生产中被广泛使用。

【练习与思考】

简答题

（1）金属塑性变形的实质是什么？

（2）滑移变形与孪生变形有什么区别？为什么常用材料的塑性变形多为滑移变形？

（3）金属塑性变形的主要方式是什么？简要解释其含义。

（4）塑性变形使金属的组织与性能发生哪些变化？

（5）变形金属再结晶后的组织与性能与再结晶前有何区别？

（6）为什么细晶粒金属的强度、硬度、塑性、韧性都较高？

（7）具体说明回复与再结晶在工业生产中的应用。

(8) 为什么实际金属的强度比理论强度低很多？

(9) 说明塑性变形预变形度对再结晶后晶粒大小的影响规律。

(10) 锻造为什么要在加热后进行？如何选择锻造温度范围？

参考文献

[1] 戈晓岚，赵占西．工程材料及其成形基础[M]．北京：高等教育出版社，2012.

[2] 陈丹，赵岩，刘天佑．金属学与热处理[M]．北京：北京理工大学出版社，2017.

[3] 赵忠，丁仁亮，周而康．金属材料及热处理[M]．北京：机械工业出版社，2000.

[4] 刘红．工程材料[M]．北京：北京理工大学出版社，2019.

[5] 倪红军，黄明宇．工程材料[M]．南京：东南大学出版社，2016.

第 6 章　钢的热处理

【教学要求】

钢的热处理是通过加热、保温、冷却固态金属的操作方法来改变其内部组织结构，从而获得所需性能的一种加工工艺。对钢进行正确的热处理，能够改变钢的性能，从而适合各种不同的条件下对钢性能的要求。因此，它在机械制造工业中占有十分重要的地位。可以说，机械设备中重要的零件及各类工具几乎都需要经过热处理才能正常使用。普通常用钢的热处理工艺有退火、正火、淬火、回火、表面热处理等。

本章要求读者掌握钢在加热和冷却过程中组织的转变，熟练掌握 C 曲线；并了解钢在加热和冷却过程中的组织转变规律，掌握退火、正火、淬火、回火等热处理工艺的工艺参数、组织特性、优缺点。

6.1　钢在加热时的转变

6.1.1　热处理工艺

钢的热处理是将钢在固态下加热到预定的温度，保温一定时间，然后以预定的方式冷却到室温，来改变其内部结构，以获得所需性能的一种热加工工艺。热处理可以大幅度地改善金属材料的工艺性能和使用性能，绝大多数机械零件必须经过热处理。正确的热处理工艺可以消除钢材经铸造、锻造、焊接等热加工工艺造成的各种缺陷，细化晶粒，消除偏析，降低内应力，使组织和性能更加均匀。

热处理工艺种类繁多，根据加热、冷却方式的不同，以及组织、性能变化特点的不同，可以分为普通热处理（退火、正火、淬火、回火等）和表面热处理（感应加热表面淬火、火焰加热表面淬火、电接触加热表面淬火、渗碳、氮化、碳氮共渗等）。按照热处理在零件生产过程中的位置和作用不同，热处理工艺还可以分为预备热处理和最终热处理。

在生产工艺流程中，工件经切削加工等成形工艺而得到最终的形状和尺寸后，进行的赋予工件所需使用性能的热处理称为最终热处理。预备热处理是零件加工过程中的一道中间工序，也称中间热处理，其目的是改善锻、铸毛坯件组织、消除应力，为后续的机加工或进一步的热处理作准备。

钢之所以能够进行热处理，是因为钢在固态下具有相变，而在固态下不发生相变的纯金属或某些合金不能用热处理方法强化。根据铁碳相图，共析钢在加热和冷却过程中经过 *PSK* 线（A_1）时，发生珠光体和奥氏体之间的相互转变，亚共析钢经过 *GS* 线（A_3）时，发生铁素体和奥氏体之间的相互转变，过共析钢经过 *ES* 线（A_{cm}）时，发生渗碳体和奥氏体之间的相互转变。A_1，A_3，A_{cm}称为钢在加热和冷却过程中组织转变的临界温度线，它们是在非常缓慢加热或冷却条件下钢发生转变的温度。但在实际热处理加热条件下，相变在不平衡条件下进行，其相变点与相图中的相变温度有一些差异。由于过热和过冷现象的影响，加热时相变温度偏向高温，冷却时相变温度偏向低温，这种现象称为滞后。加热或冷却速度越快，则滞后现象越严重。图6－1表示加热和冷却速度对碳钢临界温度的影响。通常将加热时的实际临界温度标以字母“c”，如A_{c1}，A_{c3}，A_{ccm}；将冷却时的实际临界温度标以字母“r”，如A_{r1}，A_{r3}，A_{rcm}等。

在极其缓慢的加热条件下，钢的组织转变是按 $Fe-Fe_3C$ 平衡图进行的，即共析钢、亚共析钢、过共析钢分别加热到临界温度A_1，A_3，A_{cm}就能获得单相奥氏体。但在实际生产中加热速度比较快，相变的临界温度要高些，对应用A_{c1}，A_{c3}，A_{ccm}表示。同样，实际生产中冷却速度也比较快，相变的临界温度要低些，对应用A_{r1}，A_{r3}，A_{rcm}表示，如图6－1所示。

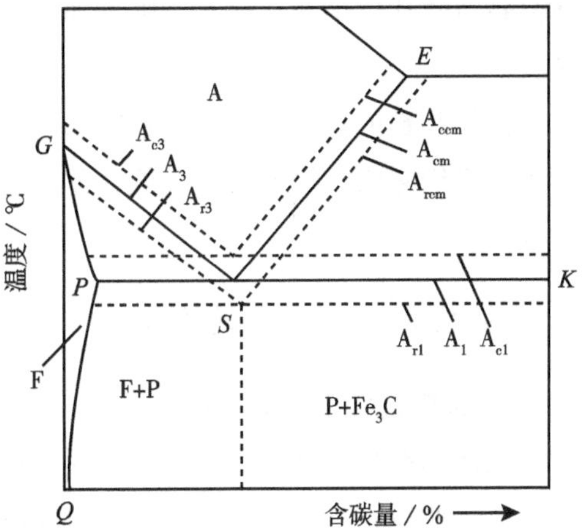

图6－1　加热和冷却速度对碳钢临界温度的影响

6.1.2　加热钢的目的

热处理时，对钢加热的目的通常是使组织全部或大部分转变为细小的奥氏体晶粒，这种转变叫奥氏体化。奥氏体化后的钢，以不同的冷却方式冷却时，便可得到不同的组织，从而使钢获得不同的性能。因此，通过加热使钢奥氏体化是钢的组织转变的基本条件。

1. 奥氏体的形成

以共析钢为例，如图6－2所示。共析钢在 A_1 以下全部为珠光体。珠光体向奥氏体的转变是通过生核、长大的过程来完成的。首先，在铁素体和渗碳体的交界面上生成奥氏体的晶核，然后通过原子的扩散，奥氏体不断成长，同时有新的晶核在生成并成长。保温一段时间后，珠光体全部转变为奥氏体。

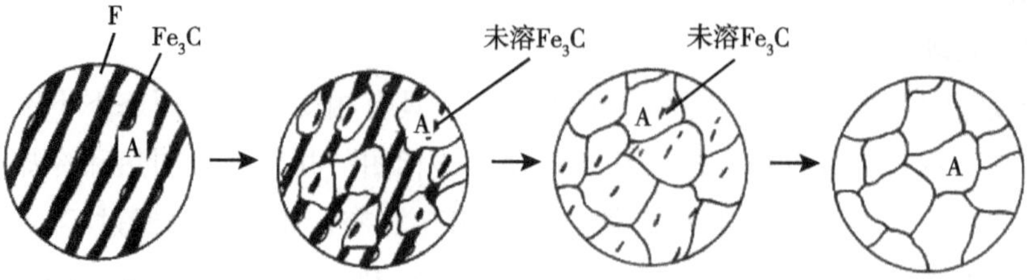

图 6－2　奥氏体的形成过程

2. 奥氏体晶粒的长大

由于在铁素体和渗碳体的交界面上产生的奥氏体晶核很多，由珠光体开始转变成的奥氏体晶粒总是比较细小。但是，随着加热温度的升高和保温时间的延长，奥氏体晶粒会逐渐长大。

奥氏体晶粒的大小直接影响钢冷却后的组织和性能。一般来说，奥氏体晶粒越粗，冷却后钢的组织越粗，钢的力学性能就差。因此，在实际生产时，必须控制好加热温度和保温时间。

3. 影响奥氏体转变的因素

（1）加热温度和保温时间

奥氏体晶粒长大是一个自发的过程，加热温度过高和保温时间过长，必然导致奥氏体晶粒粗大。所以在一定温度下，保温时间越长越有利于晶界总面积减少而导致晶粒粗化。

（2）加热速度

珠光体在加热时转变为奥氏体、奥氏体在冷却时转变为珠光体都属于结晶过程。冷却时，过冷度大，使珠光体的晶粒得到细化；加热时，过热度大，使奥氏体的晶粒得到细化。加热速度快、过热度大，有利于细化奥氏体晶粒。

实际生产中，有时采用高温快速加热、短时保温的方法，可以获得细小的晶粒。但是，如果在高温下长时间保温，晶粒容易长大。

（3）钢的组织及成分

钢的原始组织越细，相界面越多，则奥氏体晶核的数量增加，有利于获得细晶粒组织。

对于亚共析钢随奥氏体中含碳量增加，奥氏体晶粒的长大倾向也增大，因为 C 是一个促使奥氏体晶粒长大的因素。但对于过共析钢，不分碳以未溶碳化物的形式分布于奥氏体晶界，有阻碍晶粒长大的作用。

除了 Mn 和 P 是促进奥氏体晶粒长大的元素外，大部分合金元素（Ti，V，Nb，Al 等）加入钢中后能形成稳定的碳化物、氧化物、氮化物弥散分布在晶界上，从而阻碍奥氏体晶粒长大。

6.2　钢在冷却时的转变

热处理的目的是提高和改善钢的性能。实践证明：冷却过程是钢的热处理的关键工序，决定着钢在室温下的组织和性能。如 45 号钢经 840 ℃加热并保温后，如在空气中冷却，其表面硬度小于等于 209 HBS；如在油中冷却，其表面硬度达 45 HRC 左右；如在水中冷却，其表面硬度可达 55 HRC 左右。

加热得到的奥氏体，在冷却过程中会发生组织转变。在实际生产中，冷却速度比较快，奥氏体要在 A_1 以下的温度才发生转变。A_1 以下暂时存在的奥氏体是不稳定相，称为过冷奥氏体。在热处理工艺中，过冷奥氏体的冷却过程常采用等温冷却和连续冷却两种方式。

6.2.1　过冷奥氏体的等温冷却

1. 过冷奥氏体的等温转变

将高温奥氏体迅速冷却到低于 A_1 以下的某一温度，并保持恒温，让过冷奥氏体在此温度完成转变的过程，称为过冷奥氏体的等温转变（等温冷却）。

过冷奥氏体在不同的温度进行等温转变，将获得不同的组织和性能。过冷奥氏体的等温转变规律可以用图来说明。全面表示过冷奥氏体的等温转变温度与转变产物之间关系的图形，称为奥氏体等温转变曲线。每一种钢都有一个等温转变图，共析钢的等温转变见图 6－3，由于其形状像“C”，所以简称为 C 曲线。

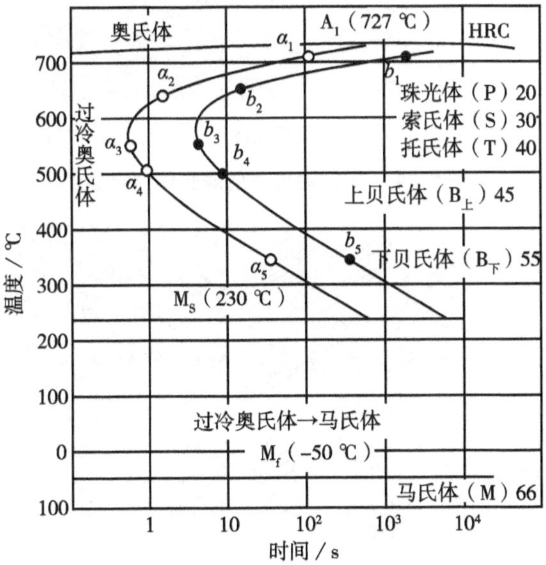

○—转变开始；●—转变终了。

图 6－3　共析钢的等温转变

在图 6-3 中，纵坐标为过冷奥氏体的等温温度；横坐标为取用对数坐标标出的时间；C 曲线上面的水平线是 A_1 线，表示奥氏体和珠光体的平衡温度，即铁碳平衡图中的 A_1 温度；C 曲线下面的水平线叫 M_S 线，它是以极快的冷却速度连续冷却时，测得的过冷奥氏体开始转变为马氏体的温度点的连续线；M_S 下面的水平线表示马氏体转变终了温度，称为 M_f 线，一般在室温以下，所以，$M_S \sim M_f$ 是马氏体转变区；在 $A_1 \sim M_S$ 是过冷奥氏体等温转变区。在过冷奥氏体等温转变区中，左边的 C 曲线为奥氏体转变开始线，其左方是过冷奥氏体区，过冷奥氏体经过一段孕育期将发生转变；右边的 C 曲线为奥氏体转变终了线，其右方为转变产物区；两条 C 曲线中间为过冷奥氏体和转变产物共存区。

2. 过冷奥氏体的高温转变

过冷奥氏体在 A_1 ~ 550 ℃ 范围内的转变为高温转变，转变产物为片状珠光体，如图 6-5（a）所示。等温转变的温度不同，珠光体中铁素体与渗碳体的片层间距不同。其中，在 A_1 ~ 650 ℃ 范围内等温转变得到粗片状珠光体，用符号 P 表示，片层间距大于 0.4 μm，硬度约为 20 HRC，如图 6-4（a）所示；在 650 ~ 600 ℃ 范围内，等温转变得到细片状珠光体，称为索氏体，用符号 S 表示，片层间距 0.2 ~ 0.4 μm，硬度约为 30 HRC，如图 6-4（b）所示；在 600 ~ 550 ℃ 范围内，等温转变得到极细片状珠光体，称为托氏体，用符号 T 表示，片层间距小于 0.2 μm，硬度约为 40 HRC，如图 6-4（c）所示。珠光体除片状外，还有粒状，如图 6-5（b）所示。

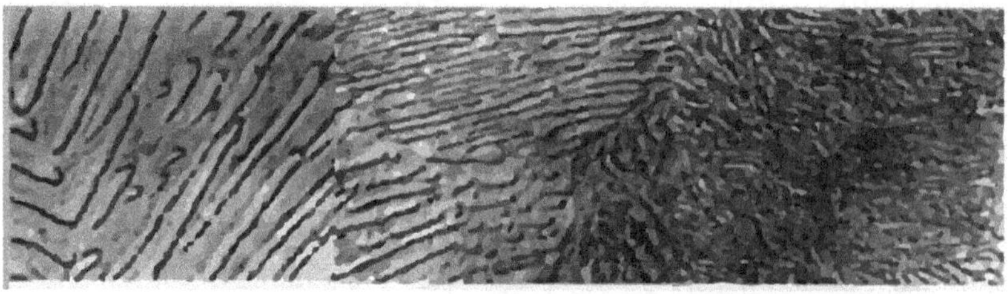

（a）珠光体　　（b）索氏体　　（c）托氏体

图 6-4　不同温度下的珠光体转变组织

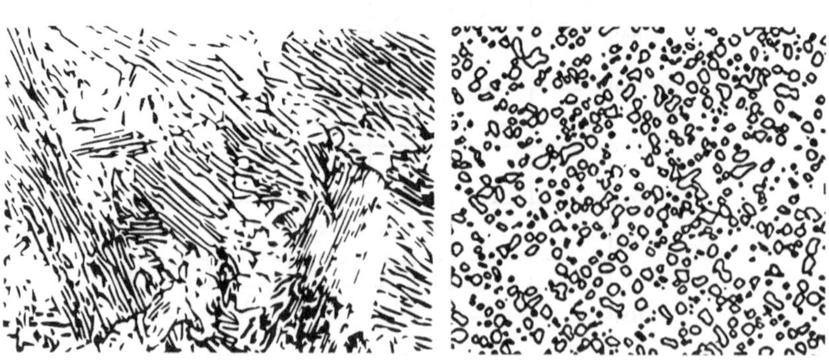

（a）片状珠光体　　（b）粒状珠光体

图 6-5　珠光体

3. 过冷奥氏体的中温转变

过冷奥氏体在550 ℃～M_S范围内的转变为中温转变，转变产物为贝氏体（由铁素体和非片层状碳化物组成）。在550～350 ℃范围内得到的是上贝氏体，用符号$B_{上}$表示，显微组织为羽毛状，如图6－6（a）所示。上贝氏体的硬度约为45 HRC，强度和韧性都不高，生产上很少使用。在350 ℃～Ms范围内得到的是下贝氏体，用符号$B_{下}$表示，显微组织为针状，如图6－6（b）所示。下贝氏体比上贝氏体具有较高的强度和硬度（约为55 HRC），塑性和韧性也较好。生产上常采用等温淬火获得下贝氏体组织来改善钢的机械性能，并减少淬火内应力及变形、开裂倾向。

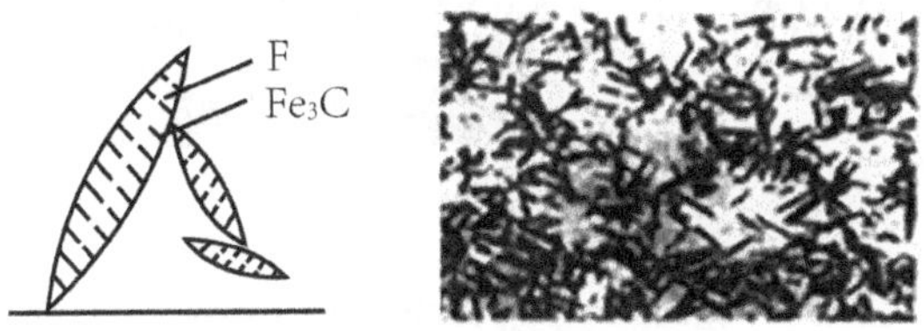

（a）上贝氏体

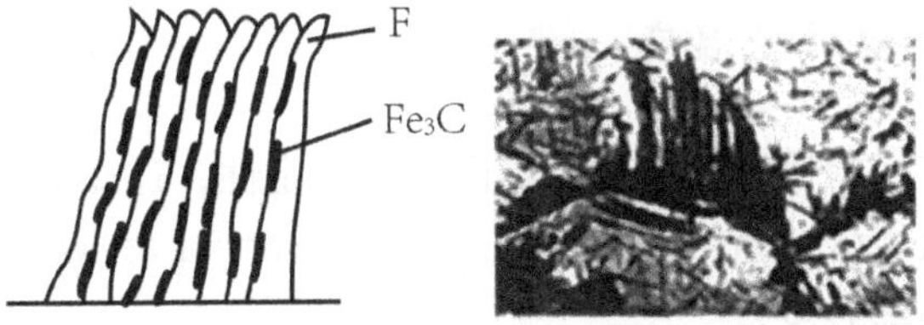

（b）下贝氏体

图6－6　过冷奥氏体的中温转变产物

4. 过冷奥氏体的低温转变

奥氏体快速过冷到M_S线以下转变为低温转变，转变产物为马氏体。马氏体是一种非常重要的组织，用M表示。多数情况下，钢的强化通过淬火以获得马氏体来实现。形成马氏体时，由于温度低，碳原子已失去扩散能力，原来溶解在奥氏体中的C全部保留在$\alpha-Fe$中，形成C在$\alpha-Fe$中的过饱和固溶体，称为马氏体。

高硬度是马氏体性能的主要特点，且随马氏体含碳量增加，硬度也随之升高，脆性增大。马氏体的组织形态主要有板条状和针状两种，如图6－7所示。当奥氏体中$w_C<0.2\%$时，马氏体的形态为板条状，又叫低碳马氏体。因钢中含碳量低，硬度不高，通常为35～45 HRC，但有高的强度和韧性。当奥氏体中$w_C>1.0\%$时，马氏体的形态为针状，又叫高碳马氏体。因钢中含碳量高，硬度高、韧性低、脆性大，经回火处理后才能使用。含碳量介于两者之间的马氏体，由板条状马氏体和片状马氏体混合组成，性能也处于两者之间。

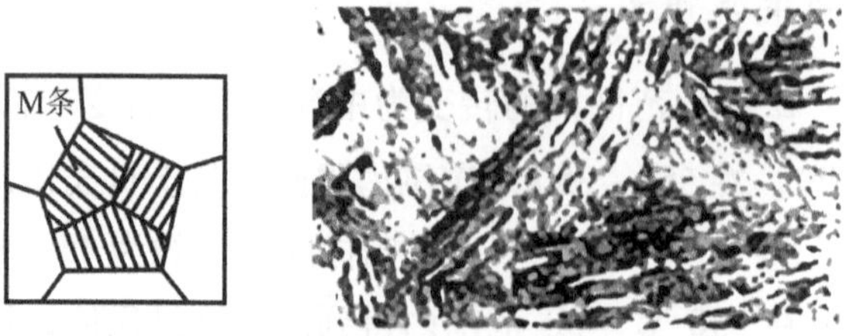

（a）板条状马氏体

（b）针状马氏体

图6－7　马氏体的组织形态

5. 过冷奥氏体等温转变温度

过冷奥氏体等温转变的速度反映过冷奥氏体的稳定性，过冷奥氏体的稳定性可在C曲线上反映出来。过冷奥氏体越稳定，孕育期越长，则转变速度越慢，C曲线越往右移。过冷奥氏体的等温转变因素有多个：

（1）奥氏体成分的影响

过冷奥氏体等温转变的速度在很大程度上取决于奥氏体的成分，改变奥氏体的化学成分会影响C曲线的形状和位置，从而控制过冷奥氏体的等温转变速度。

①含碳量影响。与共析钢C曲线不同，亚共析钢、过共析钢上部各多一条先共析相析出线，说明过冷奥氏体在发生珠光体转变之前，在亚共析钢中先要析出铁素体，在过共析钢中要先析出渗碳体。

亚共析钢随奥氏体含碳量增加，C曲线逐渐右移，说明过冷奥氏体稳定性增高，孕育期变长，转变速度减慢。这是由于在相同的转变条件下，随着亚共析钢中含碳量的增高，铁素体形核的概率减少，铁素体长大需要扩散离去的碳量增大，所以减慢铁素体的析出速度。一般认为，先共析铁素体的析出可以促进珠光体的形成。因此，由于亚共析钢先共析铁素体孕育期增长、析出速度减慢，珠光体转变速度也随之减慢。

②合金元素的影响

合金元素溶解到奥氏体中后，都会增大过冷奥氏体的稳定性，使C曲线右移。V，Ti，Nb，Zr等强碳化物形成元素，当其含量较多时，能在钢中形成稳定的碳化物，在一般加热温度下不能融入奥氏体中而以碳化物形式存在，反而降低过冷奥氏体的稳定性。

（2）奥氏体状态的影响

①奥氏体晶粒越细小，单位体积内晶界面积越大，从而使奥氏体分解时形核率增多，稳定性降低。

②铸态的原始组织不均匀，存在成分偏析；经过轧制后，组织和成分变得均匀。因此，在同样加热条件下，铸锭形成的奥氏体很不均匀，轧材形成的奥氏体比较均匀，不均匀的奥氏体可以促进奥氏体分解，使 C 曲线左移。

③奥氏体化温度越低，保温时间越短，奥氏体晶粒越细，未溶第二相越多；同时，奥氏体的碳浓度和合金元素浓度越不均匀，从而促进奥氏体在冷却过程中分解，使曲线左移。

（3）压力和塑性变形的影响

①在奥氏体状态下，承受拉应力将加速奥氏体的等温转变，添加等向压应力会阻碍这种转变。这是因为奥氏体比体积最小，发生转变时总是伴随比体积的增大，尤其是马氏体转变更为剧烈，所以加拉应力促进奥氏体转变。在等向压应力下，原子迁阻力增大，减慢奥氏体的转变。

②对奥氏体进行塑性变形也有加速奥氏体转变的作用。这是由于塑性变形使点阵畸变加剧，并使位错密度增高。

6.2.2　过冷奥氏体的连续冷却

在实际生产中，除了极少数采用等温冷却外，奥氏体的转变大多数是在连续冷却过程中进行的。实验表明，按不同冷却速度连续冷却时，过冷奥氏体的转变产物接近于其冷却曲线与 C 曲线相交温度范围所发生的等温冷却转变产物。所以，过冷奥氏体的连续冷却转变产物可用 C 曲线定性分析而确定。但需要注意的是，碳钢在连续冷却中不能形成贝氏体。

A_1 速度的冷却曲线画在它的 C 曲线上，其中，$v_1 < v_2 < v_3 < v_4 < v_5$，然后根据它们的 v_1 交点位置便可确定其连续冷却转变产物，如图 6－8 所示。

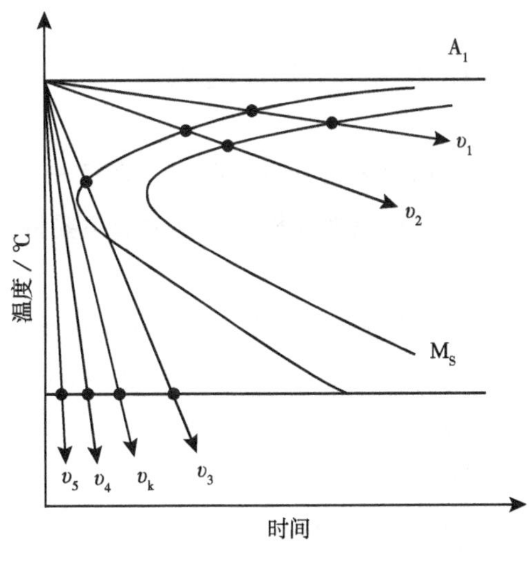

图 6－8　共析钢的各种不同冷却曲线

v_1 相当于缓慢冷却（如随炉冷却），与 C 曲线的交点位置靠近 A_1，可以确定所得组织为珠光体。

v_2 相当于在空气中冷却，交点位于索氏体转变范围，所得组织为索氏体。

v_3 相当于在油中冷却，它与 C 曲线只相交于 550 ℃温度范围的转变开始线。这时，一部分过冷奥氏体要转变为托氏体，其余的过冷奥氏体在随后的继续冷却中与 M_S 线相交，转变为马氏体。所以，冷却到室温后得到的是托氏体与马氏体的混合物，硬度为 50 HRC。

v_k 与 C 曲线相切，它是所有的奥氏体冷却到 M_S 以下全部转变为马氏体的最小冷却速度，称为临界冷却速度。

v_4，v_5 相当于在水中冷却，它与 C 曲线不相交，直接冷却到 M_S 线才发生转变，所得组织为马氏体，硬度在 60 HRC 以上（高碳马氏体）。

马氏体只有在 $M_S \sim M_f$ 范围内的连续冷却过程中才能不断形成，冷却停止，转变也就终止。由于很多钢的 M_f 在 0 ℃以下，淬火冷却通常只冷却到室温，所以奥氏体向马氏体的转变不能完全进行到底，总有一部分奥氏体未能转变而被保留下来，称为残余奥氏体。随着钢中含碳量增加，淬火后的残余奥氏体量增多。如果要消除残余奥氏体，可把钢继续冷却到 M_f 以下。

6.3 钢的普通热处理工艺

钢的退火、正火、淬火、回火是应用非常广泛的热处理工艺，也叫钢的普通热处理。在机器零件制造过程中，退火和正火经常作为预备热处理，被安排在锻造或铸造之后、切削加工之前，用以消除前一道工序带来的某些缺陷，改善切削加工性能，并影响随后淬火时的变形、开裂倾向，以及最终的组织与性能。钢的淬火与回火是紧密相连的两个工艺过程，只有相互配合才能收到良好的热处理效果。一般来说，淬火与回火作为最终热处理。

6.3.1 钢的退火

把钢加热到适当的温度，保持一定的时间，然后缓慢冷却的热处理工艺，称为退火。与其他热处理相比，退火的主要特点是钢在加热、保温后，冷却缓慢，通常是随炉冷却。

在一般情况下，退火是属于半成品热处理，也称预备热处理。它往往被安排在锻造或铸造之后、切削加工之前。例如，锉刀（常用材料是 T12）的工艺路线：锻造→退火→机加工→淬火、低温回火→成品。对于一些要求不是很高的工件（手轮、床身等），退火也可作为最终热处理。

根据退火的目的和工艺特点分类，常见的退火方法有完全退火、球化退火、去应力退火、再结晶退火、高温扩散（均匀化）退火。

1. 完全退火

将工件加热到 A_{c3} 以上，保温一定时间，使其完全转变成奥氏体并均匀化，然后缓慢冷却的退火方法叫完全退火。

完全退火的目的：细化晶粒，提高钢的力学性能；消除应力，防止钢件变形；降低硬度，利于切削加工。

完全退火的加热温度为 A_{c3} +（30～50）℃。保温后，随炉缓慢冷却。为提高效率，温度降至500 ℃时，工件可出炉空冷。

完全退火主要用于亚共析钢，不能用于过共析钢。因为过共析钢完全奥氏体化后，在缓慢冷却中会析出网状渗碳体，使钢的力学性能变差。

2. 球化退火

将钢加热到 A_{c1} 以上，保温一定时间，使钢中的碳化物变成球状的退火方法叫球化退火。

球化退火的目的：降低硬度，改善加工性能；为淬火作好组织准备，提高工件淬火、回火后的耐磨性。

球化退火的加热温度为 A_{c1} +（20～30）℃。保温后，随炉缓慢冷却，获得球状珠光体组织。

在球状珠光体中，渗碳体呈球状小颗粒均匀分布在铁素体基体上，使其硬度比片状珠光体低，有利于改善高碳钢件的切削加工性。

球化退火主要用于共析钢和过共析钢。如果过共析钢中有较多的网状渗碳体，应先进行正火后才能进行球化退火。

3. 去应力退火

将钢加热到略低于 A_1 的一定温度，保温后缓慢冷却的退火方法叫去应力退火。

去应力退火的目的：消除铸造件、锻压件、焊接件内存在的残余应力，减小零件在加工和使用过程中的变形或开裂。

去应力退火通常将工件加热到500～650 ℃，保温足够时间后随炉缓冷至200～300 ℃，出炉空冷。由于加热温度低于 A_1，钢的组织不发生改变。

4. 再结晶退火

将经过冷加工（冷轧、冷拔、冷冲压等）变形而产生加工硬化的钢材，加热到 A_1 以下某一温度（碳钢一般为650～700 ℃），保温后缓冷的退火方法叫再结晶退火。

再结晶退火一般用于两次冷加工变形之间，通过再结晶退火，使产生加工硬化的变形晶粒重新生核和长大，消除加工硬化和内应力，获得变形前的组织结构，从而使硬度、强度显著下降，塑性、韧性大大提高，为继续进行冷加工变形作好准备。

5. 高温扩散（均匀化）退火

为减少铸件或钢锭的化学成分和组织的不均匀性，将其加热至略低于固相线温度（钢的熔点以下 100 ~ 200 ℃），长时间（10 ~ 15 h）保温并缓慢冷却，目的是消除成分偏析和组织不均匀性。均匀化退火后，钢的晶粒粗大，一般要进行完全退火或正火。

6.3.2 钢的正火

将钢加热到 A_{c3} 或 A_{ccm} 以上 30 ~ 50 ℃，保温后在空气中冷却的热处理工艺，称为正火。正火的主要特点是钢在加热、保温后，在空气中冷却，冷却速度较炉冷快。

正火的目的是细化晶粒、调整硬度、消除网状渗碳体，为淬火、球化退火等作好组织准备。通过正火细化晶粒，钢的韧性可显著改善。对于低碳钢，可提高硬度以改善切削加工性。由于正火的冷却速度比退火快，正火钢件的强度和硬度比退火钢件高，对于一些性能要求不高的零件，正火可作为最终热处理。

正火与退火的目的大致相同，在实际使用时可以从三个方面考虑：

①从切削加工性考虑，一般中碳钢、低碳钢（$w_C \leqslant 0.45\%$）宜用正火提高硬度，高碳钢宜用退火降低硬度。

②从使用性能上考虑，对于性能要求不高的零件，用正火作为最终热处理可降低成本。

③从经济上考虑，正火比退火生产周期短、成本低，所以在可能的条件下，应优先采用正火。

各种退火和正火的加热温度范围如图 6 – 9 所示。

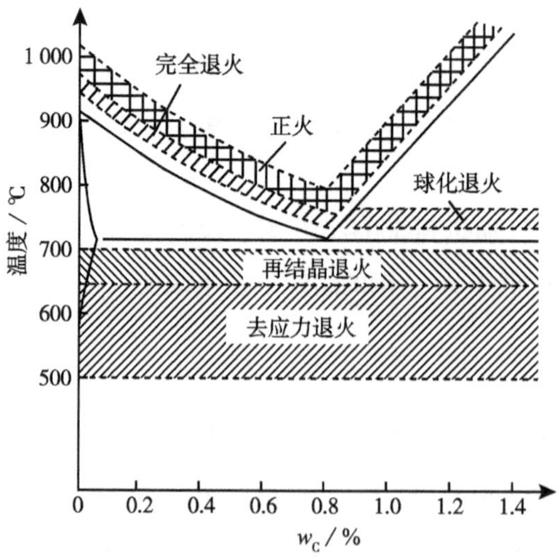

图 6 – 9　各种退火和正火的加热温度范围

6.3.3 钢的淬火

将钢加热到 A_{c3} 或 A_{c1} 以上某一温度，保温后以大于临界冷却速度的冷速急剧冷却，获得以高硬度马氏体为主的不稳定组织的热处理工艺，称为淬火。

淬火通常是为了获得马氏体，再配以适当的回火，使钢件具备良好的使用性能，并充分发挥材料的潜力。其主要目的是：

①提高零件的机械性能。例如，提高工具、轴承的硬度和耐磨性，提高弹簧的弹性极限，提高轴类零件的综合力学性能，等等。

②改善某些特殊钢的性能。例如，提高不锈钢的耐蚀性，提高高锰钢的耐磨性，等等。

1. 淬火加热温度

亚共析钢的淬火加热温度一般为 $A_{c3}+(30\sim50)$ ℃。将亚共析钢加热到此温度，可获得细小的奥氏体晶粒，冷却后获得细小的马氏体组织。如果加热温度过高，则获得粗大的马氏体，同时引起较严重的热处理变形。如果加热温度为 $A_{c1}\sim A_{c3}$，将获得铁素体和奥氏体，冷却后的淬火组织中会出现铁素体，造成硬度不足和不均匀。

共析钢和过共析钢的淬火加热温度一般为 $A_{c1}+(30\sim50)$ ℃。将共析钢和过亚共析钢加热到此温度，组织为奥氏体和少量的渗碳体，冷却后获得细小的马氏体和粒状渗碳体组织。渗碳体能提高钢的硬度和耐磨性。如果加热温度超过 A_{cm}，冷却后获得粗大的马氏体，增加钢的脆性；并且由于渗碳体的消失，使钢的硬度和耐磨性降低。如果加热温度过低，可能得到非马氏体组织，使钢的硬度达不到要求。

碳素钢淬火加热温度范围如图 6-10 所示。

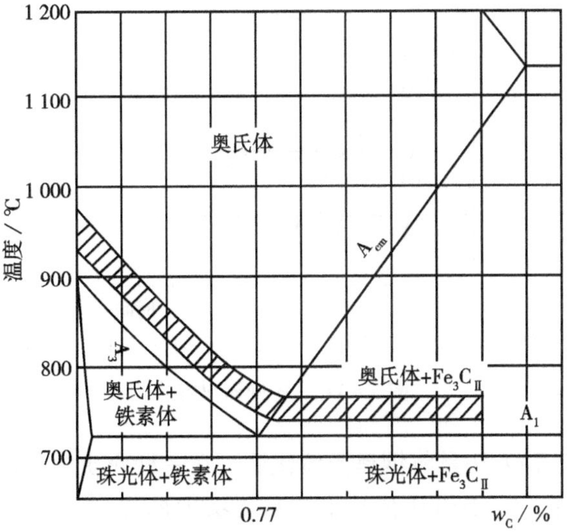

图 6-10 碳素钢淬火加热温度范围

2. 淬火冷却

淬火要求得到马氏体，因此淬火的冷却速度就必须大于临界冷却速度 v_k，而快冷总是不可避免地要造成很大的内应力，引起钢的变形甚至开裂。淬火冷却速度越大，淬火内应力就越大，钢件变形、开裂的倾向也越大。很显然，在保证淬硬的前提下，淬火冷却速度应慢些。因此，淬火冷却时应选择合适的淬火介质和淬火方法，如图 6 – 11 所示。

（1）冷却介质

根据碳钢的冷却 C 曲线可知，过冷奥氏体在 650 ~ 400 ℃时分解最快，因此只需在这一温度区间内快冷，而在这以上和以下的温度区间内并不要求快冷。在 M_s 点以下反而要求冷却缓慢些，以防止淬火变形和开裂。目前生产中应用较广的冷却介质是水和油。

水在 650 ~ 400 ℃时的冷速很大，这对奥氏体稳定性较小的碳钢来说非常有利，常用于碳钢工件的冷却介质。但水在 300 ~ 200 ℃的冷却速度仍然很大，产生很大的组织应力，易使工件变形甚至开裂。向水中加入少量的盐，只增加它在 650 ~ 400 ℃的冷却速度，而基本不改变它在 300 ~ 200 ℃时的冷却速度。因此，生产中一般采用 10% 食盐水溶液来加快其冷却速度。

淬火用油一般为矿物油（机油、变压器油、柴油等）。油在 300 ~ 200 ℃时的冷却速度远小于水，对于减小淬火工件的变形和开裂很有利。但它在 650 ~ 400 ℃冷速也比水小，所以不能用于碳钢，只能用于过冷奥氏体稳定性较好的合金钢。

（2）常用淬火方法

常用淬火方法有单介质淬火、双介质淬火、马氏体分级淬火、贝氏体等温淬火等，如图 6 – 11 所示。

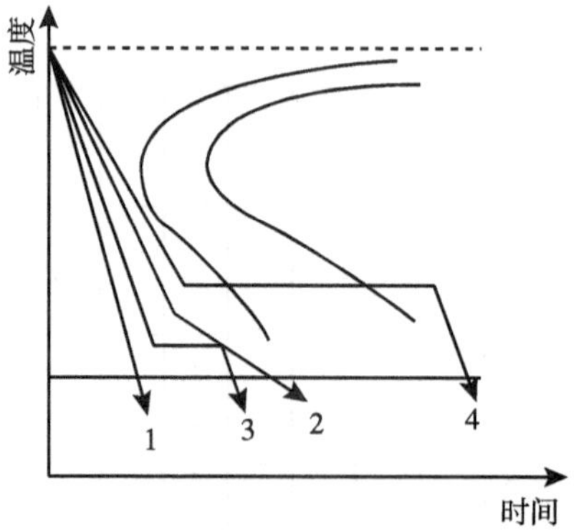

1—单介质淬火；2—双介质淬火；3—马氏体分级淬火；4—贝氏体等温淬火。

图 6 – 11　各种淬火方式

①单介质淬火。这种方法是将钢奥氏体化后，在一种介质中冷却到室内温度的淬火方法。一般用于形状简单、无尖锐棱角的碳钢与合金钢件（碳钢常用水，合金钢常用油）。优点是操作简单，易于实现机械化和自动化。缺点是工件的表面与心部温差大，易造成淬

火内应力。在连续冷却到室温的过程中，水淬由于冷却快，容易产生变形和裂纹；油淬由于冷却速度小，容易产生硬度不足或硬度不均匀的现象。

②双介质淬火。这是将工件加热到淬火温度后，先在冷却能力较强的介质（水或盐水）中冷却到400～300 ℃，再迅速转移到冷却能力较弱的介质（如矿物油）中冷却到室温的淬火方法。双介质淬火主要用于高碳工具钢所制造的工件和尺寸较大的合金钢零件（丝锥、板牙等），以减小变形与开裂。双介质淬火的优点是马氏体相变在缓冷的介质中进行，可以使工件淬火时内应力大大降低，从而减小变形和开裂倾向。缺点是工件的表面与心部温差仍较大，在水中的停留时间不易控制，工艺不好掌控，操作困难。

③马氏体分级淬火。钢件经奥氏体化后，先投入温度为150～260 ℃的盐浴中，稍加停顿（2～5 min）后取出空冷，以获得马氏体组织的淬火方法。常用于直径范围小于20～30 mm的合金钢刀具或直径范围小于10～12 mm的碳钢刀具。马氏体分级淬火优点是操作方便，可降低工件内外温差，降低马氏体转变时的冷却速度，从而减小淬火应力，防止变形、开裂。缺点是因为硝盐浴或碱浴的冷却能力较弱，使其实用性受到限制。

④贝氏体等温淬火。将经奥氏体化后的钢件投入温度稍高于M_S的盐浴中，保温足够长的时间，使其发生下贝氏体转变后取出空冷的淬火方法。常用于形状复杂，强度、韧性较好的工件，如各种模具、成形刀具等，还可用于高合金钢较大截面零件的淬火。贝氏体等温淬火的优点是淬火应力与变形极小，不易变形和开裂；与回火马氏体相比，在含碳量相近、硬度相当时，下贝氏体具有较高的塑性和韧性。缺点是生产周期长，生产效率低。

3. 钢的淬透性与淬硬性

（1）淬透性和淬硬性的概念

钢的淬透性是钢在淬火时能够获得淬硬层深度的能力，也就是获得马氏体的能力。

用不同的钢材制成的相同形状和尺寸的工件在相同条件下淬火，淬透性好的钢获得的淬硬层深，截面上的硬度分布也比较均匀，钢件的综合性能就高。

淬透性主要取决于钢的临界冷却速度v_k。v_k越小，下标钢的淬透性越高。一般来说，碳素钢的淬透性都比较低，大多数合金元素加入钢中都能显著提高钢的淬透性。

淬硬性是钢在淬火时的硬化能力，用淬火后马氏体所能达到的最高硬度表示，主要取决于马氏体中的含碳量，合金元素对它影响不大。淬透性好的钢，其淬硬性不一定高。

（2）影响淬透性的主要因素

①合金元素是影响淬透性的主要因素，除Co外，大多数合金元素溶于奥氏体后，使奥氏体等温转变图右移，提高钢的淬透性。

②碳的质量分数即通常所说的含碳量。对于碳钢来说，钢种含碳量越接近共析成分，其奥氏体等温转变图越靠右，淬透性越好。即亚共析钢的淬透性随碳含量增加而增大，过共析钢的淬透性随含碳量增加而减少。

③奥氏体化温度。提高奥氏体化温度，僵尸奥氏体晶粒长大、成分均匀，从而降低珠

光体的形核率和钢的临界冷却速度，使淬透性增加。

④钢中未溶第二相粒子。钢种未融入奥氏体的碳化物、氮化物及其他非金属夹杂物，可以成为过冷奥氏体分解的非自发核心，使临界冷却速度增大，降低淬透性。

（3）影响淬硬层深度的因素

①淬透性。钢的淬透性越大，则钢的淬硬层越深。

②零件尺寸大小。在钢的成分和冷却条件相同的情况下，零件尺寸越大，热容量越大，零件冷却速度越慢，淬硬层深度越浅。

③冷却介质。同钢种同尺寸的零件，在冷却能力较大的介质中冷却时，淬硬层深度较大；反之，淬硬层深度较小。

热处理中常用临界淬透直径来具体衡量钢的淬透性。临界淬透直径指钢在某种介质中淬火时，其心部能淬透的最大直径，以 D_0 表示。常用钢材的临界淬透直径见表 6－1。

表 6－1　常用钢材的临界淬透直径

钢号	$D_{0水}$/mm	$D_{0油}$/mm
45	10～18	6～8
60	20～25	9～15
40Cr	20～36	12～24
20CrMnTi	32～50	12～20
T8～T12	15～18	5～7
GCr15	—	30～35
9SiCr	—	40～50
Cr12	—	200

（4）钢的淬透性的应用

力学性能是机械设计中选材的主要依据，钢的淬透性会直接影响钢在热处理后的力学性能。因此，选材时必须对钢的淬透性有充分了解。

机械制造中，许多大截面零件和在动载荷下工作的零件，以及承受拉力和压力的螺栓、拉杆、锻模等重要零件，常常要求零件的表面和心部力学性能一致。此时，应当选用淬透性好的钢，淬火时能全部淬透。

对于承受弯曲或扭转载荷的轴类、齿轮，表面受力最大、心部受力最小，只要求淬透 1/3～1/2 的半径或厚度即可。对于一些心部性能对使用没有影响的零件，可考虑选用淬透性较低的钢。

对于某些零件，不可选用淬透性高的钢。例如焊接件，若选用淬透性高的钢，就容易在焊缝热影响区内出现淬火组织，造成变形或开裂。又如承受强力冲击和复杂应力的冷镦凸模，其工作部分常因全部淬硬而脆断。

6.3.4　钢的回火

将淬火后的钢，再加热到 A_{c1} 点以下某一温度，保温后冷却到室温的热处理工艺称回火。

回火的目的是降低或消除淬火内应力，提高材料的塑性，提高尺寸稳定性，获得所需的使用性能。

1. 回火组织转变

淬火得到的马氏体是一种不稳定的组织，有向稳定组织转变的倾向，回火可以促使这种转变加快进行。随着回火加热温度的升高，马氏体中碳原子扩散能力增强，并逐渐以碳化物的形式从马氏体中析出，使得马氏体中碳的过饱和程度随之减小，最终成为铁素体。从马氏体中析出的碳化物随着回火温度的升高逐渐形成颗粒状并聚集长大，钢的强度、硬度下降，塑性、韧性升高。

2. 回火的种类及应用

按回火温度范围，可将回火分为以下三类：

（1）低温回火（回火温度为 150 ~ 250 ℃）

低温回火所得组织为回火马氏体。回火马氏体是由碳的过饱和度较低的马氏体及其析出的碳化物组成。淬火钢经低温回火后基本保持淬火后的高硬度，但韧性有所提高，内应力有所降低。低温回火主要用于要求高硬度（58 ~ 64 HRC）、高耐磨性的各种工具、刃具、量具、模具，如锤子、丝锥、塞尺、冷冲模具的凹模和凸模等。

（2）中温回火（回火温度为 250 ~ 500 ℃）

中温回火所得组织为回火托氏体。回火托氏体是铁素体和细粒状渗碳体的混合物，硬度为 35 ~ 50 HRC，有高的弹性极限、屈服强度和一定的韧性。中温回火常用于弹性零件及要求中等硬度的零件，如汽车板簧。

（3）高温回火（回火温度为 500 ~ 600 ℃）

高温回火得到回火索氏体组织。回火索氏体是铁素体和粒状渗碳体的混合物，硬度为 20 ~ 35 HRC，具有良好的综合力学性能，即有较高的强度和良好的韧性。

通常将钢淬火加高温回火的复合热处理工艺称为调质处理。调质处理广泛应用于要求有良好综合力学性能的各种重要零件，如轴、齿轮、连杆、丝杠等。

3. 淬火钢回火时力学性能的变化

淬火钢回火时，总的变化趋势是随着回火温度的升高，碳钢的硬度、强度降低，塑性提高，但若回火温度太高就会导致塑性有所下降；冲击韧度会随着回火温度的升高而增大，但在250～400 ℃和450～650 ℃这两个温度区间回火，可能会出现冲击韧度降低的现象，称为钢的回火脆性。

（1）第一类回火脆性

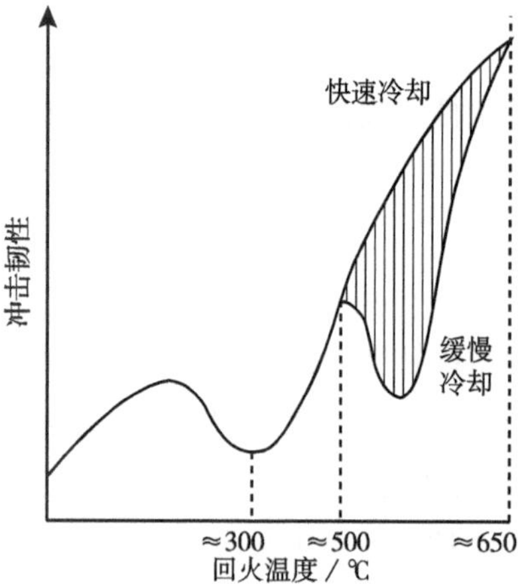

图6－12　淬火钢回火脆性曲线

淬火钢在250～400 ℃温度范围出现的回火脆性称为第一类回火脆性，又称低温回火脆性。几乎所有的钢都会出现，这类脆性产生以后无法消除，所以称为不可逆回火脆性，生产上应避开在250～400 ℃温度范围内回火。

（2）第二类回火脆性

淬火钢在450～650 ℃温度范围出现的回火脆性称为第二类回火脆性，又称高温回火脆性。这种脆性主要发生在含Cr，Ni，Si，Mn等合金元素的结构钢中。此类回火脆性是可逆的，只要在工件回火后快速冷却就可避免，加入W或Mo元素可使这类钢不出现第二类回火脆性，如图6－12所示。

6.4　钢的表面热处理工艺

表面热处理指为改变工件表面的组织和性能，仅对其表面进行热处理的工艺。目前，生产中常用的表面热处理方法有表面淬火和化学热处理。

6.4.1　钢的表面淬火

表面淬火是一种改变金属表层组织而不改变表层化学成分的局部热处理方法。它是利用快速加热使钢件表层迅速达到淬火温度，不等热量传到心部就立即淬火冷却，从而使表层获得马氏体组织，心部仍为原来的组织，使表面获得高硬度、高耐磨性，而心部保持较好的塑性和韧性。常用的有感应加热表面淬火和火焰加热表面淬火。

1. 感应加热表面淬火

感应加热表面淬火，是利用电磁感应、集肤效应、涡流和电阻热等原理，使工件表层快速加热，并快速冷却的热处理工艺。将工件置于通有交流电流的感应线圈内，在交变磁场的作用下，工作内部产生感应电流。由于集肤效应和涡流的作用，工件表层的高密度交流产生的电阻热，迅速加热工件表层，很快达到淬火温度，随即喷水冷却，工件表层即被淬硬，如图6－13所示。交变频率越高，则加热层越薄，所以可选用不同频率来达到不同要求的淬硬层深度。根据所用电流频率不同，感应加热电流频率可分为高频（50 ~ 300 kHz）、中频（1 ~ 10 kHz）、工频（50 Hz）。

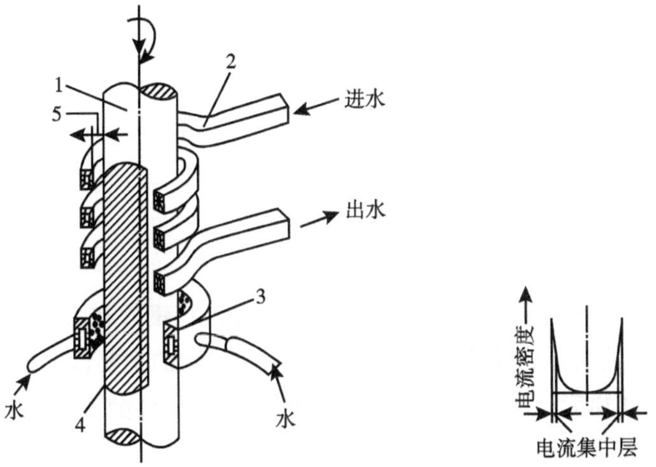

（a）感应加热器　　（b）电流分布

1—工件；2—加热感应圈；3—淬火喷水套；4—加热淬火层；5—间隙。

图 6 - 13　感应加热表面淬火原理示意图

感应加热表面淬火的主要优点：加热速度快，生产效率高，淬火后晶粒细小，力学性能好，不易产生变形及氧化脱碳。常用于中碳钢和中碳低合金钢制造的中小型工件的成批生产。

2. 火焰加热表面淬火

火焰加热表面淬火是利用乙炔 - 氧气或其他可燃气体火焰（约 3 000 ℃以上），将工件表面迅速加热到淬火温度，然后立即喷水冷却的热处理工艺，如图 6 - 14 所示。

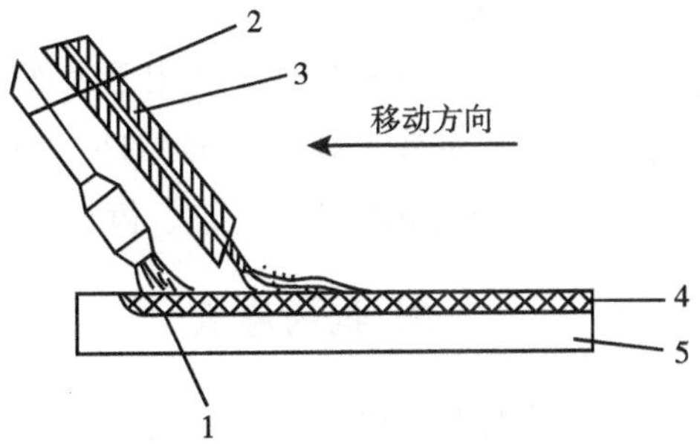

1—加热层；2—烧嘴；3—喷水器；4—淬硬层；5—工件 。

图 6 - 14　火焰加热表面淬火示意图

火焰加热表面淬火的淬硬层深度一般为 2 ~ 6 mm。它具有设备简单、淬火速度快、变形小等优点，适用于单件或小批生产的大型零件和需要局部淬火的工件，如大型轴、齿轮、轨道和车轮等。火焰加热生产效率低，稍不注意，工件表面就容易过热，质量控制较困难，所以应用上有一定的局限性。

6.4.2 钢的化学热处理

化学热处理是将工件置于一定温度的活性介质中保温，使一种或几种元素渗入它的表层，以改变其化学成分、组织、性能的热处理工艺。常用的化学热处理有渗碳、渗氮、碳氮共渗、渗铝、渗铬等。以下主要介绍前三种化学热处理工艺。

1. 钢的渗碳

为了增加钢件表层的碳含量和一定的碳浓度梯度，将钢件在渗碳介质中加热并保温，使C原子渗入钢件表层的化学热处理工艺称为渗碳。渗碳的主要目的是提高钢件表层的碳含量和一定的碳浓度梯度，然后经淬火和低温回火，使工件的表层获得高硬度、高耐磨性；心部的含碳量低，具有良好的塑性和韧性。

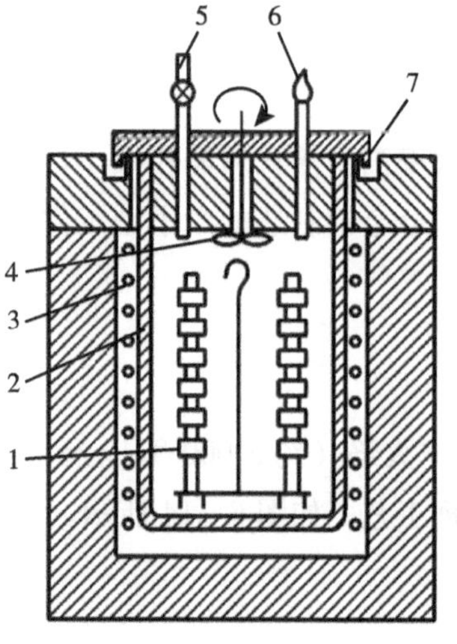

1—渗碳工件；2—耐热罐；3—加热组件；4—风扇；5—液体渗碳剂；6—废气；7—砂封。

图6-15 气体渗碳法示意图

进行渗碳热处理的钢常为低碳钢或低碳合金钢，主要牌号有15号、20号、20Cr、20CrMnTi等。渗碳热处理时的加热温度为900 ~ 950 ℃，保温时间越长，则渗碳层厚度越厚。渗碳后，钢件表面层的碳含量（质量分数）可达0.8% ~ 1.0%，所以经淬火后表面硬度可达60 HRC以上。

根据渗剂的不同，渗碳方法可分为固体渗碳、气体渗碳、液体渗碳。气体渗碳的生产率较高，渗碳过程容易控制，渗碳层质量较好，容易实现自动化生产，应用最为广泛。图6-15为气体渗碳法示意图。

渗碳热处理适用于表面要求高硬度、高耐磨性，心部要求高韧度的零件，如表面易磨损、承受较大冲击载荷的齿轮轴、齿轮、活塞销、凸轮等。

2. 钢的渗氮

在一定温度下（一般在钢的临界点温度以下）使活性N原子渗入钢件表面的化学热处理工艺称为渗氮，目的在于提高工件的表面硬度、耐磨性、疲劳强度、耐蚀性、热硬性。

渗氮处理有气体渗氮、离子渗氮等工艺方法，其中，气体渗氮应用最广。

与渗碳相比，渗氮温度大大低于渗碳温度，工件变形小，渗氮层的硬度、耐磨性、疲劳强度、耐蚀性、热硬性均高于渗碳层。但渗氮层比渗碳层薄且脆，渗氮处理时间比渗碳长得多，生产效率低。渗氮处理常用于受冲击力不大的耐磨件，如精密机床主轴、镗床镗杆、精密丝杠、排气阀、高速精密齿轮等。

3. 碳氮共渗

碳氮共渗是在一定温度下同时将 C，N 原子渗入工件表层奥氏体中，以渗碳为主的化学热处理工艺。在生产中主要采用气体碳氮共渗。

碳氮共渗后，进行淬火加低温回火。共渗淬火后，得到含氮马氏体，耐磨性比渗碳更好。共渗层比渗碳层有较高的压应力，所以有更高的疲劳强度，耐蚀性也较好。

碳氮共渗工艺与渗碳工艺相比，具有时间短、生产效率高、表面硬度高、变形小等优点，但共渗层较薄，主要用于形状复杂、要求变形小的小型耐磨零件。

6.5　其他热处理工艺

随着科学技术的不断发展，出现了许多新的热处理工艺。以下简要介绍可控气氛热处理、强韧化热处理、形变热处理、真空热处理、激光热处理、离子注入。

1. 可控气氛热处理

顾名思义，在可控制炉气成分浓度的热处理炉中进行的热处理称为可控气氛热处理。其显著特点是能有效控制表面碳浓度，防止工件在加热时的氧化和脱碳。炉气可分为渗碳性、还原性、中性气氛等。

2. 强韧化热处理

同时改善钢件强度和韧度的热处理，称为强韧化热处理。常见的强韧化热处理方法如下：

①通过提高淬火加热温度、快速短时低温加热淬火等方法，以获得板条状马氏体。

②进行超细化处理。将钢在一定的温度条件下，通过数次快速加热和冷却等方法以获得极细密的组织，从而达到强韧化的目的。进行多次加热冷却的原因是每次加热和冷却都能细化组织。碳化物越细，裂纹源就越少，组织越细密，裂纹扩展通过晶界的阻碍越大，所以能使金属材料强韧化。

③调整热处理工艺，使淬火马氏体组织中同时存在一定数量的铁素体或下贝氏体（或残余奥氏体）。这类组织往往硬度稍低，但能大大提高韧度。这种方法主要用于结构钢及其零件。

3. 形变热处理

将变形强化和热处理强化结合起来的热处理工艺称为形变热处理。该方法能够较大程度地提高金属材料的综合力学性能，是目前强化金属材料的先进技术之一。

（1）高温形变热处理

在奥氏体区进行锻造或轧压，随后立即淬火，以保留变形强化效果，称为高温形变热处理。这种处理方法能提高结构钢的塑性和韧性，显著减少回火脆性。一般碳钢、低合金钢均可采用这种热处理。

（2）中温形变热处理

在亚稳定的奥氏体状态下进行塑性变形，随后快速冷却的操作称为中温形变热处理。这种方法有着更为显著的强化效果，可应用于结构钢、弹簧钢、轴承钢、工具钢等。

形变热处理的主要缺点是难以适用于制造形状复杂的零件，经形变热处理后的工件将给焊接和切削加工带来一定困难。

4. 真空热处理

真空热处理是将工件置于 1.33 ~ 0.013 3 Pa 的真空度下的介质中所进行的热处理工艺，包括真空退火、真空淬火、真空化学热处理等。真空热处理在工艺过程中不发生氧化、脱碳，表面光洁；加热升温平缓，工件温差小，变形小；有利于排除有害气体，减少了氢脆等危害，提高韧度；污染小，劳动环境好。但真空热处理设备复杂、成本高、维护调试要求高。这种方法大多应用于工具、模具、精密零件及一些特殊要求的工件热处理。

5. 激光热处理

激光热处理是利用高能量密度的激光束扫描照射工件表面，以极快的加热速度迅速加热至相变温度以上，停止照射后，依靠工件自身传导散热迅速冷却表层而进行“自行淬火”，使工件表面强化。激光热处理不受钢材种类限制，淬火质量高，基体性能不变，有很好的发展前景。

6. 离子注入

离子注入是将被注入元素的原子进行电离，经高压电场加速成几万甚至几百万电子伏特能量的载能束，射入工件表面并停留在表层晶体内的工艺。

与其他表面处理方法相比，离子注入有以下特点：离子注入是一个非平衡过程，可将任何材料注入任何基体材料；注入层与基体间没有界面，为冶金结合，结合强度高，附着性好；高能离子强行射入工件表面，使表面强化，疲劳强度提高；离子注入在真空和较低温度下进行，工件不产生氧化脱碳现象，不存在变形问题。

离子注入可用于半导体材料的掺杂，也可用于模具、刀具、轴承、人工关节的表面处理。

【练习与思考】

简答题

（1）什么是退火？退火的目的是什么？退火的类型有哪些？

(2) 淬火钢回火的方法有哪些？简要说明各种回火方法的组织、性能及应用范围。

(3) 淬火的种类有哪些？简要说明各自的缺点。

(4) 什么是钢的淬透性？影响钢的淬透性的因素有哪些？

(5) 什么是正火热处理？

(6) 渗碳的目的是什么？

(7) 淬透性和淬硬性的区别是什么？

(8) 常见的淬火类型。

(9) 怎样防止工件的淬火变形和开裂？

(10) 正火和退火的异同。

参考文献

[1] 胡光立，谢希文. 钢的热处理[M]. 西安：西北工业大学出版社，2010.

[2] 朱兴元，刘亿. 金属学与热处理[M]. 北京：中国林业出版社，2006.

[3] 张兆隆，李彩风. 金属工艺学[M]. 北京：北京理工大学出版社，2019.

[4] 王正品. 工程材料[M]. 北京：机械工业出版社，2012.

[5] 李天培. 工程材料及热处理[M]. 哈尔滨：哈尔滨工程大学出版社，2011.

[6] 吴桓文. 热加工工艺基础[M]. 重庆：重庆大学出版社，1988.

第 7 章　铸铁

【教学要求】

本章读者应了解铸铁的基本性质、组织结构，以及不同类型的铸铁，如灰铁、球墨铸铁等。熟悉铸铁的制备过程包括炼铁、铸造、热处理等工艺环节。理解铸铁的微观组织结构与其力学性能、耐磨性等物理化学性质之间的关联。结合工业生产实例了解铸铁的热处理对其性能的影响，包括淬火、回火等关键热处理过程。了解耐磨铸铁、耐蚀铸铁、耐热铸铁的特殊性能，以及合金元素对铸铁性能的影响机理。

7.1　概述

铸铁是 $w_C > 2.11\%$ 的铁碳合金，含碳量一般为 2.5% ~ 5.0% 。除碳以外，铸铁还含有较多的 Si，Mn 和其他一些杂质元素。与钢相比，铸铁成本低廉、熔炼简便，虽然强度、塑性、韧性较低，但是具有优良的铸造性能，很高的减摩和耐磨性，良好的消振性和切削加工性，以及缺口敏感性低等一系列优点。因此，铸铁广泛应用于机械制造、冶金、石油化工、交通、建筑、国防工业各部门。

根据 C 在铸铁中存在的形式，铸铁可分为以下三种：

（1）白口铸铁

C 全部或大部分以渗碳体形式存在，断裂时断口呈白亮颜色，所以称白口铸铁。

（2）灰铸铁

C 大部分或全部以游离的石墨形式存在，断裂时断口呈暗灰色，所以称灰铸铁。根据石墨的形态，灰铸铁可分为以下类型：

①普通灰铸铁，石墨呈片状。

②球墨铸铁，石墨呈球状。

③可锻铸铁，石墨呈团絮状。

④蠕墨铸铁，石墨呈蠕虫状。

（3）麻口铸铁

C 既以渗碳体形式存在又以游离态石墨形式存在。

铸铁与钢具有相同的基体组织，主要有铁素体、珠光体、铁素体加珠光体。由于基体组织不同，灰铸铁可分为铁素体灰铸铁、珠光体灰铸铁、铁素体加珠光体灰铸铁。

7.1.1　铸铁组织的形成

无论是铸铁的基体组织还是游离态石墨，它们的形成都与铸铁的石墨化过程有关。铸铁中石墨的结晶过程称为石墨化过程。石墨是碳的一种结晶形态，$w_C = 100\%$，具有六方晶格，原子呈层状排列。同一层晶面上，C 原子间距为 0.142 nm，相互呈共价键结合；层与层之间的距离为 0.34 nm，原子间呈分子键结合。石墨本身的强度和塑性非常低，晶体结构如图 7－1 所示。

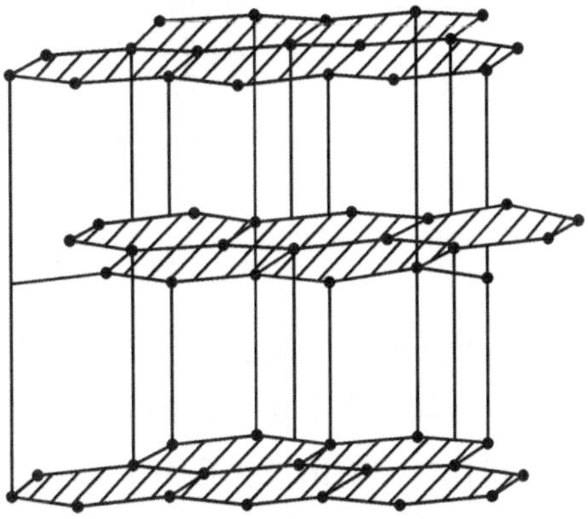

图 7－1　石墨的晶体结构

由于铁液的化学成分、冷却速度、处理方法不同，铸铁中的 C 除了少量固溶于铁素体外，既可以形成石墨碳也可以形成渗碳体。

渗碳体的 $w_C = 6.69\%$ 和铁液的 $w_C = 4.26\%$ 之差远小于石墨的 $w_C = 100\%$ 和铁液的 w_C 之差；奥氏体和渗碳体之间在成分上比奥氏体与石墨更相近；铁液中近程有序原子集团的空间结构及奥氏体的晶体结构与渗碳体晶格相近。因此，从成分和结构方面来看，从铸铁液相或奥氏体中析出渗碳体比析出石墨碳更容易。

但石墨是稳定相，渗碳体是亚稳定相，即“铁素体＋石墨或奥氏体＋石墨的组织”比“铁素体＋渗碳体”或“奥氏体＋渗碳体”的组织有较低的自由能。当铁液中 C，Si 的含量较高，并且冷却非常缓慢时，可直接从铁液中析出石墨。已经形成渗碳体的铸铁在高温下长时间退火，可使渗碳体分解析出石墨：$Fe_3C - 3Fe + C$（石墨）。可见，从热力学上考虑，在一定条件下，从铁液或奥氏体中形成石墨更为有利。

因此，根据成分和冷却速度不同，铁碳合金的结晶过程和组织形成规律，可用 Fe－Fe_3C 相图和 Fe－C（石墨）相图综合在一起形成的铁碳双重相图来描述，见图 7－2。图中，实线表示 Fe－Fe_3C 相图，虚线表示 Fe－C（石墨）相图，虚线与实线重合的线条用实线表示。由图可见，虚线在实线的上方或左上方，表明 Fe－C（石墨）系比 Fe－FeC 系更为稳定。Fe－C（石墨）系的共晶温度和共析温度比 Fe－Fe_3C 系相应的温度要高。在同一温度下，石墨在液相、奥氏体、铁素体中的固溶度分别低于渗碳体在这些相中的固溶度。

对于同一成分的铁碳合金，在熔炼条件等完全相同的情况下，石墨化过程主要取决于冷却条件。当铁液或奥氏体以极缓慢速度冷却（过冷度很小）至图 7－2 中的 $S'E'F'$ 线和 SEF 线之间温度范围时，通常按 Fe－C（石墨）系结晶，石墨化过程能较充分地进行。例

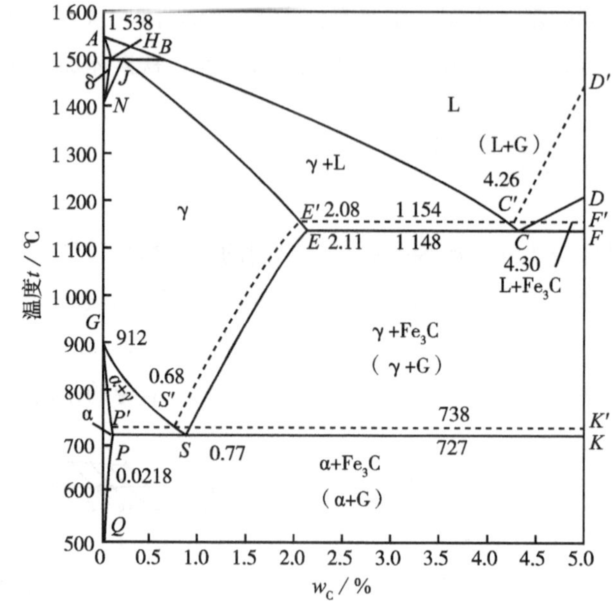

图 7-2　铁碳双重相图

如，共晶成分铁液从高温一直缓冷至 1 154 ℃时开始凝固，形成奥氏体加石墨的共晶体，奥氏体的含碳量为 2.08%；随着温度下降，奥氏体的溶碳量下降，其固溶度按 $E'S'$线变化，从奥氏体中析出二次石墨；当温度降至 738 ℃时，奥氏体的含碳量达到 $w_C=0.68\%$，发生共析转变，形成铁素体加石墨的共析体，铁素体的含碳量 $w_C=0.020\ 6\%$；温度继续下降，铁素体中的溶碳量减少，其固溶度沿 $P'Q'$线变化，从铁素体中析出的三次石墨量很少；将至室温时，铁索体中，含碳量 w_C 远小于 0.000 6%。上述共晶合金的石墨化过程如图 7-3 所示。

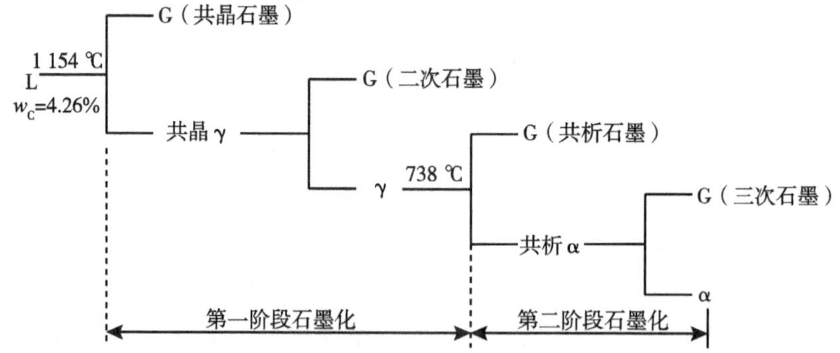

图 7-3　共晶合金的石墨化过程

如果合金冷却较快、过冷度较大，通过 $S'A'C'$线和 SEC 线之间温度范围，共晶石墨生成的二次石墨来不及析出，过冷到实线以下的温度时将析出Fe_3C。根据铁碳双重相图和上述共晶合金结晶过程分析，在极缓慢冷却条件下，铸铁石墨化过程可分为两个阶段：在

$P'S'K'$ 线以上发生的石墨化称为第一阶段石墨化，包括结晶时共晶石墨、一次石墨、二次石墨的析出和加热时共晶渗碳体、一次渗碳体、二次渗碳体的分解；在 $P'S'K'$线以下发生的石墨化称为第二阶段石墨化，包括冷却时共析石墨的析出和加热时共析渗碳体的分解。第二阶段石墨化形成的石墨大多优先附加在已有的石墨片上。

铸铁的组织与石墨化过程及其进行的程度密切相关。石墨的形态主要由第一阶段石墨化控制，以铁素体基灰铸铁为例，普通灰铸铁由液态结晶的石墨多为粗片状，如图7-4（a）所示。如果在浇注前向铁液中加入少量硅铁或硅钙等孕育剂，进行孕育处理，促进石墨的非均匀生核，可使灰铸铁粗片状石墨细化，形成孕育铸铁，如图7-4（b）所示。如果在浇注前向铁液中加入纯镁或稀土镁合金，可以阻止铁液结晶时片状石墨析出，促进球状石墨生成，形成球墨铸铁，如图7-4（c）所示。如果在浇注前向铁液中加入稀土硅铁、稀土镁钛等稀土合金进行适当处理，可促使石墨呈蠕虫状，形成蠕墨铸铁，如图7-4（d）所示。若将白口铸铁经长时间石墨化退火，使渗碳体分解，由于石墨数量较少，可形成团絮状分布于金属基体中，形成可锻铸铁，如图7-4（e）所示。

（a）粗片状

（b）细片状

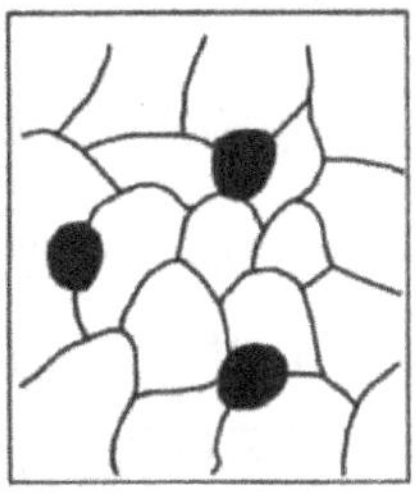
（c）球状

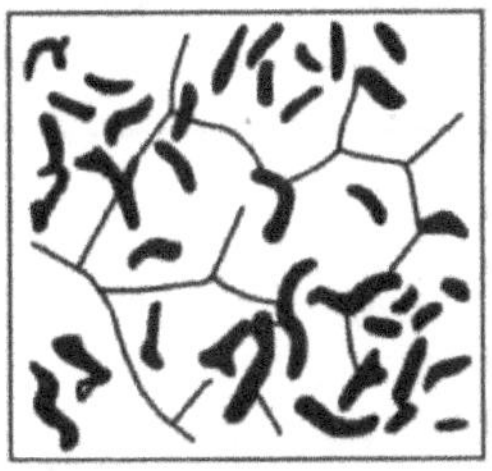
（d）蠕虫状

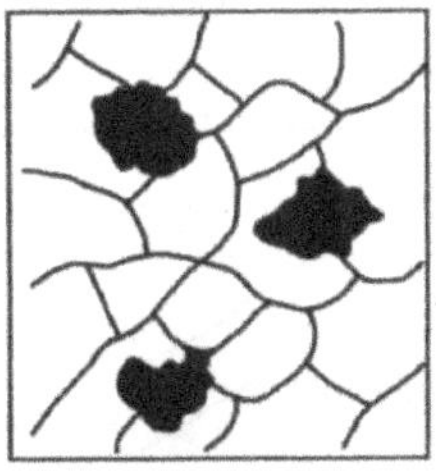
（e）团絮状

图7-4　铁素体基灰铸铁不同石墨形态的示意图

根据石墨化过程进行的程度，将得到铸铁的不同基体组织。以灰铸铁为例，如果第一阶段和第二阶段石墨化过程都能够充分地进行，那么可得到铁素体基灰铸铁，如图7-5（a）所示。如果第一阶段完全石墨化，而第二阶段石墨化完全没有进行，则得到珠光体基灰铸铁，如图7-5（c）所示。如果第一阶段石墨化充分进行，第二阶段石墨化能部分进行，则得到铁素体珠光体基灰铸铁，如图7-5（b）所示。若第一阶段和第二阶段石墨化都不进行，那么将得到白口铸铁。

由上述可见，影响铸铁组织或石墨化的主要因素有化学成分和冷却速度。图7-6表示不同C，Si含量和不同壁厚铸铁件的组织。在其他条件一定的情况下，铸铁的冷却速度

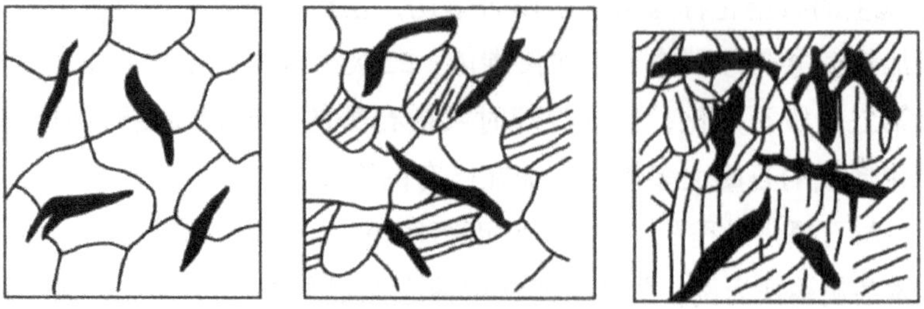

（a）铁素体基　（b）铁素体-珠光体基　（c）珠光体基

图 7－5　不同基体的灰铸铁示意图

取决于铸件壁厚，铸件越厚，冷却速度越小。由图 7－6 可见，当铸件壁较薄时，为防止出现白口或麻口，必须增加铸铁中 C，Si 的含量。当铸件中 C，Si 的含量一定时，铸件越厚，铸铁石墨化程度越充分，所得片状石墨越粗大，铁素体数量增加；要得到珠光体基灰铸铁，必须相应地降低铸铁中 C，Si 的含量。图 7－6 将 C，Si 对组织的影响同等看待是不符合实际的。C，Si 是影响铸铁组织和性能的主要元素，为综合考虑它们的影响，引入碳当量 C_{eq} 和共晶度 S_c 的概念。碳当量是将 w_{Si} 折合成作用相当的 w_C 与实际 w_C 之和：$C_{eq}=w_C+\frac{1}{3}w_{Si}$。共晶度指铸铁的实际 w_C 与其共晶 w_C 为比值：$S_C=\frac{w_C}{4.26-w_{Si}/3}$。它反映了当 $C_{eq}=1(C_{eq}=4.26\%)$ 时，为共晶铸铁；当 $S_c=1(C_{eq}<4.26\%)$ 时，为亚共晶铸铁；当 $S_c>1(C_{eq}=4.26\%)$ 时，为过共晶铸铁。随着铸铁碳当量和共晶度的增加，石墨的数量增多且变得粗大，铁素体数量增加。图 7－7 为铸铁的共晶度和壁厚与铸铁组织的关系。生产中，一般将铸铁的碳当量控制在 4% 左右，共晶度应该接近于 1。

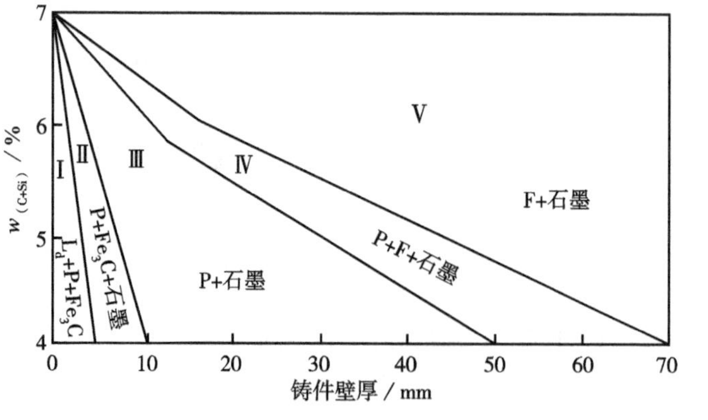

图 7－6　C，Si 总量及铸件壁厚对铸铁组织的影响

除了 C 和 Si 是强烈促进石墨化的元素外，Al，P，Ni，Cu 等元素也是促进石墨化的元素，B，Mg，V，Cr，S，Mo，Mn，W 等元素属于阻碍石墨化的元素。Cu 和 Ni 既促进共晶时的石墨化又能阻碍共析时的石墨化。生产中，为了避免产生白口和麻口，铸铁中必须加入足够的 C，Si，Al 等促进石墨化的元素。

为了提高铸铁的强度，又希望得到珠光体基体，加入 Cu，Ni 可起这种作用。铸铁中加入适量的 Mn（w_{Mn}=0.5%~1.4%）可溶于基体及碳化物中，强化基体，促使珠光体形成并细化珠光体，且与 S 结合生成 MnS，削弱 S 的有害作用；但过多的 Mn 容易使铸铁产生白口。除了 Si，Mn 外，一般铸铁中还存在 S，P 等杂质元素。S 是铸铁中一个有害元素，强烈阻碍石墨化，恶化铸铁力学性能及铸造性能，应严格控制铸铁中的含硫量，一般其质量分数应小于 0.15%。P 是一个促进石墨化不太强的元素，在奥氏体或铁素体中固溶度很低，并随含碳量的增加而降低，当超过其固溶极限时会出现 Fe_3P。它同渗碳体和铁素体形成磷共晶，磷共晶又硬又脆，若沿晶界分布，将使铸铁强度降低，脆性增大，所以含磷量 w_P 一般限制在 0.2% 以下；但少量的均匀分布的磷共晶能显著提高铸铁硬度和耐蚀性。因此，C，Si，Mn 为调节组织元素，P 是控制使用元素，S 属于限制元素。

7.1.2　石墨与基体对铸铁性能的影响

铸铁的组织由基体组织和石墨组成。铸铁的性能取决于基体组织的性能和石墨的性能及其数量、大小、形态、分布。

①石墨十分松软而脆弱，抗拉强度在 20 MPa 以下，伸长率趋近于零。因此，片状石墨像基体组织中的孔洞和裂缝，可以把铸铁看成是含有大量孔洞和裂缝的钢。一方面，石墨破坏了基体金属的连续性，减少了铸铁的实际承载面积；另一方面，石墨边缘很像尖锐的缺口或裂纹，在外力作用下会导致应力集中，形成断裂源。因此，灰铸铁的抗拉强度、塑性、韧性都很低。

②石墨的数量、大小、分布对铸铁的性能有显著影响。就片状石墨而言，石墨数量越多，对基体的削弱作用和应力集中程度越大，灰铸铁的抗拉强度和塑性越低。但是灰铸铁的抗压强度比抗拉强度高得多，这是由于在压应力作用下，石墨片不引起过大的局部应力。石墨数量一定时，石墨片过粗，虽然应力集中程度减弱，但在局部区域使承载面积急剧减少，性能也显著下降；石墨片过细，石墨片增多，应力集中程度增大，尤其当石墨片相互连接时，承载面积显著下降，所以石墨片尺寸应以中等为宜（长度多为 0.03 ~ 0.25 mm）。当石墨的数量和尺寸一定时，石墨分布不均匀，产生方向性排列，则灰铸铁的强度和塑性显著下降。尤其当石墨形成封闭的网络时，则铸铁的力学性能最低，如图 7－7 所示。

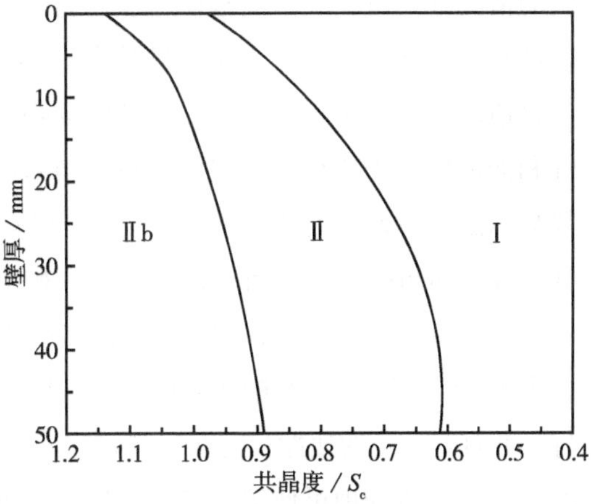

图 7－7　铸铁组织图

③石墨形态显著影响铸铁的性能。当基

体为珠光体的铸铁，石墨由粗片状（灰铸铁）分别变成细片状（孕育铸铁）、团絮状（可锻铸铁）、球状（球墨铸铁）时，抗拉强度由 100～200 MPa 分别提高到 200～400 MPa、450～700 MPa、600～800 MPa；伸长率从 0～0.3% 分别提高到 0.2%～0.5%、2.5%～5%、2.0%～4.0%；无缺口试样冲击韧度则从 0～3 J·cm 分别提高到 3～8 J·cm、5～15 J·cm、15～－30 J·cm。这是因为片状石墨 对基体的削弱程度和应力集中程度最大，所以灰铸铁强度最低，塑性和韧性最差。可锻铸铁中，石墨呈团絮状，对基体的割裂作用显著降低，所以强度增大，塑性明显提高。球墨铸铁中，石墨呈球状，对基体的割裂作用最小，并不造成明显的应力集中，所以对基体的破坏作用最小；强度利用率最高，达到 70%～90%，所以强度最高，塑性和韧性明显改善，断裂韧度较高。当石墨呈团絮状或球状时，铸铁的强度可以和中碳钢的强度相当。因此，改善石墨形状是提高铸铁性能的一条最重要的途径，如图 7－8 所示。

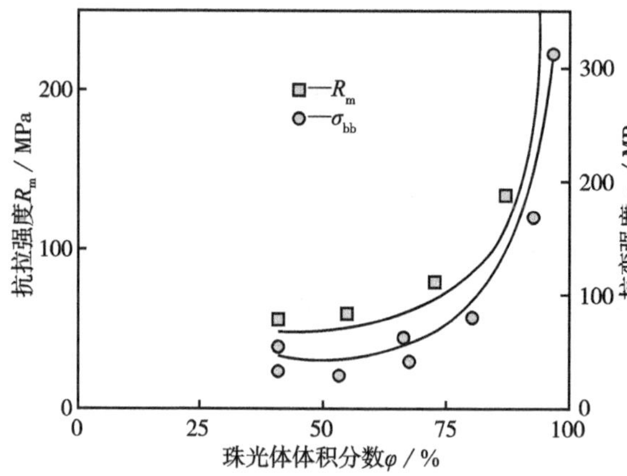

图 7－8　灰铸铁珠光体体积分数与强度的关系

④基体组织对铸铁的力学性能起着重要的作用。对于同一类铸铁来说，在其他条件相同的情况下，可以显示出基体组织对铸铁性能的影响。铸铁基体中，铁素体相越多，铸铁塑性越好；基体中，珠光体数量越多，铸铁的抗拉强度和硬度越高，如图 7－8 所示。但是普通灰铸铁由于粗片状石墨对基体的强烈割裂作用，即使得到全部铁素体基体组织，塑性和冲击韧度仍然很低。因此，只有当石墨为团絮状、蠕虫状、球状时，改变基体组织才能显示出其对性能的影响。例如，铁素体基可锻铸铁具有一定的强度和较高的塑性和韧性。珠光体可锻铸铁具有较高的强度、硬度、耐磨性，以及一定的塑性和韧性。球墨铸铁的基体组织对铸铁的力学性能起着更显著的作用。铁素体基球墨铸铁塑性和韧性相当高，伸长率为 10%～20%，冲击韧度可达 50～150 J·cm。珠光体基球墨铸铁强度很高，耐磨性较好，并具有一定的塑性和韧性。例如，铸态珠光体基球墨铸铁抗拉强度高达 588～735 MPa。此外，通过热处理可使球墨铸铁基体得到下贝氏体、回火马氏体、回火索氏体等组织，从而使球墨铸铁具有更高的强度、塑性、断裂韧度。

因此，强化铸铁时，一方面要改变石墨的数量、大小、形态、分布，尽量减少石墨的有害作用；另一方面可通过合金化、热处理或表面处理方法调整基体组织，提高基体性能，以改善铸铁的强韧性。表 7－1 列出了具有不同基体组织和石墨形态的灰铸铁的抗拉强度及化学成分。

表 7－1 灰铸铁的抗拉强度及化学成分

铸铁牌号	抗拉强度/MP	基体组织	石墨	铸件壁厚/mm	化学成分（质量分数）/%				
					C	Si	Mn	P	S
HT100	≥100	珠光体 φ_p = 30%～70%；铁素体 φ_α = 70%～30%；二元磷共晶 φ < 7%	粗片状	—	3.4～3.9	2.1～2.6	0.5～0.6	<0.3	<0.15
HT150	≥150	珠光体 φ_p = 40%～90%；铁素体 φ_α = 10%～60%；二元磷共晶 φ < 7%	较粗片状	<30 30－50 >50	3.2～3.5	2.0～2.4 1.9～2.3 1.8～2.2	0.5～0.8 0.5～0.8 0.6～0.9	<0.30	<0.15
HT200	≥200	珠光体 φ_p > 95%；铁素体 φ_α < 5%；二元磷共晶 φ < 4%	中等片状	<30 30－50 >50	3.2～3.5 2.9～3.2 2.8～3.1	1.6～2.4 1.5～1.8 1.4～1.6	0.7～0.9 0.7～0.9 0.8～1.0	<0.3	<0.12
HT250	≥250	珠光体 φ_p > 98%；二元磷共晶 φ < 2%	较细片状	<30 30－50 >50	3.0～3.3 2.9～3.2 2.8～3.1	1.5～1.8 1.4～1.7 1.3～1.6	0.8～1.0 0.9～1.1 1.0～1.2	<0.2	<0.12
HT300	≥300	珠光体 φ_p > 98%；二元磷共晶 φ < 2%	细小片状	<30 30－50 >50	3.0～3.3 2.9～3.2 2.8～3.1	1.4～1.7 1.3～1.6 1.2～1.5	0.8～1.0 0.9～1.1 1.0～1.2	<0.15	<0.12
HT350	≥350	珠光体 φ_p > 95%；二元磷共晶 φ < 1%	细小片状	<30 30－50 >50	2.8～3.1 2.8～3.1 2.7～3.0	1.3～1.6 1.2～1.5 1.1～1.4	1.0～1.3 1.0～1.3 1.1～1.4	<0.15	<0.10

石墨除了影响铸铁常规力学性能外，还能使铸铁具有某些特殊性能及优良的工艺性能。

石墨在铸铁中具有良好的吸振作用。石墨对铸铁的振动起缓冲作用，将振动能转变为热能，削弱和阻止振动能的传递。尤其是粗片状石墨对基体分割作用大，吸振能量比较强，所以普通灰铸铁比球墨铸铁具有更好的消振性。因此，对于承受振动的零部件（机床床身、气缸体等）往往采用低强度灰铸铁制造。

石墨本身具有良好的润滑作用和减摩作用。在有润滑的条件下，石墨脱落后的孔洞可以吸附和储存润滑油，使摩擦面保持良好润滑条件，从而使铸铁比钢有更好的耐磨性。就灰铸铁而言，石墨呈均匀片状分布时，珠光体基灰铸铁耐磨性最高，铁素体基灰铸铁耐磨性较差。同样，珠光体基球墨铸铁的耐磨性比铁素体基球墨铸铁高。

一般的钢制零件，表面若有刀痕、键槽、油孔等缺口存在，容易造成应力集中，使疲劳强度降低，所以缺口敏感性高。石墨的存在，尤其是片状石墨的存在，相当于存在很多小切口。所以，铸铁的疲劳强度对表面缺口或缺陷几乎不具有敏感性，但铸铁疲劳强度绝对值比钢低。

由于石墨具有润滑和断屑的作用，所以铸铁具有良好的切削加工性，尤其是灰铸铁的切削加工性最好。此外，铸铁比钢具有优良的铸造性能。铸铁的 C，Si 含量较高（一般碳当量调整到共晶成分），其熔点比钢低，具有良好的流动性。并且，由于石墨比体积大，使凝固时铸件的收缩量减少，可减小铸件内应力，防止铸件变形和开裂；同时可以减少冒口，简化铸造工艺。因此，铸铁是工业上十分有价值的结构材料，可以广泛用于制造各种机器零件，尤其适宜铸造薄壁复杂的机器零件。

7.2 常用铸铁

作为传统且重要的工程材料，铸铁以优异的铸造性、耐磨性、减震性广泛应用于机械制造领域。本节将深入探讨常用铸铁的种类、性能、应用，旨在为读者提供全面的铸铁材料知识。

7.2.1 灰铸铁

1. 灰铸铁的牌号、成分、组织

灰铸铁价格便宜，应用广泛，其产量约占铸铁总产量的 80% 以上。

按 GB/T 9439—2023《灰铸铁件》规定，根据直径 30 mm 单铸试棒的抗拉强度，将灰铸铁分为 8 个牌号。灰铸铁牌号由“灰铁”的拼音首字母“HT”和其后的数字组成；数字表示最低抗拉强度 R_m。例如，灰铸铁 HT200，表示最低抗拉强度为 200 MPa，见表 7 - 1，其中，HT300 和 HT350 两种灰铸铁的化学成分为经孕育处理后的化学成分。

灰铸铁的组织是由铁液缓慢冷却时通过石墨化过程形成的，由片状石墨和基体组织组成。根据石墨化进行的程度，可以分别得到铁素体、铁素体珠光体、珠光体三种不同基体

组织的灰铸铁，其显微组织分别如图 7－9、图 7－10、图 7－11 所示。铁素体灰铸铁（HT100）用于制造盖、外罩、手轮、支架、重锤等低负荷、不重要的零件。铁素体珠光体灰铸铁（HT150）用来制造支柱、底座、齿轮箱、工作台等承受中等负荷的零件。珠光体灰铸铁（HT200，HT250）可以制造气缸套、活塞、齿轮、床身、轴承座、联轴器等承受较大负荷和较重要的零件。孕育铸铁（HT300，HT350）可用来制造齿轮、凸轮、车床卡盘、高压液压筒、滑阀壳体等承受高负荷的零件。

图 7－9　铁素体灰铸铁

生产高强度灰铸铁时，希望获得珠光体基体和细片状石墨。因此，可以适当减少 C，Si 含量，降低铸铁石墨化程度。但是 C，Si 含量的下降会增大壁厚较小的铸件出现麻口的倾向，为消除麻口，可提高铸型温度，减小铸铁的冷却速度。此外，可以提高加热温度，增大铁的过冷度，加快冷却速度，促进均匀生核，从而得到细片状石墨。采用孕育处理方法可以促进石墨的非均匀形核，并细化石墨，适当增加共晶团数和促进细片状珠光体的形成，从而提高组织和性能的均匀性，提高铸铁的力学性能。常用的孕育剂为 $w_{Si}=75\%$ 的硅铁、$w_{Si}=60\%\sim65\%$ 和 $w_{Ca}=25\%\sim35\%$ 的硅钙合金。经孕育处理后得到具有细小石墨片

图 7－10　铁素体－珠光体灰铸铁

图 7-11 珠光体灰铸铁

的珠光体基铸铁，即孕育铸铁。孕育铸铁的力学性能与灰铸铁相比，具有较高的强度、硬度、耐磨性、伸长率、冲击韧度。孕育铸铁（HT300，HT350）属于高强度耐磨铸铁。

2. 灰铸铁的热处理

灰铸铁的热处理只能改变基体组织，不能改变石墨的形态和分布。所以，灰铸铁的热处理不能显著改善其力学性能，主要用来消除铸件内应力退火、稳定尺寸、改善切削加工性、提高铸件表面耐磨性。

（1）消除铸件内应力退火

在铸造过程中产生很大的内应力，不仅降低铸件强度，而且使铸件产生翘曲、变形，甚至开裂。因此，铸铁件铸造后必须进行消除应力退火，又称人工时效。即将铸件缓慢加热到 500～550 ℃适当保温（每 10 mm 截面保温 2 h）后，随炉缓冷至 150～200 ℃出炉空冷。去应力退火加热温度一般不超过 560 ℃，以免共析渗碳体分解、球化，降低铸件的强度、硬度、耐磨性。

（2）消除白口组织的退火或正火

铸件冷却时，表层及截面较薄部位由于冷却速度快，容易出现白口组织使硬度升高，难以切削加工。通常将铸件加热至 850～950 ℃并保温 1～4 h，然后随炉缓冷，使部分渗碳体分解，最终得到铁素体基或铁素体珠光体基灰铸铁，从而消除白口，降低硬度，改善切削加工性。正火是将铸件加热至 850～950 ℃保温并 1～3 h 后出炉空冷，使共析渗碳体不发生分解，最终得到珠光体基灰铸铁，从而既消除了白口改善了可加工性，又提高了铸件的强度、硬度、耐磨性。

3. 表面淬火

铸铁件和钢一样，可以采用表面淬火工艺使铸件表面获得回火马氏体加片状石墨的硬化层，从而提高灰铸铁件（如机床导轨）的表面强度、耐磨性、疲劳强度，延长其使用寿命。为了获得较好的表面淬火效果，对高频淬火铸铁、中频淬火铸铁，一般希望采用珠光体灰铸铁，最好是细片状石墨的孕育铸铁。

7.2.2　可锻铸铁

可锻铸铁是由一定成分的白口铸铁经石墨化退火得到的一种高强度铸铁。由于石墨呈团絮状分布，对基体破坏作用较小，所以可锻铸铁比灰铸铁具有较高的强度、塑性、冲击韧度，但并不能锻造。

1. 可锻铸铁的牌号、性能、组织

可锻铸铁根据化学成分、热处理工艺、性能、组织的不同分为黑心可锻铸铁、珠光体可锻铸铁、白心可锻铸铁。表 7－2 列出了部分黑心可锻铸铁和珠光体可锻铸铁的牌号及力学性能。可锻铸铁牌号中，“KT”为“可铁”的拼音首字母，后面的“H”表示黑心可锻铸铁；“Z”表示珠光体可锻铸铁；“B”表示白心可锻铸铁；符号后面的两组数字分别表示最低抗拉强度和最低伸长率值。例如，KTH350－10 表示最低抗拉强度 $R_m = 350$ MPa，最低伸长率 $A = 10\%$ 的黑心可锻铸铁。

表 7－2　部分黑心可锻铸铁和珠光体可锻铸铁的牌号及力学性能

牌号	试样直径	R_m/MPa	$R_{p0.2}$/MPa	A/% ($l_0 = 3d$)	硬度/HBW
		不小于			
KTH300－06	12 或 15	300	—	6	≤150
KTH330－08		330	—	8	
KTH350－10		350	200	10	
KTH370－12		370	—	12	
KTZ450－06	12 或 15	450	270	6	150～200
KTZ550－04		550	340	4	180～230
KTZ650－02		650	430	2	210～260
KTZ700－02		700	530	2	240～290

黑心可锻铸铁和珠光体可锻铸铁是由白口铸铁经长时间石墨化退火得到的。如白口铸铁在退火过程中的第一阶段和第二阶段石墨化能充分进行，将得到铁素体基加团絮状石墨的组织（图 7－12），称铁素体可锻铸铁，其断口心部由于铁素体基体上分布大量石墨而呈墨绒色，表层因退火时脱碳而呈灰白色，所以有“黑心可锻铸铁”之称。如白口铸铁在退火过程中完成第一阶段石墨化和析出二次石墨后，以较快速度冷却通过共析转变温度，使共析渗碳体不发生分解，则可得到珠光体加团絮状石墨组织（图 7－13），即珠光体可锻铸铁。

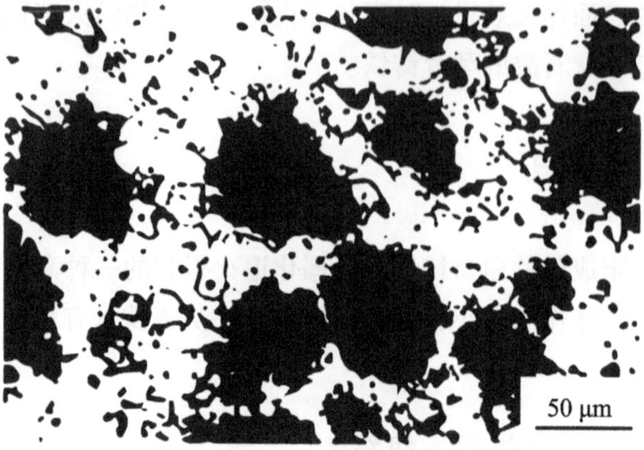

图 7-12　铁素体可锻铸铁

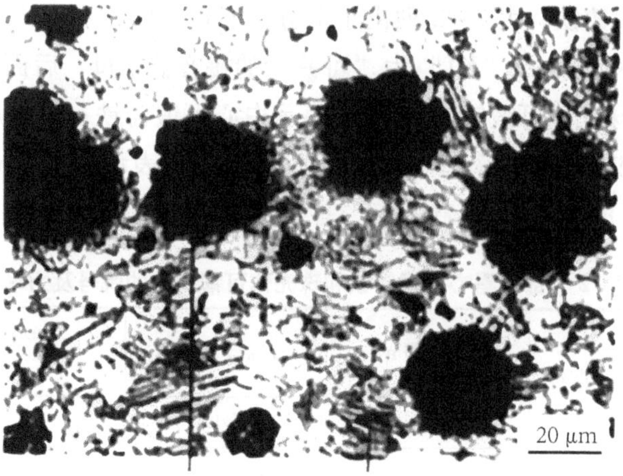

图 7-13　珠光体可锻铸铁

如果白口铸铁件在氧化性介质中退火，深度为 1.5 ~2.0 mm 的表层完全脱碳，得到铁素体组织，心部为珠光体基加团絮状石墨，其断口中心呈白色，表层呈暗灰色，所以有“白心可锻铸铁”之称。目前，我国生产的可锻铸铁多数为黑心可锻铸铁和珠光体可锻铸铁。白心可锻铸铁生产工艺较为复杂，退火周期长，性能与黑心可锻铸铁差不多，所以应用较少。

黑心可锻铸铁强度不算高，但具有良好的塑性和韧性。珠光体可锻铸铁塑性和韧性不及黑心可锻铸铁，但强度、硬度、耐磨性高。因此，可根据性能要求选择适当的基体。若要求高强度和高耐磨性，应选择珠光体可锻铸铁，如汽油机或柴油机曲轴、连杆、齿轮、凸轮、活塞等零件。若要求高塑性和韧性，应选用黑心可锻铸铁，如汽车、拖拉机后桥外壳、转向机构、低压阀、管接头等受冲击和振动的零件。

2. 可锻铸铁的化学成分及石墨化退火

可锻铸铁的生产必须先得到白口铸件，然后进行石墨化退火，使渗碳体较快地分解，得到团絮状石墨，而不致出现片状石墨。为了保证获得完全的白口组织，必须控制铸铁的化学成分，适当降低C，Si等促进石墨化元素的含量，并增加Mn，Cr等阻碍石墨化元素的含量。但是，C，Si的含量不能太低，否则会影响石墨化过程，延长退火周期。为此，C，Si含量应分别控制在$w_C=2.4\%\sim2.8\%$和$w_{Si}=0.8\%\sim1.4\%$；Mn含量以去除S的有害作用为宜，一般$w_{Mn}=0.3\%\sim0.6\%$，珠光体可锻铸铁提高到1.0%~1.2%。此外，$w_{Cr}\leqslant0.06\%$，$w_S\leqslant0.18\%$，$w_P\leqslant0.20\%$。

可锻铸铁的显微组织取决于石墨化退火工艺。图7-14为可锻铸铁石墨化退火工艺曲线，如将白口铸铁在中性介质（高炉炉渣、细砂）中加热到950~1 000 ℃长时间保温，珠光体转变为奥氏体，渗碳体在此温度下完全分解，形成团絮状石墨，此为石墨化第一阶段。然后从高温随炉缓冷到720~750 ℃，以便从奥氏体中析出二次石墨。在720~750 ℃缓慢的速度（3~5 ℃/h）通过共析转变温度区，避免二次渗碳体析出，保证奥氏体直接转变为铁素体加石墨，完成第二阶段石墨化，则可得到铁素体基体的可锻铸铁，如图7-12所示。为了便于控制第二阶段石墨化，也可从高温加热后直接缓冷至略低于共析转变温度范围（720~750 ℃）长时间（15~20 h）等温保持，如图7-14中虚线所示，使共析渗碳体分解为铁素体加石墨，当共析漆碳体石墨化完毕后，即可随炉缓冷至600~700 ℃出炉空冷。

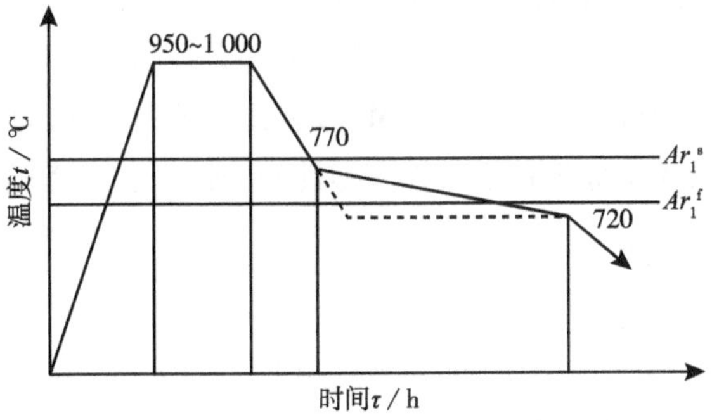

图7-14 可锻铸铁石墨化退火工艺曲线

若将白口铸铁在950~1 000 ℃加热保温完成第一阶段石墨化后，随炉缓冷至860 ℃，使奥氏体析出二次石墨，然后出炉空冷通过共析转变温度，使共析渗碳体不发生石墨化分解，从而得到珠光体基体的可锻铸铁，如图7-13所示。也可将铁素体可锻铸铁重新加热至共析温度以上，进行一次正火处理得到珠光体可锻铸铁，石墨化退火周期很长，一般需要70~80 h甚至上百小时。

为了缩短退火周期、提高生产率，可采用低温时效、淬火等新工艺。低温时效即退火前先将白口铸件在300~400 ℃加热保温3~6 h，经这种处理后可显著加快高温保温时渗碳体的分解，使退火时间缩短到15~16 h。这是由于在低温时效过程中发生了C原子的偏聚，促进了高温退火时石墨晶核的形成。

白口铸铁在石墨化退火前先进行淬火，也可实现可锻铸铁的快速退火。铸件淬火后得到细品粒组织和高内应力，造成大量的石墨结晶核心，从而大大加速了第一阶段、第二阶段石墨化过程，可使石墨化退火时间缩短到 10 ~ 15 h。

7.2.3 球墨铸铁

球墨铸铁是石墨呈球状的灰铸铁，简称球铁。球墨铸铁是将经球化和孕育处理的铁液石墨化后得到的，具有比普通灰铸铁高得多的强度、塑性、韧性，同时保留普通灰铸铁耐磨、消振、切削容易、铸造性能好、缺口不敏感等一系列优点。球墨铸铁比可锻铸铁具有更高的力学性能。因此，球墨铸铁是重要的铸造金属材料，在工业上获得了广泛的应用，产量仅次于普通灰铸铁。

1. 球墨铸铁的化学成分及其处理方法

球墨铸铁的化学成分和灰铸铁相比，主要是 C，Si 含量较高，Mn 含量较低。S，P 含量限制很严，同时含有一定量的残余 Mg 和稀土元素，表 7 - 3 列出球墨铸铁和灰铸铁化学成分的对比。球墨铸铁的碳当量较高（4.5% ~ 4.7%），属于过共晶铸铁。如果碳当量过低，石墨球化不良；如果碳当量过高，容易出现石墨漂浮现象。球墨铸铁含较高的碳量，铁液石墨化能力强，石墨结晶核心多，可以细化石墨，提高石墨球圆整度，改善铁液的流动性。适当提高 C 含量可降低球墨铸铁因 Mg 及稀土处理引起的白口化倾向，促进石墨析出，并有利于获得铁素体基球墨铸铁，提高塑性和韧性。适当降低 Si 含量有利于得到高强度的珠光体基球墨铸铁。球墨铸铁中，一般 $w_{Mn} < 1.0\%$；要求高塑性的球墨铸铁，$w_{Mn} < 0.6\%$ 为宜；若要得到珠光体基球墨铸铁，$w_{Mn} = 0.6\% \sim 0.9\%$。球墨铸铁的 S，P 含量应严格控制，即 $w_S < 0.03\%$，$w_P < 0.08\%$。如果 S 量过多，容易造成球化元素的烧损；如果 P 量过多，则降低球墨铸铁的塑性和韧性。

表 7 - 3　球墨铸铁与普通灰铸铁化学成分比较

种类	$w_C/\%$	$w_{Si}/\%$	$w_{Mn}/\%$	$w_P/\%$	$w_S/\%$
球墨铸铁	3.5 ~ 3.9	2.0 ~ 2.8	≤0.3 ~ 0.8	<0.08	<0.03
球化处理前的铁液	3.7 ~ 4.0	1.0 ~ 2.0	≤0.3 ~ 0.8	<0.08	<0.06
灰铸铁	2.9 ~ 3.5	1.4 ~ 2.1	0.6 ~ 1.0	0.1 ~ 0.15	0.1 ~ 0.12

将球化剂加入铁液的操作过程叫球化处理。我国常用的球化剂有 Mg、稀土或稀土 - 硅铁 - 镁合金。纯镁的球化作用很强，球化率高，容易获得完整的球状石墨。但纯镁是强烈的阻碍石墨化元素，有增大铸铁白口化的倾向。由于纯镁的沸点（1 120 ℃）远低于铁液的温度，所以纯镁加入铁液后沸腾飞溅，烧损严重，需要采用压力加镁法，处理工艺较为复杂，而且铸件的收缩、疏松夹渣、皮下气泡等缺陷较为严重。我国目前广泛应用的球化

剂是稀土-硅铁-镁合金，其主要成分为 $w_{Re}=17\%\sim25\%$ 、$w_{Mg}=3\%\sim12\%$ 、$w_{Si}=34\%\sim42\%$ 、$w_{Fe}=21\%\sim22\%$ 。采用这种球化剂时，由于 Mg 含量低，球化反应平稳，通常采用包底冲入法，即将球化剂放入浇包中，然后冲入铁液，使球化剂逐渐熔化。

因为 Mg 与稀土元素都强烈阻碍石墨化，铁液经球化处理后容易出现白口，难以产生石墨核心。因此，球化处理的同时必须进行孕育处理。孕育剂必须含有强烈促进石墨化的元素，通常采用硅铁和硅钙合金。要想得到珠光体基球墨铸铁，孕育剂的含量为 0.5%~1.0%（质量分数）；要想得到铁素体基球墨铸铁，孕育剂的含量为 0.8%~1.6%（质量分数）。经孕育处理后的球墨铸铁，石墨球数量增加，球径减小，形状圆整，分布均匀，从而显著改善了球墨铸铁的力学性能。

2. 球墨铸铁的牌号、组织和性能

根据国家标准 GB/T 1348—2019《球墨铸铁件》，我国球墨铸铁的牌号用“球铁”拼音首字母“QT”和其后两组数字表示，第一组数字表示最低抗拉强度，第二组数字表示最低伸长率。表 7-4 列出了球墨铸铁的牌号、力学性能及用途。

表 7-4　球墨铸铁的牌号、力学性能及用途

牌号	R_m/MPa	$R_{p0.2}$/MPa	A/%	供参考		应用举例
	不小于			硬度/HBW	基体组织	
QT400-18	400	250	18	120~175	铁素体	汽车、拖拉机底盘零件；阀门的阀体和阀盖等
QT400-15	400	250	15	120~180	铁素体	
QT450-10	450	310	10	160~210	铁素体	
QT500-7	500	320	7	170~230	铁素体-珠光体	机油泵齿轮等
QT600-3	600	370	3	190~270	珠光体-铁素体	柴油机、汽油机的曲轴；磨床、铣床、车床的主轴；空压机、冷冻机的缸体、缸套
QT700-2	700	420	2	225~305	珠光体	
QT800-2	800	480	2	245~335	珠光体或索氏体	
QT900-2	900	600	2	280~360	回火马氏体或托氏体+索氏体	汽车拖拉机传动齿轮等

球铁组织由基体组织和球状石墨组成。由表 7-4 可见，球铁的基体组织常用的有珠光体、珠光体-铁素体、铁素体。图 7-15 为这三种基体组织球墨铸铁的显微组织。经合金化和热处理，可以获得下贝氏体、马氏体、托氏体、索氏体、奥氏体等基体组织。珠光体基球墨铸铁的抗拉强度比铁素体基球墨铸铁高 50% 以上，铁素体基球墨铸铁的伸长率是珠光体基球墨铸铁的 3~5 倍。经热处理后，马氏体基球墨铸铁具有高硬度、高强度，下

贝氏体基球墨铸铁具有优良的综合力学性能。球状石墨的大小显著影响球墨铸铁的力学性能。一般来说，石墨球径越小，强度越高，塑性、韧性越好。同其他铸铁相比，球墨铸铁不仅抗拉强度高，而且屈服强度很高，屈强比达到0.7～0.8，比钢高得多。因此，对承受静载荷的零件，可以用球墨铸铁代钢，以减轻机器重量。球墨铸铁的塑性和韧性虽低于钢，但高于其他各类铸铁。此外，球墨铸铁的疲劳强度可以和钢相媲美。总之，球墨铸铁具有优异的力学性能，可用于制造负荷较大、受力复杂的机器零件。例如，铁素体基球墨铸铁多用于制造受力较大、承受振动和冲击的零件，珠光体基球墨铸铁常用于承受重载荷及摩擦磨损的零件。

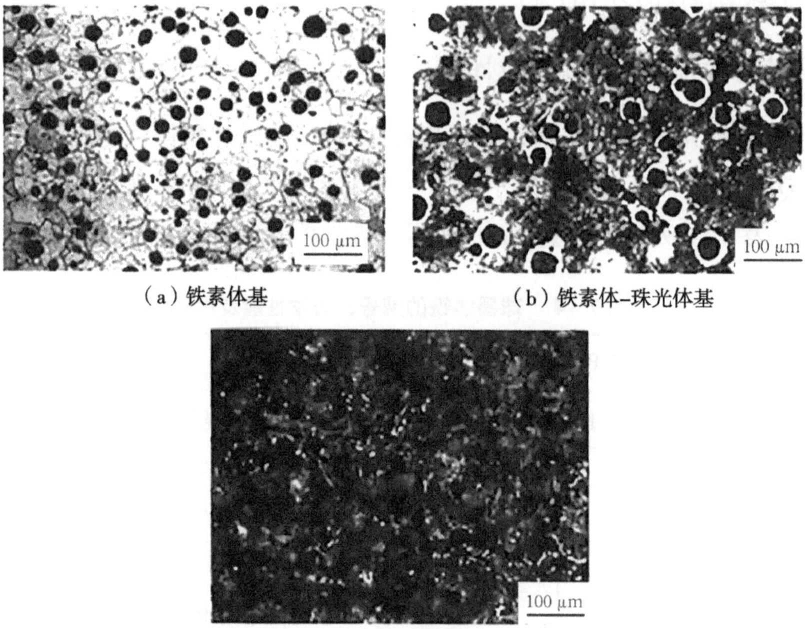

（a）铁素体基　（b）铁素体-珠光体基

（c）珠光体基

图7-15　球墨铸铁的显微组织

3. 球墨铸铁的热处理

球墨铸铁的力学性能主要取决于基体组织，通过热处理改变基体组织可以显著改善球墨铸铁的力学性能。球墨铸铁的相变规律同钢相似，但球墨铸铁中有石墨存在并含有较多的C，Si，Mn等元素，所以热处理具有一定的特殊性。

球墨铸铁共晶和共析转变温度较高，而且在一个温度范围内进行，所以奥氏体化加热温度一般高于碳钢。在共析温度范围内存在一个由铁素体、奥氏体、石墨组成的三相平衡区，在此温度范围的不同温度下，铁素体和奥氏体有不同的相对量，所以控制不同的加热温度和保温时间可以获得不同比例铁素体和珠光体基体，从而可大幅度调整球墨铸铁的力学性能。

在热处理过程中，石墨作为球墨铸铁中的一个相，也参与相变过程。石墨的存在相当于一个贮碳库，形成铁素体基球墨铸铁时，碳全部或绝大部分集中于石墨这个贮碳库中。球墨铸铁热处理加热时，球状石墨表面的碳又部分溶入奥氏体，提供必要的碳量。控制加热温度可以控制奥氏体中含碳量，从而得到低碳马氏体或高碳马氏体。奥氏体化后的球墨铸铁在 A_{r1} 以下缓慢冷却时析出石墨，或者沉积在原来石墨表面上，形成退火石墨；冷却速度较快时，将沿奥氏体晶界析出网状渗碳体。因此，控制奥氏体化温度、保温时间、冷却条件可以改变奥氏体及其转变产物 C 的含量，从而可以在较大范围内改变球墨铸铁的力学性能。

由于硅能减小碳在奥氏体中的溶解能力，因此为使奥氏体中溶解必要的碳量，高温下保温时间应延长。石墨导热性差，故石墨向奥氏体中溶解较渗碳体困难，因此球墨铸铁热处理时加热温度要高，保温时间要长，加热和冷却速度要缓慢。

球墨铸铁主要热处理工艺有退火、正火、调质处理、等温淬火。

（1）退火

球墨铸铁退火工艺包括消除内应力退火、高温退火和低温退火三种。球墨铸铁消除内应力退火工艺与灰铸铁相同，此处不再介绍。

①高温退火。球墨铸铁形成白口组织的倾向较大，铸态组织中常出现莱氏体和自由渗碳体，使铸件脆性增大，硬度升高，切削性能恶化。为消除白口，获得高韧性的铁素体球墨铸铁，需进行高温石墨化退火，其工艺是将铸件加热至 900 ~ 950 ℃，保温 2 ~ 4 h，进行第一阶段石墨化，然后炉冷至 720 ~ 780 ℃（A_{c1} ~ A_{r1}），保温 2 ~ 8 h，进行第二阶段石墨化。如果在 900 ~ 950 ℃保温后炉冷至 600 ℃空冷，则由于第二阶段石墨化没有进行，将得到铁素体 - 珠光体球墨铸铁。

②低温退火。当铸态球墨铸铁组织只有铁素体、珠光体及球状石墨而无自由渗碳体时，为了获得高韧性的铁素体球墨铸铁，可采用低温退火。其工艺是将铸件加热到 720 ~ 760 ℃，保温 3 ~ 6 h，然后随炉缓冷至 600 ℃出炉空冷，使珠光体中渗碳体发生石墨化分解。

（2）正火

正火的目的是使铸态下的铁素体 - 珠光体球墨铸铁转变为珠光体球墨铸铁，并细化组织，以提高球墨铸铁的强度、硬度和耐磨性。根据正火加热温度不同，可分为高温正火和低温正火。

①高温正火即将铸铁加热到 800 ~ 950 ℃，保温 1 ~ 3 h，使基体全部转变为奥氏体，然后出炉空冷、风冷或喷雾冷却，从而获得全部珠光体基体球墨铸铁。球墨铸铁导热性差，正火冷却时容易产生内应力，所以球墨铸铁正火后需要进行回火予以消除，即加热到 550 ~ 600 ℃，保温 2 ~ 4 h 空冷。

②低温正火即将铸件加热到 820 ~ 860 ℃（共析温度区间），保温 1 ~ 4 h，使球墨铸铁组织处于奥氏体、铁素体、球状石墨三相平衡区，然后出炉空冷，得到珠光体加少量铁素体加球状石墨组织，可使球墨铸铁获得较高的塑性、韧性和一定的强度，具有较高的综合

力学性能。前已述及，在共析温度范围内，不同温度对应着不同铁素体和奥氏体的平衡数量，温度越高，奥氏体越均匀，则珠光体数量越多。因此，通过控制正火温度，可以在很宽范围内控制球墨铸铁的力学性能。

（3）调质处理

调质处理即将球墨铸铁加热到奥氏体区（850～900 ℃），保温 2～4 h 后油淬，再经 550～600 ℃回火 4～6 h，得到回火索氏体基体加球状石墨组织。其目的是得到高的强度和韧性的球墨铸铁，综合力学性能比正火还高，尤其适于铸造受力复杂、截面较大、综合性能要求高的连杆、曲轴等重要机器零件。球墨铸铁淬透性比钢好，一般中小铸件，甚至形状简单的较大铸件均可采用油淬，以防淬火开裂。控制球墨铸铁淬火温度和保温时间可以获得不同碳量奥氏体，淬火后得到不同成分的马氏体，从而可以控制淬火后球墨铸铁的基体组织和性能。在保证完全奥氏体化条件下应尽量采用较低的淬火温度，以获得低碳马氏体基体组织，经回火后可以获得较好的综合力学性能。过高淬火温度将使马氏体针变粗并出现较多的残留奥氏体量，在冷却稍慢时甚至可出现网状二次渗碳体，从而使球墨铸铁性能变坏。

（4）等温淬火

球墨铸铁的等温淬火工艺是将球化率≥85%、石墨球数≥100 mm^{-2} 的铸件在 850～930 ℃保温，使基体完全奥氏体化，获得含碳量饱和的奥氏体；然后将铸件以避免形成珠光体的冷却速度快速淬入 230～380 ℃的硝盐浴中，保温 0.5～3 h 后空冷至室温，获得由针状铁素体和稳定的高碳奥氏体组成的基体组织，这种双相组织称为奥氏体。经过这种热处理工艺加工的球墨铸铁称为等温淬火球墨铸铁（Austempered Ductile Iron，ADI）。图 7－16 是 ADI 典型的显微组织，由球状石墨和奥氏体组成。球墨铸铁的化学成分和冶金质量是保证 ADI 获得卓越性能的基础。等温淬火工艺参数（奥氏体化温度和时间、等温淬火温度和时间）决定了 ADI 的力学性能和奥氏体的组织稳定性。一方面，采用不同的等温淬火工艺可以改变基体组织中奥氏体和铁素体的晶粒尺寸、奥氏体含量和针状铁素体的形态，使 ADI 的力学性能可以在较大范围内变化，满足铸件在不同工作条件下的性能要求。另一方面，等温淬火工艺能够控制奥氏体的含碳量，从而影响其组织稳定性。例如，适宜的等温淬火温度和时间使得奥氏体含碳量 w_C＝1.8%～2.2%，这种奥氏体在室温时热力学和动力学上都是稳定的，受力时不会转变成马氏体；同样的等温淬火温度下，如果保温时间不足，奥氏体中含碳量 w_C＝1.2%～1.6%，这种奥氏体在室温时稳定，但受力或机械加工时会转变为马氏体；

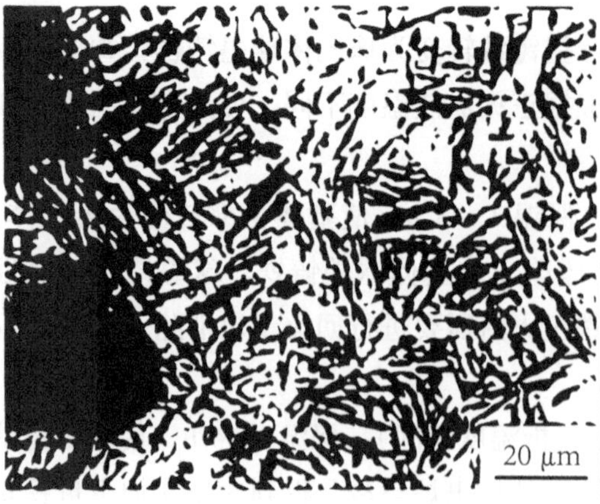

图 7－16　等温淬火球墨铸铁典型的显微组织

如果铸件在等温盐浴中保温时间过长，高碳奥氏体将分解为更加稳定的铁素体和碳化物。

与普通球墨铸铁、铸钢、锻钢以及经调质处理的碳钢和低合金钢相比，ADI具有以下性能特点：强度高，塑性好，断裂韧度高，缺口敏感性小，比强度（抗拉强度与密度之比）大，弯曲疲劳强度和接触疲劳强度等动载性能高，抗磨性能好以及降噪吸振性能好。此外，采用表面强化处理方法（喷丸、圆角滚压）可显著提高ADI的弯曲疲劳强度。因此，ADI在结构材料领域具有极强的竞争优势，可广泛应用于制造齿轮、齿轮架、曲轴、连杆、轮毂、衬套、销套、磨板、衬板等机械零件。ADI的牌号、力学性能及用途见表7－5。

表7－5 等温淬火球墨铸铁的牌号、力学性能及用途

牌号	R_m/MPa	$R_{p0.2}$/MPa	A/%	硬度/HBW	应用举例
	不小于				
QTD800－10	800	500	10	250～310	船用发动机支承架、注射机液压件、中型货车悬架件、恒速联轴器、柴油机曲轴（经圆角滚压）等
QTD900－8	900	600	8	270～340	真空泵传动齿轮、风镐缸体、载重货车后钢板弹簧支架、衬套、控制臂、转向节、转动轴轴颈支撑等
QTD1050－6	1050	700	6	310～380	大马力柴油机曲轴、柴油机正时齿轮、工程机械齿轮、拖拉机轮轴传动器轮毂、坦克履带板体等
QTD1200－3	1200	850	3	340～420	柴油机正时齿轮、链轮、铁路车辆销套等
QTD1400－1	1400	1100	1	380～480	凸轮轴、轻型货车后桥弧齿锥齿轮、滚轮、冲剪机刀片等

7.2.4 蠕墨铸铁

蠕墨铸铁兼具灰铸铁和球墨铸铁的某些优点，可以用来代替高强度灰铸铁、合金铸铁、黑心可锻铸铁、铁素体球墨铸铁，日益引起人们的重视。

1. 蠕墨铸铁的获得

蠕墨铸铁的化学成分要求与球墨铸铁相似，即要求高碳、低硫、低磷，一定的硅、锰含量。一般成分范围如下：$w_C=3.3\%\sim3.8\%$，$w_{Si}=2.1\%\sim2.4\%$，$w_{Mn}\leqslant0.4\%$或$w_{Mn}=1.5\%\sim2.5\%$，w_S，$w_P<0.03\%$，碳当量为$4.1\%\sim4.5\%$。

蠕墨铸铁的生产是在上述成分铁液中加入一定量蠕化剂和孕育剂，进行炉前处理得到的。我国目前采用的蠕化剂主要有稀土镁硅铁合金、稀土硅铁合金、稀土镁钙合金等。蠕化剂的加入量与原铁液的含硫量有关，原铁液的含硫量越高，则蠕化剂的消耗量越多。蠕化处理的同时要进行适宜的孕育处理，以消除蠕化处理带来的白口倾向，达到良好的蠕化效果。常用的蠕化处理工艺方法有包底冲入法、喂丝法、SinterCast 两步法。在控制生产成本、避免片状石墨的形成、稳定获得高蠕化率等方面，这些方法有各自的优点和应用范围。当铸件比较重要、复杂，且年产量较高时，选择 SinterCast 两步法最为有利。

2. 蠕墨铸铁的组织和性能特点

蠕墨铸铁指铸铁试样的抛光平面上观察到至少 80% 的蠕虫状石墨，其余 20% 是球状石墨和团状、团絮状石墨，不允许出现片状石墨。图 7－17 为蠕化率 90% 的蠕墨铸铁的显微组织。蠕虫状石墨在光学显微镜下的形状似乎呈片状，但是石墨片短而厚，端部较圆钝，形似蠕虫，蠕墨铸铁因此得名。蠕墨铸铁的基体组织主要是铁素体与珠光体的混合组织，其中，珠光体体积分数约为 50% 或更低。在铁液中加入 Cu，Sn，Ni 等元素，可使铸态组织中的珠光体体积分数增加至 70% 左右，有利于提高蠕墨铸铁的强度和硬度。图 7－18 示出了蠕化率为 85%、珠光体体积分数约为 60% 的蠕墨铸铁的显微组织。若再进行正火处理，珠光体体积分数可增加至 90%～95%。

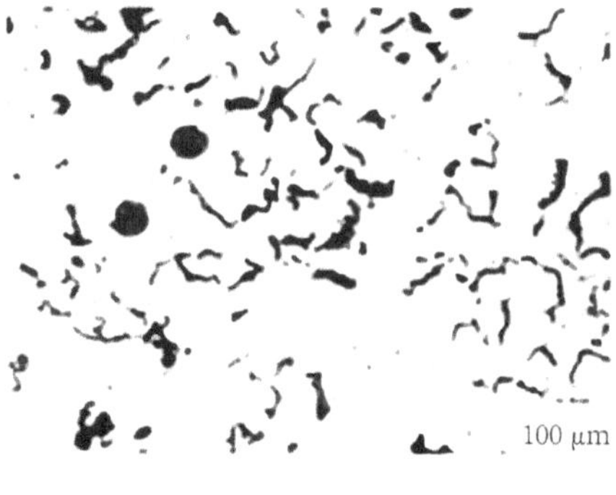

图 7－17　蠕化率 90% 的蠕墨铸铁的显微组织

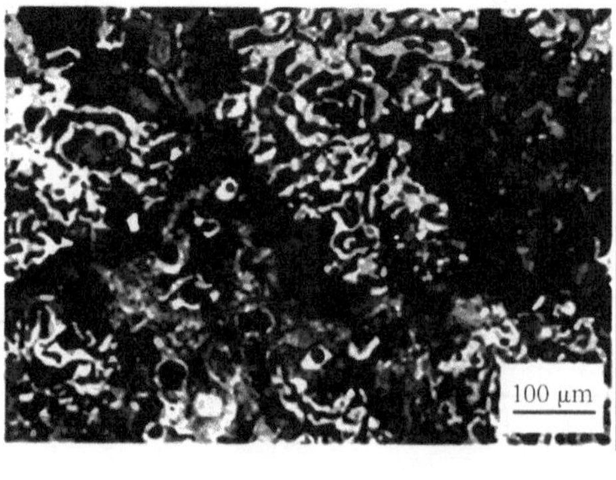

图 7－18　基体组织为 P＋F 的蠕墨铸铁的显微组织

通过电子显微镜可以观察到，蠕虫状石墨的立体形态是相互连接、曲折复杂的珊瑚状骨架。与灰铸铁相似，这种石墨分布的连续性使蠕墨铸铁具有良好的导热性和减振性，曲折复杂的形态分布使蠕墨铸铁具有很高的疲劳强度、优异的耐热疲劳性能和耐磨性。当成分一定时，蠕墨铸铁的弹性模量、屈服强度、抗拉强度、硬度与球墨铸铁接近，高温强度和流动性与灰铸铁相当，疲劳强度、塑性、韧性优于灰铸铁。此外，蠕墨铸铁具有良好的焊接性和可加工性。相较于灰铸铁和铝合金，蠕墨铸铁优异的综合性能使其成为铸造汽车高功率密度内燃机缸体、缸盖和其他关键零件的最佳材料。蠕墨铸铁的牌号、力学性能、主要基体组织及用途见表 7－6。

表 7－6　蠕墨铸铁的牌号、力学性能、主要基体组织及用途

牌号	R_m/MPa	$R_{p0.2}$/MPa	A/%	硬度/HBW	应用举例
	不小于				
RuT300	300	210	2.0	140～210	排气歧管、大功率内燃机缸盖、增压器壳体、纺织机零件等
RuT350	350	245	1.5	160～220	机床底座、联轴器、钢锭模、铝锭模、变速箱体、液压件等
RuT400	400	280	1.0	180～240	内燃机缸体和缸盖、载重货车制动毂、机车车辆制动盘、泵壳、液压件、钢锭模、铝锭模、玻璃模具等
RuT450	450	315	1.0	200～250	汽车内燃机缸体和缸盖、气缸套、载重货车制动盘、泵壳、液压件、玻璃模具、活塞环等
RuT500	500	350	0.5	220～260	高负荷内燃机缸体、气缸套等

7.3　特殊性能的铸铁

在普通铸铁基础上加入某些合金元素，可使铸铁具有某种特殊性能，如耐磨性、耐热性或耐蚀性等，从而形成一类具有特殊性能的合金铸铁。

7.3.1　耐磨铸铁

铸铁件经常在摩擦条件下工作，承受不同形式的磨损。为了保持铸铁件精度和延长其使用寿命，除要求一定力学性能外，还需要提高其耐磨性。

耐磨铸铁分为减磨铸铁和抗磨铸铁。前者在有润滑、受黏着磨损条件下工作，如机床导轨、发动机缸套、活塞环、轴承等；后者在干摩擦的磨料磨损条件下工作，如轧辊、犁铧、磨球等。

1. 减摩铸铁

减摩铸铁的组织通常是在软基体上牢固地嵌有坚硬的强化相，控制铸铁的化学成分和冷却速度获得细片状珠光体基体能满足这种要求。铁素体是软基体，在磨损后形成沟槽能

贮油，有利于润滑，可以降低磨损；石墨也起到贮油和润滑作用；渗碳体很硬，可承受摩擦。铸件的耐磨性随珠光体数量增加而提高，细片状珠光体耐磨性比粗片状好；粒状珠光体的耐磨性不如片状珠光体。所以，减摩铸铁希望得到细片状珠光体基体。托氏体和马氏体基体铸铁耐磨性更好。球墨铸铁的耐磨性比片状石墨铸铁好，但球墨铸铁吸振性能差，铸造性能不及灰铸铁。所以，减摩铸铁一般采用灰铸铁。在灰铸铁基础上，加入适量的Cu，Mo，Mn等元素，可以强化基体，增加珠光体含量，有利于提高基体耐磨性；加入少量的P能形成磷共晶，加入V，Ti等碳化物形成元素形成稳定、高硬度的C，N化合物质点，起支撑骨架作用，能显著提高铸铁的耐磨性。

在灰铸铁基础上加入质量分数为0.4%~0.7%的P可形成高磷铸铁。由于高硬度的磷共晶细小而断续地分布，提高了铸铁的耐磨性。用高磷铸铁作为机床床身，其耐磨性比孕育铸铁HT250提高1倍。

在高磷铸铁基础上加入质量分数为0.6%~0.8%的Cu和质量分数为0.1%~0.15%的Ti，形成磷铜钛铸铁。Cu在铸铁凝固时能促进石墨化并使石墨均匀分布，在共析转变时促进珠光体形成并使之细化。少量Ti能促进石墨细化，并形成高硬度的化合物TiC。因此，磷铜钛铸铁的耐磨性超过高磷铸铁和镍铬铸铁，是用于精密机床的一种重要结构材料。

利用我国的V，Ti资源加入一定量稀土硅铁，经处理可得高强度稀土钒钛铸铁，其中，w_V =0.18%~0.35%，w_{Ti} =0.05%~0.15%。V，Ti是强碳化物形成元素，能形成稳定的高硬度的强化相质点，并能显著细化片状石墨和珠光体基体，耐磨性高于磷铜钛铸铁，比孕育铸铁（HT300）高约2倍。

近年来，廉价的硼耐磨铸铁得到迅速发展，其中w =0.02%~0.2%，形成珠光体基体加石墨加硼化物的铸铁组织。若铸铁中含少量P，则可形成磷共晶、硼化物硬质点。珠光体是软基体，因此具有优良的耐磨性。硼耐磨铸铁可用来制造柴油机缸套，寿命比高磷铸铁高50%。

2. 抗磨铸铁

抗磨铸铁在干摩擦及磨粒磨损条件下工作。这类铸铁件不仅受到严重的磨损，而且承受很大的负荷。获得高而均匀的硬度是提高这类铸铁件耐磨性的关键。

白口铸铁是一种良好的耐磨铸铁。普通白口铸铁中加入Cr，Mo，Cu，V，B等元素，形成珠光体合金白口铸铁，既具有高硬度和高耐磨性，又具有一定的韧性；加入Cr，Ni，B等提高淬透性的元素，可以形成马氏体合金白口铸铁，可以获得更高的硬度和耐磨性。

将铁液注入放有冷铁的金属型成形，形成激冷铸铁。铸件表层因冷速快得到一定深度的白口层，获得高硬度、高耐磨性；心部为灰铸铁，具有一定的强度和韧性。加入合金元素Cr，Mo，Ni可进一步提高铸件表面的耐磨性和心部强度，广泛用作轧辊和车轮等耐磨件。w_{Mn} =5.0%~9.0%、w_{Si} =3.3%~5.0%的中锰合金球墨铸铁耐磨性很好，并具有一定的韧性。这种铸铁的组织为马氏体加碳化物加球状石墨（w_C =5%~7%）或奥氏体加碳化物加球状石墨（w_C=7%～9%），适于制造在冲击载荷和磨损条件下工作的零件，如犁铧、球磨机的磨球及拖拉机履带板等。这种铸铁可以用来代替部分高锰铸钢和锻钢。

抗磨等温淬火球墨铸铁（QTDHBW400，QTDHBW450）的布氏硬度分别大于400 HBW和450 HBW，是高锰钢、合金钢很好的代用材料，适用于制造斧、锹、锤头、铣刀、渣浆泵壳体水泥输送管、破碎机齿板、球磨机衬板、挖掘机斗齿等。

7.3.2 耐热铸铁

加热炉炉底板、换热器、坩埚、废气管道，以及压铸型等在高温下工作的铸件要求选用耐热性高的合金耐热铸铁。铸铁的耐热性指在高温下铸铁抵抗氧化和生长的能力。氧化是铸铁在高温下与周围气氛接触使表层发生化学腐蚀的现象，还会发生氧化性气体沿石墨片边界或裂纹渗入铸铁内部的内氧化现象。生长是铸铁在反复加热冷却时产生的不可逆体积长大的现象。这是由于铸件中的渗碳体在高温下分解形成密度小而体积大的石墨，以及在加热冷却过程中铸铁基体组织发生$\alpha-\gamma$相变引起的体积变化。铸件在高温和负荷作用下，由于氧化和生长最终会导致零件变形、翘曲、产生裂纹，甚至破裂。

耐热铸铁是在高温下能抗氧化和生长，并能承受一定负荷的铸铁。加入Cr，Al，Si等元素可在铸铁表面形成Cr_2O，Al_2O_3，SiO等稳定性高、致密而完整的氧化膜，具有良好的保护作用，能阻止铸铁继续氧化和生长。Cr，Si，Al等元素能提高铸铁的相变温度，促使铸件得到单相铁素体基体。加入Ni，Mn，Cu时，能降低相变温度，有利于得到单相奥氏体基体，从而使铸件在高温时不发生相转变。加入Cr，V，Mo，Mn等元素使碳化物稳定，在高温下不发生分解，以免发生石墨化过程。此外，通过加入球化剂和Cr，Ni等合金元素，促使石墨细化和球化，球状石墨互不连通可防止或减少氧化性气体渗入铸铁内部。白口铸铁无石墨存在，氧气渗入机会少。显然，白口铸铁、球墨铸铁的耐热性比灰铸铁要好。

耐热铸铁分为硅系、铝系、铝硅系、铬系铸铁等。中硅耐热铸铁（HTRSi5），w_{Si}=4.5%～5.5%，高温下能形成SiO_2保护膜，同时能获得单相铁素体基体，其上分布细片状石墨，Si还使铸铁的相变温度（A_c点）提高到900 ℃以上，在850 ℃以下温度范围不发生$\alpha-\gamma$转变。因此，中硅耐热铸铁具有良好的耐热性，工作温度在700 ℃以下。但是这种耐热铸铁的含硅量高，所以硬度高、脆性大，适宜制造载荷较小、不受冲击的零件，如锅炉炉栅、横梁、换热器、节气阀等。采用中硅球墨铸铁（QTRSi5）可进一步提高中硅铸铁的耐磨性。这种铸铁的组织为铁素体加球状石墨（珠光体体积分数不大于10%），由于石墨呈球状，不仅可以改善力学性能，铸铁的耐热性也明显提高，工作温度可提高到900 ℃。

向铸铁中加入Al（w=20%～24%），形成高铝耐热铸铁（QTRA22），在高温下表面可形成Al_2O_3保护膜，能得到单相铁素体基体。因此，具有很高的耐热性，能在950 ℃以下温度长期使用，可用于制造加热炉炉底板、炉条、滚子框架等零件。同样，采用高铝球墨铸铁可以改善高铝耐热铸铁脆性较大的缺点，并使耐热温度提高到1 000 ~ 1 100 ℃，用于制造炉管、热交换器以及粉末冶金用坩埚等零件。$w_{Si}=3.5\%\sim5.2\%$ 和 $w_{Al}=4.0\%\sim5.8\%$ 的铝硅耐热铸铁（QTRAl4Si4，QTRAl5Si5），铸造性能良好，耐热性能更高，可在900 ~ 1 050 ℃ 高温下工作，是耐热铸铁中最常用的一种材料，广泛用于制造加热炉炉门、炉条、炉底板、炉子传送链、坩埚等。

含铬耐热铸铁具有很好的耐热性，含铬量越高，铸铁耐磨性越好。例如，低铬铸铁（HTRCr，HTRCr2）适用于600 ℃以下工作；高铬铸铁（HTRCr16）的使用温度高达900 ℃，可制作在900 ℃下工作的热处理炉的运输链条等，但因价格高，应用较少。

7.3.3 耐蚀铸铁

在石油化工、造船等工业中，阀门、管道、泵体、容器等各种铸铁件经常在大气、海水及酸、碱、盐等介质中工作，需要具备较高的耐蚀性能。普通铸铁通常是由石墨、渗碳体、铁素体组成的多相合金。在电介质溶液中，石墨的电极电位最高，渗碳体次之，铁素体最低。石墨和渗碳体是阴极，铁素体是阳极，组成微电池。因此，铁素体将不断被溶解，产生严重的电化学腐蚀。铸铁表面与水汽接触，也能产生化学腐蚀作用。

耐蚀合金中加入 Si，Al，Cr，Mo，Ni，Cu 等合金元素可在铸件表层形成牢固、致密的保护膜（Si，Al，Cr），能提高铸铁基体的电极电位（Cr，Si，Mo，Cu，Ni 等），还可使铸铁得到单相铁素体或奥氏体基体（Cr，Si，Ni），从而显著提高铸铁的耐蚀性。此外，减少石墨数量、形成球状或团絮状石墨等也能减少微电池数目，提高铸铁的耐磨性。

常用耐蚀铸铁有高硅、高铝、高铬、高硅钼等耐蚀铸铁。高硅耐蚀铸铁的组织由硅铁素体、细小石墨、硅化铁（FeSi 或 $FeSi_2$）组成，主要有高硅铸铁和稀土高硅铸铁。高硅铸铁硬度很高，强度和韧性很低，加工性能差；流动性好，但吸气性大，线收缩和内应力较大，铸造时易于开裂。稀土高硅铸铁由于加入稀土合金处理，去气效果好，铸件致密度增加；稀土元素能细化晶粒和改善石墨形态，所以合金强度和冲击韧度都有提高。高硅铸铁的硅含量高，力学性能下降，为进一步提高铸铁强度，适当降低 $w_C=10\%\sim12\%$，再加入 $w_{Cu}=1.8\%\sim2.0\%$ 的 Cu、$w_{Cr}=0.4\%\sim0.6\%$ 的 Cr，仍用稀土合金处理，形成稀土中硅合金，虽然耐蚀性稍有下降，但力学性能显著提高，广泛用于耐酸泵、管道、阀门等零件。

近年来，在 $w=11\%$ 的基础上加入 $w=2.0\%$ 的 Cu，或在含稀土及 $w=14.5\%$ 的基础上加入 $w=7\%\sim9\%$ 的 Cu，使铸铁既有很高的耐蚀性，又能提高其强度和冲击韧度。

高铝耐蚀铸铁主要用作碳酸氢钠、氯化铵、硫酸氢铵等设备上的耐蚀材料，如各种泵类零件。其化学成分为：$w_{Al}=4\%\sim6\%$、$w_C=2.8\%\sim3.3\%$、$w_{Si}=1.2\%\sim2.0\%$、$w_{Mn}=0.5\%\sim1.0\%$、$w_P<0.2\%$、$w_S<0.12\%$。其组织为珠光体加铁素体加石墨和少量的 FeAl。质量分数为4% ~6% 的 Al 可在铸铁表面形成 Al_2O_3 保护膜，所以高铝铸铁具有良好的耐蚀

性能，同时具有一定的耐热性，工作温度可达到 600 ~ 700 ℃。

高铬耐蚀铸铁中，铬含量的 w_{Cr} = 26% ~ 36%，能在铸铁表面形成 Cr_2O_3 保护膜，并能提高基体电极电位。因此，高铬铸铁不仅具有优良的耐蚀性，同时具有优异的耐热性，而且力学性能良好；主要缺点是耗铬量太多。高铬耐蚀铸铁常用来制作离心泵、冷凝器、蒸馏塔、管子等化工铸件。

【练习与思考】

简答题

1. 解释名词：（1）石墨化；（2）灰口铸铁；（3）白口铸铁。
2. 化学成分和冷却速度对铸铁石墨化和基体组织有何影响？
3. 简述石墨形态对铸铁性能的影响。
4. 与碳钢相比，铸铁的组织、成分、性能有何不同？
5. 为什么在铸铁焊接前一定要预热？
6. 铸铁壁厚对石墨化有什么影响？
7. 简述灰口铸铁的性能特点。

参考文献

[1] 崔忠圻，覃耀春. 金属学与热处理[M]. 北京：机械工业出版社，2020.

[2] 潘金生. 材料科学基础（修订版）[M]. 北京：清华大学出版社，2011.

[3] 沈莲. 机械工程材料[M]. 北京：机械工业出版社，2018.

[4] 胡赓祥，蔡珣，戎咏华. 材料科学基础[M]. 3 版. 上海：上海交通大学出版社，2010.

[5] 中华人民共和国国家市场监督管理总局，中国国家标准化管理委员会. GB/T 26655—2022 蠕动铸铁件[S]. 北京：中国标准出版社，2022.

第 8 章　基于 MBD 的铸造工艺

【教学要求】

铸造成形是将液态金属在重力或外力作用下填充到型腔中，待凝固冷却后，获得所需形状和尺寸的毛坯或零件的方法。

铸造成形的优点如下：

①适应性广，工艺灵活性大（材料、大小、形状几乎不受限制）。

②最适合制造形状复杂的箱体、机架、阀体、泵体、缸体等。

③成本较低（铸件与最终零件的形状相似、尺寸相近）。

主要缺点：铸件组织疏松、晶粒粗大，内部常有缩孔、缩松、气孔等缺陷产生，导致铸件力学性能特别是冲击性能较低。

分类：从造型方法分类，铸造可分为砂型铸造和特种铸造。

8.1　铸造工艺基础

铸造生产过程非常复杂，影响铸件质量的因素也非常多。其中，合金的铸造性能的优劣对能否获得优质铸件有着重要影响。铸造合金在铸造过程中呈现出的工艺性能，称为铸造性能。合金的铸造性能主要指充型能力、收缩性、偏析、吸气等。其中，液态合金的充型能力和收缩性是影响成形工艺及铸件质量的两个最基本问题。

8.1.1　流动性及充型能力的定义

液态合金充满型腔的过程称为充型。液态合金充满型腔是获得形状完整、轮廓清晰合格铸件的保证，铸件的很多缺陷都是在此阶段形成的。

1. 流动性及充型能力的含义

液态合金的流动能力称为流动性。液态合金充满型腔，形成轮廓清晰、形状和尺寸符合要求的优质铸件的能力，称为液态合金的充型能力。流动性是液态合金本身的属性。液态合金的充型能力首先取决于液态合金本身的流动性，同时与外界条件（铸型性质、浇注条件、铸件结构等）密切相关，是各种因素的综合反应。液态合金的流动性好，易于充满型腔，有利于气体和非金属夹杂物上浮和对铸件进行补缩。如果流动性差，则充型能力差，铸件易产生浇不到、冷隔、气孔、夹渣等缺陷。合金的流动性通常用螺旋形流动性试样衡量，如图 8－1 所示。浇注的试样越长，其流动性越好。常用合金的流动性见表 8－1。

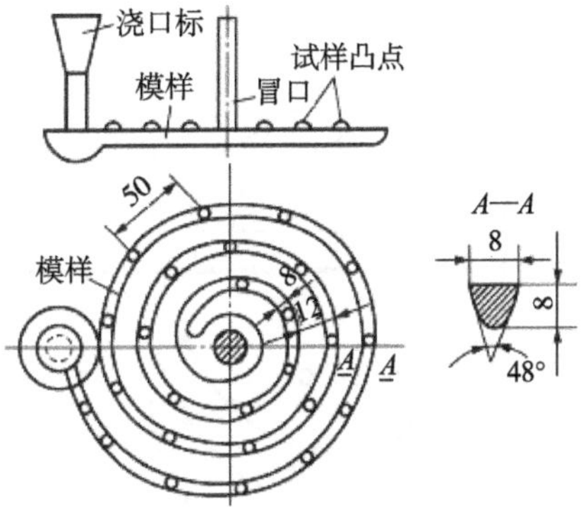

图 8－1　螺旋形流动试样（单位：mm）

表 8－1　常用合金的流动性

合金种类	铸型种类	浇注温度/℃	螺旋线长度/mm
铸铁 $w_{c+Si}=6.2\%$	砂型	1 300	1 800
$w_{c+Si}=5.9\%$	砂型	1 300	1 300
$w_{c+Si}=5.2\%$	砂型	1 300	1 000
$w_{c+Si}=4.2\%$	砂型	1 300	600
铸钢 $w_C=0.4\%$	砂型	1 600	100
	砂型	1 640	200
铝硅合金（硅铝明）	金属型	680～720	700～800
镁合金（含 Al 和 Zn）	砂型	700	400～600
锡青铜（$w_{Sn}\approx10\%$，$w_{Zn}\approx2\%$）	砂型	1 040	420
硅黄铜（$w_{Si}=1.5\%\sim4.5\%$）	砂型	1 100	10 000

2. 影响流动性和充型能力的因素

（1）化学成分

纯金属和共晶成分的合金，由于是在恒温下进行结晶，液态合金从表层逐渐向中心凝固，固液界面比较光滑，对液态合金的流动阻力较小；同时，共晶成分合金的凝固温度最低，可获得较大的过热度，推迟了合金的凝固，所以流动性最好。其他成分的合金在一定温度范围内结晶，由于初生树枝状晶体与液体金属两相共存，粗糙的固液界面使合金的流动阻力加大，合金的流动性大大下降，合金的结晶温度区间越宽，流动性越差。

铁碳合金的流动性与含碳量之间的关系如图 8－2 所示。由图可见，亚共晶铸铁随含碳量增加，结晶温度区间减小，流动性逐渐提高，越接近共晶成分，合金的流动性越好。

（2）铸型的结构和性质

当合金的流动性一定时，铸型结构对液态合金的充型能力有较大影响，主要表现为型腔的阻力和铸型的导热能力的影响。

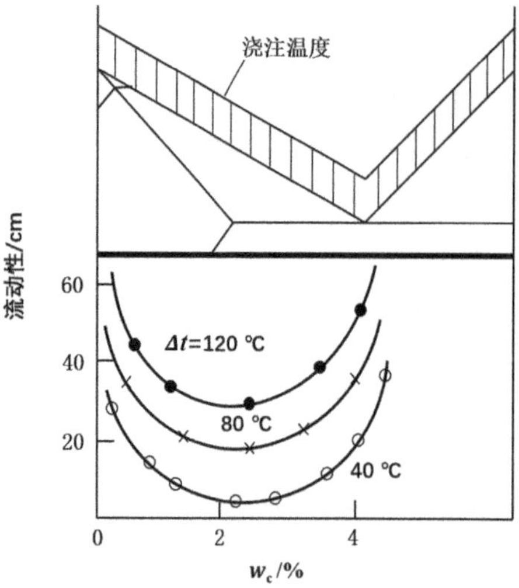

图 8－2　铁碳合金的流动性与含碳量的关系

①铸件结构越复杂，型腔结构就越复杂，液态合金流动时的阻力也越大，其充型能力就越差。铸件壁厚越小，型腔就越窄小，液态合金的散热也越快，其充型能力越差。

②铸型材料的导热系数越大，液态合金降温越快，其充型能力就越差。

③铸型的温度低、热容量大，充型能力下降；铸型温度高，合金液与铸型的温差越小，散热速度越小，保持流动的时间越长，充型能力上升。

④在合金液的热作用下，铸型（尤其是砂型）将产生大量的气体。如果气体不能顺利排出，型腔中的气压将增大，就会阻碍液态合金的流动。

（3）浇注条件

浇注温度、充型压力、浇注系统结构等条件对铸件质量的影响如下：

①浇注温度。提高浇注温度，可使合金保持液态的时间延长，使合金凝固前传给铸型的热量多，从而降低液态合金的冷却速度，还可使液态合金的黏度减小，显著提高合金的流动性。但随着浇注温度的提高，铸件的一次结晶组织变得粗大，且易产生气孔、缩孔、粘砂、裂纹等缺陷，所以在保证充型能力的前提下，浇注温度应尽量低。通常，铸钢的浇注温度为 1 520～1 620 ℃，铸铁的浇注温度为 1 230～1 450 ℃，铝合金的浇注温度为 680～780 ℃。

②充型压力。液态金属在流动方向上所受到的压力越大，充型能力就越好。如果通过提高浇注时的静压头，可提高充型能力。一些特种工艺（压力铸造、低压铸造、离心铸造等）充型时，合金液受到的压力较大，充型能力较好。

③浇注系统。浇注系统的结构越复杂，流动的阻力就越大，充型能力就越低。铸型的结构越复杂，导热性越好，合金的流动性就越差。提高合金的浇注温度和浇注速度，以及增大静压头的高度会使合金的流动性增加。

8.1.2　铸件的凝固方式

铸件的成形过程是液态金属在铸型中的凝固过程。合金的凝固方式对铸件的质量、性能以及铸造工艺等都有极大的影响。

1. 铸件的凝固方式

铸件在凝固过程中，断面一般存在 3 个区域：固相区、凝固区、液相区。其中，液相和固相并存的凝固区对铸件质量影响最大。通常根据凝固区的宽窄将铸件的凝固方式分为逐层凝固、糊状凝固、中间凝固。

（1）逐层凝固

纯金属或共晶成分的合金在凝固过程中因不存在液相与固相并存的凝固区，所以端面上外层的固体和内层的液体由一条界线（凝固前沿）清楚地分开，如图 8－3（a）所示。随着温度的下降，固体层不断加厚，液体层不断减少，直到中心层全部凝固。这种凝固方式称为逐层凝固。

（2）中间凝固

介于逐层凝固和糊状凝固之间的凝固方式称为中间凝固，如图 8－3（b）所示。大多数合金的凝固方式属于中间凝固。

（3）糊状凝固

当合金的结晶温度范围很宽、铸件断面温度分布较为平坦时，在凝固的某段时间内，铸件表面并不存在固体层，液相与固相并存的凝固区贯穿整个断面，如图 8－3（c）所示。由于这种凝固方式与水泥凝固方式很相似，先成糊状而后固化，所以称为糊状凝固。

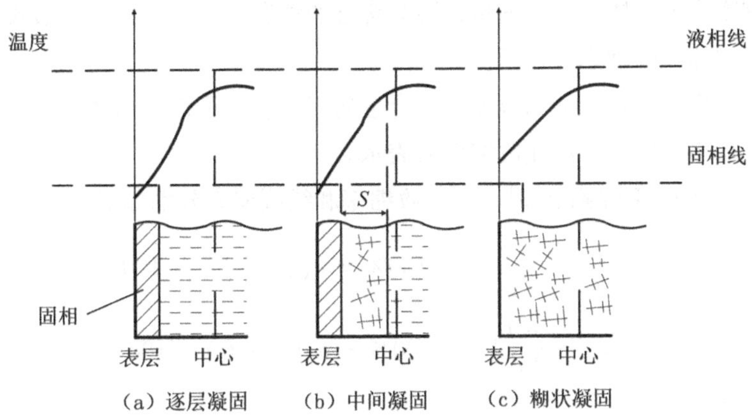

图 8－3　铸件的凝固方式

8.1.3　铸造合金的收缩

1. 收缩的概念

液态合金在凝固和冷却过程中，体积和尺寸减小的现象称为合金的收缩。收缩能使铸件产生缩孔、缩松、裂纹、变形、内应力等缺陷。

合金的收缩经历以下 3 个阶段，如图 8－4 所示：

①液态收缩。从浇注温度到凝固开始温度间的收缩。

②凝固收缩。从凝固开始温度到凝固终止温度间的收缩。

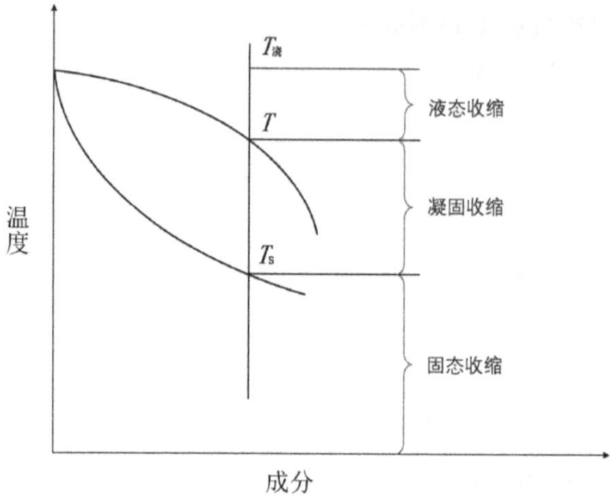

图 8-4　合金收缩的 3 个阶段

③固态收缩。从凝固终止温度到室温间的收缩。

合金的总体积收缩为上述 3 个阶段收缩之和。与金属本身的成分、浇注温度及相变有关。合金的收缩量用体收缩率和线收缩率表示：

①体收缩率指单位体积的收缩量，因为合金的液态收缩和凝固收缩表现为合金体积的缩减，所以常用体积收缩率来表示。

②线收缩率指单位长度上的收缩量。合金的固态收缩不仅引起体积上的缩减，而且使铸件在尺寸上减小，所以常用线收缩率来表示。

当合金由温度 θ_0 下降到 θ_1 时，其体收缩率和线收缩率分别如下：

$$\varepsilon_V = \frac{V_{模} - V_{铸件}}{V_{模}} \times 100\% = a_V(t_0 - t_1) \times 100\%$$

$$\varepsilon_L = \frac{L_{模} - L_{铸件}}{L_{模}} \times 100\% = a_L(t_0 - t_1) \times 100\%$$

式中，ε_V——体收缩率；

ε_L——线收缩率；

$V_{模}$——合金在 $\theta_0 \sim \theta_1$ 时，模型的体积（cm^3）；

$V_{铸件}$——合金在 $\theta_0 \sim \theta_1$ 时，铸件的体积（cm^3）；

$L_{模}$——合金在 $\theta_0 \sim \theta_1$ 时，模型的长度（cm）；

$L_{铸件}$——合金在 $\theta_0 \sim \theta_1$ 时，铸件的长度（cm）；

a_V——合金在 $\theta_0 \sim \theta_1$ 温度范围内的体胀系数（$℃^{-1}$）；

a_L——合金在 $\theta_0 \sim \theta_1$ 温度范围内的线胀系数（$℃^{-1}$）。

2. 影响收缩的因素

(1) 化学成分的影响

常用合金中，铸钢的收缩率最大，灰铸铁最小。几种铁碳合金的体积收缩率见表 8-2。

灰铸铁收缩小是由于其中大部分C以石墨状态存在，石墨的比容大，在结晶过程中，析出石墨所产生的体积膨胀抵消了部分收缩。所以，含碳量越高，灰铸铁的收缩越小。

表8-2 几种铁碳合金的体收缩率

合金种类	含碳量/%	浇注温度/℃	液态收缩/%	凝固收缩/%	固态收缩/%	总体积收缩/%
碳素铸钢	0.35	1 610	1.6	3.0	7.86	12.46
白口铸钢	3.0	1 400	2.4	4.2	5.4~6.3	12~12.9
灰铸铁	3.5	1 400	3.5	0.1	3.3~4.2	6.9~7.8

（2）浇注温度的影响

合金的浇注温度越高，过热度越大，液态收缩量越大。

（3）铸件结构与铸型条件的影响

铸件冷却收缩时，因形状、尺寸的不同，各部分的冷却速度不同，导致收缩不一致，且互相阻碍。此外，铸型和型芯对铸件收缩产生阻碍，所以铸件的实际收缩率总是小于其自由收缩率，但会增大铸造应力。

3. 铸件的缩孔和缩松

（1）缩孔和缩松的形成

若液态收缩和凝固收缩所缩减的体积得不到补足，则在铸件的最后凝固部位会形成一些孔洞。按照孔洞的大小和分布，可将其分为缩孔和缩松。

缩孔是集中在铸件上部或最后凝固部位的容积较大的孔洞。缩孔多呈倒圆锥形，内表面粗糙。

缩松是分散在铸件某些区域内的细小缩孔。缩孔的形成，主要出现在金属在恒温或很窄温度范围内结晶，铸件壁呈逐层凝固方式的条件下。如图8-5所示，当液态合金填满铸型后，由于铸型的吸热和不断散热，合金由表及里逐层凝固。靠近型腔表面的金属最先凝固结壳，此时内浇道也凝固。随着凝固过程的进行，硬壳逐渐加厚；同时，内部的剩余液体由于本身的液态收缩和补充凝固层的凝固收缩，体积减小，液面逐渐下降。由于硬壳内的液态合金因收缩得不到补充，当铸件全部凝固后，在其上部形成了一个倒锥形的空洞（缩孔）。已经产生缩孔的铸件自凝固终了温度冷却到室温，因固态收缩而使外形尺寸减小。

（a）液态合金填满铸型（b）内浇道凝固 （c）液面下降 （d）形成缩孔 （e）缩孔的尺寸减小

图8-5 缩孔的形成过程

可见，缩孔是由于合金的液态收缩和凝固收缩得不到补充而产生的。合金的液态收缩和凝固收缩越大，浇注温度越高，铸件的壁越厚，缩孔的容积就越大。

缩松的形成，主要出现在呈糊状凝固方式的合金中或断面较大的铸件壁中，是被树枝状晶体分隔开的封闭的液体区收缩而难以得到补缩所致，如图 8－6 所示。

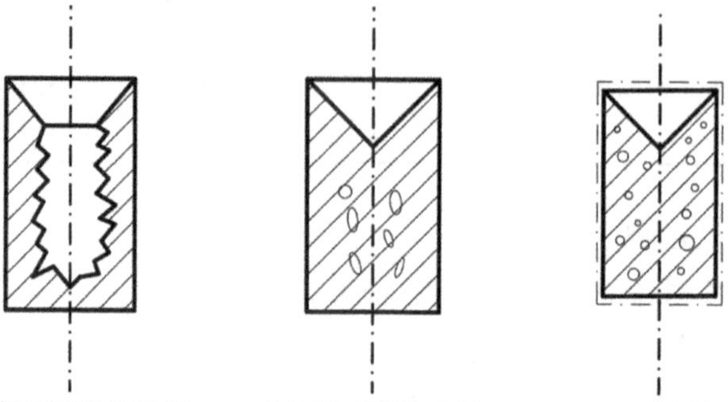

（a）锯齿形凝固前沿　（b）形成液体小区　（c）形成缩松

图 8－6　缩松的形成过程

缩松大多分布在铸件中心轴线处、热节处、冒口根部、内浇口附近或缩孔下方，分布面广，难以控制，对铸件的力学性能影响很大，是铸件最危险的缺陷之一。

铸件内的缩松也是由于合金的液态收缩和凝固收缩得不到补充而产生的。

（2）缩孔和缩松的防止

缩孔和缩松使铸件受力的有效面积减小，而且在孔洞处易产生应力集中，可使铸件力学性能大大减低，以致成为废品，因此必须采取适当的措施加以防止。

防止缩孔的根本措施是使铸件实现“顺序凝固”。所谓顺序凝固，是在铸件可能出现缩孔的厚大部位，通过安放冒口等工艺措施，使铸件上远离冒口的部位最先凝固（图 8－7 中的Ⅰ区），接着是靠近冒口的部位凝固（图 8－7 中的Ⅱ区、Ⅲ区），冒口本身最后凝固。按照这样的凝固顺序，先凝固部位的收缩，由后凝固部位的金属液来补充；后凝固部位的收缩，由冒口中的金属液来补充，从而将缩孔转移到冒口之中。切除冒口便可得到无缩孔的致密铸件。

为了实现顺序凝固，在安放冒口的同时，在铸件上某些厚大部位（热节）增设冷铁，如图 8－8 所示，加快底部突台的冷却速度，从而实现自下而上的顺序凝固。

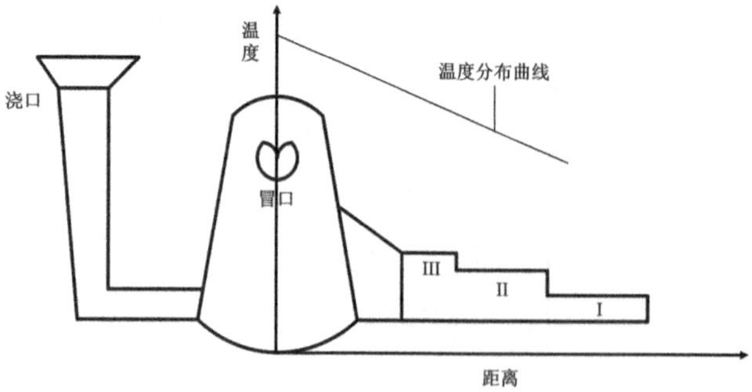

图 8－7　顺序凝固示意图

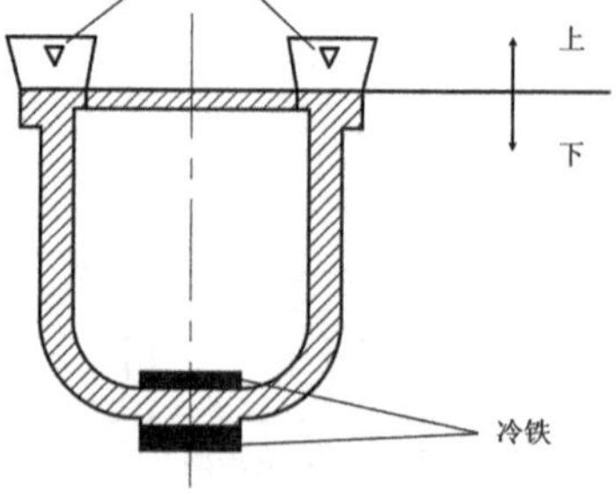

图 8－8　冷铁的应用

8.1.4　铸造应力

随着温度的下降，铸件会产生固态收缩，有些合金甚至会发生固态相变而引起收缩或膨胀。这些收缩或膨胀若受到阻碍，或者因铸件各部分互相牵制，都将在铸件内部产生应力。

1. 铸造应力的种类

按照铸造内应力产生的原因，可分为热应力、机械应力、相变应力，它们是铸件产生变形和裂纹的基本原因。

（1）热应力

由于铸件各部分冷却速度不同，以致在同一时期铸件各部分收缩不一致而引起内应力，称为热应力。

图 8 –9 为框形铸件热应力的形成过程。应力框由一根粗杆Ⅰ和两根细杆Ⅱ组成，如图 8 –9（a）所示。图的上部表示了粗杆Ⅰ和细杆Ⅱ的冷却曲线，$t_{临}$表示金属弹塑性临界温度。当铸件处于高温阶段时，两根杆均处于塑性状态。尽管粗杆Ⅰ和细杆Ⅱ的冷却速度不同，收缩不一致会产生应力，但铸件可以通过两根杆的塑性变形使应力很快自行消失。温度继续下降，细杆Ⅱ由于冷却速度快，先进入弹性状态，而粗杆Ⅰ仍处于塑性状态（$t_1 \sim t_2$）。细杆Ⅱ收缩大于粗杆Ⅰ，由于相互制约，细杆Ⅱ受拉伸，粗杆Ⅰ受压缩，如图 8 –9（b）所示，形成了应力。但此时的应力会随着粗杆Ⅰ的压缩变形而消失，如图 8 –9（c）所示。当温度继续下降到（$t_2 \sim t_3$）时，已被压缩的粗杆Ⅰ也进入弹性状态，粗杆Ⅰ的温度高于细杆Ⅱ，还会有较大的收缩。因此，当粗杆Ⅰ收缩时，必然会受到细杆Ⅱ的阻碍，则细杆Ⅱ受压缩，而粗杆Ⅰ受拉伸，直到室温，在铸件中形成了残余应力，如图 8 –9（d）所示。图 8 –9 中，“ + ”表示拉应力，“ – ”表示压应力。

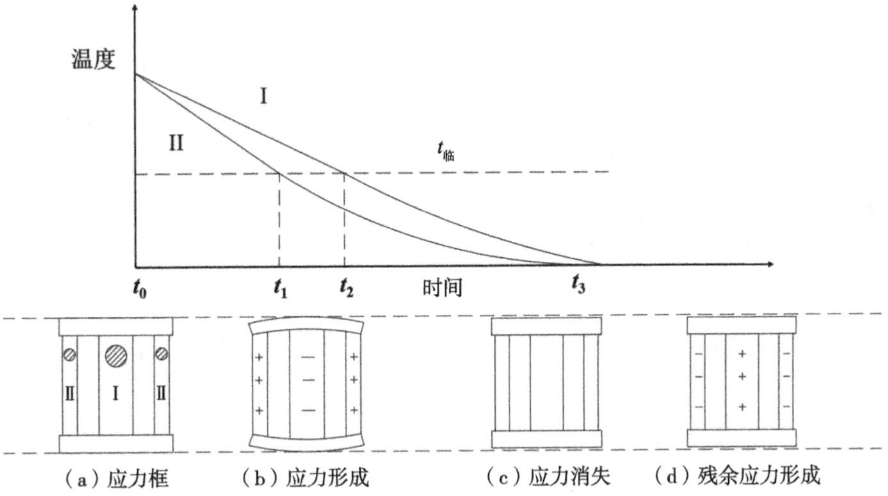

图 8 –9　热应力的形成过程

可见，热应力使铸件的厚壁或心部受拉应力，薄壁或表层受压应力。铸件的壁厚差越大，合金的线收缩率越大，热应力越大。顺序凝固时，由于铸件各部分的冷却速度不一致，产生的热应力较大，铸件易出现变形和裂纹，应予以注意。

（2）机械应力

由于金属冷却到弹性状态后，由于收缩受到铸型、型芯、浇冒口、箱挡等的机械阻碍而形成的内应力，称为机械应力。形成应力的原因一旦消失（如铸件落砂或去除浇口后），机械应力也就随之消失。所以，机械应力是临时应力，如图 8－10 所示。

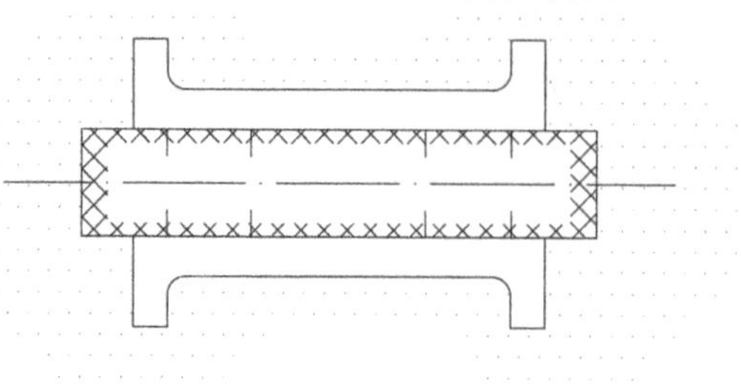

图 8－10　机械应力

（3）相变应力

铸件在冷却过程中往往产生固态相变，相变产物往往具有不同的比容。例如，碳钢发生 $\delta-\gamma$ 转变时，体积缩小；发生 $\gamma-a$ 转变时，体积膨大。铸件在冷却过程中由于各部分冷却速度不同，导致相变不同时发生，就会产生相变应力。

综上所述，铸造应力是热应力、相变应力、机械应力的总和。在某一瞬间，应力的总和大于金属在该温度下的强度极限时，铸件就会产生裂纹。当铸件冷却到常温并经落砂后，只有残余应力对铸件质量有影响，这是铸件常温下产生变形和开裂的主要原因。残余应力并非永久性，在一定的温度下，经过一定的时间后，铸件各部分的应力会重新分配，也会使铸件产生塑性变形，变形后应力消失。

2. 减小应力的措施

在铸造工艺上采取“同时凝固”原则是减少和消除铸造应力的重要工艺措施。同时凝固指采取一些工艺措施，尽量减小铸件各部位间的温度差，使铸件各部位同时冷却凝固，如图 8－11 所示。同时凝固的铸件中心容易出现缩松，影响铸件致密性。所以，同时凝固主要用于收缩较小的一般灰铸铁和球墨铸铁件，壁厚均匀的薄壁铸件，以及气密性要求不高的铸件，等等。

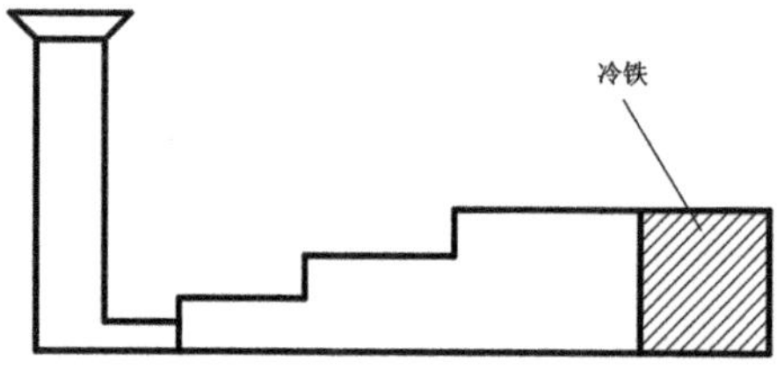

图 8－11　同时凝固示意图

铸件形状越复杂，各部分壁厚相差越大，冷却时温度越不均匀，铸造应力就越大。因此，在设计铸件时应尽量使铸件形状简单、对称、壁厚均匀。

将铸件加热到 550～650 ℃时保温，进行去应力退火，可消除残余内应力。

8.1.5　铸件的变形

具有残余应力的铸件，其状态处于不稳定状态，将自发地进行变形，以减少内应力，趋于稳定状态。显然，只有原来受拉伸部分产生压缩变形，受压缩部分产生拉伸变形，才能使铸件中的残余应力减少或消除。铸件变形的结果将导致铸件产生扭曲。如图 8 – 12 所示的 T 形梁铸钢件，由于壁厚不均匀发生翘曲变形，变形的方向是厚的部分向内凹，薄的部分向外凸，如图中的双点划线所示。

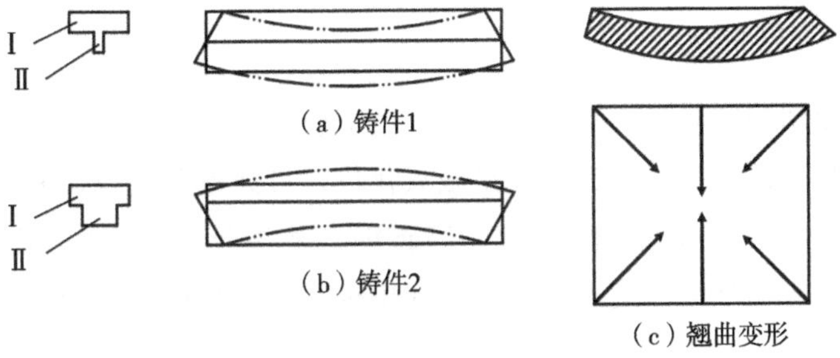

图 8 – 12　T 形梁铸钢件变形示意图

铸造变形的根本原因在于铸造应力的存在，消除铸造应力的工艺措施也是防止变形的根本方法。此外，工艺上可采取一些方法来防止铸件变形的发生：

①采用反变形法，统计铸件变形规律的基础上，在模样上预先做出相当于铸件变形量的反变形量，以抵消铸件的变形。

②进行时效处理，铸件产生挠曲变形后，只能减少应力，而不能完全消除应力。机加工后，由于失去平衡的残余应力存在于零件内部，经过一段时间后又会产生二次挠曲变形，造成零件失去应有的精度。为此，对于不允许发生变形的重要机件（机床床身、变速箱体等）必须进行时效处理。时效处理可分为自然时效和人工时效。自然时效是将铸件置于露天半年以上，使其缓慢发生变形，从而消除内应力。人工时效是将铸件加热到 550 ~ 650 ℃进行去应力退火。

8. 1. 6　铸件的裂纹

当铸造内应力超过金属材料的抗拉强度时，铸件便产生裂纹，根据产生温度的不同，裂纹可分为热裂和冷裂。

1. 热裂

热裂纹是在凝固末期固相线附近的高温下形成的，裂纹沿晶界产生和发展，特征是尺寸较短、缝隙较宽、形状曲折、缝内呈严重的氧化色。热裂常发生在应力集中的部位（拐角截面厚度突变处）或铸件最后凝固区的缩孔附近或尾部。

在铸件凝固末期，固体的骨架已经形成，但枝晶间仍残留少量液体，此时的强度、塑性极低。当固态合金的线收缩受到铸型、芯子或其他因素的阻碍，产生的应力若超过该温度下合金的强度，即产生热裂。

防止热裂的方法是使铸件结构合理，改善铸型和型芯的退让性，严格限制钢和铸铁中S的含量，等等。特别是后者，因为S能增加钢和铸铁的热脆性，使合金的高温强度降低。

2. 冷裂

冷裂是铸件冷却到低温处于弹性状态时，铸造应力超过合金的强度极限而产生的。冷裂纹特征是表面光滑，具有金属光泽或呈微氧化色，贯穿整个晶粒，常呈圆滑曲线或直线状。脆性大、塑性差的合金（白口铸铁、高碳钢、某些合金钢等），最容易产生冷裂纹，大型复杂铸铁件也容易产生冷裂纹。冷裂往往出现在铸件受拉应力的部位，特别是应力集中的部位。

防止冷裂的方法是：减小铸造内应力和降低合金的脆性。如铸件壁厚要均匀；增加型砂和芯砂的退让性；降低钢和铸铁中的含磷量，因为P能显著降低合金的冲击韧度，使钢立生冷脆。如铸钢的含磷量大于0.1%、铸铁的含磷量大于0.5%时，由于冲击韧度急剧下降，冷裂倾向明显增加。

8.1.7 铸件的常见缺陷

铸件生产工序多，很容易使铸件产生各种缺陷。某些有缺陷的产品经修补后仍可使用的成为次品，严重的缺陷使铸件成为次品。为保证铸件的质量应先正确判断铸件的缺陷类别，并进行分析找出原因，以采取改进措施。砂型铸造的铸件常见的缺陷有冷隔、浇不足、气孔、粘砂、夹砂、砂眼、胀砂等。

1. 冷隔和浇不足

液态金属充型能力不足或充型条件较差，在型腔被填满之前，金属液便停止流动，将使铸件产生浇不足或冷隔缺陷。浇不足时，会使铸件不能获得完整的形状；冷隔时，铸件虽可获得完整的外形，但因存有未完全融合的接缝（图8-13），铸件的力学性能严重受损。

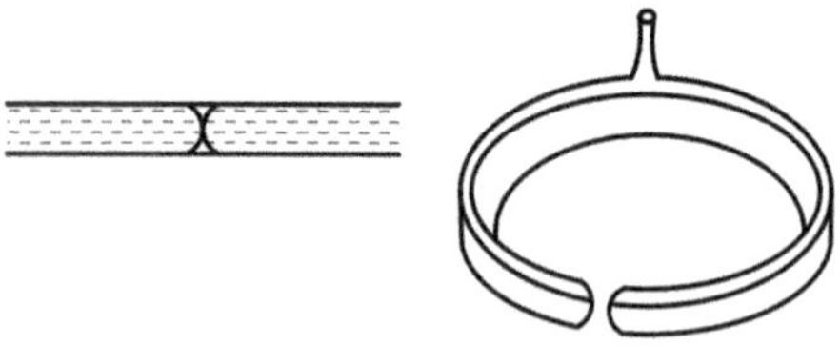

图8-13　冷隔

防止浇不足和冷隔的方法：提高浇注温度与浇注速度，合理设计壁厚。

2. 气孔

气体在金属液结壳之前未及时逸出，在铸件内生成的孔洞类缺陷。气孔的内壁光滑，明亮或带有轻微的氧化色。铸件中产生气孔后，会减小其有效承载面积，且在气孔周围会引起应力集中，降低铸件的抗冲击性和抗疲劳性。气孔还会降低铸件的致密性，致使某些要求承受水压试验的铸件报废。另外，气孔对铸件的耐腐蚀性和耐热性也有不良的影响。

防止气孔产生的有效方法：降低金属液中的含气量，增大砂型的透气性，在型腔的最高处增设出气冒口，等等。

3. 粘砂

铸件表面上粘附有一层难以清除的砂粒称为粘砂，如图 8 – 14 所示。粘砂既影响铸件外观又增加铸件清理和切削加工的工作量，甚至会影响机器的寿命。例如，铸齿表面有粘砂时容易损坏；泵或发动机等机器零件中若有粘砂，将影响燃料油、气体、润滑油、冷却水等流体的流动，并会玷污和磨损整个机器。

防止粘砂的方法：在型砂中加入煤粉，在铸型表面涂刷防粘砂涂料，等等。

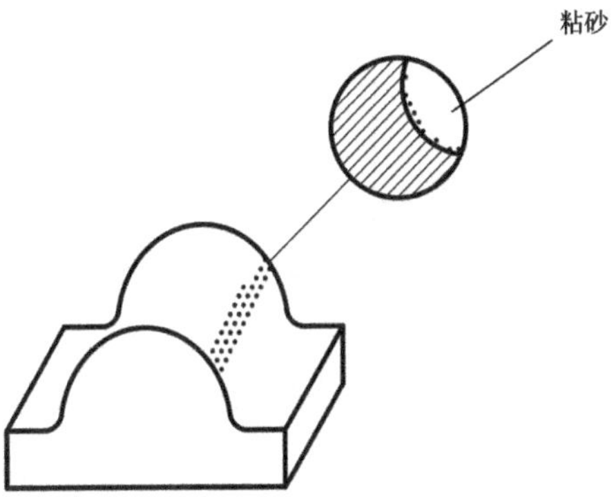

图 8 – 14　粘砂缺陷

4. 夹砂

在铸件表面形成的沟槽和疤痕缺陷，用湿型铸造厚大平板类铸件时极易产生。

铸件中产生夹砂的部位大多是与砂型上表面相接触的地方，型腔上表面受金属液辐射热的作用，容易拱起和翘曲。当翘起的砂层受金属液流不断冲刷时，可能断裂破碎，留在原处或被带入其他部位。铸件的上表面越大，型砂体积膨胀越大，形成夹砂的倾向性也越大。

防止夹砂的方法：避免大的平面结构。

5. 砂眼

在铸件内部或表面充塞着型砂的孔洞类缺陷，主要由于型砂或芯砂强度低、型腔内散砂未吹尽、铸型被破坏、铸件结构不合理等原因产生的。

防止砂眼的方法：提高型砂强度、合理设计铸件结构、增加砂型紧实度。

6. 胀砂

浇注时，在金属液的压力作用下，铸型型壁移动，铸件局部胀大形成的缺陷叫胀砂。

为了防止胀砂，应提高砂型强度、砂箱刚度，加大合箱时的压箱力或紧固力，并适当降低浇注温度，使金属液的表面提早结壳，以降低金属液对铸型的压力。

8.2 砂型铸造

将液体金属浇入用型砂紧实成的铸型中，待凝固冷却后，将铸型破坏，取出铸件的铸造方法称为砂型铸造。砂型铸造是传统的铸造方法，适用于各种形状、大小及各种常用合金铸件的生产。砂型铸造工艺如图 8－15 所示，主要工序包括制造模样（制模）、制备造型材料（配型砂）、造型、制芯、合型、熔炼金属、浇注、落砂、清理、检验等。

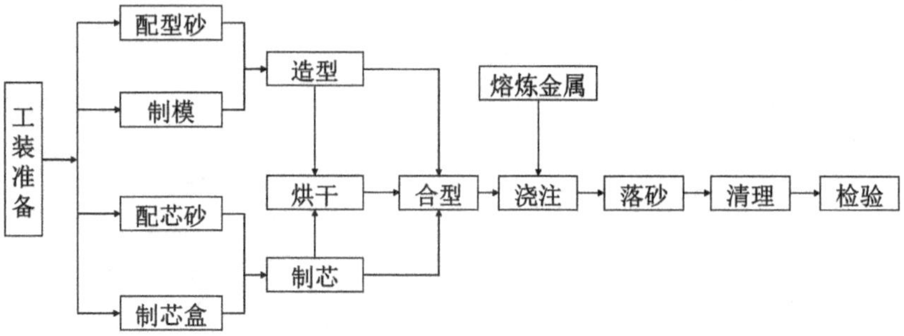

图 8－15　砂型铸造工艺流程

8.2.1 造型材料

制造铸型的材料称为造型材料，通常由原砂、黏结剂、水及其他附加物（煤粉木屑、重油等）按一定比例混制而成。根据黏结剂的种类不同，可分为黏土砂、树脂砂、水玻璃砂等。造型材料的质量直接影响铸件的质量，据统计，铸件废品率约 50% 以上与造型材料有关。为保证铸件质量，要求型砂应具备足够的强度、良好的可塑性、高耐火性，以及一定的透气性、退让性等。芯砂处于金属液体的包围之中，工作条件更加恶劣，所以对芯砂的基本性能要求更高。

1. 黏土砂

以黏土作黏结剂的型（芯）砂称为黏土砂。常用的黏土为膨润土和高岭土。黏土在与水混合时才能发挥黏结作用，因此必须使黏土砂保持一定的水分。此外，为了防止铸件粘砂，还需在型砂中添加一定数量的煤粉或其他附加物。

根据浇注时铸型的干燥情况将其分为湿型、表干型、干型。湿型铸造具有生产效率高、铸件不易变形、适合于大批量流水作业等优点，广泛用于生产中小型铸铁件。大型复杂铸铁件则采用干型或表干型铸造。

到目前为止，黏土砂依然是铸造生产中应用最广泛的砂种，但流动性差，造型时需要消耗较多的紧实功。用湿型砂生产大件，由于浇注时水分的迁移，容易在铸件的表面形成夹砂、胀砂、气孔等缺陷。使用干型则生产周期长、铸型易变形，同时增加能源的消耗。因此，人们研究采用了其他黏结剂的砂种。

2. 树脂砂

以合成树脂做黏结剂的型（芯）砂称为树脂砂。目前，国内铸造用的树脂黏结剂主要有酚醛树脂、尿醛树脂、糠醇树脂。这三类树脂的性能都有一定的局限性，单一使用时不能完全满足铸造生产的要求，常采用各种方法将它们改性，生成各种不同性能的新树脂砂。

目前，用树脂砂制芯（型）主要有四种方法：壳芯法、热芯盒法、冷芯盒法、温芯盒法。各种方法所用的树脂及硬化形式都不一样。与湿型黏土砂相比，型芯可直接在芯盒内硬化。且硬化反应快，不需要进炉烘干，大大提高了生产效率；制芯（造型）工艺过程简化，便于实现机械化和自动化：型芯硬化后取出，变形小，精度高，可制作形状复杂、尺寸精确、表面粗糙度低的型芯和铸型。

由于树脂砂对原砂的质量要求较高，树脂黏结剂的价格较贵，树脂硬化时会放出有害气体，对环境有污染，所以树脂砂只用在制作形状复杂、质量要求高的中小型铸件的型芯及壳型（制芯）时使用。

3. 水玻璃砂

用水玻璃做黏结剂的型（芯）砂称为水玻璃砂。它的硬化过程主要是化学反应的结果，并可采用多种方法使之自行硬化，所以也称为化学硬化砂。

化学硬化砂与黏土砂相比，具有型砂要求的强度高、透气性好、流动性好等特点，易于紧实，铸件缺陷少，内在质量高；造型（芯）周期短，耐火度高，适合于生产大型铸铁件及所有铸钢件。

当然，水玻璃砂也存在一些缺点，如退让性差、旧砂回用较复杂等。针对这些问题，人们正在进行大量的研究工作，以逐步改善水玻璃砂的应用情况。目前，国内用于生产的化学硬化砂有二氧化碳硬化水玻璃砂、硅酸二钙水玻璃砂、水玻璃石灰石砂等，其中以二氧化碳硬化水玻璃砂用得最多。

8.2.2 造型方法

造型是用型砂及模样等工艺装备制造铸型的过程。造型是砂型铸造最基本的工序，通常分为手工造型和机器造型。造型方法选择是否合理，对铸件质量和成本有着很大影响。

1. 手工造型

手工造型是全部用手工或手动工具完成的造型工序。手工造型特点是操作方便灵活、适应性强、模样生产准备时间短，但生产率低、劳动强度大、铸件质量不易保证，只适用于单件或小批量生产。

各种常用手工造型方法的特点及适用范围见表 8 -3。

表 8 -3　常用手工造型方法的特点和适用范围

造型方法			主要特点	适用范围
按砂箱特征区分	两箱造型	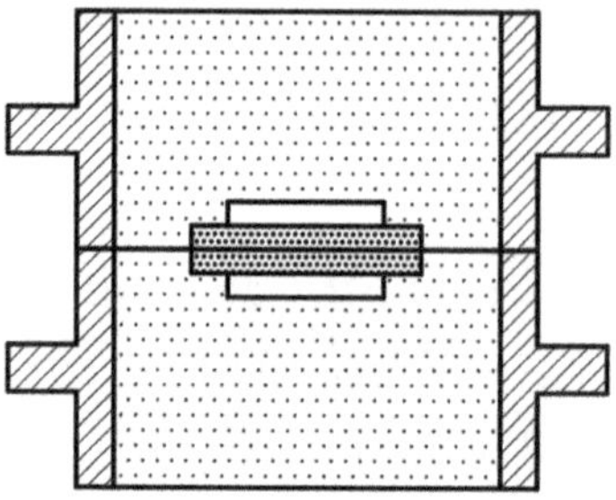	铸型由上型和下型组成，造型、起模、修型等操作方便。是造型最基本的方法	适用于各种生产批量，各种大、中、小型铸件
	三箱造型	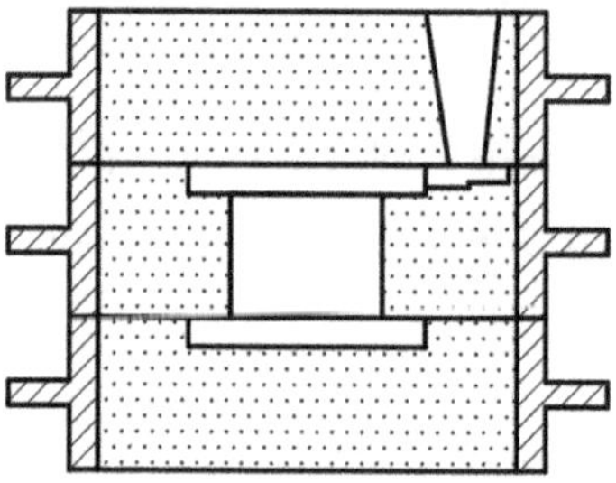	铸型由上、中、下三部分组成，中型的高度须与铸件两个分型面的间距相适应。三箱造型费工，应尽量避免使用	主要用于单件、小批量生产具有两个分型面的铸件
	地坑造型	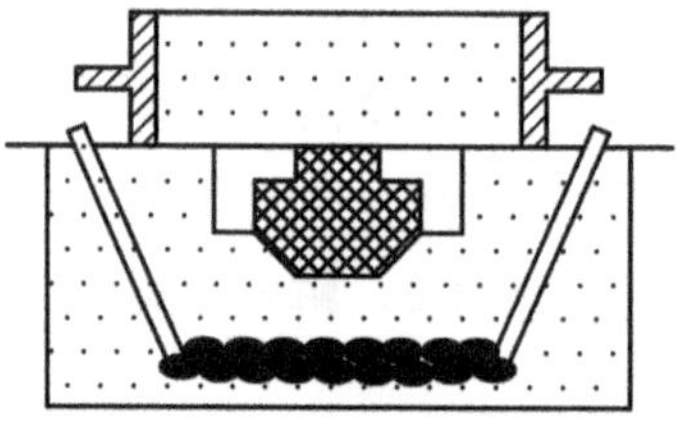	在车间地坑内造型，用地坑代替下砂箱，只要一个上砂箱，可减少砂箱的投资。但造型费工，而且要求操作者的技术水平较高	常用于砂箱数量不足，制造批量不大或质量要求不高的大中型铸件
	整模造型	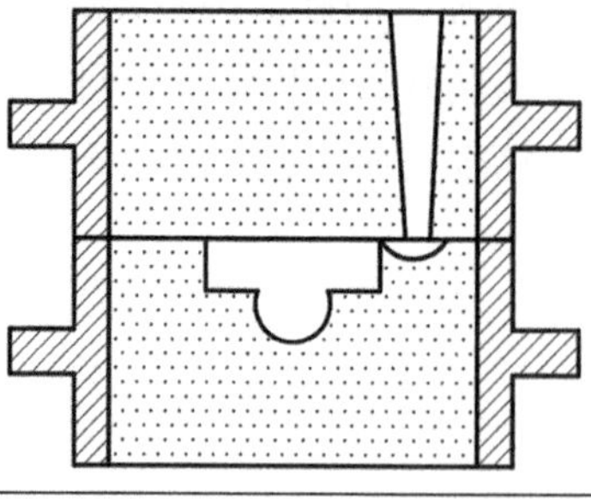	模样是整体的，分型面是平面，多数情况下，型腔全部在下半型内，上半型无型腔。造型简单，铸件不会产生错型缺陷	适用于一端为最大截面且为平面的铸件
	挖砂造型	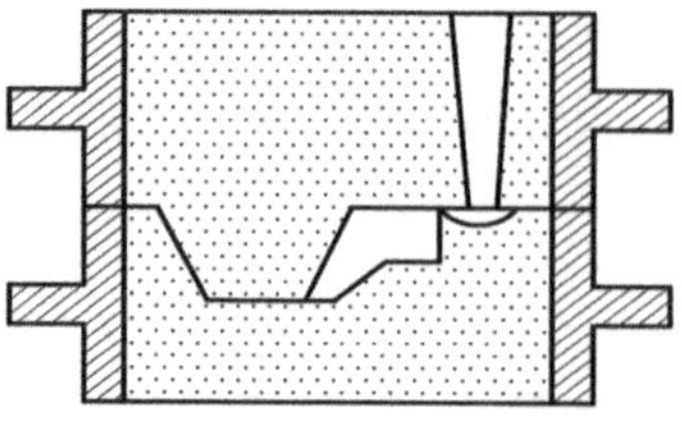	模样是整体的，但铸件的分型面是曲面。为了起模方便，造型时用手工挖去阻碍起模的型砂。每造一件就挖砂一次，费工、生产率低	用于单件或小批量生产分型面不是平面的铸件

续表

<table>
<tr><th colspan="3">造型方法</th><th>主要特点</th><th>适用范围</th></tr>
<tr><td rowspan="4">按模样特征区分</td><td>假箱造型</td><td>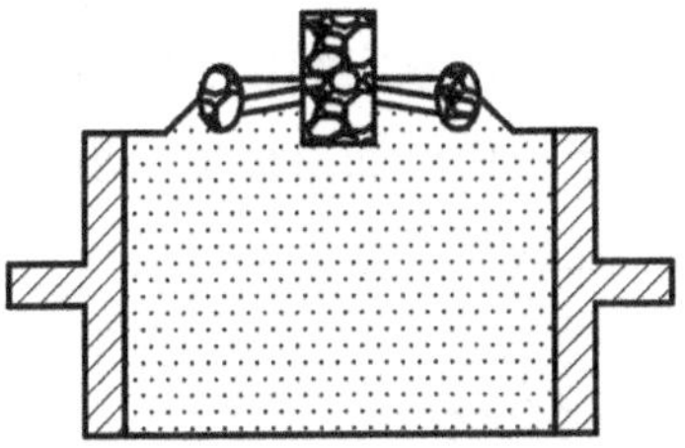</td><td>为了克服挖砂造型的缺点，先将模样放在一个预先做好的假箱上，然后放在假箱上造下型，假箱不参与浇注，省去挖砂操作。操作简便，分型面整体</td><td>用于成批生产分型面不是平面的铸件</td></tr>
<tr><td>分模造型</td><td>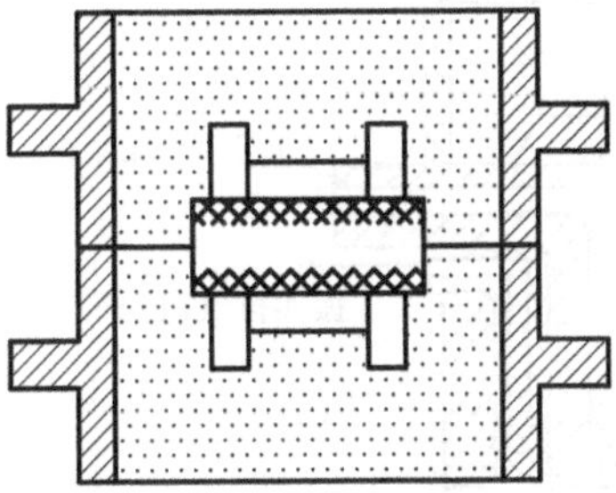</td><td>将模样沿最大截面处分为两半，型腔分别位于上、下两个半型内。造型简单，节省工时</td><td>常用于最大截面在中部的铸件</td></tr>
<tr><td>活块造型</td><td>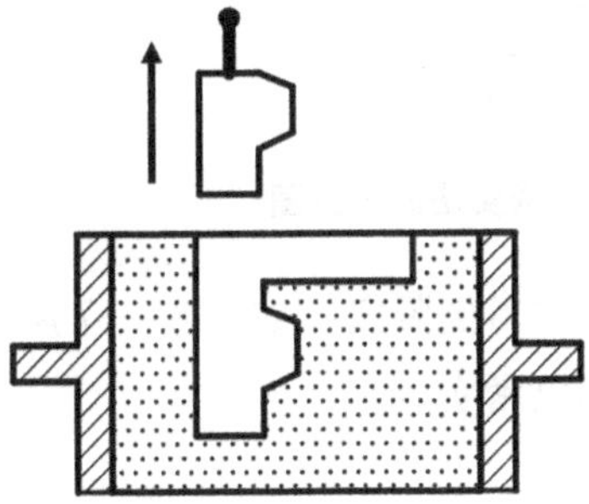</td><td>铸件上有妨碍起模的小凸台、肋条等。制模时将此部分做成活块，在主体模样起出后，从侧面取出活块，造型费工，要求操作者的技术水平较高</td><td>主要用于单件、小批量生产带有突出部分、难以起模的铸件</td></tr>
<tr><td>刮板造型</td><td>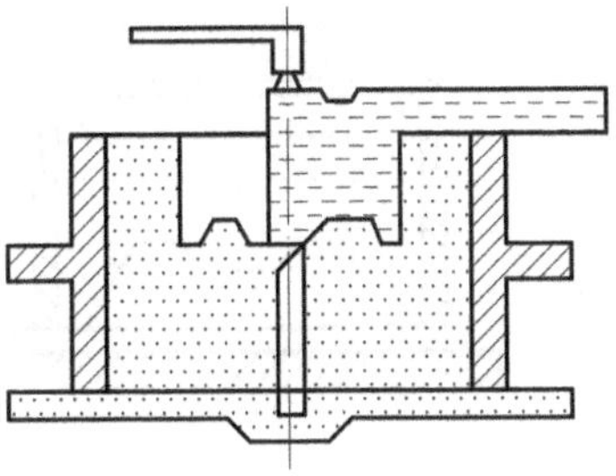</td><td>用刮板代替模样造型。可大大降低模样成本，节约木材，缩短生产周期。但生产率低，要求操作者的技术水平较高</td><td>主要用于有等截面或回转体的大中型铸件的单件或小批量生产</td></tr>
</table>

2. 机器造型

机器造型指用机器完成全部或至少完成紧砂操作的造型工序。与手工造型相比，机器造型能够显著提高劳动生产率，铸型紧实度高而均匀，型腔轮廓清晰，铸件质量稳定；并能提高铸件的尺寸精度、表面质量，使加工余量减小，改善劳动条件，是大批量生产砂型的主要方法。但由于机器造型需造型机、模板、特制砂箱等专用机器设备，费用较高，生产准备时间长，所以只适用中小型铸件的成批或大量生产。

（1）紧实砂型的方法

机器造型紧实砂型的方法很多，最常用的是振压紧实和压实紧实法。

①振压紧实法如图 8－16 所示，砂箱放在带有模样的模板上，填满型砂后靠压缩空气的动力，使砂箱与模板一起振动而紧砂，再用压头压实型砂即可。

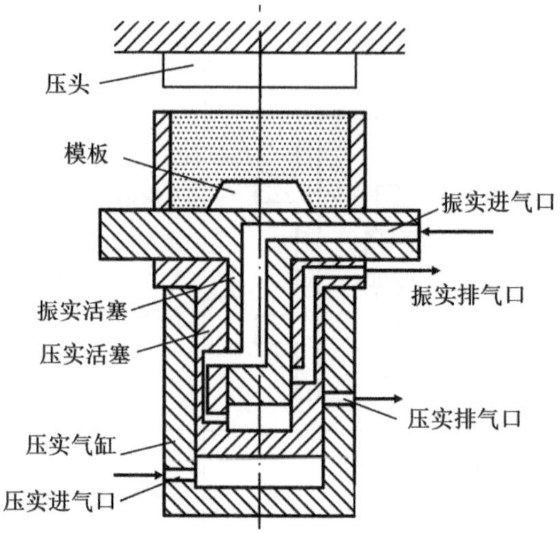

图 8－16　振压紧实法的示意图

②压实紧实法是直接在压力作用下使型砂得到紧实。如图 8－17 所示，固定在横梁上的压头将辅助框内的型砂从上面压入砂箱得以紧实。

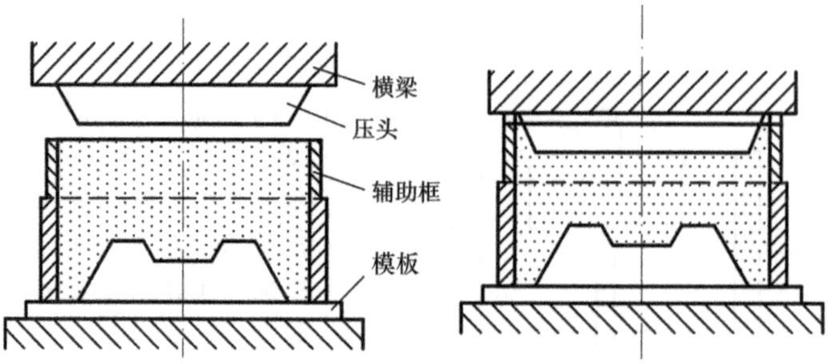

图 8－17　压实紧实法的示意图

（2）起模方法

为了实现机械起模，机器造型所用的模样与底板连成一体，称为模板上有定位销与砂箱精确定位。图 8－18 是顶箱起模的示意图。起模时，4 个顶杆在起模液压缸的驱动下一起将砂箱顶起一定高度，从而使固定在模板上的模样与砂型脱离。

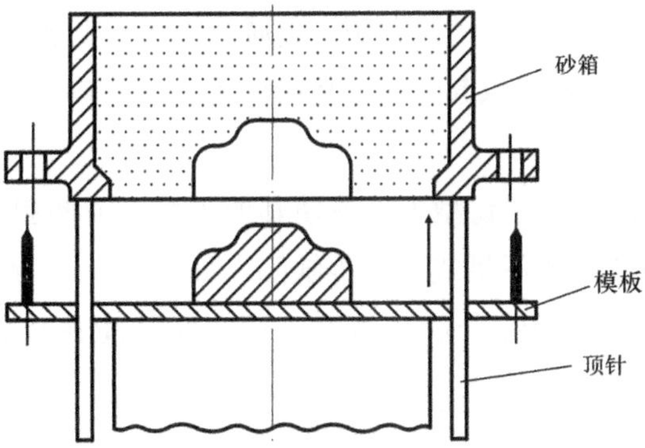

图 8－18　顶箱起模的示意图

8.2.3　铸造工艺设计

铸造生产必须首先根据零件结构特点、技术要求、生产批量、生产条件进行铸造工艺设计，并绘制铸造工艺图。铸造工艺包括：铸件浇注位置和分型面位置，加工余量、收缩率、拔模斜度等工艺参数，型芯和芯头结构，浇注系统、冒口、冷铁的布置，等等。铸造工艺图是在零件图上绘制出制造模样和铸型所需技术资料，并表达铸造工艺方案的图形。

1. 铸件浇注位置的选择

铸件的浇注位置指浇注时铸件在铸型内所处的空间位置。铸件浇注时的位置对铸件质量、造型方法、砂箱尺寸、机械加工余量等有着很大的影响。在选择浇注位置时应以保证铸件质量为主，一般注意以下 4 个原则：

①铸件的重要加工面应处于型腔底面或位于侧面。因为浇注时，气体、夹杂物容易漂浮在金属液上面，下面金属质量纯净、组织致密。

如图 8－19 所示，为车床床身铸件的浇注位置方案。由于床身导轨面是重要表面，不允许有明显的表面缺陷，且要求组织致密，因此应将导轨面朝下浇注。

如图 8－20 所示，为起重机卷扬筒的浇注位置方案。采用立式浇注，由于全部圆周表面均处于侧立位置，其质量均匀一致，较易获得合格铸件。

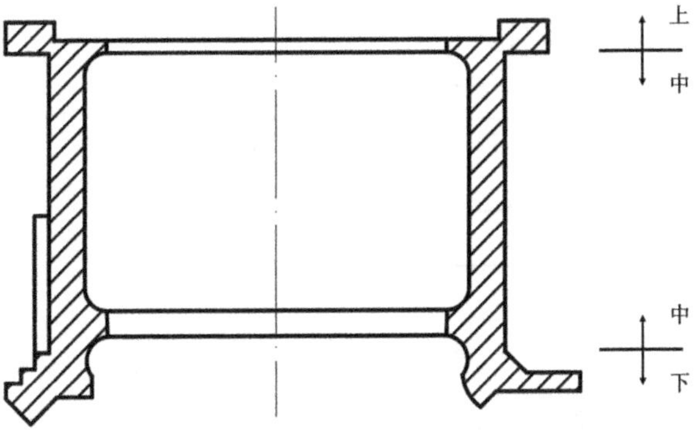

图 8－19　车床床身铸件的浇注位置方案

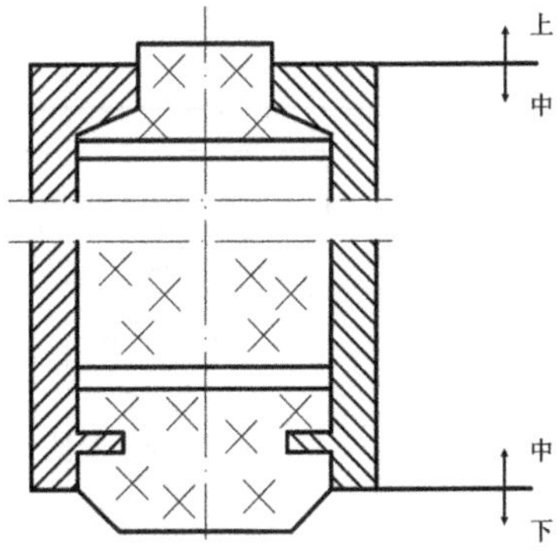

图 8－20　起重机卷扬筒的浇注位置方案

②铸件的大平面应朝下。在浇铸过程中，金属液对型腔上表面有强烈的热辐射，铸型因急剧热膨胀和强度下降而容易拱起开裂，从而形成夹砂缺陷。如图 8－21 所示，铸件的大平面应朝下。

③面积较大的薄壁部分置于铸型下部或使其处于垂直或倾斜位置，有利于金属的充填，可以有效防止铸件产生浇不足或冷隔等缺陷。如图 8－22 所示，为箱盖的合理浇注位置，它将铸件的大面积薄壁部分放在铸型下面，使其能在较高的金属液压力下充满铸型。

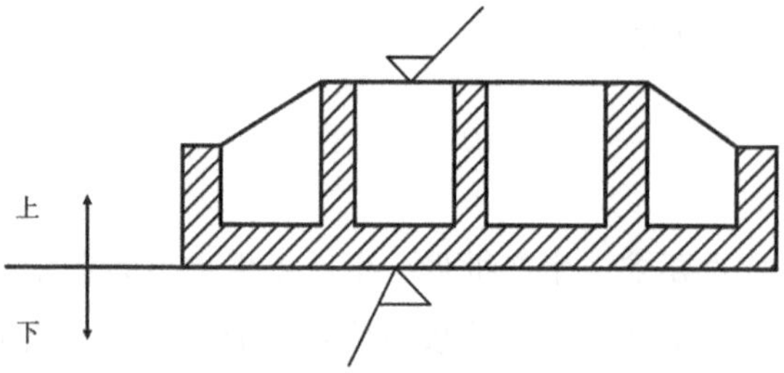

图 8－21　具有大平面的铸件的正确浇注位置

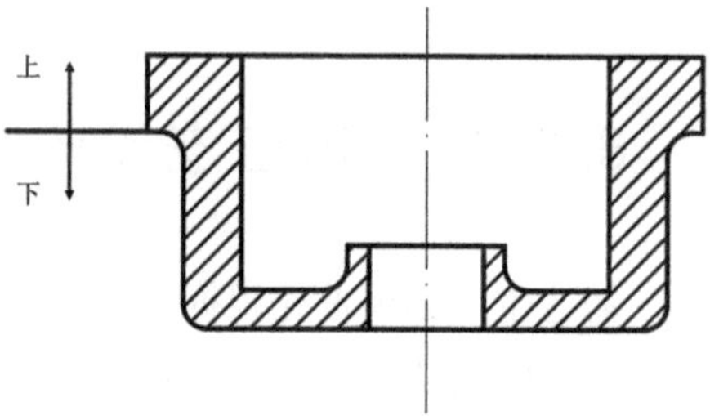

图 8－22　箱盖的合理浇注位置

④对于容易产生缩孔的铸件，应将厚大部分放在分型面附近的上部或侧面，以便在铸件厚壁处直接安置冒口，使之实现自下而上的定向凝固。如前面所述的铸钢卷扬筒，浇注时，厚端放在上部是合理的；反之，若厚端在下部，则难以补缩。

2. 铸型分型面的选择原则

分型面指两半铸型相互接触的表面，决定了铸件（模样）在造型时的位置。铸型分型面的选择不恰当会影响铸件质量，使制模、制型、造芯、合箱、清理等工序复杂化，甚至会增大切削加工的工作量。在选择分型面时应注意以下原则：

①为便于起模，分型面应尽量选在铸件的最大截面处，并力求采用平直面。

如图 8－23 所示的零件，若按图 8－23（a）确定分型面则不便于起模，分型面选择不当；改为如图 8－23（b）所示的最大截面处则便于起模，分型面选择合理。

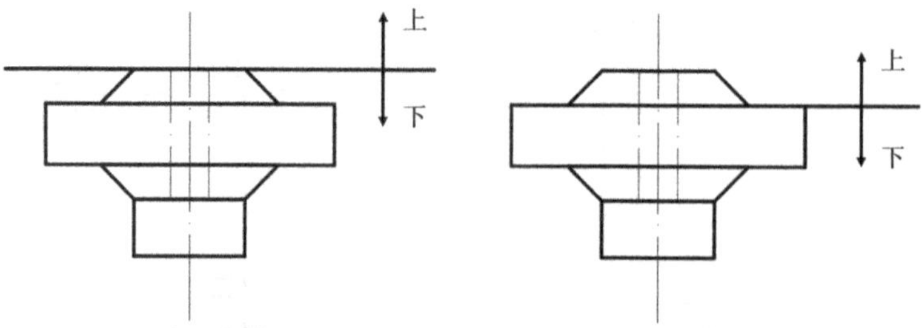

（a）不便于起模　　（b）便于起模

图 8－23　分型面选在铸件的最大截面处

如图8－24所示，为起重臂铸件，按如图8－24（b）中所示的分型面为一个平面，所以可采用较简便的分模造型；如果选用如图8－24（a）所示的分型面为弯曲分型面，则需要采用挖砂或假箱造型，大量生产时会增加机器造型的模板制造费用。

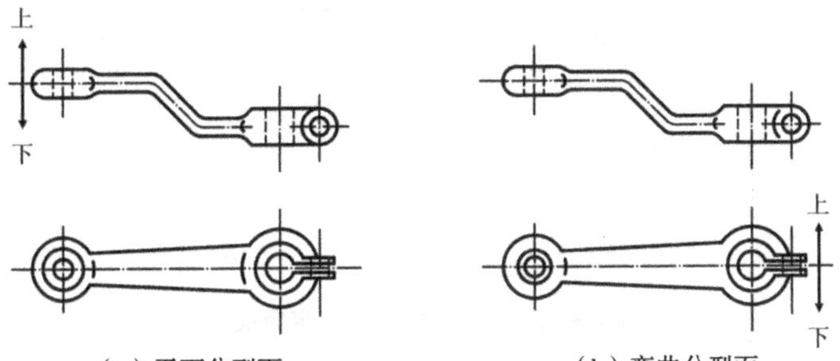

（a）平面分型面　（b）弯曲分型面

图8－24　起重臂铸件的分型面

②尽量使铸型只有一个分型面，以便采用工艺简便的两箱造型。如果多一个分型面，铸型就增加一些误差，使铸件的精度降低。有时可用型芯来减少分型面。如图8－25所示的绳轮铸件，由于绳轮的圆周面外侧内凹，采用不同的分型方案，其分型面数量不同。采用如图8－25（a）所示的方案，铸型必须有两个分型面才能取出模样，即用三箱造型。采用如图8－25（b）所示的方案，铸型只有一个分型面，采用两箱造型即可。

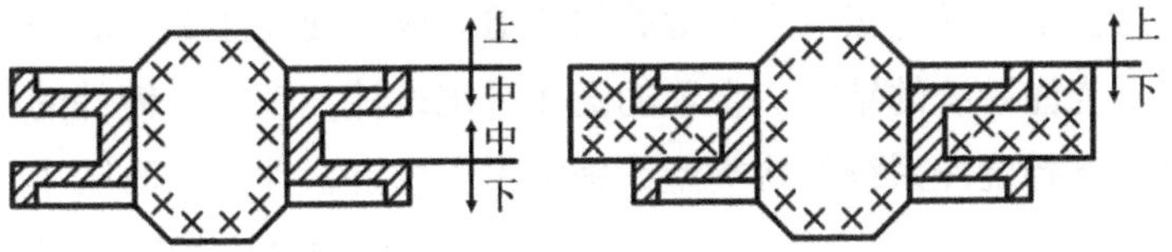

（a）三箱造型　（b）两箱造型

图8－25　绳轮采用型芯使三箱造型变为两箱造型

③尽量使铸件全部或大部置于同一砂箱内，并使铸件的重要加工面、工作面、加工基准面、主要型芯位于下型内。这样便于型芯的安放和检验，还可使上型的高度减低，便于合箱，并可保证铸件的尺寸精度，防止错箱。如图8－26所示，管子堵头分型面的选择，如采用图8－26（b）的方案可使铸件全部放在下型，避免了错箱，铸件质量得到保证。

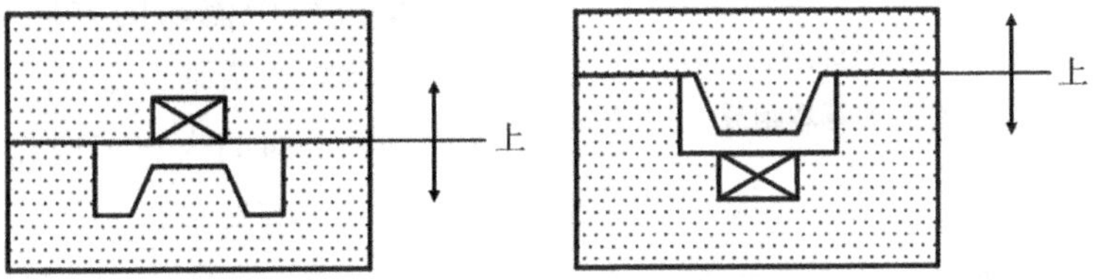

（a）不合理　（b）合理

图8－26　管子堵头的分型面

④铸件的非加工面上尽量避免有披缝，如图8－27所示。

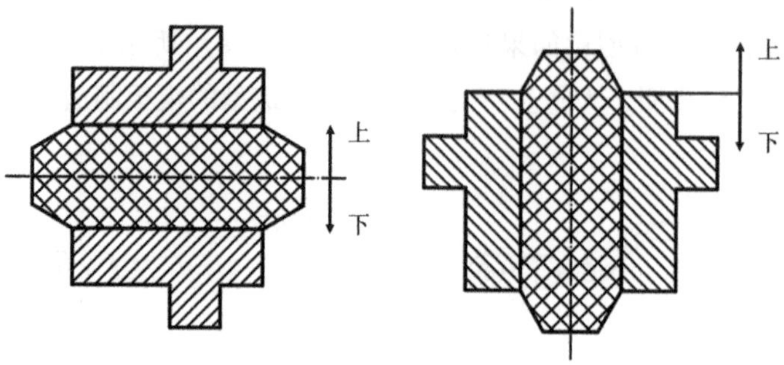

(a) 没有披缝　　(b) 有披缝

图 8-27　在非加工面上避免披缝

分型面的上述诸原则，对于某个具体的铸件来说难以全面满足，有时甚至互相矛盾。因此，必须抓住主要矛盾、全面考虑；至于次要矛盾，则应从工艺措施上设法解决。

在确定浇注位置和分型面时，一般情况下，应先保证铸件质量选择浇注位置，然后通过简化造型工艺确定分型面。但在生产中，有时二者的确定会相互矛盾，必须综合分析各种方案的利弊，选择最佳方案。

3. 浇注系统设计

浇注系统是铸型中引导金属液进入型腔的通道。成功的浇注工艺取决于金属本身的性质、铸型的性质、浇注系统的结构。合理的浇注系统设计，应根据铸件的结构特点、技术条件、合金种类，选择浇注系统结构类型，确定引入位置，计算截面尺寸等。

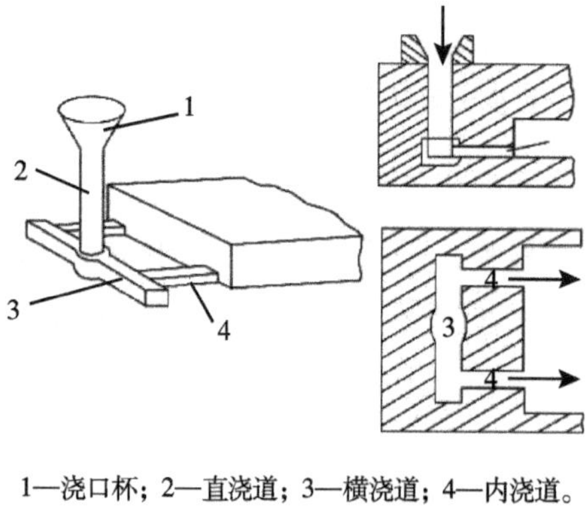

1—浇口杯；2—直浇道；3—横浇道；4—内浇道。

图 8-28　浇注系统的基本组成

一般铸件的浇注系统由以下构成：外浇口（浇口盆、浇口杯）、直浇道、横浇道、内浇道，如图 8-28 所示。

（1）浇注系统设计的原则

①引导金属液平稳、连续地充型，避免由于湍流过度强烈而造成夹卷空气、产生金属氧化物夹杂、冲刷型芯。

②充型过程中流动的方向和速度可以控制，保证铸件轮廓清晰、完整。

③在合适的时间内充满型腔，避免形成夹砂、冷隔、皱皮等缺陷。

④调节铸型内的温度分布，有利于强化铸件补缩，减少铸造应力，防止铸件出现变形、裂纹等缺陷。

⑤具有挡渣、溢渣能力，可净化金属液。

⑥浇注系统结构应当简单、可靠，减少金属液消耗，便于清理。

（2）浇注系统的类型及特点

浇注系统常用的分类方法有两种：根据浇注系统各单元截面积的比例关系，可分为封闭式、半封闭式、开放式、封闭 - 开放式；根据内浇道在铸件上的相对位置（引入位置），分为顶注式、中注式、底注式、阶梯注入式。

①按浇注系统各单元的截面积比例分类，如表 8 - 4 所示。

表 8 - 4　浇注系统按各单元的截面积比例分类

类型	截面积比例关系	特点及应用
封闭式	$A_{杯} > A_{直} > A_{横} > A_{内}$	阻流截面在内浇道上。浇注开始后，金属液容易充满浇注系统，挡渣能力较强。但充型液流的速度较快，冲刷力大，容易产生喷溅。 一般地说，金属液消耗少，且清理方便，适用于铸铁的湿型小件及干型中大件
开放式	$A_{直上} < A_{直下} <$ $A_{横} < A_{内}$	阻流截面在直浇道上口（或浇口杯底孔）。当各单元开放比例较大时，金属液不易充满浇注系统，呈无压流动状态，充型平稳，对型腔冲刷力小，但挡渣能力较差。 一般来说，金属液消耗多，不利于清理，常用于非铁合金、球墨铸铁及铸钢等易氧化金属铸件，灰铸铁件上很少应用
半封闭式	$A_{直} < A_{横}$ $A_{横} < A_{内}$ $A_{直} < A_{内}$	阻流截面在内浇道上，横浇道截面为最大。浇注中，浇注系统能充满，但较封闭式晚，具有一定的挡渣能力。由于横浇道截面大，金属液在横浇道中流速减小，所以称缓流封闭式。 充型的平稳性及对型腔的冲刷力都优于封闭式，适用于各类灰铸铁件及球墨铸铁件
封闭 - 开放式	$A_{杯} > A_{直} < A_{横} < A_{内}$ $A_{杯} > A_{直} > A_{集渣包出口}$ $A_{直} > A_{阻} < A_{横后} < A_{内}$ $A_{直} > A_{阻} < A_{内} < A_{横后}$	阻流截面设在直浇道下端，或在横浇道中，或在集渣包出口处，或在内浇道之前设置的阻流挡渣装置处阻流截面之前封闭，其后开放，所以既有利于挡渣，又使充型平稳，兼有封闭式与开放式的优点。 适用于各类铸铁件，在中小件上应用较多，特别是在一箱多件时应用广泛。目前铸造过滤器的使用，使这种浇注系统应用更为广泛

“封闭”“开放”指浇注系统的截面比例关系，应与充满、不充满区分开。只是说，在直浇道压力状态一定的条件下，封闭式浇注系统比较容易充满。

浇道截面积比值 $A_{直} : A_{横} : A_{内}$ 表征了浇注系统的一个特征：朝着铸件方向总的截面积缩小，产生一种阻流效应，使浇注系统易于充满；或者朝着铸件方向总的截面积增加，使浇注系统中的金属液流动趋于平缓。

在封闭式浇注系统中，金属液进入型腔，容易产生喷射现象；在开放式浇注系统中，容易形成非充满流动及吸入气体。因此，应按照被浇注的合金种类、铸件的具体情况来选择浇注系统各单元的比例关系。理想的浇注系统应刚好建立起保证金属液充满全部浇道的压力，又能避免吸气。

②按内浇道在铸件上的注入位置分类，如表 8－5 所示。

表 8－5　浇注系统按内浇道在铸件上的注入位置分类

类型	形式	图例	特点及应用
顶部注入	基本形式	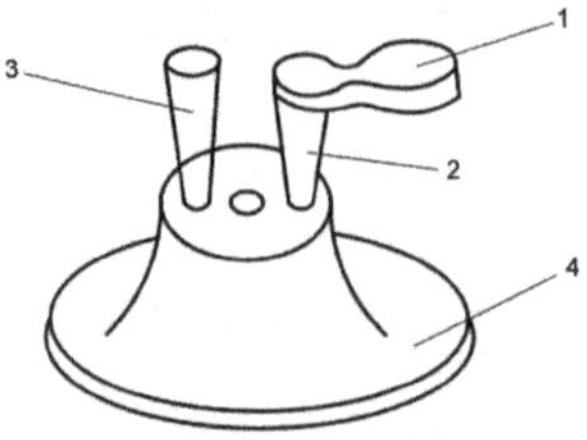 1—浇口杯；2—直浇道； 3—出气孔；4—铸件。	内浇道设在铸件顶部，金属液由顶面流入型腔，易于充满，有利于铸件形成自下而上的凝固顺序，补缩效果好；浇注系统简单，造型及清理方便，金属液消耗少。 对砂型的冲击力较大，金属液容易产生喷溅、氧化，会造成砂眼、气孔、铁豆、氧化夹渣等。 适用于结构简单的小型螺件，以及补缩要求高的厚壁铸件
	雨淋式	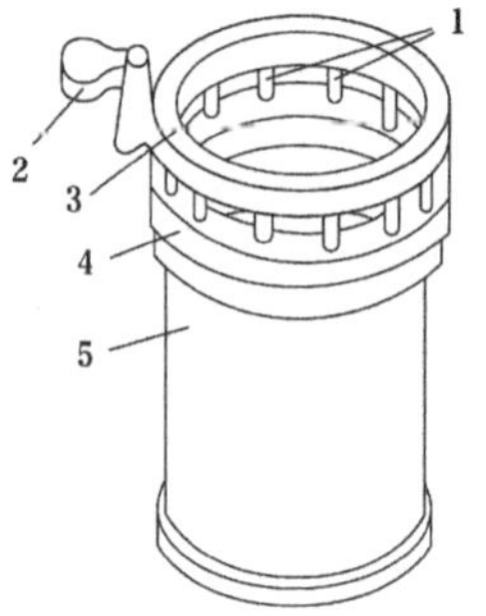 1—内浇道；2—浇口杯； 3—横浇道；4—冒口；5—铸件。	横浇道（雨淋环）是截面最大单元，金属液由铸件顶部许多小孔（内浇道）流入型腔。金属液分成多股细流连续地注入型腔，对型腔冲击力小，液面活跃，排气方便，挡渣效果好，又能防止型腔内夹杂物因上浮而黏附在型、芯壁上。能形成自下而上的顺序凝固和良好的补缩能力，有助于获得组织致密的铸件。 适用于均匀壁厚的圆筒类铸件，如缸套。在板状箱体、床身等类铸件方面也有广泛应用
	压边式	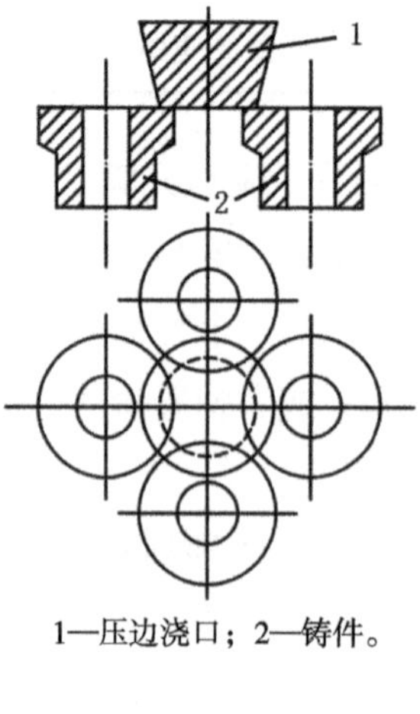 1—压边浇口；2—铸件。	金属液经压边窄缝流入型腔，充型慢而平稳，对型腔冲击力小，边浇注、边补缩，有利于顺序凝固，补缩效果好。无横浇道、内浇道，关键在压边尺寸。结构简单，操作方便，易于清理。 一般采用封闭式，对于高牌号铸铁件，可采用封闭－开放式。适用于中小型厚壁铸铁件及非铁合金铸件

续表

类型	形式	图例	特点及应用
顶部注入	楔形式	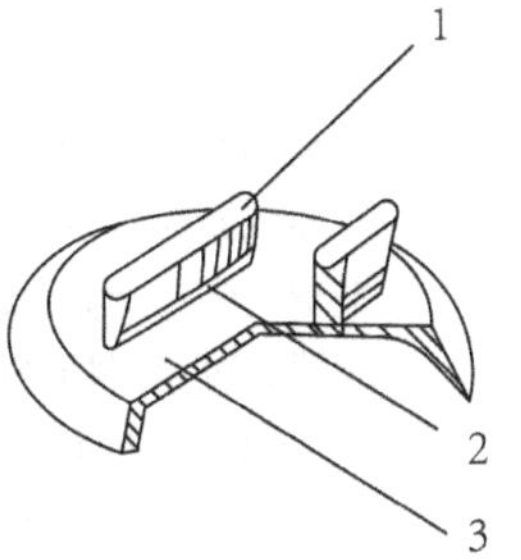1—楔形浇口；2—缝隙状内浇道；3—铸件。	内浇道呈缝隙状，根部窄而长，金属液流程短，能迅速充满型腔。结构简单，造型、清理方便，但内浇道与铸件连接处的型砂应较紧实。 适应于薄壁容器类铸件
	搭边式	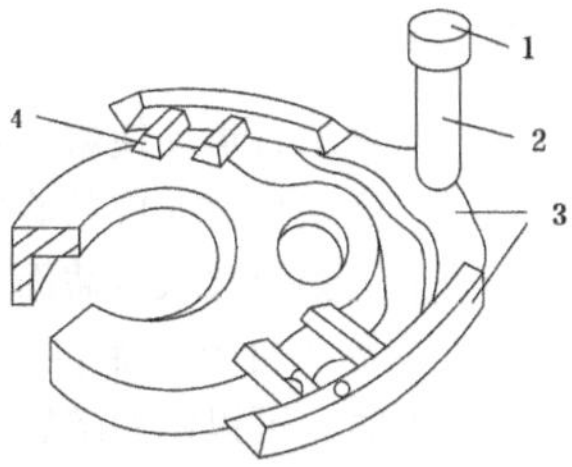1—浇口杯；2—直浇道；3—横浇道；4—内浇道。	金属液沿型壁注入，充型快而平稳，可减少冲砂内浇道残余，清理较困难。 适用于薄壁中空铸件
中间注入	基本形式	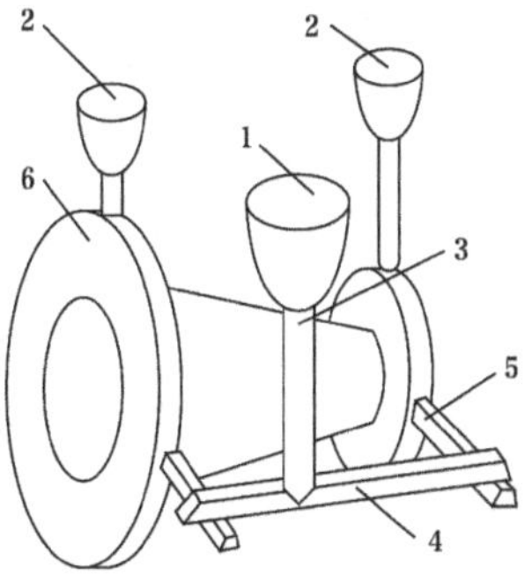1—浇口杯；2—出气口；3—直浇道；4—横浇道；5—内浇道；6—铸件。	内浇道开设在铸件中部某一高度上，一般从分型面注入，造型比较方便，兼有顶注式和底注式的优缺点。 生产中应用广泛，适用于壁厚较均匀、高度不太大的各类中小型铸件
	阻流式	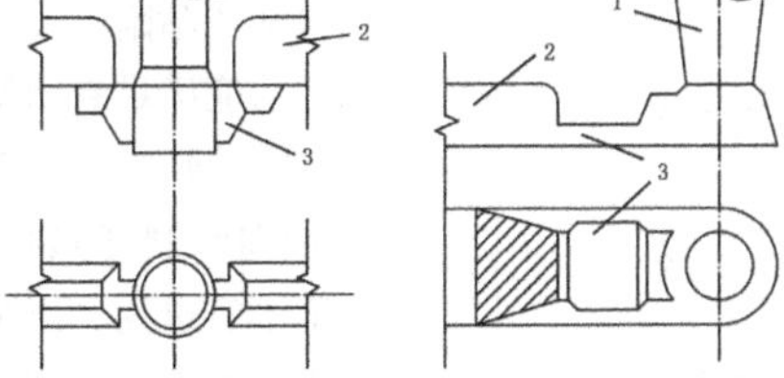（a）垂直阻流式　（b）水平阻流式 1—直浇道；2—横浇道；3—阻流片。	分为水平阻流式和垂直阻流式。由于阻流片很窄（4～7 mm），从浇口杯到阻流片这一段封闭性强，有利于挡渣。从阻流片流出的金属液进入宽大的横浇道，流速减慢，有利于渣子上浮，所以挡渣性能好。 水平阻流式结构简单，制作方便，适于小批手工造型，但挡渣效果差些。 垂直阻流式结构复杂，制作困难，适于机器造型挡渣要求高的中小型铸件

续表

类型	形式	图例	特点及应用
中间注入	稳流式	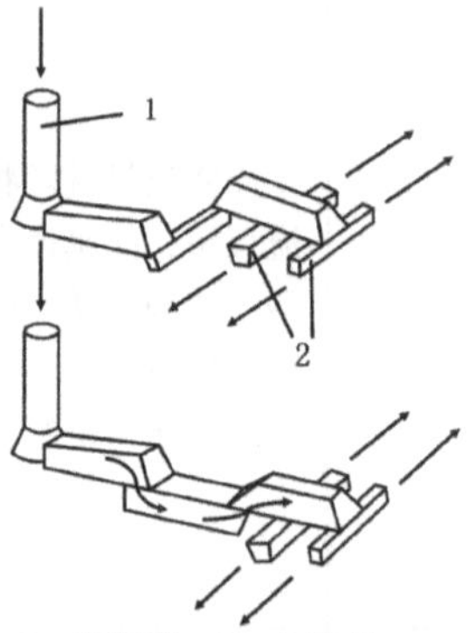 1—直浇道；2—内浇道。	利用在分型面上、下安置的多级横浇道增加金属在流动过程中的阻力，使之充型平稳，$A_{直} > A_{内}$，能挡渣。如同时使用过滤器，可增强挡渣能力。 与阻流式相比，对型砂质量要求较低，适用于成批或大量生产的较重要、复杂的中小型铸件
	集渣包式	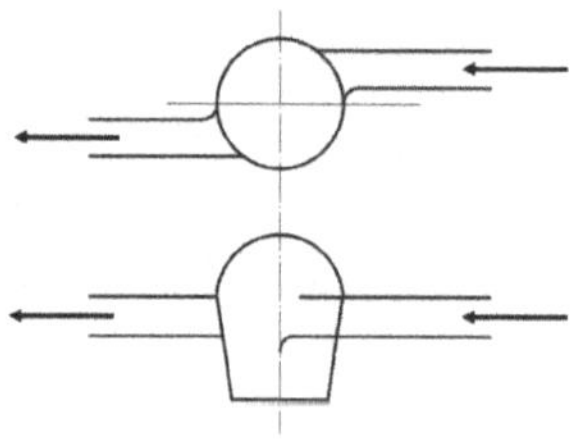	一般做成离心式，使金属液在集渣包内做旋转运动使熔渣聚集在集渣包中心，液流出口方向应与旋转方向相反。 集渣包入口截面应大于出口截面，以满足“封闭”条件。当集渣包尺寸足够大时，可以起到暗冒口补缩作用。 主要用于重要的大中型铸件，在可锻铸铁件及球墨铸铁件上应用较多
	锯齿式	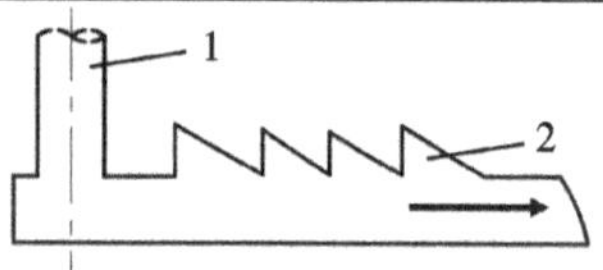 1—直浇道；2—内浇道。 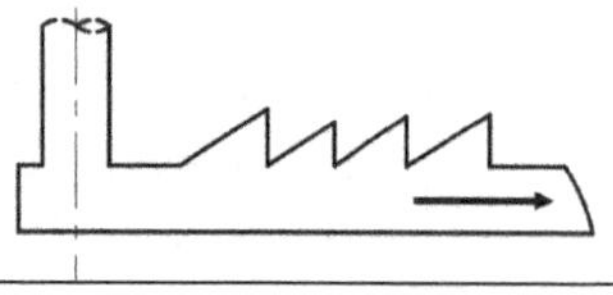	有一定的挡渣作用，分为顺齿和逆齿。在挡渣效果上，逆齿更好些。 可用于成批生产的中小型铸件
	过滤网式	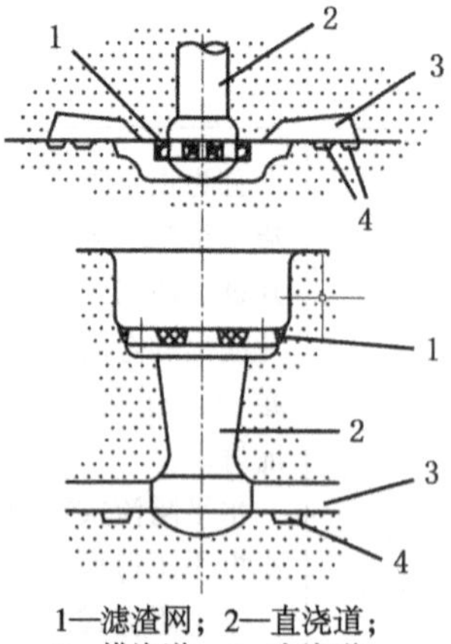 1—滤渣网；2—直浇道； 3—横浇道；4—内浇道。	过滤网由油砂、树脂砂、玻璃纤维或多孔陶瓷等材料制成，一般设置在直浇道上端或下端，也可设在横浇道中，使熔渣留存在浇口杯或黏附在过滤网的上面。 过滤网前应满足封闭要求，当过滤网在直浇道顶部时，要求 $A_{网} = (1.2 \sim 1.3) A_{直}$。使用油砂制作过滤网时，金属液压力头高度不宜过高，以免冲垮过滤网。 适用于成批生产的中小型铸件

续表

类型	形式	图例	特点及应用
底部注入	基本形式	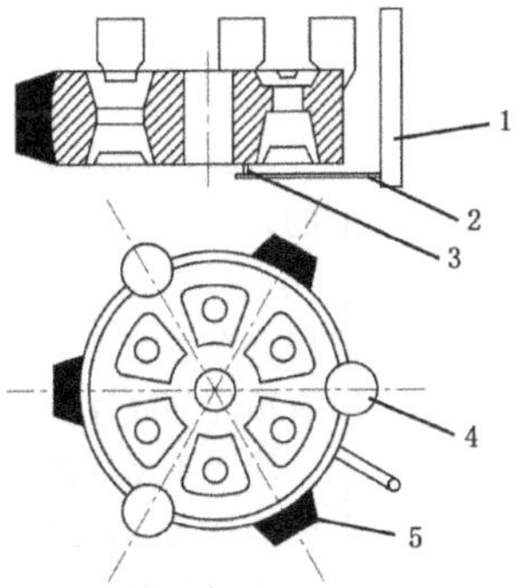 1—直浇道；2—横浇道； 3—内浇道；4—冒口；5—冷铁。	内浇道位于铸件底部，金属液充型平稳，对型芯冲击力小，金属氧化小，有利于型腔内气体排出；由于铸件下部温度高，不利于补缩，且金属液消耗多。如果充型时间过长，金属液在型腔上升中长时间与空气接触，表面易生氧化皮。有利于由浇注系统及金属液带来的气体的排除。 适用于非铁合金铸件及铸钢件，也应用于要求较高或形状复杂的铸铁件
	底雨淋式	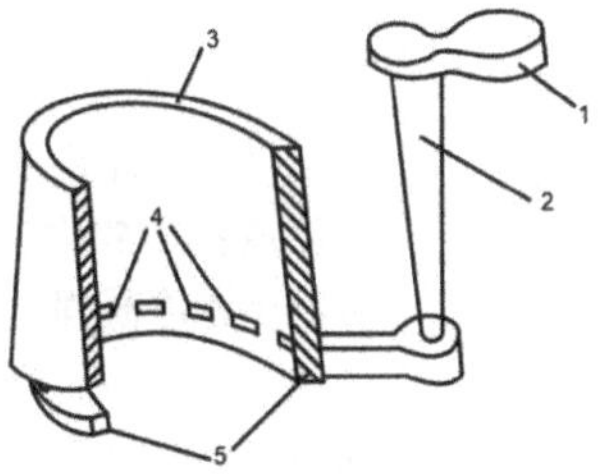 1—浇口杯；2—直浇道；3—铸件； 4—内浇道；5—横浇道。	金属液在型腔中不旋转，可避免熔渣黏附在型芯壁上。充型均匀平稳，可减少金属液氧化。 适用于要求高的缸套、外形及内腔复杂的套筒、大型机床床身等铸件
	牛角式	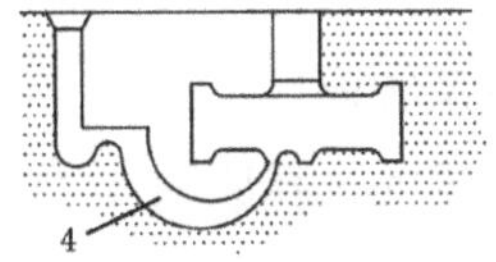 （a）正牛角式 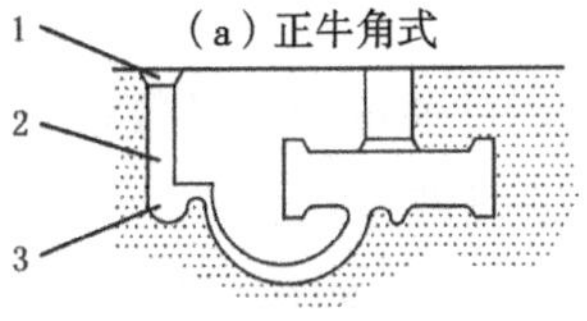 （b）反牛角式 1—浇口杯；2—直浇道； 3—横浇道；4—牛角浇道。	随着浇注的进行，充型很快趋于平稳，对砂芯冲击力小，浇注系统内常设置过滤网。反牛角式可避免出现“喷泉”现象，能减少冲击和氧化。 适用于各种带齿牙轮及各种有砂芯的圆柱形铸件，在非铁合金铸件上应用广泛

续表

类型	形式	图例	特点及应用
分层注入	阶梯式	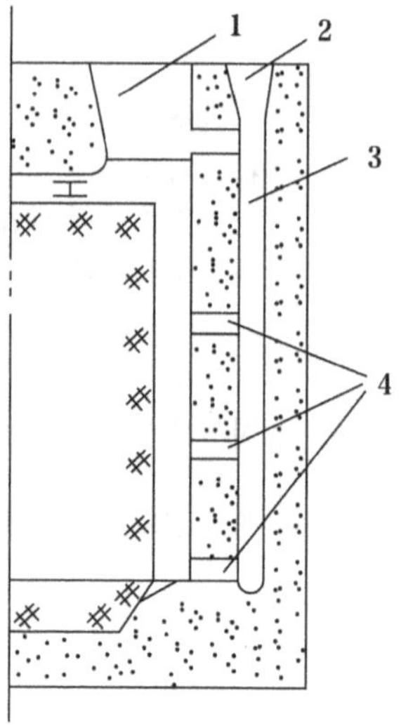 1—冒口；2—浇口杯； 3—直浇道；4—分层内浇道。	金属液进入型腔是分层自下而上进行的，直浇道不能封闭，内浇道分散分层注入，金属液冲击力小，充型平稳。高温金属液在型腔上部，有利于补缩、排气，兼有顶注和底注的优点。 砂型不易局部过热，但造型复杂，金属液消耗大，清理难度大。 适用于要求高、难度大的铸件，如气缸体、机床床身、平台及各种底座类大型铸件
	垂直缝隙式	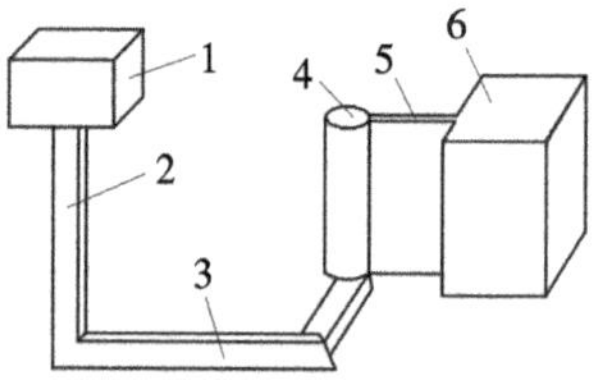 1—浇口杯；2—直浇道； 3—横浇道；4—中间直浇道； 5—缝隙浇道；6—铸件。	阶梯式浇注系统的一种特殊形式。中间直浇道占面较大，最后充满。充型平稳，有利于顺序凝固，获得组织致密的铸件。 适用于小型、要求较高的非铁合金铸件及铸钢件，也适用于一些高度较大的铸铁实体件和垂直分型铸件

（3）浇注系统引入位置的确定

浇注系统的引入位置影响到浇注系统结构类型的确定，同时对金属液充型方式、铸型温度分布、铸件质量影响很大。因此，在浇注系统设计中，对于内浇道的引入位置要给予充分考虑。下面从不同角度说明金属液引入位置的选择原则：

①有利于铸件凝固收缩。

a. 要求同时凝固的铸件，内浇道应开设在铸件薄壁处，且数量多、分散布置，使金属液快速均匀地充满型腔，避免内浇道附近的砂型局部过热。

b. 要求顺序凝固的铸件，内浇道应开设在铸件厚壁处。如设有冒口补缩，最好将冒口设在铸件与内浇道之间，使金属液经冒口引入型腔，以提高冒口的补缩效果。有时为避免铸件因温差过大产生较大的收缩应力，内浇道也可开设在铸件次厚壁处。

c. 对于结构复杂的铸件，往往采用顺序凝固与同时凝固相结合的“较弱顺序凝固”

原则安排内浇道。即对每一个补缩区按顺序凝固的要求设置内浇道，对整个铸件按同时凝固的要求采用多个内浇道分散充型。这样既可使铸件各厚大部位得到充分补缩而不产生缩孔及缩松，又可将应力和变形减到最低限度。

d. 当铸件壁厚相差悬殊又必须从薄壁处引入金属液时，应同时使用冷铁加快厚壁处的凝固及加大冒口、浇注时采取点冒口等工艺措施，保证厚壁处的补缩。

②有利于改善铸件铸态组织。

a. 内浇道不得开设在铸件质量要求高的部位，以防止内浇道附近组织粗大。对有耐压要求的管类铸件，内浇道通常开设在法兰处，以防止管壁处产生缩松。

b. 内浇道不得开设在靠近冷铁或芯撑处，以免降低冷铁的作用或造成芯撑过早熔化。

③有利于提高铸件外观质量。

最好将内浇道开设在铸件要求不高的加工面部位上，而不开设在铸件非加工面上，以免影响铸件外观质量。

④有利于金属液平稳地充满铸型。

a. 内浇道应避免直冲砂芯、型壁或型腔中其他薄弱部位（凸台、吊砂等），防止造成冲砂。

b. 内浇道应使金属液沿型壁注入，不要使金属液藏落在型壁表面上或使铸型局部过热。

c. 内浇道的开设应有利于充型平稳、排气、除渣。从各个内浇道流入型腔中的液体流向应力求一致，避免因流向混乱而不利于渣、气的排除。

⑤有利于减少铸件收缩应力和防止裂纹。

a. 对于收缩倾向大的合金，内浇道的设置应不阻碍铸件收缩，避免铸件产生较大应力或因收缩受阻而开裂。

b. 内浇道应使金属液迅速而均匀地充满型腔，避免铸件各部位温差过大。

c. 对于尺寸较大、壁厚均匀的铸件，应采用较多的内浇道分散均匀地充型。

⑥有利于铸件清理。

a. 内浇道的设置应便于清理、打磨、去除浇注系统，不影响铸件的使用和外观要求。

b. 内浇道的设置应便于打箱和铸件清砂。

⑦其他要求。

a. 内浇道应尽量开设在分型面上，以便于造型操作。若采用陶瓷管，则比较灵活。

b. 在满足浇注要求的前提下，应尽量减少浇注系统的金属消耗，并使砂箱的尺寸尽可能小，以减小型砂和金属液的消耗。

c. 内浇道与铸件接口处的横截面厚度一般应小于铸件壁厚的 1/2，至多不超过 2/3。采用封闭式浇注系统时，内浇道的纵截面最好离接口处呈“远厚近薄”的状态。在接口处可做出断口槽，以防止清理时造成铸件缺肉。内浇道与铸件的接口如图 8－29 所示。

d. 引入位置应有利于充型过程的可控制，避免自由重力流动造成充型过程的随机性。

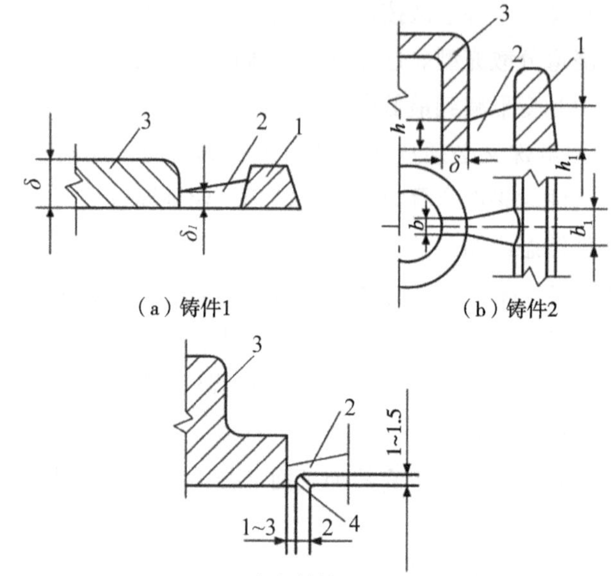

（a）铸件1　　（b）铸件2

（c）铸件3

1—横浇道；2—内浇道；3—铸件；4—断口。

图 8－29　内浇道与铸件的接口

上述金属液引入位置选择的方法在实际中常存在冲突和矛盾。因此，在具体设计浇注系统时，应根据具体情况综合分析、灵活应用。

（4）浇注系统结构尺寸的设计

确定了浇注系统的类型、形式、布置之后，需要计算浇注系统各单元的尺寸。一般先确定浇注系统的最小截面（阻流截面）尺寸。对于封闭式浇注系统，最小截面在内浇道；对于开放式浇注系统，最小截面是内浇道前的某个阻流截面。然后，按经验比例关系确定其他单元的截面尺寸。

浇注系统尺寸随着铸件材质、结构、具体生产条件的不同而变化。生产中常用的各种确定浇注系统尺寸的计算公式和图表，大多是以流体力学原理为基础的，与实际铸造条件下的充型过程存在一定差异。

应用中的浇注系统设计方法可分为三类：基于流体力学原理推导提出的公式法、基于实践经验总结提出的经验设计法、基于理论设计和实践经验的简化图表法。其中，公式法有阻流截面设计法和截面积比设计法。截面积比设计法由于其可靠、实用，被铸造工作者普遍接受。

公式法的基本原理如下：

①阻流截面设计法。

这种方法认为浇注系统各单元中截面积最小单元为浇注系统阻流截面，根据小孔出流托里拆利定理计算阻流截面积，按照预定截面积比进一步计算其余各单元截面积。

$$A_{阻} = \frac{G_L}{\rho_L \mu t \sqrt{2gH_p}} \tag{8-1}$$

式中，$A_{阻}$——浇注系统最小截面积（cm^2）；

　　G_L——流经 $A_{阻}$ 截面的金属液总重量（kg）；

　　ρ_L——金属液密度（kg/cm^3）；

　　μ——流量损耗系数；

　　t——浇注时间（s）；

　　g——重力加速度（m/s^2），一般取 9.8 m/s^2；

　　H_p——平均静压头（cm），计算公式见表 8－6。

表 8－6　不同浇注形式的平均静压头计算公式

浇注形式	图例	公式
底部注入	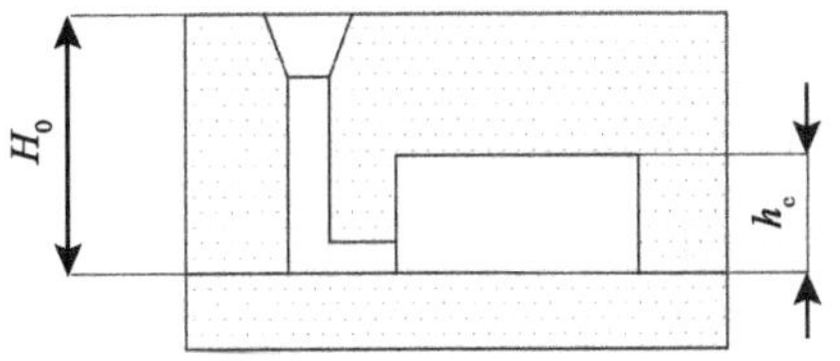	$P = h_c$ $H_p = H_0 - 0.5h_c$
中间注入	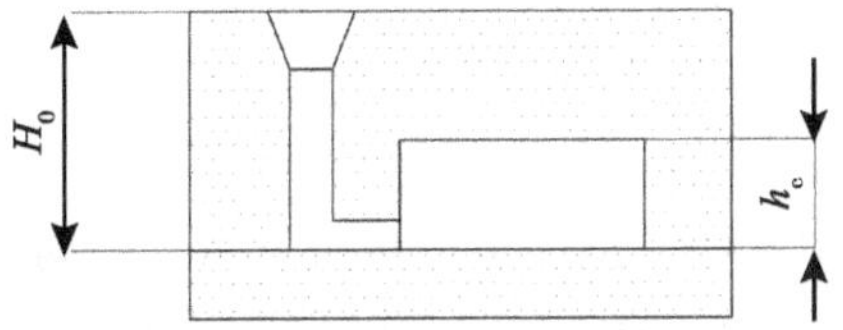	$P = 0.5h_c$ $H_p = H_0 - 0.125h_c$
顶部注入	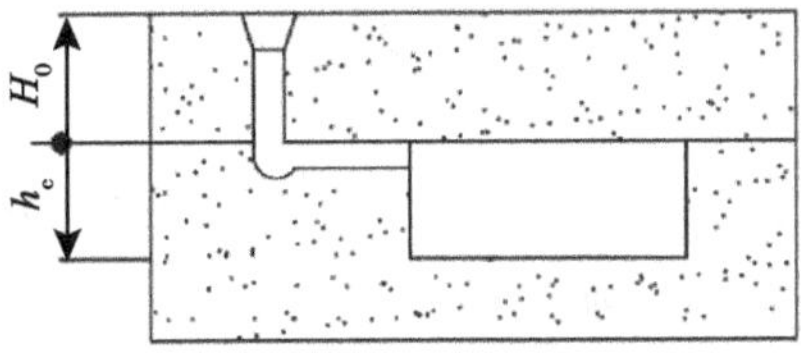	$P = 0$ $H_p = H_0$

②截面积比设计法。

浇注系统充型过程研究证实，在砂型透气、浇注系统各单元截面积相近、流向转折急剧的条件下，基于理想流体封闭管路流动的水力学小孔出流计算公式对铸造工程不利。理想浇注系统中的金属液流动实质上是“大孔出流”。

浇注系统各单元的流速取决于该单元与其上一单元的侧压力高度差，各单元的流动侧压力高度取决于浇注系统的单元间截面积比和浇注系统总压头（静压头或几何高度）。

浇注系统的充型流动是一个各单元相互作用的流体系统，不能孤立研究某一单元（如阻流截面）的流动而忽略其他单元的影响。

对于同一类型的浇注系统，当采用不同截面积比时，各单元（包括阻流截面）的流动侧压力也不相同，表现出的流速与式（8－1）中的 $\sqrt{2gH_p}$ 计算值也不相同。这样需要修正的流量系数是造成实际工程应用中 μ 值选择的不确定性的主要原因。

大孔出流理论把截面积比对流速的影响从$\sqrt{2gH_p}$中分离出来，从而使流量损耗系数μ对不同类型浇注系统、不同截面积比的情况，均稳定在一个常数附近（对铸铁合金，$\mu\approx 0.55$），提高了浇注系统的设计可靠性和精度。根据大孔出流理论的研究结果，提出以工程应用的浇注系统设计方法，称为截面积比设计法。

根据预定截面积比，计算出内浇道单元处的压力高度值h_p，用该压力高度代替式（8－1）中的H_p进行设计：

$$A_{内} = \frac{G_L}{\rho_L \mu t \sqrt{2gh_p}}$$

对于3单元浇注系统

$$h_p = \frac{k_2^2}{1+k_2^2}H_p$$

3单元指浇口杯、直浇道、内浇道3个部分。

4单元指浇口杯、直浇道、横浇道、内浇道4个部分。

对于4单元浇注系统

$$h_p = \frac{k_2^2}{1+k_1^2+k_2^2}H_p$$

③浇注时间的确定。

浇注时间与铸件结构材质、铸型条件、浇注温度等因素有关，每一个铸件都有一个合理的浇注时间。浇注时间对铸件质量有重要影响，确定浇注时间一般依据各种经验公式与图表来确定。无完善的计算公式时，一般依据铸件重量来确定。

④浇注系统各单元截面积的确定。

a. 阻流截面法浇注系统设计。阻流截面积由式（8－1）计算确定后，可按经验比例确定其他单元截面积，具体可由相关铸造手册选取。

b. 截面积比法浇注系统设计。内浇道截面积由式（8－1）计算确定后，可按预定截面积比来确定其他单元的截面积。

注：生产中最小阻流面积为0.4 cm^2（特殊情况下为0.3 cm^2），直浇道最小直径一般不小于15～18 mm。

4. 工艺参数的确定

铸造工艺参数指铸造工艺设计时需要确定的某些工艺数据。这些工艺数据一般与模样和芯盒尺寸有关，也与造型、制芯、下芯、合型的工艺过程有关。选择不当会影响铸件的精度、生产率、成本。常见的工艺参数有以下6项：

（1）收缩率

由于合金的线收缩，铸件冷却后的尺寸比型腔尺寸略为缩小。为保证铸件的应有尺寸，模样和芯盒的尺寸必须比铸件加大一个收缩的尺寸。加大的这部分尺寸称收缩量，一般根据合金铸造收缩率来定。铸造收缩率 K 的表达式为：

$$K = \frac{L_{模} - L_{件}}{L_{件}} \times 100\%$$

式中，$L_{模}$——模样或芯盒工作面的尺寸（mm）；

$L_{件}$——铸件的尺寸（mm）。

收缩率的大小取决于铸造合金的种类及铸件的结构、尺寸等因素。通常，灰铸铁的铸造收缩率为 0.7% ~ 1.0%，铸造碳钢为 1.3% ~ 2.0%，铸造锡青铜为 1.2% ~ 1.4%。

（2）加工余量

在铸件的加工面上为切削加工而加大的尺寸称为机械加工余量。加工余量过大，会浪费金属和加工工时；加工余量过小，达不到加工要求，影响产品质量。加工余量取决于铸件生产批量、合金的种类、铸件的大小、加工面与基准面之间的距离、加工面在浇注时的位置等。采用机器造型，铸件精度高，余量可减小；采用手工造型，误差较大，余量应加大。铸钢件收缩大、表面粗糙，余量应加大；非铁合金铸件价格昂贵、表面光洁，余量应比铸铁小。铸件的尺寸越大或加工面与基准面之间的距离越大，尺寸误差也越大，所以余量也应随之加大。浇注时，铸件朝上的表面因产生缺陷的概率较大，余量应比底面和侧面大。灰铸铁的机械加工余量见表 8 - 7。

表 8 - 7　灰铸铁的机械加工余量　　单位：mm

铸件最大尺寸	浇注时位置	加工面与基准面之间的距离					
		<50	50 ~ 120	120 ~ 160	260 ~ 500	500 ~ 800	800 ~ 1 250
<120	顶面 底、侧面	3.5 ~ 4.5 2.5 ~ 3.5	4.0 ~ 4.5 3.0 ~ 3.5				
120 ~ 260	顶面 底、侧面	4.0 ~ 5.0 3.0 ~ 4.0	4.5 ~ 5.0 3.5 ~ 4.0	5.0 ~ 5.5 4.0 ~ 4.5			
260 ~ 500	顶面 底、侧面	4.5 ~ 6.0 3.5 ~ 4.5	5.0 ~ 6.0 4.0 ~ 4.5	6.0 ~ 7.0 4.5 ~ 5.0	6.5 ~ 7.0 5.0 ~ 6.0		
500 ~ 800	顶面 底、侧面	5.0 ~ 7.0 4.0 ~ 5.0	6.0 ~ 7.0 4.5 ~ 5.0	6.5 ~ 7.0 4.5 ~ 5.5	7.0 ~ 8.0 5.0 ~ 6.0	7.5 ~ 9.0 6.5 ~ 7.0	
800 ~ 1 250	顶面 底、侧面	6.0 ~ 7.0 4.0 ~ 5.5	6.5 ~ 7.5 5.0 ~ 5.5	7.0 ~ 8.0 5.0 ~ 6.0	7.5 ~ 8.0 5.5 ~ 6.0	8.0 ~ 9.0 5.5 ~ 7.0	8.5 ~ 10 6.5 ~ 7.5

（3）最小铸出孔

对于铸件上的孔、槽，一般来说，较大的孔、槽应当铸出，以减少切削加工工时，节约金属材料，并可减小铸件上的热节；较小的孔则不必铸出，用机械加工较经济。最小铸出孔的参考数值见表 8 - 8。对于零件图上不要求加工的孔、槽，以及弯曲孔等，一般均应铸出。

表 8-8　铸件毛坯的最小铸出孔　　单位：mm

生产批量	最小铸出孔的直径	
	灰铸铁件	铸钢件
大量生产	12~15	—
成批生产	15~30	30~50
单件、小批量生产	30~50	50

（4）起模斜度

为了使模样（或型芯）易于从砂型（或芯盒）中取出，凡垂直于分型面的立壁，制造模样时必须留出一定的倾斜度，称为起模斜度，如图 8-30 所示。

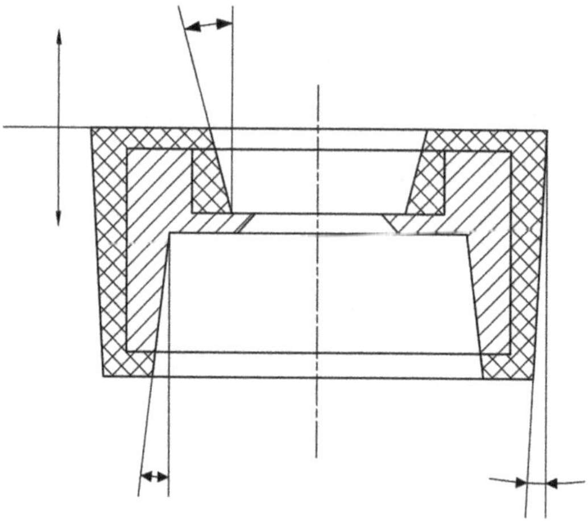

图 8-30　起模斜度

在铸造工艺图上，加工表面上的起模斜度应结合加工余量直接表示出来，不加工表面上的斜度（结构斜度）仅用文字注明即可。

起模斜度应根据模样高度及造型方法来确定。模样越高，斜度取值越小；内壁斜度比外壁斜度大，手工造型比机器造型的斜度大。

（5）铸造圆角

铸件上相邻两壁之间的交角应设计成圆角，防止在尖角处产生冲砂及裂纹等缺陷。圆角半径一般为相交两壁平均厚度的 1/3~1/2。

（6）型芯头

为保证型芯在铸型中的定位、固定、排气，在模样和型芯上都要设计出型芯头。型芯头可分为垂直芯头和水平芯头，如图 8-31 所示。

以上工艺参数的具体数值均可在有关手册中查到。

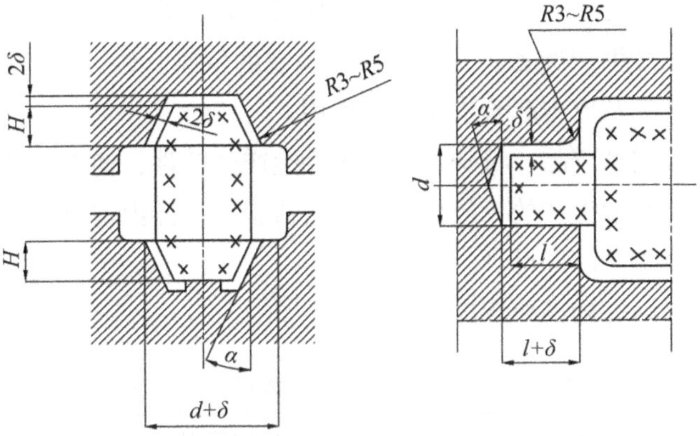

(a) 垂直芯心　　(b) 水平芯心

图 8－31　型芯头的构造

5. 铸造工艺图的绘制

为了获得健全的合格铸件，减小铸型制造的工作量，降低铸件成本，在砂型铸造的生产准备过程中，必须合理地制订出铸造工艺方案，并绘制出铸造工艺图。

铸造工艺图是根据零件的结构特点、技术要求、生产批量、实际生产条件，在零件图中用各种工艺符号、文字、颜色表示出铸造工艺方案的图形，如图 8－32（a）所示。其中包括：铸件的浇注位置；铸型分型面；型芯的数量、形状、固定方法，下芯次序；加工余量；起模斜度；收缩率；浇注系统；冒口；冷铁的尺寸和布置；等等。铸造工艺图是指导模样（芯盒）设计及制造、生产准备、铸型制造和铸件检验的基本工艺文件。依据铸造工艺图，结合所选造型方法，可绘制出模样（芯盒）图、铸型装配图（合箱图），如图 8－32（b）和图 8－32（c）所示。

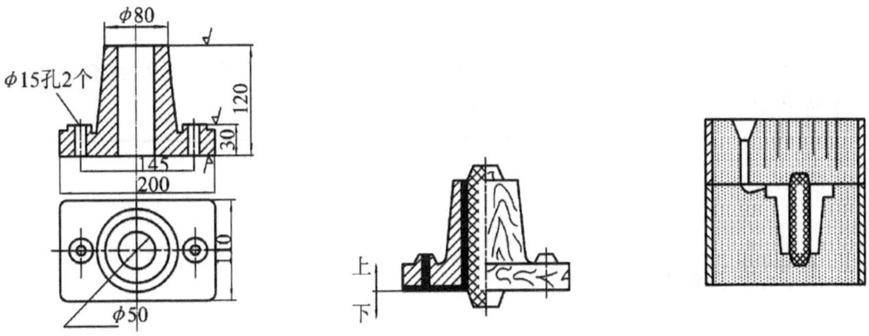

(a) 零件图（单位：mm）　(b) 铸造工艺图(左)和模样图(右)　(c) 铸型装配图

图 8－32　支座的零件图、铸造工艺图、模样图、铸型装配图

6. 铸造工艺设计的一般程序

铸造工艺设计就是在生产铸件之前，编制出控制该铸件生产工艺的技术文件。铸造工艺设计主要是画铸造工艺图、零件图、铸型装配图，以及编写铸造工艺卡片等，它们是生产的指导性文件，也是生产准备、管理、铸件验收的依据。因此，铸造工艺设计的好坏，对铸件的质量、生产率及成本起着决定性的作用。

一般大量生产的定型产品、特殊重要的单件生产的铸件，铸造工艺设计订得细致，内容涉及较多。单件、小批生产的一般性产品，铸造工艺设计内容可以简化。在最简单的情况下，绘制一张铸造工艺图即可。

铸造工艺设计的内容和一般程序见表 8 -9。

表 8 -9　铸造工艺设计的内容和一般程序

项目	内容	用途及应用范围	设计程序
铸造工艺图	在零件图上用规定的红、蓝等各色符号表示出：浇注位置和分型面加工余量，收缩率，起模斜度，反变形量，浇冒口系统，内外冷铁，铸肋，砂芯形状、数量、芯头大小等	制造模样、模底板、芯盒等工装，以及进行生产准备和验收的依据。适用于各种批量的生产	1. 产品零件的技术条件和结构工艺性分析； 2. 选择铸造及造型方法； 3. 确定浇注位置和分型面； 4. 选用工艺参数； 5. 设计浇冒口、冷铁和铸肋； 6. 型芯设计
零件图	将经过铸造工艺设计后，改变了零件形状、尺寸的地方都反映在零件图上	铸件验收和机加工夹具设计的依据。适用于成批、大量生产或重要铸件生产	7. 在完成铸造工艺图的基础上，画出零件图
铸型装配图	表示出浇注位置、型芯数量、固定和下芯顺序、浇冒口和冷铁布置、砂箱结构和尺寸大小等	生产准备、合箱、检验、工艺调整的依据。适用于成批、大量生产的重要件，单件的重型铸件	8. 通常在完成砂箱设计后画出
铸造工艺卡片	说明造型、造芯、浇注、打箱、清理等工艺操作过程及要求	生产管理的重要依据，根据批量大小填写必要条件	9. 综合整个设计内容

8.3　特种铸造

砂型铸造虽然是应用最普遍的一种铸造方法，但铸造尺寸精度低，表面粗糙度值大，铸件内部质量差，生产过程不易实现机械化。为改变砂铸的这些缺点，满足一些特殊要求零件的生产，人们在砂型铸造的基础上，通过改变铸型的材料（金属型、磁型、陶瓷型铸造等）、模型材料（熔模铸造、实型铸造等）、浇注方法（离心铸造、压力铸造等）金属液充填铸型的形式或铸件凝固的条件（压铸、低压铸造等）创造了许多其他的铸造方法。

通常将这些不同于普通砂型铸造的铸造方法称为特种铸造。每种特种铸造方法，在提高铸件精度和表面质量、改善合金性能、提高劳动生产率、改善劳动条件、降低铸造成本等方面各有其优越之处。近年来，特种铸造在我国发展非常迅速，尤其在有色金属的铸造生产中占有重要地位。特种铸造具有铸件精度和表面质量高、铸件内在性能好、原材料消耗低、工作环境好等优点。但铸件的结构、形状、尺寸、质量、材料种类往往受到一定限制。本节就 6 种应用较多的特种铸造方法的工艺过程、特点、应用作一些简单介绍。

8.3.1　熔模铸造（失蜡铸造）

熔模铸造是用易熔材料制成模样，然后在模样上涂挂若干层耐火涂料制成形壳，经硬化后再将模样熔化，排出型外，经过焙烧后即可浇注液态金属获得铸件的铸造方法。由于熔模广泛采用蜡质材料来制造，故又称失蜡铸造或精密铸造。

1. 熔模铸造的工艺过程

（1）压型制造

如图 8－33（b）所示，压型是用来制造蜡模的专用模具；它是用根据铸件的形状和尺寸制作的母模来制造的，如图 8－33（a）所示。压型必须有很高的精度和低的表面粗糙度值，而且型腔尺寸必须包括蜡料和铸造合金的双重收缩率。当铸件精度高或大批量生产时，压型一般用钢、铜合金或铝合金经切削加工制成；对于小批量生产或铸件精度要求不高时，可采用易熔合金（锡、铅等组成的合金）、塑料或石膏直接向母模上浇注而成。

（2）制造蜡模

蜡模材料常用 50% 石蜡和 50% 硬脂酸配制而成。将蜡料加热至糊状，在一定的压力下压入型腔内，待冷却后，从压型中取出得到一个蜡模，如图 8－33（c）所示。为了提高生产率，经常把数个蜡模熔焊在蜡棒上，成为蜡模组，如图 8－33（d）所示。

（3）制造型壳

在蜡模组表面浸挂一层以水玻璃和石英粉配制的涂料，然后在上面撒一层较细的硅砂，并放入固化剂（如氯化铵水溶液等）中硬化。使蜡模组外面形成由多层耐火材料组成的坚硬型壳（一般为 4～10 层），型壳的总厚度为 5～7 mm，如图 8－33（e）所示。

（4）熔化蜡模（脱蜡）

通常将带有蜡模组的型壳放在 80～90 ℃的热水中，使蜡料熔化后从浇注系统中流出。脱模后的型壳如图 8－33（f）所示。

（5）型壳的焙烧

把脱蜡后的型壳放入加热炉中，加热到 800～950 ℃，保温 0.5～2 h，烧去型壳内的残蜡和水分，洁净型腔。为使型壳强度进一步提高，可将其置于砂箱中，周围用粗砂充填，即“造型”，如图 8－33（g）所示，然后进行焙烧。

（6）浇注

将型壳从焙烧炉中取出后，周围堆放干砂，加固型壳，然后趁热（600～700 ℃）浇入合金液，并凝固冷却，如图 8－33（h）所示。

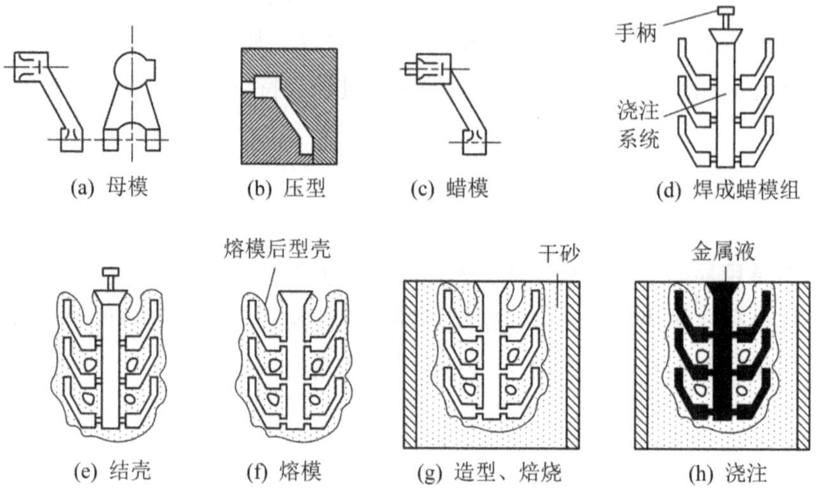

图 8－33　熔模铸造的工艺过程

（7）脱壳和清理

用人工或机械方法去掉型壳，切除浇冒口，清理后即得铸件。

2. 熔模铸造的特点和应用

（1）熔模铸造的特点

①由于铸型精密，没有分型面，型腔表面极光洁，所以铸件精度高、表面质量好，是少、无切削加工工艺的重要方法之一，其尺寸精度可达 IT9～IT12，表面粗糙度 *Ra* 值为 6.3～1.6 μm。如熔模铸造的涡轮发动机叶片，铸件精度已达到无加工余量的要求。

②可制造形状复杂铸件，最小壁厚可达 0.3 mm，最小铸出孔径为 0.5 mm。对由几个零件组合成的复杂部件，可用熔模铸造一次铸出。

③铸造合金种类不受限制，用于高熔点和难切削合金，如高合金钢、耐热合金等，更具显著的优越性。

④生产批量基本不受限制，既可成批、大批量生产，又可单件、小批量生产。

⑤工序繁杂，生产周期长；原辅材料费用比砂型铸造高，生产成本较高；铸件不宜太大、太长，一般限于 25 kg 以下。

（2）熔模铸造的应用

生产汽轮机及燃气轮机的叶片，泵的叶轮，切削刀具，以及飞机、汽车、拖拉机、风动工具、机床上的小型零件。

8.3.2　金属型铸造

金属型铸造是将液体金属在重力作用下浇入金属铸型，以获得铸件的一种方法。铸型可以反复使用几百次到几千次，所以又称永久型铸造。

1. 金属型铸造的结构与材料

根据分型面位置的不同，金属型铸造可分为垂直分型式、水平分型式、复合分型式，其中，垂直分型式金属型开设浇注系统和取出铸件比较方便，容易实现机械化，应用较广，如图8－34所示。

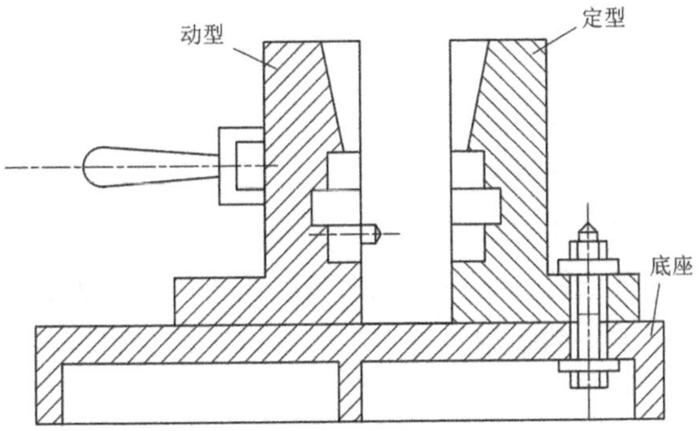

图8－34　垂直分型式金属型铸造

如图8－35所示，为铸造铝合金活塞用的垂直分型式金属型铸造，它由两个半型组成。上面的大金属芯由三部分组成，便于从铸件中取出。当铸件冷却后，首先取出中间的楔片与两个小金属芯，然后将两个半金属芯沿水平方向向中心靠拢，再向上拔出。

制造金属型的材料熔点一般应高于浇注合金的熔点。如浇注Sn，Zn，Mg等低熔点合金，可用灰铸铁制造金属型；浇注Al，Cu等合金，可用合金铸铁型或钢制金属型。金属型铸造用的型芯包括砂芯和金属芯，有色金属铸件常用金属芯。

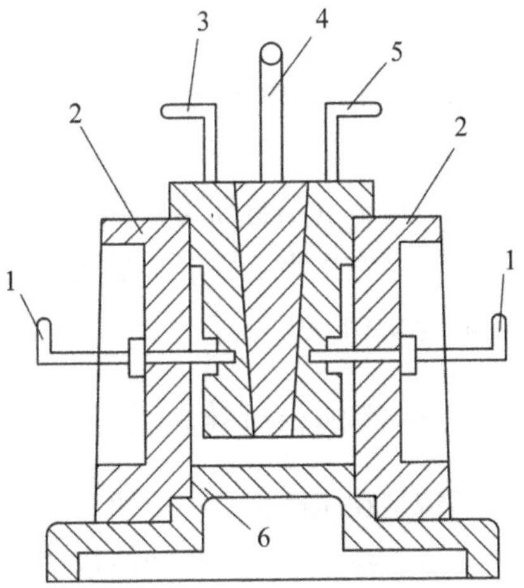

1—销孔金属型芯；2—左右半型；3，4，5—分块金属型芯；6—底型。

图8－35　铸造铝活塞用的垂直分型式金属型铸造

2. 金属型铸造的工艺

由于金属型导热速度快，没有退让性和透气性，直接浇注容易产生浇不到、冷隔等缺陷，以及内应力和变形，并且铸件容易产生白口组织。为了确保获得优质铸件和延长金属型的使用寿命，必须采取以下工艺措施：

①预热金属型，减缓铸型冷却速度。

②表面喷刷防粘砂耐火涂料，以减缓铸件的冷却速度，防止金属液直接冲刷铸型。

③控制开型时间。由于金属型无退让性，除在浇注时正确选定浇注温度和浇注速度外，浇注后，如果铸件在铸型中停留时间过长，容易引起过大的铸造应力而导致铸件开裂。因此，铸件冷凝后，应及时从铸型中取出。通常，铸铁件出型温度为 780 ~ 950 ℃，开型时间为 10 ~ 60 s。

3. 金属型铸造的特点及应用

（1）金属型铸造的特点

①尺寸精度高，尺寸公差等级为（IT12 ~ IT14），表面质量好，表面粗糙度 *Ra* 值为 12.5 ~ 6.3 μm，机械加工余量小。

②铸件的晶粒较细，力学性能好。

③可实现一型多铸，提高了劳动生产率，节约造型材料。但金属型的制造成本高，不宜生产大型、形状复杂、薄壁铸件；由于冷却速度快，铸铁件表面易产生白口组织，切削加工困难；受金属型材料熔点的限制，熔点高的合金不适宜用金属型铸造。

（2）金属型铸造的应用

金属型铸造主要用来大批量生产铜合金、铝合金等铸件，如活塞、连杆、汽缸盖等。铸铁件的金属型铸造目前也有所发展，但尺寸限制在 300 mm 以内，质量不超过 8 kg，如电熨斗底板等。

8.3.3 压力铸造

压力铸造（简称压铸）是在高压作用下，使液态或半液态金属以较高的速度充填金属型型腔，并在压力下成形和凝固而获得铸件的方法。常用的压射比压为 30 ~ 150 MPa，充型时间为 0.01 ~ 0.2 s。

1. 压铸机和压铸工艺过程

压铸是在压铸机上完成的。压铸机根据压室工作条件不同，分为冷压室压铸机和热压室压铸机。热压室压铸机的压室与坩埚连成一体，冷压室压铸机的压室与坩埚分开。冷压室压铸机可分为立式和卧式，目前以卧式冷压室压铸机应用较多，工作原理如图 8 - 36 所示。

压铸铸型简称压型，分定型与动型。将定量金属液浇入压室，柱塞向前推进，金属液经浇道压入压铸模型腔中，经冷凝后开型，由推杆将铸件推出，完成压铸过程。冷压室压

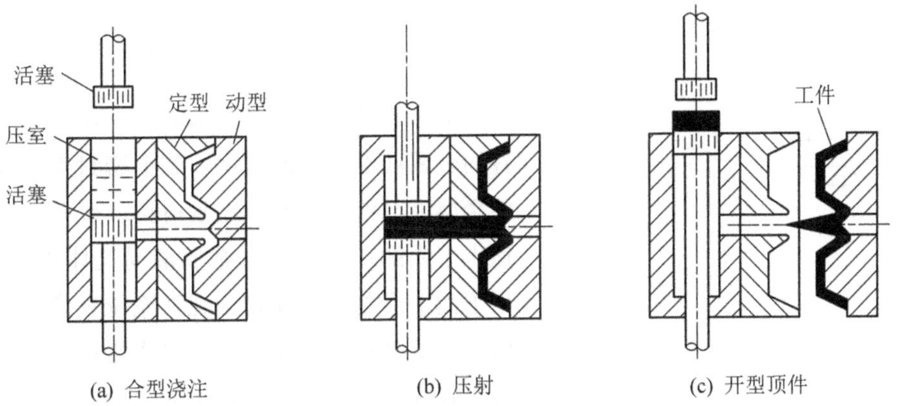

图 8－36　卧式冷压室压铸机的工作原理

铸机可用于压铸熔点较高的非铁金属，如 Cu，Al，镁合金等。

2. 压力铸造的特点及其应用

（1）压力铸造的优点

①压铸件尺寸精度高，表面质量好，尺寸公差等级为 IT10～IT12，表面粗糙度 *Ra* 值为 3.2～0.8 μm，可不经机械加工直接使用，而且互换性好。

②可以压铸壁薄、形状复杂、具有直径很小的孔和螺纹的铸件，如锌合金的压铸件最小壁厚可达 0.8 mm，最小铸出孔径可达 0.8 mm，最小可铸螺距达 0.75 mm；还能压铸镶嵌件。

③压铸件的强度和表面硬度较高。压力下结晶，加上冷却速度快，铸件表层晶粒细密，抗拉强度比砂型铸件高 25%～40%，但延伸率有所下降。

④生产率高，可实现半自动化及自动化生产。每小时可压铸几百个零件。是所有铸造方法中生产率最高的。

（2）压力铸造的缺点

气体难以排出，压铸件易产生皮下气孔，压铸件不能进行热处理，也不宜在高温下工作；金属液凝固快，厚壁处来不及补缩，容易产生缩孔和缩松；设备投资大，铸型制造周期长、造价高，不宜小批量生产。

（3）压力铸造的应用

压力铸造主要用来生产锌合金、铝合金、镁合金、铜合金等铸件，包括汽车与拖拉机制造业、仪表和电子仪器工业、农业机械、国防工业、计算机、医疗器械等。

8.3.4　低压铸造

液体金属在较低压力（0.02～0.06 MPa）作用下充填铸型，并在压力下结晶以形成铸件的方法叫低压铸造。

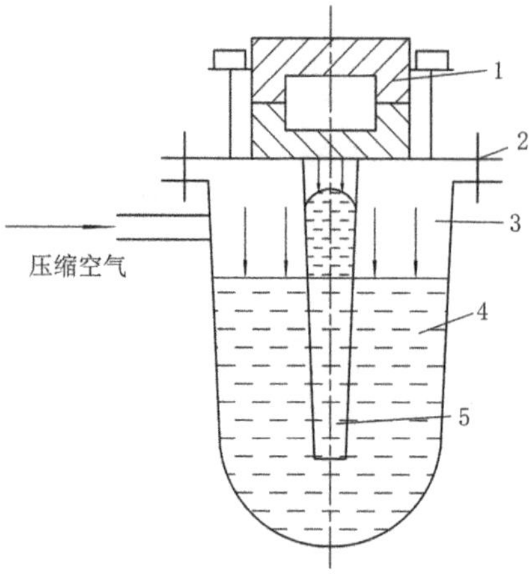

1—铸型；2—密封盖；3—坩锅；
4—金属液；5—升液导管。

图 8-37 低压铸造的工作原理

1. 低压铸造的工艺过程

低压铸造的工作原理如图 8-37 所示。把熔炼好的金属液倒入保温坩埚，装上密封盖；升液导管使金属液与铸型相通，锁紧铸型，缓慢地向坩埚内通入干燥的压缩空气；金属液受气体压力的作用，由下而上沿着升液导管和浇注系统充满型腔，并在压力下结晶；铸件成形后，撤去坩埚内的压力，升液导管内的金属液降回到坩埚内的金属液面；开启铸型，取出铸件。

2. 低压铸造的特点及应用

（1）低压铸造的特点

①浇注时，金属液的上升速度和结晶压力可以调节，所以适用于各种不同铸型（金属型、砂型等），铸造各种合金及各种大小的铸件。

②采用底注式充型，金属液充型平稳，无飞溅现象，可避免卷入气体，以及对型壁和型芯的冲刷，铸件的气孔、夹渣等缺陷少，提高了铸件的合格率。

③铸件在压力下结晶，铸件组织致密、轮廓清晰、表面光洁，力学性能较高，对于大薄壁件的铸造尤为有利。

④省去补缩冒口，金属利用率提高到 90%～98%。

⑤劳动强度低，劳动条件好，设备简易，容易实现机械化和自动化。

（2）低压铸造的应用

低压铸造主要用来生产质量要求高的铝合金、镁合金铸件，以及汽车发动机缸体、缸盖、活塞、叶轮等。

8.3.5 离心铸造

离心铸造指将熔融金属浇入旋转的铸型中，使液体金属在离心力作用下充填铸型并凝固成形的铸造方法。

1. 离心铸造的类型

铸型采用金属型或砂型。为使铸型旋转，离心铸造必须在离心铸造机上进行。离心铸造机通常可分为立式和卧式，工作原理如图 8-38 所示。铸型绕水平轴旋转的称为卧式离心铸造，适合浇注长径比较大的各种管件；铸型绕垂直轴旋转的称为立式离心铸造，适合浇注各种盘、环类铸件。

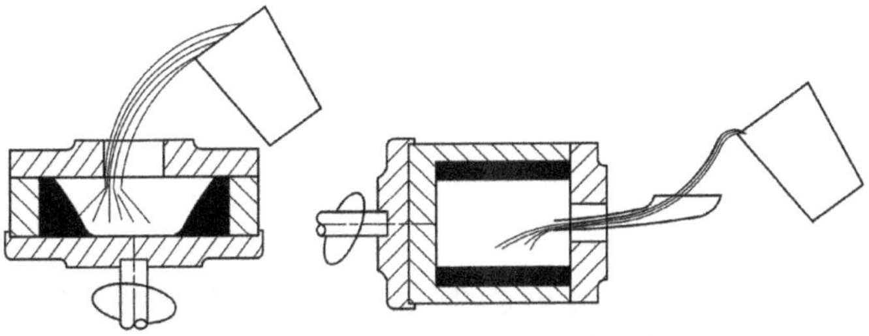

（a）立式离心铸造　　　（b）卧式离心铸造

图 8－38　离心铸造机的工作原理

离心铸造的铸型转速根据铸件直径的大小来确定，一般为 250～1 500 r/min 。

2. 离心铸造的特点及应用

（1）离心铸造的特点

①液体金属能在铸型中形成中空的自由表面，不用型芯即可铸出中空铸件，简化了套筒、管类铸件的生产过程。

②由于旋转时液体金属所产生的离心力作用，离心铸造可提高金属充填铸型的能力，所以一些流动性较差的合金和薄壁铸件都可用离心铸造法生产。

③由于离心力的作用，改善了补缩条件，气体和非金属夹杂物也容易自金属液中排出，产生缩孔、缩松、气孔、夹杂等缺陷的概率较小。

④无浇注系统和冒口，节约金属。

⑤可进行双金属铸造，如在钢套上镶铸薄层铜衬制作滑动轴承等，可节约贵重材料。

⑥金属中的气体、熔渣等夹杂物，因密度较轻而集中在铸件的内表面上，所以内孔的尺寸不精确，质量也较差；铸件容易产生成分偏析和密度偏析。

（2）离心铸造的应用

离心铸造主要用于大批量生产各种铸铁和铜合金的管类、套类、环类铸件，以及小型成形铸件，如铸铁管、汽缸套、铜套、双金属轴承、特殊钢的无缝管坯、造纸机滚筒等。

8.3.6　消失模铸造

1. 消失模铸造的工艺过程

①采用发泡模具生产泡沫塑料模样（简称泡沫模样）或浇注系统。

②将模样和浇道粘接成模束模组。

③在模束模组上浸挂水基涂料。

④烘干涂料。

⑤将模组放砂箱，填入干砂。

⑥振动造型使干砂充填到内腔并紧实。

⑦浇注使泡沫模样汽化消失形成铸件。

⑧铸件冷却后取出清理，干砂再生循环使用。

2. 消失模铸造的特点

消失模铸造采用不含黏结剂的干砂造型，浇注时泡沫塑料模不取出，铸型为非空腔，这是消失模的典型特性，由此带来该工艺的优缺点。

（1）消失模铸造工艺的优点

①与砂型铸造比，尺寸精度高，表面质量好铸件尺寸公差等级可达 DCTG6 ~ DCTG9，表面粗糙度值 *Ra* 值为 6.3 ~ 12.5 μm。

②可以不使用型芯形成铸件内腔，降低了成本。

③不必取模，为铸件设计和铸造工艺提供了更大的自由度。

④型砂不含黏结剂，铸件清砂容易，降低了劳动强度。

⑤干砂易回用，降低固体废弃物排放，有利于环保。

（2）消失模铸造的缺点

缺点主要体现在泡沫塑料模热解产物对铸件质量的影响方面，面对由此带来的铸铁件表面碳缺陷和铸钢件增碳及渣孔等缺陷，需要采取有针对性的工艺措施。另外，对泡沫塑料的热解产物气体排放需要进行环保处理。

8.4 基于 MBD 的铸造技术

在结构件铸造工艺设计过程中，由设计部门提供的铸造零件模型是毛坯模型通过机加工处理后得到的，工艺部门进行工艺设计的模型是添加了机械加工余量、拔模斜度等相关工艺信息后的毛坯模型。因此，设计部门的零件模型很难直接用于铸造工艺设计。

通过在铸造工艺模型设计过程中应用 MBD 技术，将铸造工艺数据信息集中在三维模型中进行统一的管理。工作人员只需要通过三维模型即可获取全部工艺信息，使得设计制造特征能够以三维的形式被解读，有效解决了设计制造一体化的问题。

1. 基于 MBD 技术的铸造工艺模型设计流程

①设计人员通过导入铸造零件模型，以零件模型为基础进行铸造毛坯模型的设计。通过向零件模型添加包括相关材料和密度、技术要求、生产批量、铸件几何公差、加工余量等级等信息，完成工艺模型初始化定义。

②通过向零件设计模型上添加制造体的形式进行特征（加工余量特征、孔槽特征、拔

模斜度特征、倒角特征）的创建或修改，完成铸造毛坯模型的工艺模型建立。

③通过进行浇注系统类型的选择、参数的计算，然后进行模型的创建。通过提取浇道模型上相应的信息，如浇道的材料信息、浇道的几何信息及位姿信息等。将浇道模型上的相关信息与铸造毛坯模型关联，从而完成整个铸造工艺模型的建立。

④最后将所建立完成的铸造工艺模型导出，并与工艺管理系统相集成。

2. 铸造工艺 MBD 模型的组成

利用 MBD 信息组织方式应用于零件铸造工艺模型的设计，铸造工艺 MBD 模型应包含铸造工艺设计过程的全部信息。三维铸造工艺模型由三维标注模型、工艺信息模型、工艺特征模型所构成。

①三维标注模型由零件模型的原始三维标注模型和工艺设计过程中所产生的三维标注模型组成。其中，原始三维标注模型包含标注尺寸模型、尺寸数据，以及标注所关联的几何体信息等。

②工艺信息模型包含工艺属性、设计模型的拓扑元素名称、工艺设计过程的历史记录、工艺树节点信息、工艺创建时涉及的工艺数据。其中工艺属性包含毛坯的材料属性、设计要求、铸造过程的生产准备以及模样的验收依据等初始工艺信息。

③工艺特征模型为三维实体的集合，包含原始三维设计模型与工艺设计过程中三维几何模型特征。其中，加工余量特征、补孔和补槽特征、拔模斜度特征、移除倒角特征为直接在原设计模型上修改的特征。浇道模型特征和冒口模型特征独立于设计模型。

8.4.1 三维标注模型

1. 三维标注模型的建立

三维视图只能表达铸件的结构形状，铸件各组元的尺寸和相对位置则要求通过尺寸标注来确定。在铸件建模过程中标注的尺寸信息是进行工艺设计时的重要依据，尺寸缺失会给工艺人员造成不必要的重复工作，影响设计的效率。并且，建立三维尺寸与三维模型的约束，对工艺设计的尺寸快速更新也有着重要作用。三维标注模型由标注类型、标注内容、标注关联体所组成。

（1）标注类型

标注类型包含距离标注、直（半）径标注、角度标注、公差标注、基准标注、注释标注等。其中，公差标注、基准标注、注释标注在设计过程中不自动随模型的变更而刷新，可归类为其他标注。

（2）标注内容

标注内容包括标注的数值、标注精度、标注的上下偏差等。

（3）标注关联体

标注关联体包含标注创建时所关联的体的信息，即尺寸标注时直接选择的几何元素。对不同的标注类型有不同关联体对象，定义如表 8－10 所示。

表 8－10　标注关联体类型

标注类型	标注示意图	关联体数量	关联体类型
距离标注	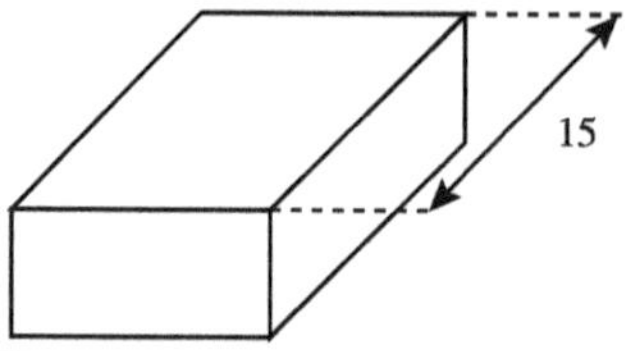	1	直线
	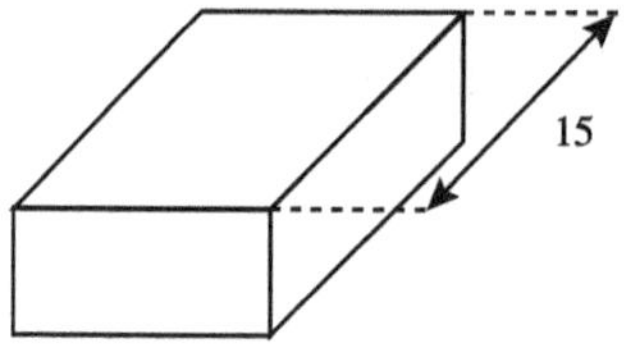	2	直线与直线
	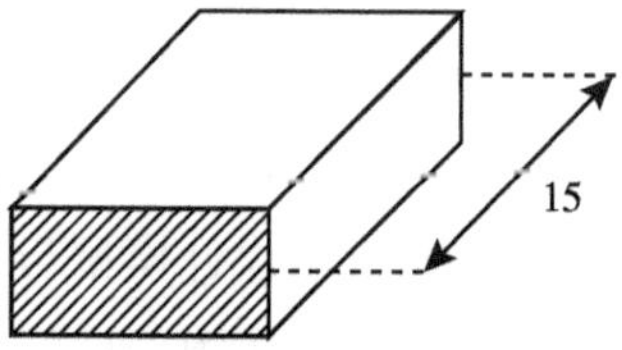	2	平面与平面
直（半）径标注	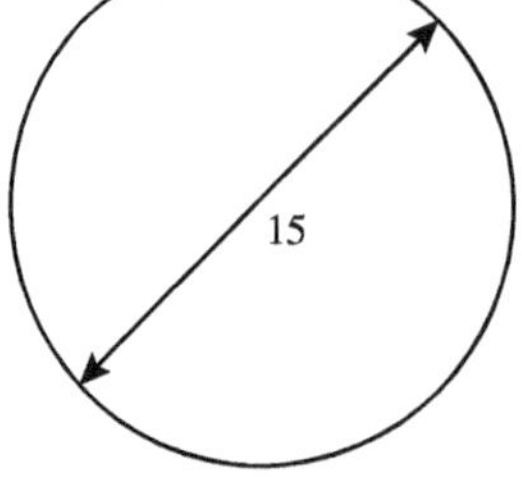	2	圆弧
角度标注	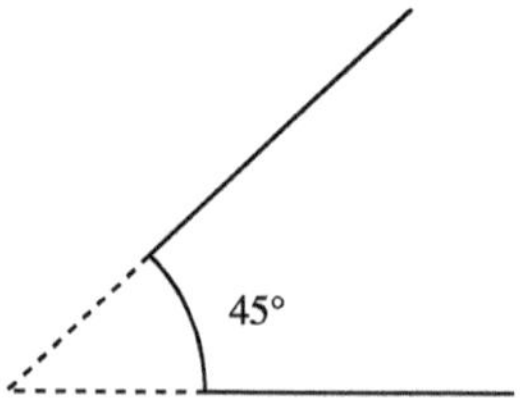	2	直线与直线
其他标注	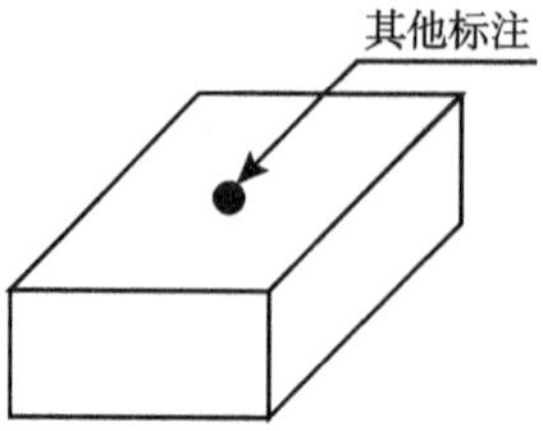	1	点

2. 外部三维标注的解析与导入

三维标注的解析与导入的主要工作是对定义的三维标注数据进行完善，从而计算出正确的三维标注显示单元。三维标注的解析与导入是一个遍历过程，相关流程如下所示。

①导入模型文件时，自动遍历模型所有尺寸信息。模型中的标注信息分为建模过程中系统自动生成的尺寸信息、建模完成后设计人员标注的尺寸信息。若读取的标注信息为系统内置，则跳过该条信息；若为设计人员标注信息则保留，进行下一步解析。

②按照定义的数据格式将所需的标注信息存入到相关文件中。

③编历文件中的标注信息节点，在标注解析时，需要对原始标注相对于几何体的位置进行完整还原，否则在复杂结构标注中会出现标注显示被几何体遮挡的情况。

④按照导入的标注信息设计标注树对三维标注进行管理，标注树中对于节点为由解析所得的三维标注的数据所建立三维标注的模型。

8.4.2　工艺信息模型

1. 适用于铸造三维工艺的拓扑元素命名

参数化设计有着设计修改灵活多变的特点，但是参数化建模过程中对特征的描述缺乏明确的定义，使得用户的设计意图在参数化重建过程中难以被准确表达；边界元素遇到被添加、分割、删除等情况时，关键的特征引用的拓扑元素无法被准确找到，导致设计结果错误或者建模失败。因此，需要对被引用的拓扑元素进行合理的记录，以便正确地识别。拓扑元素命名过程主要由两个过程组成：原始元素特征的命名和工艺关联的命名。

（1）原始元素特征的命名

①导入铸件设计模型，同时遍历模型中所有顶点，并完成所有顶点的命名。

②遍历模型所有边，判断边的类型。边分为直线和曲线，计算边的特征组成，进而完成所有边的命名。

③遍历模型所有面，判断面的类型。面分为平面和曲面，计算面的特征组成，进而完成所有面的命名。

（2）工艺关联的命名

工艺关联的命名方法通过把设计人员的设计意图加入拓扑元素的标示中，保证在参数化建模过程中，工艺的创建、修改、删除等信息能够和所涉及的拓扑元素保持关联，具体流程如下所示：

①完成原始元素特征的命名工作后，进行点、线、面的工艺初始化命名，遍历所有零件模型中所有的点、线、面，并在其原始元素特征的命名后加入相关后缀，表示工艺关联

命名为初始的无工艺状态。

②若无相关工艺操作，则进入等待状态，直至工艺相关事件的触发：若进行了相关工艺操作，则进入工艺关联命名。

③根据工艺事件类型，获取参与工艺模型变更的相关点几何特征，并获取所有包含该点的线与面特征。

④根据工艺事件对几何特征的修改，有以下情形进行分类处理：若为创建工艺特征，对产生的新的几何特征元素进行原始元素特征命名，再对工艺类型进行命名。

2. 工艺设计历史与工艺树的映射

产品设计历史记录了产品设计过程中一系列的设计行为或决策事件所引起的设计对象状态的改变。设计历史应作为工艺设计活动的记录，其内容记录了设计人员工艺设计活动的特征。对于铸件工艺设计，设计内容包括铸造工艺参数的设计、浇冒系统设计等设计内容。其中，铸造工艺参数和浇冒系统设计涉及几何特征的修改与重建，通过合理地利用历史记录可以大大提高快速设计的过程与效率。

3. 铸造工艺数据库的搭建与使用

在铸造工艺的设计过程中，需要处理大量包括几何和数据的三维工艺模型设计参数的交互，参数化设计的快速可靠的实现在很大程度上取决于系统中设计参数管理的方法。

数据库设计的基本目标是使设计人员在铸造工艺设计中快速获得所需要的工艺数据，并且使这些数据在设计周期内有效保存。在铸造三维工艺模型的设计过程中，不仅要存储大量的标准数据和经验公式等，而且计算过程的动态数据也需要存储和反复修改。因此，数据库管理系统能支持对复杂数据类型的定义、快速查询、修改、删除等操作。

数据库管理系统需包含以下的数据库信息。

①铸造工艺参数信息包括最小壁厚、加工余量、拔模斜度、铸造收缩率、最小铸出孔等铸造所用的工艺参数信息。

②浇注系统信息包括横浇道尺寸、内浇道尺寸、直浇道尺寸等设计浇注系统所需的设计标准。

③冒口补缩系统信息包括标准圆柱形明冒口尺寸、冒口元件对应模数、冒口补缩能力等设计冒口补缩系统所需的设计标准。

同时，数据库承担着当前工艺数据记录的功能。当完成一次工艺模型的设计后，该工艺模型设计的所有过程数据皆顺序存入数据库的设计记录表中。同时设定检索关键词为工艺名称，当需要修改或查看工艺数据时，根据工艺数据能够很快地进行再现。对应工艺所记录的工艺数据如表 8－11 所示。

表 8－11　工艺数据存储

工艺名称	需要存储的工艺数据
铸件属性	材料牌号、材料密度、材料收缩率、铸件体积、设计要求、组元模数、浇道截面比
机械加工余量	工艺序号、加工余量等级、尺寸公差、加工余量值、添加加工余量的面
拔模斜度	工艺序号、拔模斜度类型、中性面、拔模面、拔模角度
补孔	工艺序号、最大孔直径、补孔数目、孔内表面
补槽	工艺序号、槽内表面
分型面设计	工艺序号、分型面定位基准面、分型面尺寸
浇注参数	工艺序号、浇注类型、升液压力、升液速度、充型压力、充型速度、结壳时间、增压压力、增压时间、保压时间、浇注温度
内浇道	工艺序号、浇道截面积、浇道尺寸、定位基准点、截面法向量
横浇道	工艺序号、浇道截面积、浇道尺寸、定位基准点、截面法向量
直浇道	工艺序号、浇道截面积、浇道尺寸、定位基准点、截面法向量
缝隙浇道	工艺序号、贴和面、浇道尺寸、缝隙数目
冒口	工艺序号、冒口类型、冒口补缩能力、冒口尺寸、定位基准点、截面法向量

8.4.3　工艺特征模型

1. 铸造毛坯特征模型

(1) 设计模型可铸性判断

对于铸造零件模型的几何特征，如遇到孔、槽等特征时，若可直接铸出，则可保留该特征；若需要通过机加工的后续工艺来完成孔、槽的加工，则需在毛坯模型的设计时进行补孔、补槽等相关操作。因此，需要对简单的特征进行可铸性的判断。判断的基本原则如下：

①根据国家设计标准对可铸孔和槽的大小进行判断，小于设计标准的不可铸。

②孤立的孔、槽特征可铸。

③孔特征与槽特征存在关联关系，若槽特征为简单槽特征，且槽特征可铸，则孔特征可铸。

④孔特征与槽特征存在关联关系，若槽特征还与其他槽特征关联，则称为交叉关联，皆不可铸。

在判断可铸性时，首先将原则①作为判断第一要素，然后将符合设计要求的孔和槽进行孔与槽特征关联关系的判断，在进行判断时需要优先进行孤立特征的判断。

图 8－39 为有关结构件的孔、槽结构示意图，图中所有的孔、槽特征皆满足设计标准，具有可铸性。其中，孔特征 1 与槽特征 1 皆为孤立特征，可由铸造直接获得；孔特征

2 和孔特征 3 均与槽特征关联，与孔特征 2 关联的槽特征为简单槽特征，所以孔特征 2 和槽特征 2 皆可铸；孔特征 3 与槽特征 3、槽特征 4 交叉关联，三个特征皆不可铸，所以需要对三个特征进行补孔补槽操作。

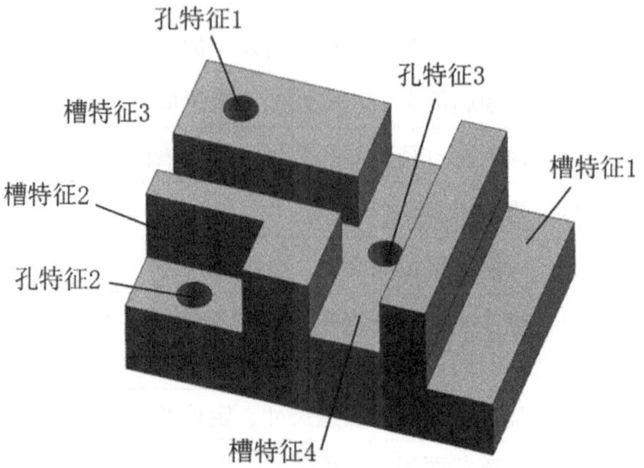

图 8－39　有关结构件的孔、槽结构示意图

（2）增量式特征建模

根据零件铸造工艺设计的特点，在进行工艺特征建模时，对特征模型发生改变的工艺设计主要有补孔、补槽、倒角移除、加工余量、拔模斜度等。上述特征模型的建模都是对零件设计模型进行操作，但从模型改变状态看，可将完成工艺特征添加后的状态看成设计模型与所有工艺特征组合的结果。在铸造工艺树中，各个特征模型是分开存储的，此建模方法为增量式特征建模。表 8－12 为依次进行多步工艺设计后，系统显示已经数据存储的结果的详细定义。

表 8－12　增量式建模过程

工艺设计步骤	系统显示	数据存储
导入零件模型 0	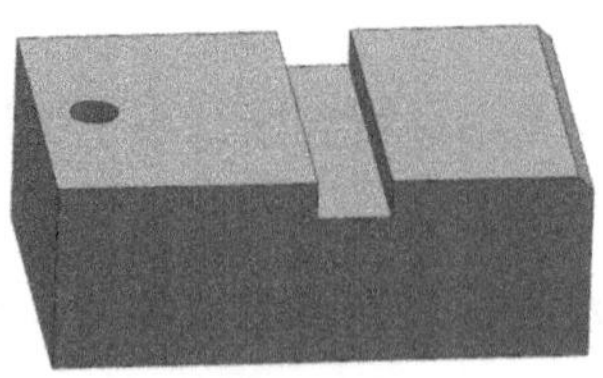	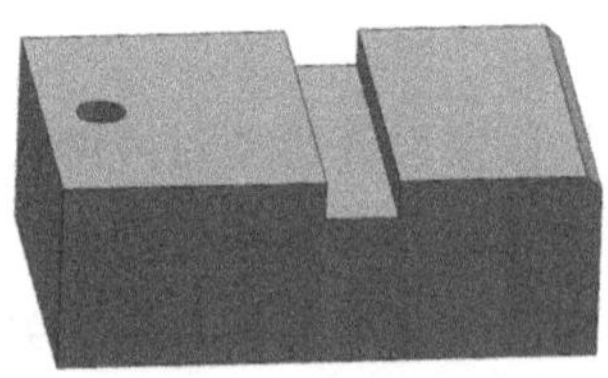 设计模型
补孔 1	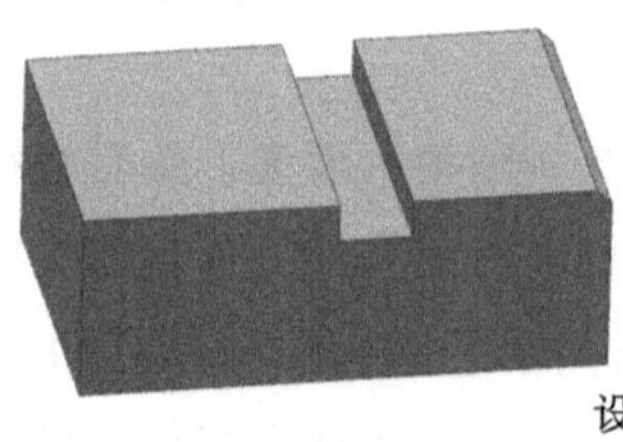	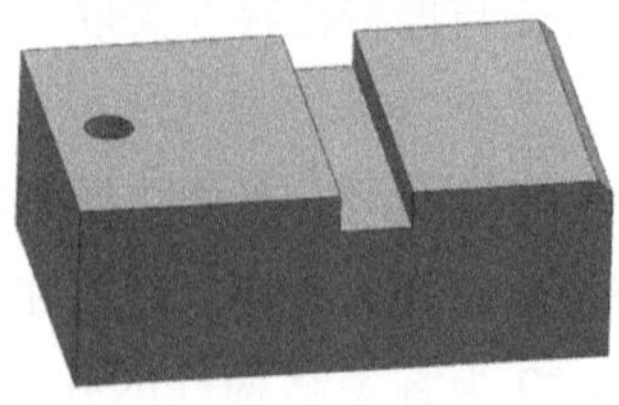 设计模型+补孔

续表

工艺设计步骤	系统显示	数据存储
补槽 2	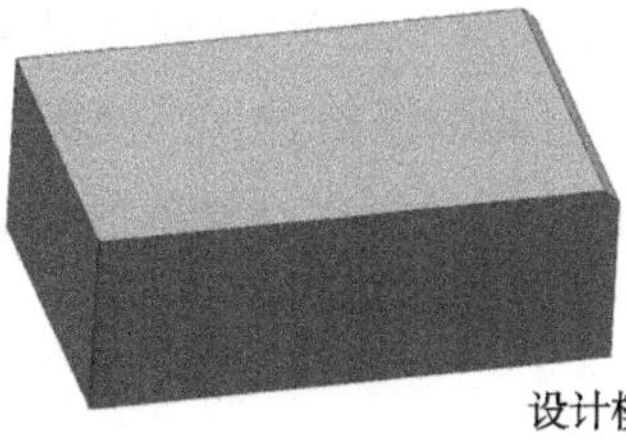	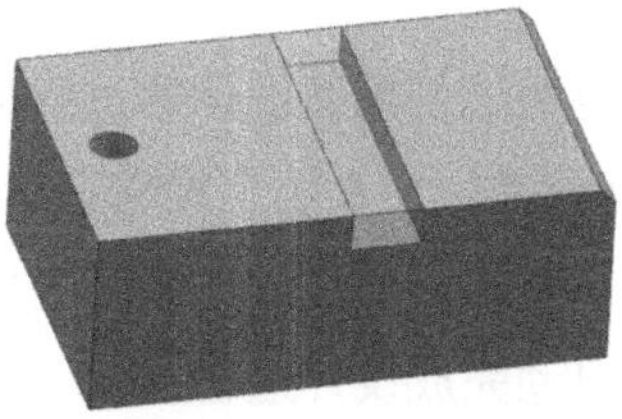 设计模型+补孔+补槽
倒角移除 3		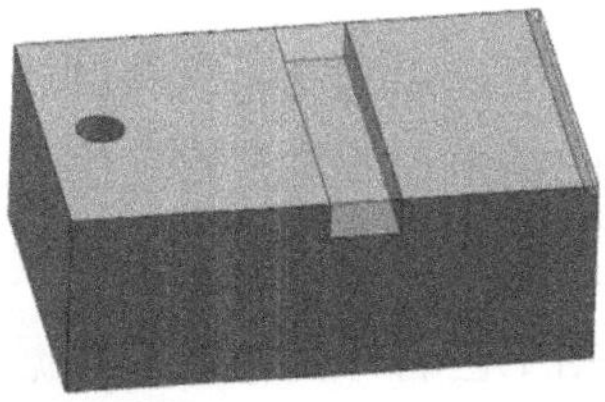 设计模型+补孔+补槽+倒角移除
拔模斜度 4		 设计模型+补孔+补槽+倒角移除+拔模斜度
加工余量 5		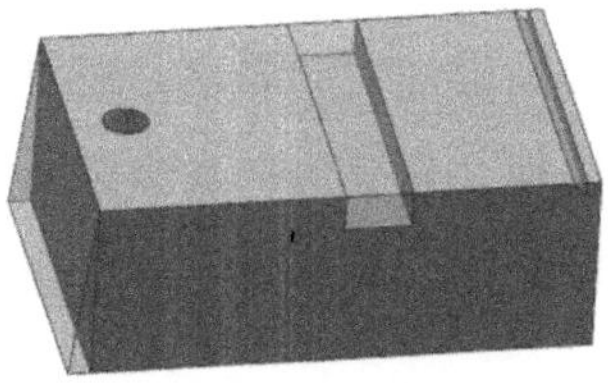 设计模型+补孔+补槽+倒角移除+拔模斜度+加工余量

（3）工艺特征模型重构

在设计人员完成包括工艺增加、修改、删除等设计后，为了保证设计意图的正确表达，需要保证模型重建过程中相关特征元素的引用正确。由于特征模型建立过程时，不同的特征模型间可能存在相同特征元素的引用，在工艺设计时，若只对当前设计的工艺特征模型进行更新重建，则会造成系统特征信息引用混乱、特征模型重建错误的情况。因此，需要正确识别工艺特征模型引用的拓扑元素，保证设计意图的准确表达，从而生成准确完整的毛坯模型。

8.4.4 铸造工艺 MBD 模型参数化

三维铸造工艺模型设计的过程即设计铸造工艺 MBD 模型过程。通过构造参数化铸造工艺 MBD 模型，定义了三维铸造工艺模型的数据格式，以及历史记录与工艺树映射的参数化方法。工艺人员设计三维工艺模型时，只需要对结构件的数据进行完善与修改即能由相关系统自动完成设计过程。

1. 铸造工艺的修改

设计人员在完成毛坯模型设计后，一般需要对输出的毛坯模型进行工艺仿真，此时需要将仿真的结果存入工艺信息模型。若仿真结果不满足设计需求，则需进行工艺修改。此时，设计人员只需通过修改工艺数据，从而生成与新工艺数据对应的工艺模型。

①根据工艺名称查找铸造数据库的相关信息，将数据库储存的工艺模型的工艺数据进行保存，以便设计人员后期修改。

②根据对应工艺设计历史中的信息，判断该工艺特征模型是否涉及几何元素的变动。若该工艺仅为工艺数据及信息的添加，则根据该工艺检索点、线、面的相关名称，并进行保存；否则，重新生成相关特征模型。

③将新的完整工艺数据数字化后存入对应工艺数据库中，完成毛坯模型铸造工艺的设计。

2. 铸造工艺模型文件输出

为了提高设计生产效率，三维铸造工艺模型需要具备的功能主要有：能快速进行铸件质量仿真模拟、指导生产人员进行铸件的生产操作。

针对该需求，需要将三维铸造工艺设计过程中设计的完备工艺数据及工艺模型进行记录与导出。

（1）铸造仿真三维模型输出

在进行三维铸造工艺模型设计时，所进行的操作主要包括以下：

①将设计人员提供的铸件零件模型还原成毛坯模型。该过程主要对原铸件零件模型进行设计，工艺特征的变化均发生在原铸件零件模型中。在仿真过程中，毛坯模型表现为铸液对以毛坯模型为空腔的壳体进行充型。因此，输出模型结果为该过程三维工艺模型。

②浇冒口设计、冷铁设计时生成的新模型的添加。该过程需要完成浇注系统、冒口系统冷铁等三维工艺模型的设计，每个部分存在材料不统一的情况。为了保证铸造仿真过程中边界条件的合理设置，每部分新建的模型和原铸件零件模型的关系可视为装配关系，即模型间的位置与位姿确定且唯一。

（2）工艺指导模型输出

三维工艺模型的另一个作用是指导工人进行铸造生产操作。工人进行铸造生产时，不仅要快速地浏览铸造工艺的数据，还要观察铸造相关工艺模型，并且基于 MBD 三维铸造工艺模型的设计，将铸造工艺设计过程的工艺数据与三维模型关联。相对于二维铸造工艺图，通过三维工艺模型的观察可以帮助工人理解模型的设计，减少设计失误。

8.5　铸件结构设计

设计铸件结构时，不仅要保证工作性能和力学性能要求，还应符合铸造工艺和合金铸造性能对铸件结构的要求，即所谓“铸件结构工艺性”。同时，采用不同的铸造方法，对铸件结构有着不同的要求。铸件结构设计是否合理，对铸件的质量、生产率、成本有很大的影响。

8.5.1　铸造工艺对铸件结构设计的要求

铸件结构的设计应尽量简化制模、造型、制芯、合型、清理等工序，提高生产率。

1. 铸件的外形力求简单、造型方便

（1）避免外部侧凹

如果铸件在起模方向上有侧凹，就必将增加分型面的数量，使砂箱数量和造型工时增加，也使铸件容易产生错型，影响铸件的外形和尺寸精度。如图 8－40（a）所示的端盖，由于上下法兰的存在，使铸件产生侧凹。铸件具有两个分型面，所以必须采用三箱造型，或者增加环状外型芯，使造型工艺复杂。结构改为图 8－40（b）所示后，取消了上部法兰，使铸件只有一个分型面，可采用两箱造型，就能显著提高造型效率。

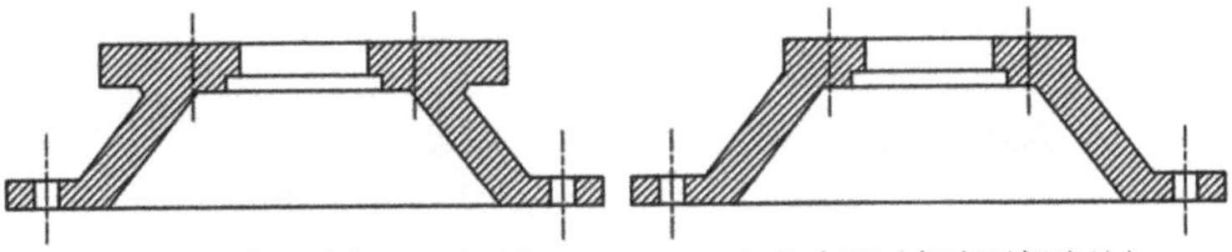

（a）不合理（有上下法兰）　（b）合理（仅有下部法兰）

图 8－40　端盖的设计

（2）凸台、肋板的设计

设计铸件侧壁上的凸台、肋板时，要考虑到起模方便，尽量避免使用活块和型芯。如图 8－41（a）、图 8－41（b）所示的凸台均妨碍起模。应将相近的凸台连成一片，并延长到分型面，如图 8－41（c）、图 8－41（d）所示，就不需要活块和活型芯，便于起模。

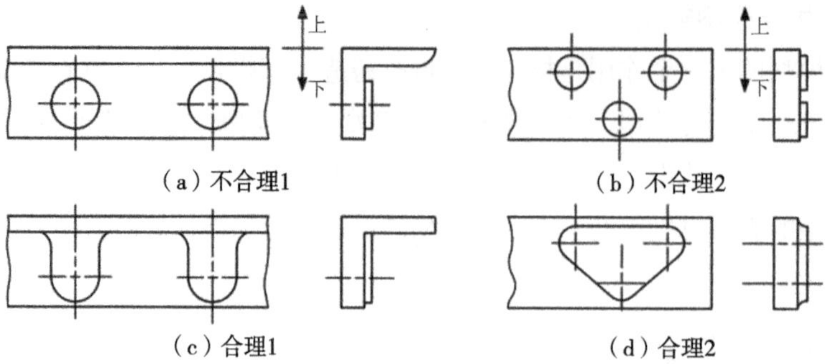

图 8－41　凸台的设计

2. 内腔设计合理

铸件的内腔通常由型芯形成，型芯处于高温金属液的包围之中，工作条件恶劣，极易产生各种铸造缺陷。故在铸件内腔的设计中，尽可能地避免或减少型芯。

（1）尽量避免或减少型芯

如图 8－42（a）所示，悬臂支架采用方形中空截面，为形成其内腔，必须采用悬臂型芯，型芯的固定、排气、出砂都很困难。若改为图 8－42（b）所示的工字形开式截面，可省去型芯。图 8－43（a）为带有向内的凸缘，必须采用型芯形成内腔。若改为如图 8－43（b）所示的结构，则可通过自带型芯形成内腔，使工艺过程大大简化。

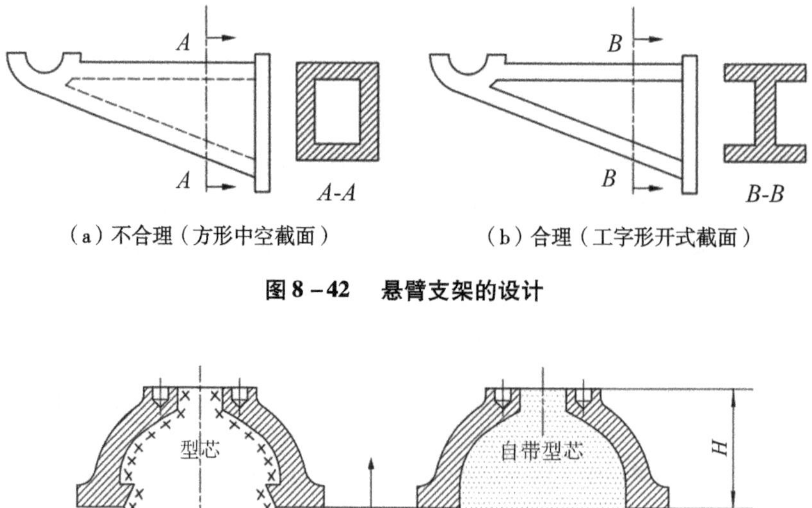

图 8－42　悬臂支架的设计

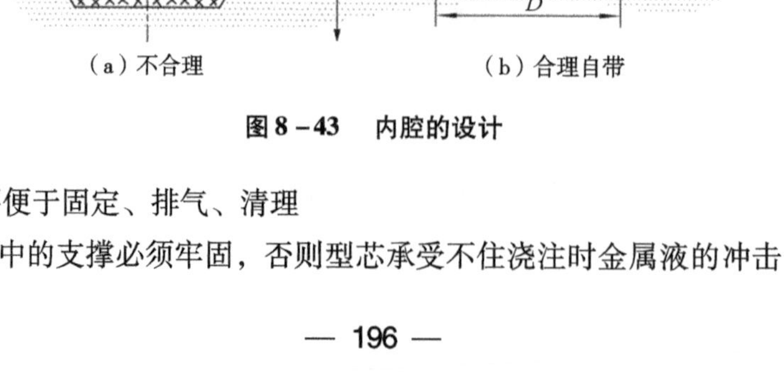

图 8－43　内腔的设计

（2）型芯要便于固定、排气、清理

型芯在铸型中的支撑必须牢固，否则型芯承受不住浇注时金属液的冲击而产生偏芯缺陷，造成废品。如图 8－44（a）所示的轴承架铸件，内腔采用两个型芯，其中，较大的呈悬臂状需要用型撑来加固。如果将铸件的两个空腔打通，改为如图 8－44（b）所示的结构，则可采用一个整体型芯形成铸件的空腔，型芯能很好地固定，而且下芯、排气、清理都很方便。

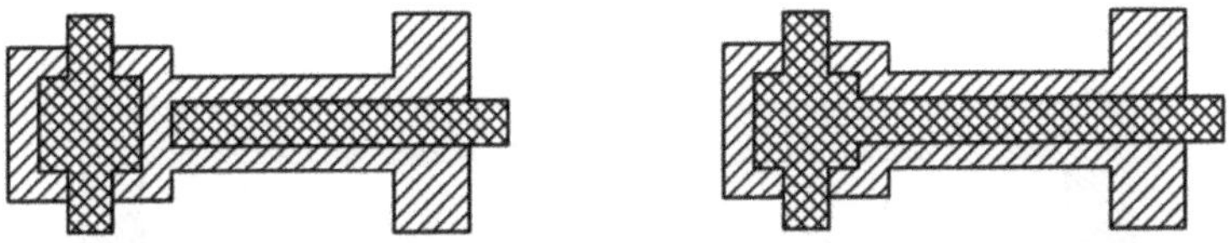

（a）不合理（两个型芯）　　（b）合理（一个整体型芯）

图 8－44　轴承架铸件的设计

（3）应避免封闭内腔

如图 8－45（a）所示，铸件为封闭内腔结构，型芯安放困难、排气不畅、无法清砂、结构工艺性极差。若改为如图 8－45（b）所示的结构，上述问题可以迎刃而解，结构设计合理。

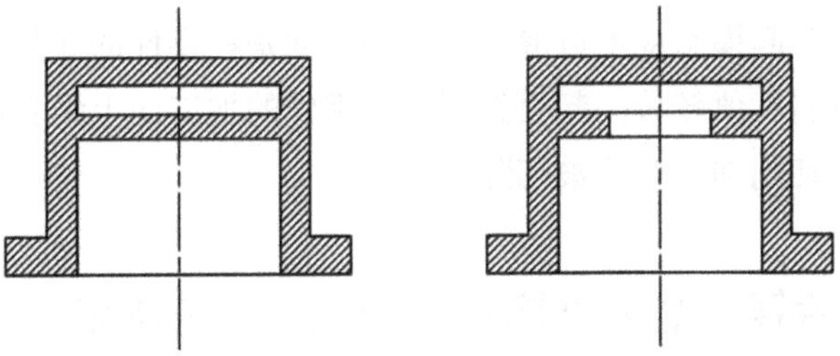

（a）不合理（内腔封闭）　　（b）合理（内腔不封闭）

图 8－45　内腔的设计

3. 分型面尽量平直

分型面如果不平直，造型时必须采用挖砂或假箱造型，这两种造型方法生产率均很低。如图 8－46（a）所示的杠杆铸件的分型面不平直，改为如图 8－46（b）所示的结构，分型面变成平面，方便了制模和造型，分型面设计合理。

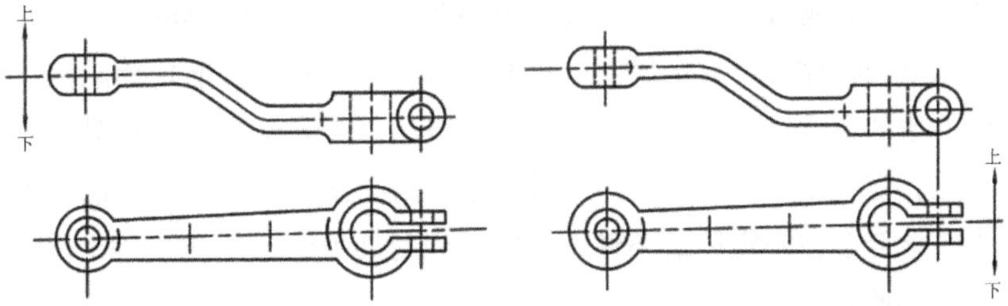

（a）不合理（分型面不直）　　（b）合理（分型面为平面）

图 8－46　杠件铸件的设计

4. 铸件有结构斜度

铸件垂直于分型面的不加工表面，应设计出结构斜度，如图 8－47（a）所示。在造型时容易起模，不易损坏型腔，有结构斜度是合理的。如图 8－47（b）所示，为无结构斜度的不合理结构。

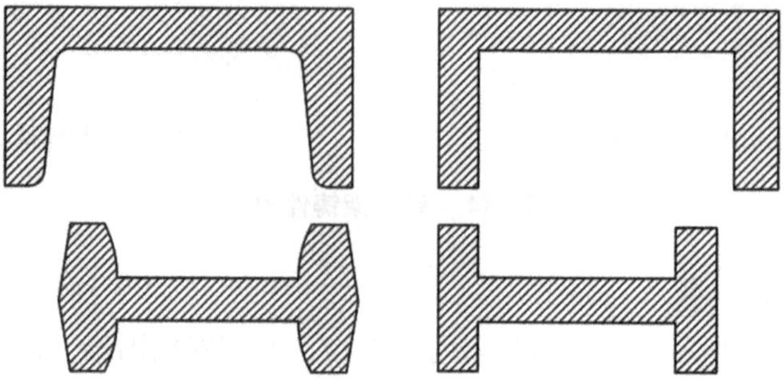

（a）合理（有结构斜度）　　（b）不合理（无结构斜度）

图 8－47　铸件结构斜度的设计

铸件的结构斜度和起模斜度不可混淆。结构斜度是在零件的非加工面上设置的，直接标注在零件图上，且斜度值较大。起模斜度是在零件的加工面上设置的，在绘制铸造工艺图或模样图时使用，切削加工时将被切除。

8.5.2　合金铸造性能对铸件结构设计的要求

铸件结构的设计应考虑到合金的铸造性能的要求。与合金铸造性能有关的一些缺陷（缩孔、变形、裂纹、气孔、浇不足等），有时是由于铸件结构设计不够合理，未能充分考虑合金铸造性能的要求所致。虽然有时可采取相应的工艺措施来消除，但必然会增加生产成本和降低生产率。

1. 合理设计铸件壁厚

铸件的壁厚越大，越有利于液态合金充填型腔。但是随着壁厚的增加，铸件心部的晶粒越粗大；而且凝固收缩时没有金属液的补充，容易产生缩孔、缩松等缺陷，所以承载力并不随着壁厚的增加而成比例地提高。铸件壁厚减小，有利于获得细小晶粒，但不利于液态合金充填型腔，容易出现冷隔、浇不到等问题。为了获得完整、光滑的合格铸件，铸件壁厚设计应大于该合金在一定铸造条件下所能得到的最小壁厚。表 8－13 列出了砂型铸造条件下铸件的最小壁厚。

表8－13 砂型铸造条件下铸件的最小壁厚 单位：mm

铸件尺寸	铸钢	灰铸铁	球磨铸铁	可锻铸铁	铝合金	铜合金
<200×200 200×200～500×500 >500×500	5～8 10～12 15～20	3～5 4～10 10～15	4～6 8～12 12～20	3～5 6～8	3～3.5 4～6	3～5 6～8

当铸件壁厚不能满足力学性能要求时，经常采用带加强肋结构的铸件，而不是用单纯增加壁厚的方法，如图8－48所示。

（a）不合理（单纯增加壁厚） （b）合理（加强肋结构）

图8－48 铸件壁厚力学性能的设计

2. 壁厚应尽可能均匀

如果铸件各部分壁厚相差过大，会在局部厚壁处形成金属积聚的热节，导致铸件产生缩孔、缩松等缺陷；同时，不均匀的壁厚会造成铸件各部分的冷却速度不同，冷却收缩时各部分相互阻碍，产生热应力，容易使铸件薄弱部位产生变形和裂纹，如图8－49所示。因此，在设计铸件时，应力求做到壁厚均匀，即铸件的各部分具有冷却速度相近的壁厚，所以内壁的厚度要比外壁厚度小一些。

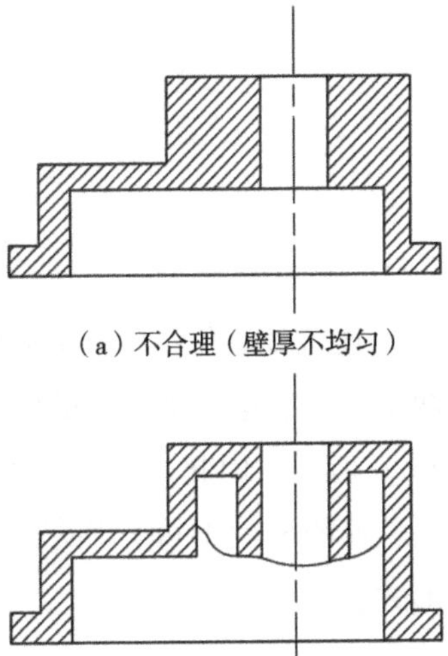

（a）不合理（壁厚不均匀）

（b）合理（壁厚均匀）

图8－49 铸件壁厚的设计

3. 铸件壁的连接方式要合理

（1）铸件壁之间的连接应有结构圆角

直角转弯处容易形成冲砂、砂眼等缺陷，也容易在尖锐的棱角部分形成结晶薄弱区。此外，直角处因热量积聚较多（热节）容易形成缩孔、缩松，如图8－50所示。因此，要合理地设计内圆角和外圆角，内圆角的大小应与铸件的壁厚相适应，数值可参阅表8－14。

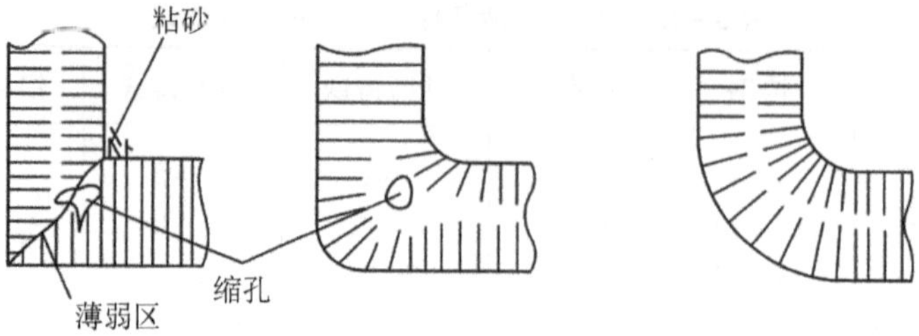

（a）不好　　（b）较差　　（c）良好

图 8－50　直角与圆角对铸件质量的影响

表 8－14　铸件的内圆角 *R* 值　　　　**单位：mm**

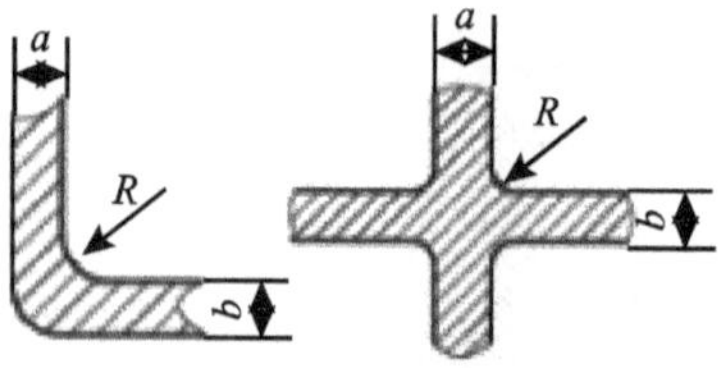	$(a+b)/2$	<8	8～12	12～16	16～20	20～27	37～35	35～45	45～60
	铸铁	4	6	6	8	10	12	16	20
	铸钢	6	6	8	10	12	16	20	25

（2）铸件壁厚的过渡应平缓

铸件壁厚不同的部分进行连接时，应力求平缓过渡，避免截面突变，以减小应力集中，防止产生裂纹，如图 8－51 所示。

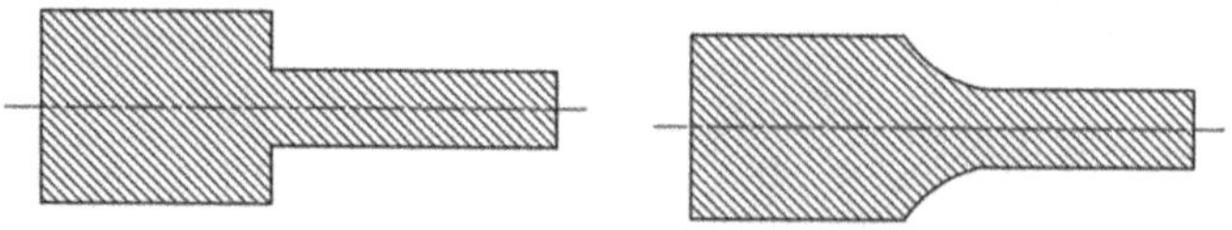

（a）不合理（截面突变）　　（b）合理（过渡平缝）

图 8－51　铸件壁厚过渡的设计

（3）连接处避免集中交叉和锐角

两个以上的壁连接处热量积聚较多，容易形成热节，铸件容易形成缩孔，如图 8－52（a）（b）所示。因此，当铸件两壁交叉时，中小型铸件采用交错接头，大型铸件采用环形接头，如图 8－52（c）所示。当两壁必须以锐角连接时，要采用图 8－52（d）所示的过渡形式。

4. 避免大的水平面

铸件上的大平面不利于液态金属的充填，容易产生浇不到、冷隔等缺陷；大平面上方的砂型受高温金属液的烘烤，容易掉砂而使铸件产生夹砂等缺陷；金属液中，气孔、夹渣浮滞在上表面，产生气孔、渣孔。将图 8－53（a）的水平面改为图 8－53（b）的斜面，可减少或消除上述缺陷。

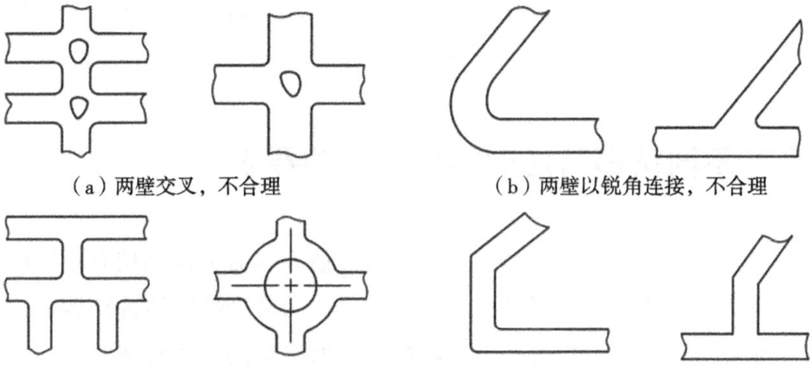

（a）两壁交叉，不合理　（b）两壁以锐角连接，不合理

（c）两壁交叉，合理　（d）两壁以锐角连接，合理

图 8－52　铸件壁间连接处的设计

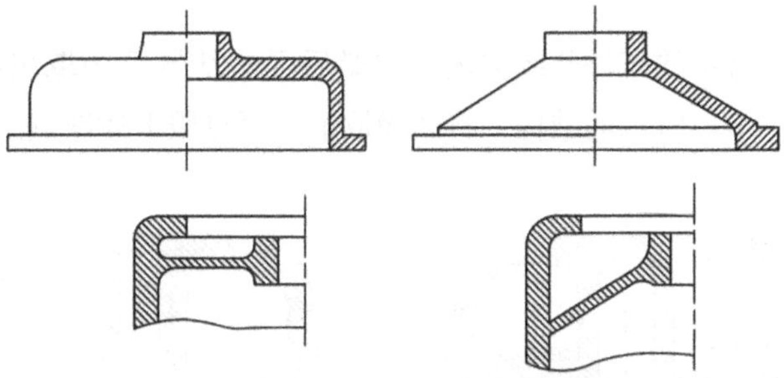

（a）不合理（水平面）　（b）合理（斜面）

图 8－53　避免大水平面的设计

5. 避免铸件收缩受阻

在浇注后的冷却凝固过程中，若铸件收缩受阻，内部将产生应力，导致变形和裂纹的产生。因此，在铸件结构设计时，应尽量使其自由收缩。如图 8－54 所示的轮形铸件，轮缘和轮毂较厚，轮辐较薄，铸件冷却收缩时极易产生热应力。图 8－54（a）所示，轮辐对称分布，虽然制作模样和造型方便，但因收缩受阻，容易产生裂纹。改为如图 8－54（b）所示的奇数轮辐或如图 8－54（c）所示的弯曲轮辐，可利用铸件微量变形来减少内应力。

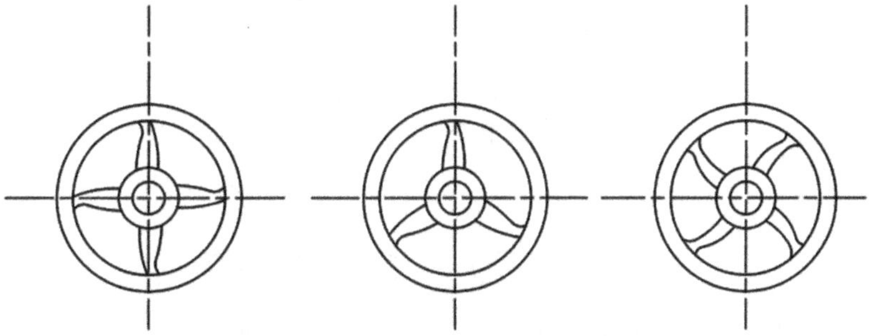

（a）不合理（轮辐对称分布）　（b）合理（奇数轮辐）　（c）合理（弯曲轮辐）

图 8－54　轮辐的设计

以上介绍的只是砂型铸造铸件结构设计的特点，在特种铸造方法中，应根据每种不同的铸造方法及其特点进行相应的铸件结构设计。

8.5.3 不同铸造方法对铸件结构的要求

对于采用特种铸造方法生产的铸件，不同的铸造方法对铸件结构有不同的要求。设计特种铸造生产的铸件结构时，除了考虑上述铸件结构的合理性和铸件结构的工艺性等一般原则外，还必须充分考虑不同特种铸造方法的特点所决定的一些特殊要求。

1. 熔模铸件

（1）便于蜡模的制造

如图 8－55（a）所示的铸件凸缘向内，注蜡后无法从压型中取出型芯，使蜡模制造困难。改成如图 8－55（b）所示的结构，将凸缘取消，可克服上述缺点。

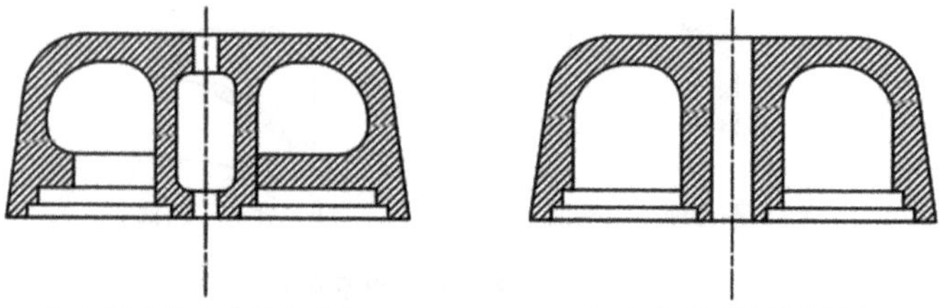

（a）不合理（凸缘向内）　（b）合理（取消凸缘）

图 8－55　便于抽出型芯的设计

（2）尽量避免大平面结构

由于熔模铸造的型壳高温强度较低，型壳容易变形，大面积平板型壳的变形尤甚。因此，设计铸件结构时，应尽量避免采用大的平面。因功能所需必须有大的平面时，应在大平面上设计工艺肋或工艺孔，以增强型壳的刚度，如图 8－56 所示。

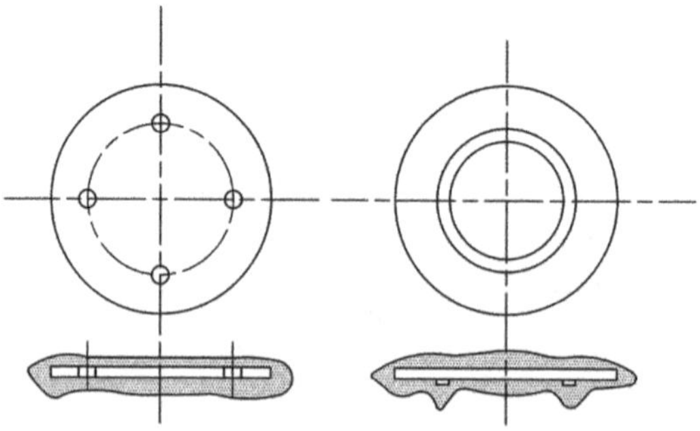

（a）工艺孔　（b）工艺肋

图 8－56　大平面上的工艺孔和工艺肋

(3) 铸件上的孔、槽不能太小和太深

过小或过深的孔、槽，会使制壳时涂料和砂粒很难进入蜡模的孔洞内，形成合适的型腔，同时，给铸件的清砂带来困难。一般的铸孔直径应大于 2 mm（薄件壁厚大于 0.5 mm）。

(4) 铸件的壁厚不可太薄

铸件的壁厚一般为 2 ~ 8 mm。

(5) 铸件的壁厚应尽量均匀

熔模铸造工艺一般不用冷铁，少用冒口，多用直浇口直接补缩。因此，要求铸件壁厚均匀，不能有分散的热节；壁厚分布符合顺序凝固的要求，以便利用浇口补缩。

2. 金属型铸件

(1) 铸件结构一定要保证能顺利出型

由于金属型铸造的铸型和型芯采用金属制作，所以铸型和型芯都不具有退让性，且导热性好、铸件冷却速度快。为保证铸件能从铸型中顺利取出，铸件结构斜度应比砂型铸件大。图 8 - 57 是一组合理结构和不合理结构的示例。

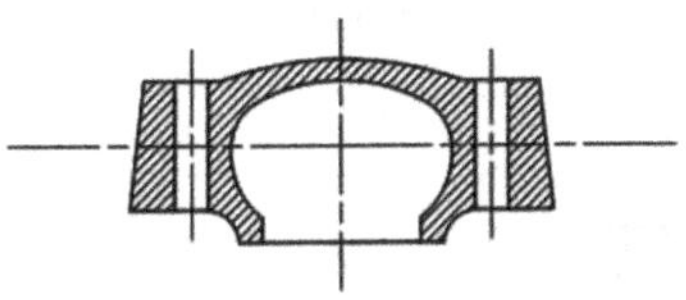
(a) 不合理（不易抽芯）

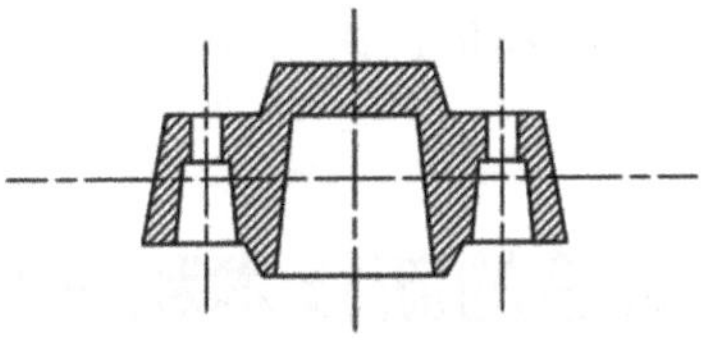
(b) 合理（便于抽芯）

图 8 - 57　金属型铸件的设计

(2) 铸件的壁厚要均匀

金属型导热快，为防止铸件出现浇不足、缩松、裂纹等缺陷，铸件壁厚要均匀，也不能过薄。例如，铝硅合金壁厚为 2 ~ 4 mm，铝镁合金壁厚为 3 ~ 5 mm。

(3) 铸孔的孔径要合适

铸孔的孔径不能过小、过深，以便于金属型芯的安放和抽出。通常，铝合金的最小铸出孔径为 8 ~ 10 mm，镁合金和锌合金的孔径均为 6 ~ 8 mm。

3. 压铸件

(1) 保证压铸件从压型中顺序取出

压铸件上应尽量避免侧凹和深腔，以保证压铸件从压型中顺利取出。如图 8 - 58 (a) 所示的结构侧凹向内，侧凹处无法抽芯。改为如图 8 - 58 (b) 所示的结构后，侧凹朝外，可按箭头方向抽出外型芯，铸件便可从压型中顺利取出。

(2) 应尽可能采用薄壁并保证壁厚均匀

由于压铸工艺的特点，金属浇注和冷却速度都很快，厚壁处不易得到补缩而形成缩

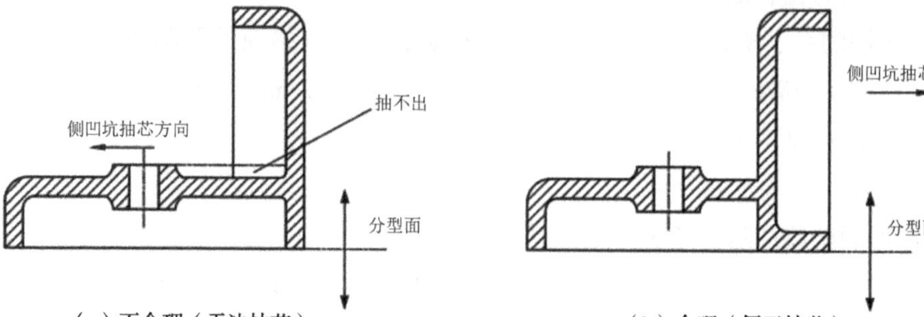

（a）不合理（无法抽芯）　　（b）合理（便于抽芯）

图 8－58　压铸件的设计

孔、缩松。压铸件适宜的壁厚，锌合金的壁厚为 1～4 mm，铝合金壁厚为 1.5～5 mm，铜合金为 2～5 mm。

（3）镶嵌铸造

对于复杂而无法取芯的铸件或局部有特殊性能（耐磨、导电、导磁、绝缘等）要求的铸件，可采用镶嵌铸法，把镶嵌件先放在压型内，然后和压铸件铸合在一起。为使嵌件在铸件中连接可靠，应将嵌件镶入铸件部分制出凹槽、凸台或滚花等。

8.6　铸造的新技术和发展趋势

科学技术的飞速发展，以及新能源、新材料、自动化技术、信息技术、计算机技术等相关学科高新技术成果的应用，促进了铸造技术的快速发展。一些新的科技成果与传统工艺的结合，创造出一些新的铸造方法。目前，铸造技术正朝着优质、高效、低耗、节能、污染小、自动化的方向发展。

8.6.1　造型技术的发展

1. 气体冲压造型

气体冲压造型是近年来发展起来的一种新的造型工艺方法，包括空气冲击造型和燃气冲击造型。主要工艺过程是：将型砂填入砂箱和辅助框内，然后打开冲击阀，将储存在压力罐内的压缩空气突然释放出来，作用在砂箱里松散的型砂上面，使其紧实成形；或利用可燃气体燃烧爆炸产生的冲击波使型砂紧实成形。气体冲压造型可一次紧实成形，不必辅助紧实，具有砂型紧实度高且均匀、能生产复杂的铸件、噪声小、设备结构简单、生产率高、节约能源等优点，主要用于交通运输、纺织机械所用铸件，以及水管的造型。

2. 真空实型铸造

真空实型铸造又称气化模铸造、消失铸造。它采用聚苯乙烯发泡塑料模样代替普通模样，将刷过涂料的模样放入可抽真空的特制砂箱内，填干砂后，振动紧实，抽真空，不取出模样就浇入金属液；在高温金属液的作用下，塑料模样燃烧、气化、消失，金属液取代原来塑料模所占据的空间位置，冷却凝固后获得所需铸件。这种造型方法不需要起模，没有铸造斜度和活块，无分型面，无型芯，所以无飞边毛刺，铸件的尺寸精度和表面粗糙度接近熔模铸造，增大了设计铸造零件的自由度，简化了铸件生产工序，缩短了生产周期，减少材料消耗。一般来说，真空实型铸造的应用范围十分广泛，既可以用于大件的单件小批量生产，也可用于中小件的大批量生产。但按我国目前的铸造水平，在生产上应用还存在一系列问题，有待继续研究和进一步完善。

8.6.2　快速原型制造技术（RPM）

铸造模型的快速原型制造技术（RPM）是以分层合成工艺为基础的计算机快速立体模型制造系统，包括分层合成工艺的计算机智能铸造生产，是最近几年机器制造业的一个重要发展方向。快速原型制造技术集现代数控技术、CAD/CAM 技术、激光技术、新型材料的成果于一体，突破了传统的加工模式，可以自动、快速地将设计思想物化为具有一定结构和功能的原型，或者直接制造零件，从而对产品设计进行快速评价、修改，以适应市场的快速发展要求，提高企业的竞争力。

快速原型制造技术的工作原理是将零件的 CAD 三维几何模型，输入计算机；再以分解算法将模型分解成一层层的横向薄层，确定各层的平面轮廓，将这些模型数据信息按顺序一层接一层地传递到分层合成系统。在计算机的控制下，由激光器或紫外光发生器逐层扫描塑料、复合材料、液态树脂等成形材料。在激光束或紫外光束作用下，这些材料将会发生固化、烧结或黏结而制成立体模型。用这种模型作为模样进行熔模铸造、实型铸造等，可以大大缩短铸造生产周期。

目前，正在应用与开发的快速原型制造技术有以分层叠加合成工艺为原理的激光立体光刻技术（SLA）、激光粉末选区烧结成形技术（SLS）、熔丝沉积成形技术（FDM）、叠层轮廓制造技术（LOM）等多种工艺方法。每种工艺方法原理相同，只是技术有所差别。

①激光立体光刻技术（SLA）。采用 SLA 成形方法生产金属零件的最佳技术路线是：SLA 原型（零件型）—熔模铸造（消失模铸造）—铸件。主要用于生产中等复杂程度的中小型铸件。

②激光粉末选区烧结成形技术（SLS）。采用 SLS 成形方法生产金属零件的最佳技术路线是：SLS 原型（陶瓷型）—铸件；SLS 原型（零件型）—熔模铸造（消失模铸造）—铸件。主要用于生产中小型复杂铸件。

③熔丝沉积成形技术（FDM）。采用 FDM 成形方法生产金属零件的最佳技术路线是 FDM 原型（零件型）—熔模铸造—铸件。主要用于生产中等复杂程度的中小型铸件。

8.6.3 计算机在铸造中的应用

随着计算机的发展和广泛应用，把计算机应用于铸造生产中已取得了越来越好的效果。铸造生产中，计算机可应用的领域很广。例如，在铸造工艺设计方面，计算机可模拟液态金属的流动性和收缩性，可以预测与铸件温度场直接相关的铸件的宏观缺陷，如缩孔、缩松、热裂、偏析等；可进行铸造工艺参数的计算；可绘制铸造工艺图、木模图、铸件图；用于生产控制；等等。近年来，应用的铸造工艺计算机辅助设计系统是利用计算机协助生产工艺设计者分析铸造方法、优化铸造工艺、估算铸造成本、确定设计方案并绘制铸造图等，将计算机的快速性、准确性与设计者的思维、综合分析能力结合起来，从而极大地提高了产品的设计质量和速度，使产品更具有竞争力。

【练习与思考】

1. 名词解释

（1）流动性；（2）充型能力；（3）缩孔；（4）缩松；（5）分型面；（6）收缩率；（7）起模斜度；（8）结构斜度。

2. 填空题

（1）铸件的凝固方式有________、________和________。其中，恒温下结晶的金属或合金以________方式凝固，凝固温度范围较宽的合金以________方式凝固。

（2）缩孔产生的基本原因是________和________大于________，且得不到补偿。防止缩孔的基本原则是按照________原则进行凝固。

（3）铸造应力是________、________、________的总和。防止铸造应力的措施是采用________原则。

（4）在确定浇注位置时，具有大平面的铸件，应将铸件的大平面朝________。

（5）为有利于铸件各部分冷却速度一致，内壁厚度要比外壁厚度________。

（6）铸件上垂直于分型面的不加工表面，应设计出________。

3. 选择题

（1）（　　）的合金，铸造时，合金的流动性较好，充型能力强。

A. 糊状凝固　　B. 逐层凝固　　C. 中间凝固

（2）防止和消除铸造应力的措施是采用（　　）。

A. 同时凝固原则　　B. 顺序凝固原则

（3）缩孔一般发生在以（　　）的合金中。

A. 糊状凝固　　B. 逐层凝固　　C. 中间凝固

(4) 缩松一般发生在以（　　）的合金中。

A. 糊状凝固　　B. 逐层凝固　　C. 中间凝固

(5) 合金液体的浇注温度越高，合金的流动性（　　），收缩率（　　）。

A. 越好　　B. 越差　　C. 越小　　D. 越大

(6) 铸件冷却后的尺寸将比型腔的尺寸（　　）。

A. 大　　B. 小　　C. 一样

(7) 生产滑动轴承时，采用的铸造方法应是（　　）。

A. 熔模铸造　　B. 压力铸造　　C. 金属型铸造　　D. 离心铸造

(8) 模样越高，起模斜度取值越（　　）。内壁斜度比外壁斜度（　　）。

A. 大　　B. 小

(9) 零件的结构斜度是在零件的（　　）上设置的。

A. 加工面上　　B. 非加工面上

4. 简答题

(1) 型砂由哪些物质组成？对其基本性能有哪些要求？

(2) 合金的铸造性能对铸件的质量有何影响？常用铸造合金中，哪种铸造性能较好？哪种较差？为什么？

(3) 什么是液态合金的充型能力？它与合金的流动性有何关系？为什么铸钢的充型能力比铸铁差？

(4) 缩孔和缩松对铸件质量有何影响？为何缩孔比缩松较容易防止？

(5) 什么是顺序凝固原则和同时凝固原则？两种凝固原则各应用于哪种场合？

(6) 分模造型、活块造型、挖砂造型、三箱造型、地坑造型各应用于哪种场合？

(7) 试述分型面选择原则有哪些？它与浇注位置选择原则的关系如何？

(8) 什么是铸件的结构斜度？它与拔模斜度有何不同？改正如图8－59所示的铸件的不合理结构。

(9) 为什么铸件要有结构圆角？如图8－60所示的铸件上哪些圆角不够合理，如何修改？

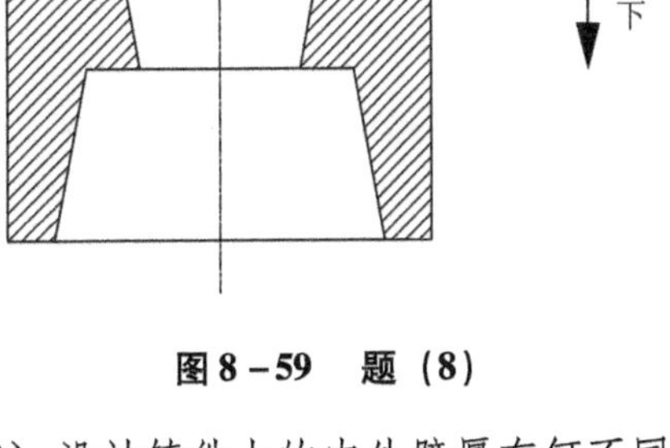

图8－59　题（8）

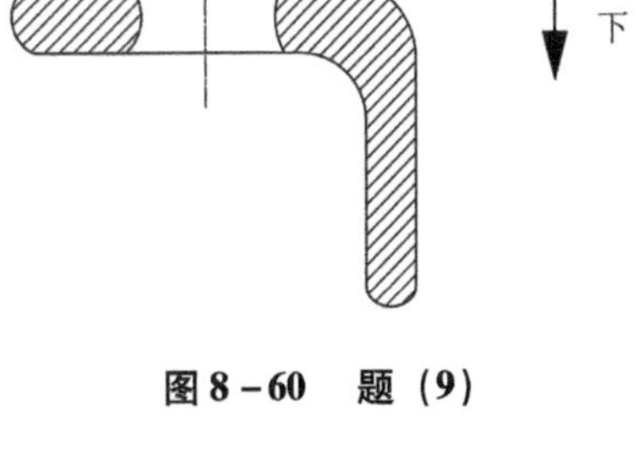

图8－60　题（9）

(10) 设计铸件上的内外壁厚有何不同？为什么？

(11) 如图8－61所示的铸件结构有何缺点？如何改进？

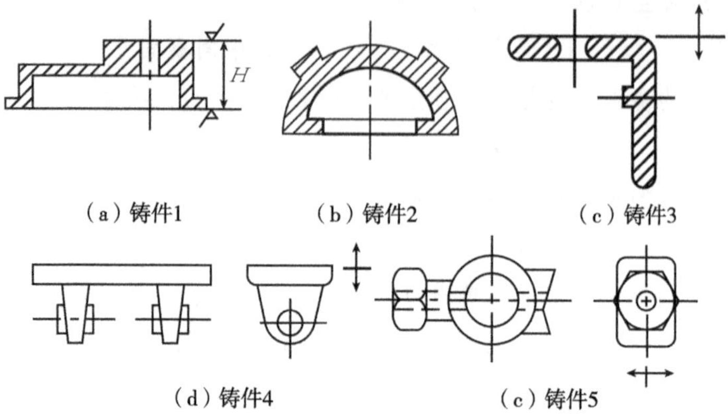

图 8－61　题（11）

（12）简述熔模铸造工艺过程、生产特点、应用范围。

（13）试比较压力铸造和低压铸造的异同点及应用范围。

（14）金属型铸造为什么要严格控制开型时间？

参考文献

[1] 侯书林. 机械制造基础[M]. 北京：中国林业出版社，2006.

[2] 苏仕方. 铸造手册第 5 卷：铸造工艺[M]. 4 版. 北京：机械工业出版社，2021.

[3] 丁鹏鹏. MBD 驱动下的航天结构件铸造毛坯生成方法研究[D]. 上海：东华大学，2020.

[4] 陈华宇. 面向低压铸造的参数化三维铸造工艺设计系统研究[D]. 南京：东南大学，2017.

第 9 章　基于 MBD 的锻压工艺

【教学要求】

在锻压工艺中，MBD 可以用于提供详细的产品设计和制造信息，以便更有效地实施锻压工艺，通过嵌入设计、工艺规划、质量控制信息，实现数字化原型、自动化生产、简化文档生成，有助于提高效率、降低错误，支持实时质量监控，推动数字化制造的发展。本章让读者了解锻压工艺及常用的锻压工艺方法，同时了解基于 MBD 的锻压工艺，并通过几个实例进行讲解。

9.1　锻压工艺基础

9.1.1　综述

锻压制造简称锻造，是一种借助工具或模具在冲击或压力作用下，对金属坯料施加外力，使其产生塑性变形，改变尺寸、形状、性能，用以制造机械零件或零件毛坯的成形加工方法，又称锻压。

锻压具有细化晶粒、致密组织，并具有连贯的锻压流线，从而改善金属的力学性能。此外，锻压具有生产率高，节省材料的优点。因此，锻压在金属热加工中占有重要的地位。

1. 锻压加工的特点

与其他加工方法比较，锻压加工具有较高的生产效率；可消除零件或毛坯的内部缺陷；锻件的形状、尺寸稳定性好，并具有较高的综合力学性能；锻件的最大优势是韧性好、纤维组织合理、锻件间性能变化小；锻件的内部质量与加工历史有关，并且不会被任何一种金属加工工艺超过。如图 9 - 1 所示，为铸造、锻压、机械加工三种金属加工方法得到的零件低倍宏观流线。

锻压生产存在以下缺点：不能直接锻制成形状较复杂的零件；锻件的尺寸精度不够高；锻压生产需要重型机器设备和复杂的工模具，对于厂房基础要求较高，初次投资费用高。

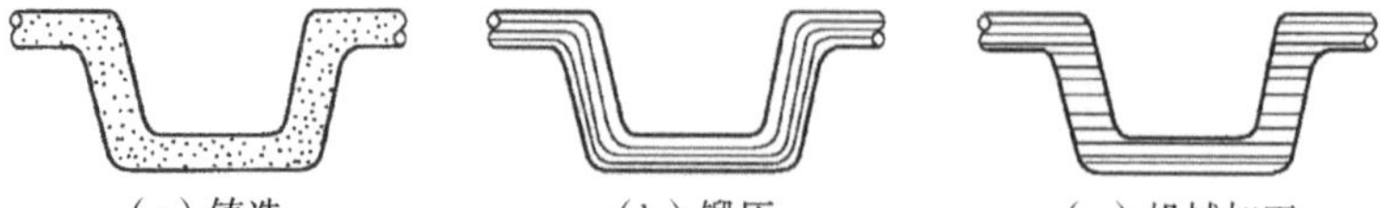

图9-1　三种金属加工方法得到的零件低倍宏观流线

2. 锻压生产的适用范围

锻压生产根据使用工具和生产工艺的不同分为自由锻、模锻、特种锻造。锻压工艺在锻压生产中起着重大作用。工艺流程不同，得到的锻件质量有很大的差别，使用的设备类形、吨位也相去甚远。锻件的应用范围很广，几乎所有运动的重大受力构件都是由锻压成型的。锻压在机器制造业中有着不可替代的作用，一个国家的锻造水平可以反映出这个国家机器制造业的水平。随着科学技术的发展，工业化程度的日益提高，锻件的需求量逐年增长。据测算，飞机上采用的锻压（包括板料成形）零件约占85%，汽车约占60%~70%，农机约占70%。

3. 锻压生产的发展趋势

锻压生产虽然生产效率高，锻件综合性能高，节约原材料；但生产周期较长，成本较高，处于不利的竞争地位。锻压生产要跟上当代科学技术的发展，需要不断改进技术，采用新工艺和新技术，进一步提高锻件的性能指标；缩短生产周期，降低成本。

当代科学技术的发展对锻压生产本身的完善和发展有着重大影响，这主要表现在以下3个方面：

①材料科学的发展对锻压技术有着最直接的影响。新材料的出现必然对锻压技术提出新的要求，如高温合金、金属间化合物、陶瓷材料等难变形材料的成形问题。锻压技术只有在不断解决材料带来的问题的情况下才能得以发展。

②新兴科学技术的出现。当前主要是计算机技术在锻压技术各个领域的应用，如锻模计算机辅助设计与制造（CAD/CAM）技术、锻造过程的计算机有元数值模拟技术等。这些新技术的应用，缩短了锻件的生产周期，提高锻模设计和生产水平。

③机械零件性能的更高要求。推动锻压技术发展的最大动力来自交通工具制造业——汽车制造业和飞机制造业。锻件的尺寸、质量越来越大，形状越来越复杂、精密，一些重要受力件的工作环境更苛刻，受力状态更复杂。除了更换强度更高的材料外，研究和开发新的锻压技术是必然的出路。

9.1.2　金属的冷加工与热加工变形

塑性是金属的重要特性。利用塑性可以将金属加工成各种制品。不仅轧制、锻造、挤压、冲压、拉拔等成形加工工艺都是金属发生大量塑性变形的过程，而且在车、铣、刨、钻等各种切削加工工艺中，都会发生金属的塑性变形。

塑性变形的实质是在外力的作用下金属内部的原子沿一定的晶面和晶向产生了滑移的结果。塑性变形不仅可以使金属获得一定的形状和尺寸，而且会引起金属内部组织与结构变化，使铸态金属的组织与性能得到一定的改善。通过前面的内容了解了单晶体的塑性变形，掌握金属塑性变形的基本规律；多晶体的塑性变形由于存在着晶界和各晶粒的位向差别，变形抗力要比同种金属的单晶体高得多。

根据变形时的温度，金属的塑性变形分为冷变形和热变形。

1. 冷变形和热变形的定义

（1）冷变形

金属在再结晶温度以下进行塑性变形称为冷变形。冷变形加工后，金属内部形成纤维组织。变形后，金属具有明显的加工硬化现象，所以冷变形的变形量不宜过大，避免工件撕裂或降低模具寿命。冷变形加工具有精度高、表面质量好、力学性能好的特点，广泛应用于板料冲压、冷挤压、冷镦、冷轧等常温变形加工。

（2）热变形

金属在再结晶温度以上进行变形加工称为热变形。加工过程中产生的加工硬化随时被再结晶软化和消除，使金属塑性显著提高，变形抗力明显减小。因此，可以利用较小的能量获得较大的变形量，适合于尺寸较大、形状复杂的工件的变形加工。热变形加工产品表面容易形成氧化皮，尺寸和表面质量较低。自由锻、热模锻、热轧等都属于热变形的范畴。

2. 热变形加工金属组织和性能变化

金属热变形时，组织和性能的变化主要表现在以流线与改善缺陷两个方面。

（1）流线

热变形加工时，金属中的脆性杂质被破碎，并沿金属流动方向呈粒状或链状分布；塑性杂质沿变形方向呈带状分布，这种杂质的定向分布称为流线。通过热变形可以改变和控制流线的方向和分布，加工时应尽可能使流线与零件的轮廓相符合而不被切断。图 9－2 是轧材切削加工曲轴和锻造曲轴的流线分布，可以明显看出经切削加工的曲轴流线容易沿轴肩部位发生断裂，流线分布不合理。

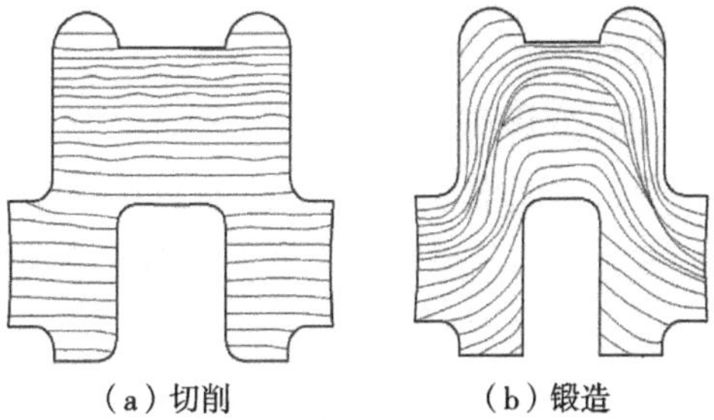

（a）切削　　（b）锻造

图 9－2　曲轴的流线分布

（2）改善缺陷

热变形加工可以使铸坯中的组织缺陷得到明显改善，如铸坯中粗大的柱状晶经热变形加工后变成较细的等轴晶粒；气孔、缩松被压实，使金属组织的致密度增加；某些合金钢中的大块碳化物被打碎并均匀分布；可以消除金属材料的偏析，使成分均匀化。

9.1.3 金属的锻造性能

金属的锻造性能可以用来衡量金属材料进行锻压加工方法成形的难易程度，是金属的工艺性能指标之一。金属的锻造性能的优劣，常用金属的塑性和变形抗力两个指标来衡量。金属塑性好，变形抗力低，则锻造性能好；反之则差。影响金属材料塑性和变形抗力的主要因素有两个方面。

1. 金属的本质

（1）金属的化学成分

不同化学成分的金属，塑性不同，锻造性能也不同。一般纯金属的锻造性能较好。金属组成合金后，强度提高，塑性下降，锻造性能变差。例如，碳钢随着碳含量的增加，塑性下降，锻造性能变差。合金钢中，合金元素的含量增多，锻造性能也变差。

（2）金属的组织状态

金属的组织结构不同，锻造性能有很大差别。由单一固溶体组成的合金，具有良好的塑性，其锻造性能也较好。若含有多种合金而组成不同性能的组织结构，则塑性降低，锻造性能较差。

一般来说，面心立方和体心立方结构的金属比密排六方结构的金属塑性好。

金属组织内部有缺陷，如铸锭内部有疏松、气孔等缺陷，将引起金属的塑性下降，锻造时易出现断裂等现象。铸态组织和晶粒粗大的结构不如轧制状态和晶粒细小的组织结构锻造性能好，但晶粒越细小，金属变形抗力越大。

2. 金属的变形条件

（1）变形温度

随着温度的升高，金属原子动能升高，容易产生滑移变形，从而提高了金属的锻造性能，所以加热是锻压生产中很重要的变形条件。但温度过高时金属出现过热、过烧，塑性反而显著下降。对于加热温度，需要根据金属的材质不同控制在一定范围（合适的变形温度范围）。

（2）变形速度

变形速度指金属在锻压加工过程中单位时间内的相对变形量。变形速度大时，会使金属的塑性下降，变形抗力增大。但变形速度很大时，热效应会使变形金属的温度升高而提高塑性、降低变形抗力。

（3）变形时的应力状态

压应力使塑性提高，拉应力使塑性降低；工具和金属间的摩擦力将使金属的变形不均匀，导致金属塑性降低，变形抗力增大。

综合上述，金属的塑性和变形抗力受金属的本质与变形条件等因素制约。在选用锻压加工方法进行金属成形时，要依据金属的本质和成形要求，充分发挥金属的塑性，尽可能降低其变形抗力，用最少的能耗获得合格的锻压件。

9.1.4　金属变形后的组织和性能

1. 加工硬化

金属材料经塑性变形后，其组织和性能发生了一系列重大变化。组织上的变化表现为：晶粒沿金属流动方向伸长，晶格畸变，位错密度增加，产生内应力，产生碎晶。性能上的变化表现为：随着变形程度的增加，强度和硬度显著提高，塑性和韧性很快下降。变形度越大，性能的变化也越大。这种由于塑性变形的变形度增加，使金属的强度、硬度提高，而塑性下降的现象称为加工硬化或冷作硬化。

加工硬化现象在工程技术中具有重要的实用意义。首先，可以利用加工硬化来强化金属，提高金属的强度、硬度、耐磨性。特别是对那些不能用热处理强化的材料，如纯金属、某些铜合金、铬镍不锈钢、高锰钢等，加工硬化是唯一有效的强化方法。冶金厂出厂的“硬”或“半硬”等供应状态的某些金属材料，就是经过冷轧或冷拉等方法生产加工的硬化产品。

加工硬化可以在一定程度上提高构件在使用过程中的安全性。构件在使用过程中，往往不可避免地在某些部位（孔、键槽、螺纹、截面积过渡处等）出现应力集中和过载荷现象。在这种情况下，由于金属能加工硬化，局部过载部位产生少量塑性变形后，提高了屈服强度，并与所承受的应力达到了平衡，变形就不会继续发展，从而在一定程度上提高了构件的安全性。

加工硬化也有不利的一面。由于它使金属塑性降低，给进一步冷塑性变形带来困难，并使压力加工时能量消耗增大。为了使金属材料能继续变形，必须进行中间热处理来消除加工硬化现象。这就增加了生产成本，降低了生产率。

为了消除加工硬化效应、恢复材料的塑性，以便继续进行变形加工，或者为了消除变形过程中产生的内应力，要对工件进行退火处理。

2. 回复

经塑性变形后的工件，在退火加热温度不太高时，冷变形金属的显微组织无明显变化，只能使内应力明显降低和消除，金属的力学性能没有显著变化，即强度、硬度下降很少，塑性提高不多，这一过程称为回复。

3. 再结晶

当加热温度较高，塑性变形后，金属被拉长的晶粒重新形核、结晶，变为等轴晶粒，称为再结晶。再结晶后的金属，强度、硬度显著下降，塑性和韧性显著提高，内应力完全消除。开始产生再结晶现象的最低温度称为再结晶温度。纯金属的再结晶温度与熔点的大致关系是 $T_{再} \approx 0.4T_{熔}$(K)。

再结晶完成后，若加热温度继续升高或加热时间延长，金属的晶粒便开始不断长大。再结晶后的金属的力学性能与再结晶晶粒度关系很大，晶粒越细小，金属的综合力学性能越好。

金属的加工硬化、回复、再结晶过程中的力学性能变化如图 9 -3 所示。

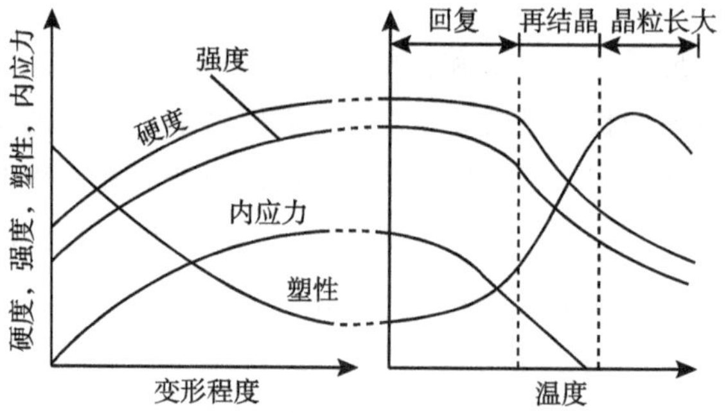

图 9 -3　金属的加工硬化、回复、再结晶过程中的力学性能变化

9.1.5　锻造比与锻造流线

冶炼后的金属液不可能十分纯净，总是存在一些低熔点的杂质。铸锭冷凝后，这些杂质分布在晶界上，无明显的方向；在热变形过程中，粗大的晶粒破碎，沿着金属流动的方向拉长，如图 9 -4 所示。

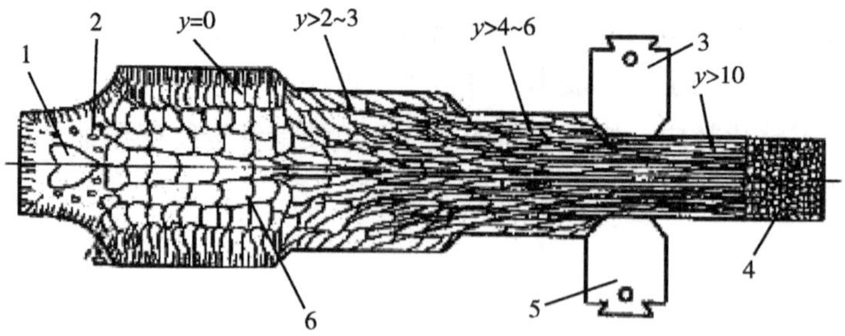

1—缩孔；2—缩松；3—上砧块；4—再结晶的等轴晶；5—下砧块；6—等轴晶。

图 9 -4　热轧对晶粒组织的影响

与此同时，铸锭中的脆性杂质顺着金属主要伸长方向呈碎粒状或链状分布；塑性杂质随着金属变形，沿主要伸长方向呈带状分布。这样，热锻后的金属组织具有一定的方向性，通常称为锻造流线，又叫纤维流线，如图 9 -5 所示。

纤维组织的形成使金属产生各向异性，锻件在纵向（平行于纤维方向）上的塑性和韧性增加，在横向（垂直于纤维方向）上的塑性和韧性下降。杂质分布的流线化程度与锻造比有关，流线化程度越高，这种差别越明显。锻造比是锻造时变形比的一种表示方法，通常用变形前后的横截面和比、长度比、高度比来表示：

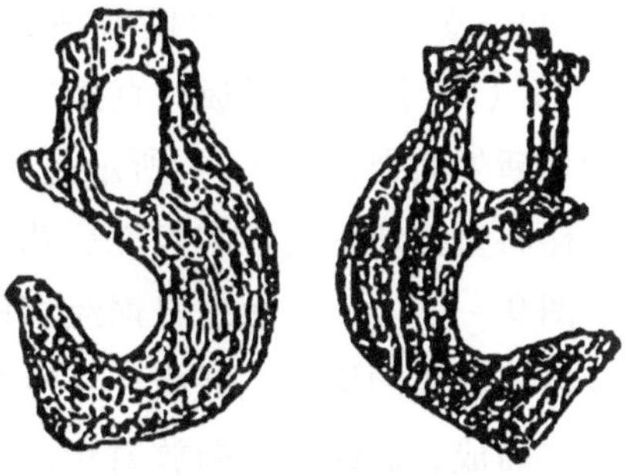

（a）模锻拖钩　　（b）切削加工拖钩

图 9－5　拖钩的纤维流线

拔长锻造比

$$y_{拔}=\frac{A_0}{A}=\frac{L}{L_0}$$

式中，A_0——变形前坯料的横截面积；

A——变形后坯料的横截面积；

L_0——变形前坯料的长度；

L——变形后坯料的长度。

镦粗锻造比

$$y_{镦}=\frac{A}{A_0}=\frac{H_0}{H}$$

式中，H_0——变形前坯料的高度；

H——变形后坯料的高度。

锻造比对金属的组织和性能有很大影响。一般情况下，增加锻造比可使金属组织细密化，提高锻件的力学性能。但当锻造比过大时，金属组织的紧密程度和晶粒细化程度都已达到了极限状况，锻件的力学性能不再升高，而是增加各向异性。

锻造比越大，锻造流线越明显。由于锻造流线的形成使金属的力学性能呈现方向性。图 9－6 是碳素结构钢钢锭采用不同锻造比进行拔长后的力学性能变化曲线。从曲线可以看出：锻造比增加时，钢的强度在横向和纵向上差别不大，塑性和韧性差别很大，纵向的塑性和韧性都明显好于横向。

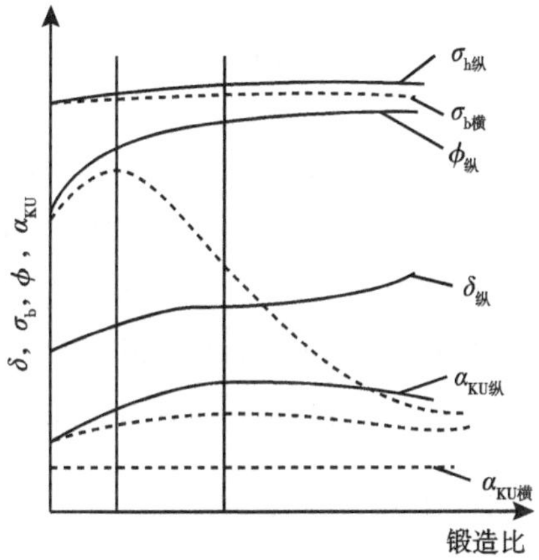

图 9－6　锻造比对力学性能的影响

锻造流线的稳定性很高，形成后不能使用热处理方法消除，只有经过塑性加工使金属发生变形，才能改变其方向和形状。因此，在设计和制造零件时，尽量使零件工作时的最大正应力与流线方向一致，使切应力或冲击力与流线方向垂直，使流线组织的分布尽可能与零件的外形轮廓相符合而不被切断，使材料的力学性能得到充分的发挥。图 9－5（a）所示为模锻拖钩，流线分布合理，使用寿命延长，且材料消耗少。图 9－5（b）所示是用板材直接切削加工的拖钩，拖钩内侧流线组织被切断，使用时容易沿切断处断裂。图 9－7 所示是用不同成型工艺齿轮的流线分布。图 9－7（a）所示是用棒料直接切削成形的齿轮，齿根处的切应力平行于流线方向，强度最差，寿命最短。图 9－7（b）所示是扁钢经切削加工的齿轮，齿 1 的根部切应力与流线方向垂直，强度高；齿 2 的情况正好相反，性能差，寿命短。图 9－7（c）所示是棒料镦粗后经切削加工而成，流线呈径向放射状，各齿的切应力方向均与流向近似垂直，强度与寿命较高。图 9－7（d）所示是热轧成形的齿轮，流线完整且与齿廓一致，未被切断，强度最高，寿命最长。

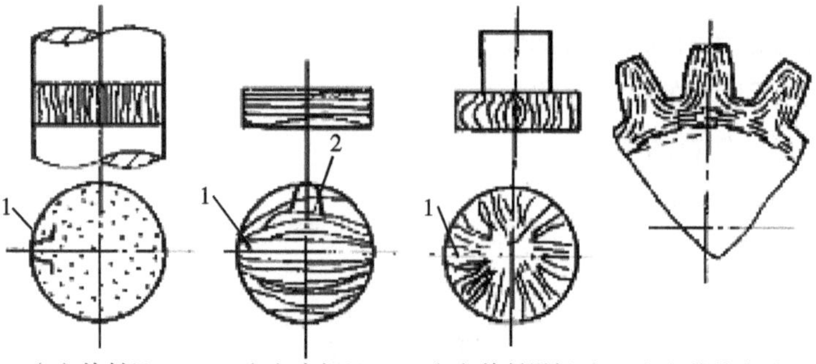

（a）棒料经切削成形　（b）扁钢经切削成形　（c）棒料镦粗后切削成形　（d）热轧成形

图 9－7　不同成型工艺齿轮的流线分布

9.1.6　塑性成形基本规律

为了合理订制塑性成形工艺规律，正确使用工具和掌握操作技术，必须掌握塑性成形加工时金属的成形规律。所谓成形规律，就是塑性成形时金属质点的流动规律，应该阐明：在给定的条件下，变形体内将出现什么样的位移速度（位移增量）场和位移场。根据位移场可以立即求得物体形状、尺寸的变化，并可以方便地求得应变场。掌握了流动规律就可以合理地选择工步、设计成型模具、分析成形工件的质量问题。

1. 体积不变定律

金属塑性变形后的体积等于变形前的体积，称为体积不变定律。实际上，由变形中压合了气孔、缩松、内部微裂纹，使密度略有增加。此外，加热中产生的氧化皮等使变形后的体积略有缩小，但数值很小，可以忽略不计。应用体积不变定律可算出各工序尺寸。

2. 最小阻力定律

塑性变形时，金属各质点首先向阻力最小方向移动，称为最小阻力定律。一般金属的某一质点移动时，阻力最小的方向是通过该质点向金属变形部分的周边做的法线方向，质点沿此方向移动的距离最短，所需的变形功最小。例如，圆形截面的金属径向流动，方形、长方形截面分成四个区域，分别朝垂直于四个边流动，最后逐渐变成圆形、椭圆形，如图9-8所示。由此可知，圆形截面金属在各个方向均匀流动，所以镦粗时总是先把坯料锻成圆柱体。圆柱形坯料镦粗时，与上、下砧铁接触的两端，金属移动速度比无摩擦力的中间部分慢（金属移动收到摩擦力阻碍），所以成型后为腰鼓型，如图9-9所示。

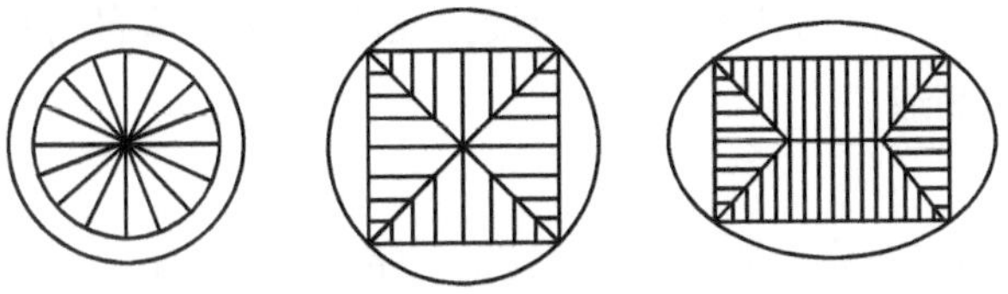

（a）圆形　（b）正方形　（c）长方形

图9-8　不同截面的金属流动情况

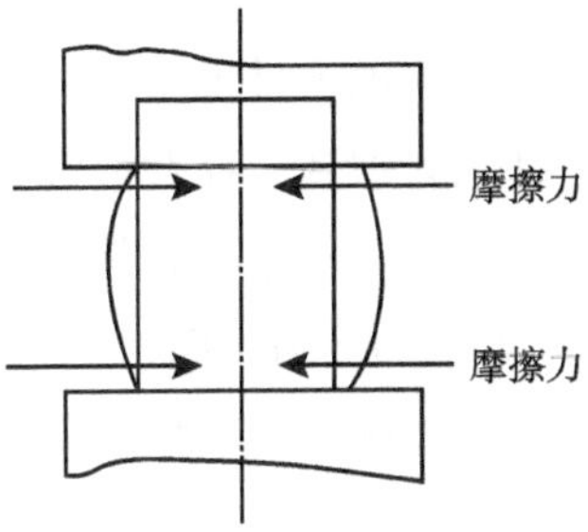

图9-9　金属镦粗变形

9.2　常用的锻压工艺

目前，常用的锻压工艺主要有自由锻造、板料冲压、挤压、轧制、拉拔、超塑性、摆动碾压、液态模锻、高速高能成形等。

9.2.1　锻造

1. 自由锻

将金属坯料放在铁砧上，用冲击力或压力使其自由变形获得所需形状的成形方法，称为自由锻造。自由锻时，坯料的变形不受模具的限制，锻件的形状和尺寸主要靠锻工的技术所保证，所用设备和工具有很大的通用性。这种方法主要用于单件生产，锻件质量可小到1 kg以下，也可大到数百吨，并且是生产大锻件的唯一方法。因此，在重型机械制造中，自由锻具有特别重要的作用。由于自由锻件的形状和尺寸主要依靠锻工的操作来保证，对锻工的技术水平要求较高。所以，自由锻主要应用于单件、小批次生产，以及维修工作。

（1）自由锻的设备

自由锻造过程中主要靠坯料局部变形，所以需要的设备能力比模锻小。常用的自由锻设备有锻锤和压力机。通常，几十千克的小型锻件采用空气锤，2 t以下的中小型锻件采用蒸汽－空气锤，大钢锭和大型锻件在水压机上锻造。这些设备可以根据不同的分类标准进行归类，如能量来源、工作方式、锻造力等。

①空气锤：它是利用电动机直接驱动的锻锤，结构小，打击速度快，有利于小型锻件一次成形。空气锤的吨位是以落下部分的重量来表示的，最小为65 kg，最大可达1 t。

②蒸汽－空气锤：大多以600～900 kPa的蒸汽或压缩空气为动力。

③水压机：水压机利用水泵产生的高压水为动力进行工作。水压机加工具有工作行程大、变形速度低、工件变形均匀等优点，并且工作中无振动，可制成大吨位设备，适合以钢锭为坯料的大件加工。缺点是结构较大，供水和操作系统等附属设备较复杂。

④摇臂锻锤：摇臂锻锤利用自由下落的重锤加冲击力进行锻造，适用于大型零部件的锻造，常用于桥梁、轴承等大型结构件的制造。

（2）自由锻的工序

根据作用与变形的要求不同，自由锻的工序分为基本工序、辅助工序、精整工序。

①基本工序改变坯料的形状和尺寸，以达到锻件基本成型，包括镦粗、拔长、冲孔、弯曲、切割、扭转、错移等，其中最常用的是镦粗、拔长、冲孔。此工序将坯料初步成形，使其形状逼近最终形状，但尚未达到最终尺寸，还需要进一步加工。

②辅助工序为基本工序操作方便而进行预先变形，可以对一些简单形状的零件进行预制，以提高生产效率，如压钳口、倒棱、切肩等。

③精整工序修整锻件的最后尺寸和形状，进行最终形状的精确调整，提高表面质量，消除表面的不平和歪扭，使锻件达到图样要求，如修正鼓形、平整断面、校直弯曲等。

这些工序在自由锻造中相互配合。生产中，应根据产品的要求和形状特点选择不同的工序，以确保最终产品满足设计和质量标准。

2. 模锻

模锻是使加热到锻造温度的金属坯料在锻模模腔内一次或多次承受冲击力或压力的作用，从而被迫流动成形，以获得锻件。

（1）模锻的优点

与自由锻相比，模锻的优点是：生产率提高，锻件的尺寸精度高，表面粗糙度低，材料利用率提高50%，能锻制形状比较复杂的锻件，操作简单，易于实现机械化，等等。但锻模制造周期长、成本高，模锻件不能太大。因此，模锻适用于中小型锻件的成批和大量生产。图9－10为典型模锻件。

由于现代化大生产的要求，模锻生产越来越广泛地应用在国防工业和机械制造业中，如飞机制造厂、坦克厂、汽车厂、拖拉机厂、轴承厂等中锻件的生产。按质量计算，飞机上的模锻件中占85%，坦克上的占70%，汽车上的占80%，机车上的占60%。

（2）模锻的工艺规程

模锻的工艺规程指根据锻件的形状、尺寸、材料、要求，制定出合理的加热、冷却、

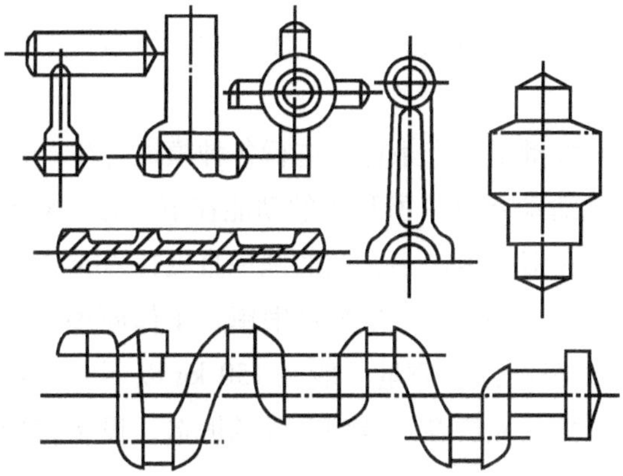

图 9-10　典型模锻件

变形、切割等工序，以保证锻件的质量和效率。模锻的工艺规程一般包括以下方面：

①锻件图设计：根据锻件的功能、结构、使用条件，绘制出锻件的外形、尺寸、公差、表面粗糙度等要求。

②坯料选择：根据锻件图设计，选择合适的毛坯材料，如铸铁、钢板、铝合金等，并确定尺寸和形状。

③加热方法：根据毛坯材料的性能和特点，选择合适的加热方法，如火焰加热、电加热、少无氧化加热等，并确定温度范围和时间。

④清除氧化皮：为了提高锻件的表面质量和降低变形抗力，应在加热后及时清除毛坯表面的氧化皮或脱碳层。

⑤制坯方法：根据锻件图设计选择合适的制坯方法，如冲压、拉拔、挤压等，并确定压力、速度、方向。

⑥模锻方法：根据锻件图设计，选择合适的模具类型和结构，并确定分型面位置、斜度、数量、形式。同时，考虑模具与毛坯之间的配合关系，以保证模具在使用过程中不损坏或变形。

⑦切边方法：为了使锻件达到所需的尺寸精度和表面质量，应在模锻后及时切除多余或不合格的金属部分。

⑧热处理方法：为了改善或调整锻件的组织结构和性能，应在切边后进行适当的热处理工序，如退火、正火、淬火等，并确定温度范围和时间。

⑨表面清理方法：为了提高锻件表面质量和降低摩擦系数，应在热处理后进行必要的表面清理工序，如打磨、抛光、喷涂等，并确定其方式和效果。

⑩校正方法：为了消除或减小由于模具变形而引起的尺寸偏差或形位偏差，应在完成所有工序后进行必要的校正工序，如测量、修整、检验等，并确定标准和方法。

⑪检验方法：为了保证锻件符合设计要求和使用条件，应在完成所有工序后进行必要的检验工序，如外观检查、尺寸测量、性能试验等，并记录检验结果。

（3）模锻的分类

按使用的设备不同，模锻分为锤上模锻、胎模锻、压力机上模锻等。

第一，锤上模锻

模锻锤是在中批量或大批量生产条件下进行各种模锻件生产的锻造设备。它是一种利用工作部分（落下部分或活动部分）所积蓄的动能在下行程时对锻件进行打击，从而使锻件获得塑性变形的设备。在锻压生产中，模锻锤一直发挥着重要作用。

锤上模锻所用的设备主要是蒸汽－空气模锻锤，工作原理与自由锻锤基本相同。模锻锤的吨位一般为 1 ~ 16 t，模锻件的质量一般在 150 kg 以下。与其他模锻方法相比，锤上模锻具有适应性强、可以独立完成各种类型锻件的锻造、设备费用较低等优点，在锻造生产中的地位非常重要。

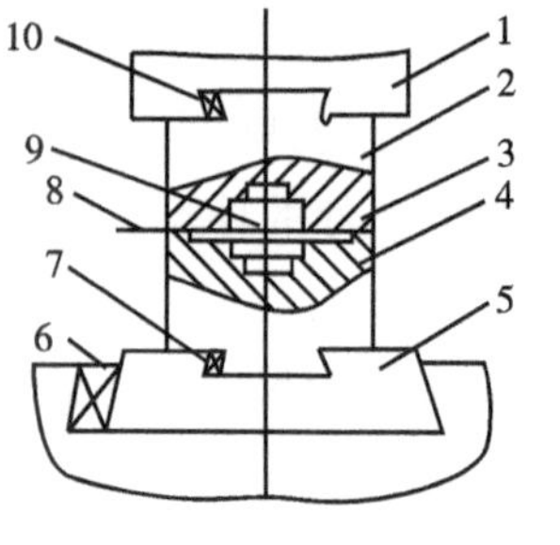

1—锤头；2—上模；3—飞边槽；4—下模；5—模座；6—砧铁；7—坚固楔铁；8—分模面；9—坯料；10—楔铁。

图 9－11　锤上锻模

锤上模锻如图 9－11 所示，由带有燕尾的上模和下模组成。上模靠楔铁紧固在锤头上，随锤头一起做上下往复运动；下模用紧固楔铁固定在模垫上。

①模膛根据功用不同可分为制坯模膛和模锻模膛。

a. 制坯模膛是用于将形状复杂的模锻件初步锻成近似锻件形状的模膛。制坯模膛有以下 7 种：

拔长模膛：用来减小坯料某部分的横截面积，以增加该部分的长度。拔长模膛有开式和闭式，如图 9－12 所示，一般设在锻模的边缘。操作时，一边送进坯料，一边翻转。

滚压模膛：滚压模膛有开式和闭式，如图 9－13 所示。操作时，需要不断翻转坯料，用来减小坯料某部分的横截面积，以增大另一部分的横截面积，主要是使金属进一步接近模锻件的形状。

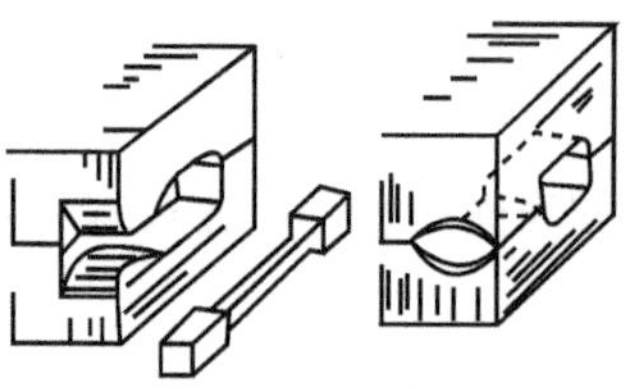

（a）开式　（b）闭式

图 9－12　拔长模膛

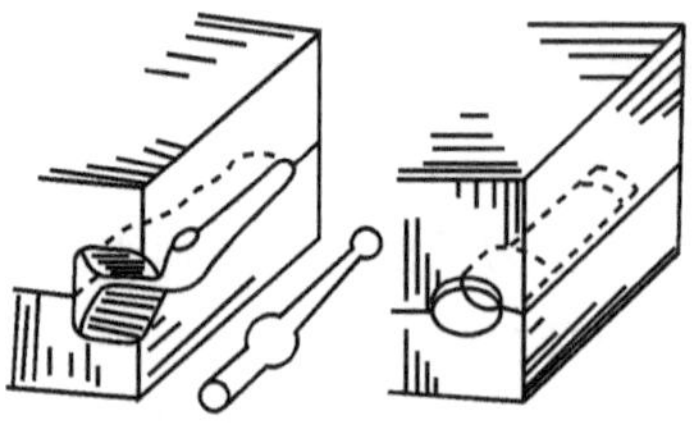

（a）开式　（b）闭式

图 9－13　滚压模膛

弯曲模膛：如图 9－14 所示，用以使坯料弯曲。

切断模膛：如图 9－15 所示，它是在上模与下模的角部组成一对刀口，用来切断金属。

此外，还有成形模膛，镦粗台、击扁面（压扁台）等制坯模膛。

b. 模锻模膛是用于模锻件成形的模膛，可分为预锻模膛和终锻模膛。

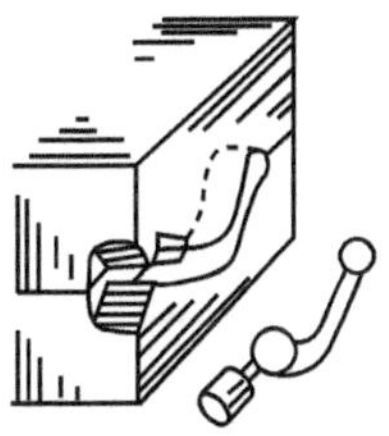

图 9 -14　弯曲模膛

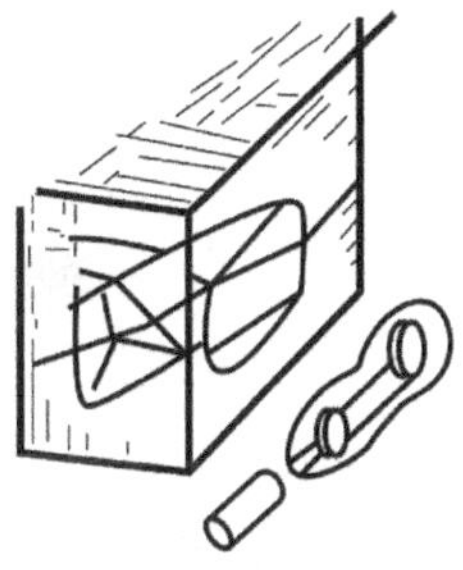

图 9 -15　切断模膛

预锻模膛：为了改善终锻时金属的流动条件，避免产生充填不满和折叠，使锻坯最终成形前获得接近终锻形状的模膛叫预锻模膛。它可以提高终锻模膛的寿命。它的结构比终锻模膛高度大，宽度小，无飞边槽，模锻斜度和锻造圆角大。

终锻模膛：模锻时最后成形用的模膛叫终锻模膛。它的形状应与锻件的形状相同，尺寸需要按锻件尺寸放大一个收缩量，收缩量取 1.5%。另外，沿模膛四周有飞边槽，用以增加金属从模膛中流出的阻力，促使金属充满模脱，同时容纳多余的金属。对于具有通孔的锻件，由于不可能靠上下模的突起部分把金属完全挤压掉，所以终锻后在孔内留下一薄层金属，称为冲孔连皮，如图 9 -16 所示。把冲孔连皮和飞边冲掉后，才能得到有通孔的模锻件。

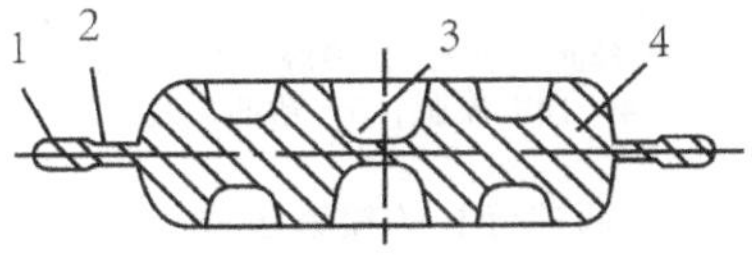

图 9 -16　带有冲孔连皮和飞边的模锻件

②根据模锻件的复杂程度不同，以及所需变形的模膛数量不等，可将锻模设计成单膛锻模或多膛锻模。

a. 单膛锻模是在一副锻模上只具有终锻模膛一个模膛，如齿轮坯模锻件，就可将截下的圆柱体坯料直接放入单膛锻模中成形。

b. 多膛锻模是在一副锻模上具有两个以上模膛的锻模，如弯曲连杆模锻件的锻模为多膛锻模，如图 9 -17 所示。

第二，胎模锻

胎模锻造是在自由锻设备上使用胎模生产模锻件，是介于自由锻和模锻之间的一种锻造方法，兼有这两种锻造方法的特点。一般先用自由锻的方法使坯料预成形，然后放在胎模中终锻成形。胎模一般不固定在锤头或砧座上，操作简单灵活，锻模结构也比较简单。它被没有模锻设备的中小型工厂广泛采用。

按结构分类，胎模有以下 4 种类型：

①摔模是一种简单的胎模，一般用于锻造回转体锻件。其中，普通摔模用于修整光

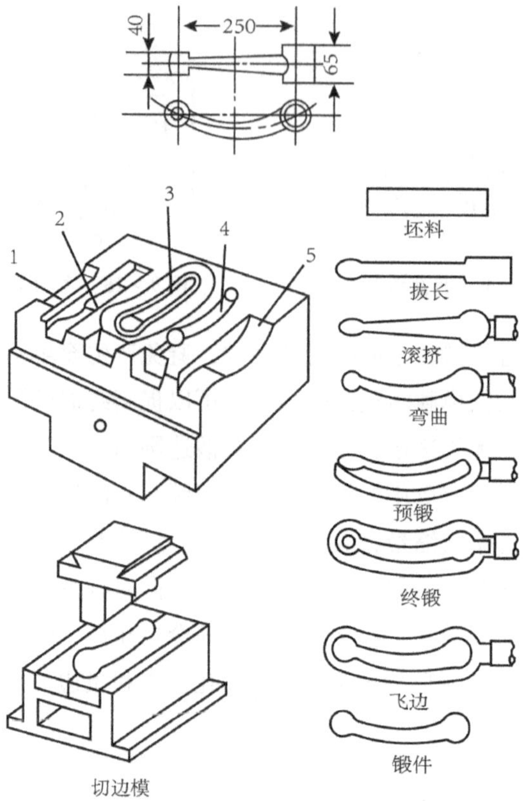

1—拔长模膛；2—滚挤模膛；3—终锻模膛；
4—预锻模膛；5—弯曲模膛。

图 9－17　弯曲连杆的模锻过程（单位：mm）

圆轴类锻件，成形摔模用于台阶轴类锻件的成形锻造，如图 9－18（a）所示。

②扣模用于具有平直侧面的非回转体锻件的成形。锻造时，锻件不翻转，扣形后翻模 90°，在锤砧上平整侧面。它具有敞开的模膛，预锻时不产生飞边，如图 9－18（b）所示。

③套筒模用于生产以镦粗为主要成形方式的锻件，结构可分为开式和闭式，如图 9－18（c）（d）所示。

④合模用来锻造形状比较复杂的锻件。合模由上模、下模、导向凸凹台组成，如图 9－18（e）所示。在锻造过程中，多余的金属流入飞边槽，形成飞边。合模是一种通用性较广的胎模，适用于各种锻件的终锻成形，特别是非回转体类锻件，如连杆、叉形锻件等。

第三，压力机上模锻

锤上模锻具有工艺较简便、金属在高度方向上充填性较好等优点，但存在锻打振动大、噪声高、劳动条件差、蒸汽效率低等缺点。因此，大吨位的模锻锤有逐步被压力机所取代的趋势。用于模锻的压力机可分为曲柄压力机、摩擦压力机、平锻机、螺旋水压机等。

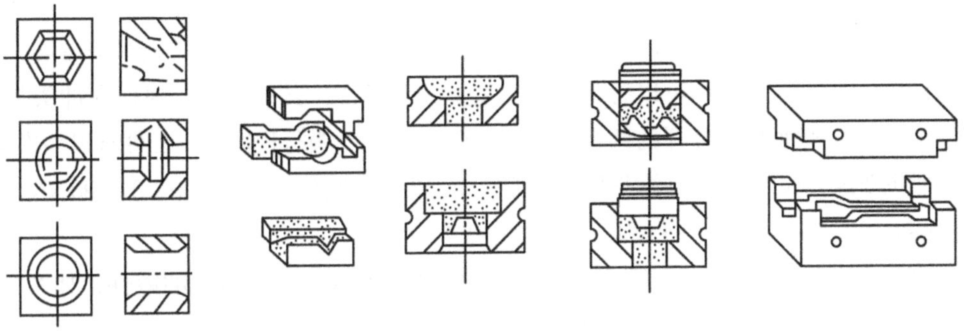

（a）摔模　（b）扣模　（c）开式套筒模　（d）闭式套筒模　（e）合模

图9-18　胎膜种类

①曲柄压力机上模锻。曲柄压力机的吨位一般为200～1 200 kN。与锤上模锻相比，曲柄压力机上模锻具有以下特点：

a. 滑块运动速度较低，金属变形速度低，有较充分的时间进行再结晶，所以低塑性金属适宜在曲柄压力机上进行模锻。

b. 滑块行程一定，金属在模膛中一次便可锻压成形，生成率较高。

c. 机架刚度大，锻模运动精度高，所以锻件精度比锤上模锻的高。

d. 工作时，振动小、噪声低、劳动条件好。

e. 便于实现操作的机械化和自动化。

但是，曲柄压力机的结构复杂、价格高，锻模的造价也较贵。由于金属变形速度低且是一次成形，有较多的金属流入飞边槽，所以模膛高度方向上的填充性比锻锤差，也不能完成拔长、滚压等操作。

曲柄压力机上适合以镦粗或挤压方式变形的批量较大、精度较高的锻件，如齿轮、气阀、连杆、叶片等。

②摩擦压力机上模锻。在摩擦压力机上进行模锻主要利用飞轮、螺杆、滑块向下运动时所积蓄的能量来实现。吨位为3 500 kN的摩擦压力机使用较多，最大吨位可达10 000 kN，摩擦压力机上模锻具有以下特点：

a. 由于滑块运动速度低，金属变形过程中的再结晶现象可以充分进行，所以特别适用于锻造低塑性合金钢和有色金属等。

b. 摩擦压力机承受偏心载荷能力差，通常适用于单膛锻模进行模锻。

c. 由于打击速度低，可采用组合式模具。组合式模具的许多零件易于标准化，使模具设计和制造简化，节约材料，降低生产成本。

d. 摩擦压力机设有下顶出器，可锻出小模锻斜度和小余块的模锻件，使模锻件更接近零件的形状和尺寸。

e. 摩擦压力机的滑块行程不固定，并具有一定的冲击作用，因而可实现轻打、重打。它可在一个模膛内进行多次锻打，不仅能满足模锻各种主要成形工序的要求，还可以进行弯曲、压印、热压、精压、切飞边、冲连皮、校正等工序。

③平锻机上模锻。平锻机的主要结构与曲柄压力机相同。由于滑块做水平运动，所以称为平锻机。平锻机上锻模可以有两个相互垂直的分模面，其中，主分模面在冲头与凹模之间，另一个分模面在可分开的两个半凹模之间。由于冲头行程固定，工件难以一次成形，所以平锻机要经多模膛逐步变形才能倒成锻件。平锻机的吨位一般为 500 ~ 31 500 kN。可加工小 25 - ϕ300 mm 的棒料。平锻机上模锻的特点如下：

a. 扩大了模锻适用范围，可以锻出锤上和曲柄压力机上无法锻出的锻件，如图 9 - 19 所示；还可以进行切飞边、切断、弯曲、热精压等工艺。

b. 生产率高，每小时可生产 400 ~ 900 件。

c. 锻件尺寸精确，表面粗糙度低。

d. 节约金属，材料利用率可达 85% ~ 95% 。

e. 对非回转体及中心不对称的锻件较难锻造，且平锻机造价较高。

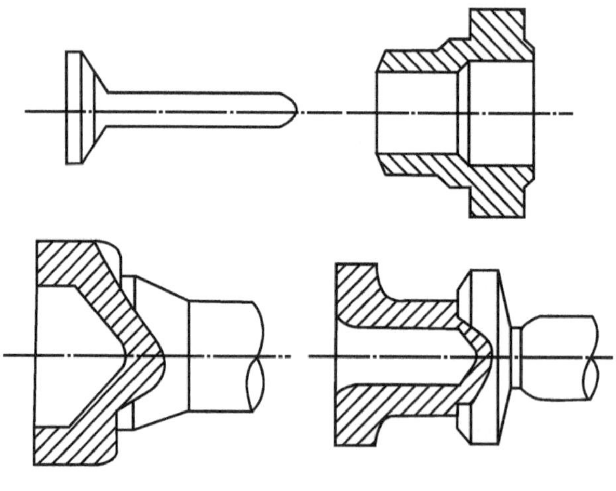

图 9 - 19　平锻机锻件

④螺旋压力机上模锻。按驱动方式分类，螺旋压力机可分为摩擦螺旋压力机、液压螺旋压力机、电动螺旋压力机、离合器式高能螺旋压力机，它们的共同特点是飞轮在外力驱动下储备足够的能量，再通过螺杆传递给滑块来打击毛坯做功。螺旋压力机具有以下特点：

a. 具有锻锤和曲柄压力机的双重工作特性。

b. 没有固定的下死点，无论是工作载荷还是热膨胀使机架弹性变形，均能锻出合乎要求的锻件。

c. 打击力不固定，打击力取决于锻件的变形程度。

d. 设备制造成本低，材料的利用率得到提高，生产成本降低。

e. 打击速度低，金属再结晶软化现象实现得充分一些。所以，模锻同样大小的锻件所需的变形力小。

9.2.2　板料冲压

板料冲压利用装在冲床上的冲模对金属板料加压，使之产生变形或分离，从而获得零件或毛坯。板料冲压的坯料通常是较薄的金属板料，而且冲压时不需要加热，所以又称薄板冲压或冷冲压，简称冷冲或冲压。

1. 板料冲压的特点和应用

与锻造和其他加工方法相比，板料冲压具有以下特点：

①它在常温下通过塑性变形对金属板料进行加工，所以原材料必须具有足够的塑性，并应有较低的变形抗力。

②金属板料经过塑性变形的冷变形强化作用，并获得一定的几何形状后，具有结构轻巧、强度和刚度较高的优点。

③冲压件尺寸精度高、质量稳定、互换性好，一般不再进行切削加工即可作为零件使用。

④冲压生产操作简单、生产率高，便于实现机械化和自动化。

⑤冲压模具结构复杂、精度要求高、制造费用高，只有在大批量生产的条件下，采用冲压加工方法才能节约成本。

板料冲压是机械制造中的重要加工方法之一，在现代工业的许多部门都得到广泛的应用，特别是在汽车制造、拖拉机、电机、电器、仪器仪表、兵器、日用品生产等工业部门中占有重要的地位。

2. 板料冲压的设备

板料冲压的设备主要是剪床和冲床。

（1）剪床

剪床用于把板料切成需要宽度的条料，以供冲压工序使用。剪床的外形及传动机构如图9－20所示。电动机1通过带轮使轴2转动，再通过齿轮传动及离合器3使曲轴4转动，带有刀片的滑块5便上下运动，进行剪切工作。

（2）冲床

冲床的种类很多，主要有单柱冲床、双柱冲床、双动冲床等。图9－21是单柱冲床的外形与传动图。电动机5带动飞轮4通过离合器3与曲轴2相接，飞轮4可在曲轴2上自由转动。曲轴2的另一端通过连杆8与滑块7连接。工作时，踩下踏板6，离合器3将使飞轮4带动曲轴2转动，滑块7做上下运动。放松踏板6，离合器3脱开，制动闸1立即停止曲轴2转动，滑块7停留在待工作位置。

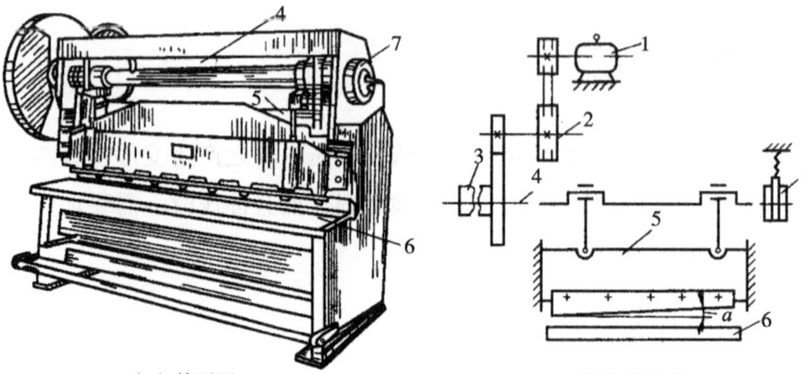

（a）外形图　　（b）传动图

1—电动机；2—轴；3—离合器；4—曲轴；5—滑块；6—工作台；7—滑块制动器。

图9－20　剪床

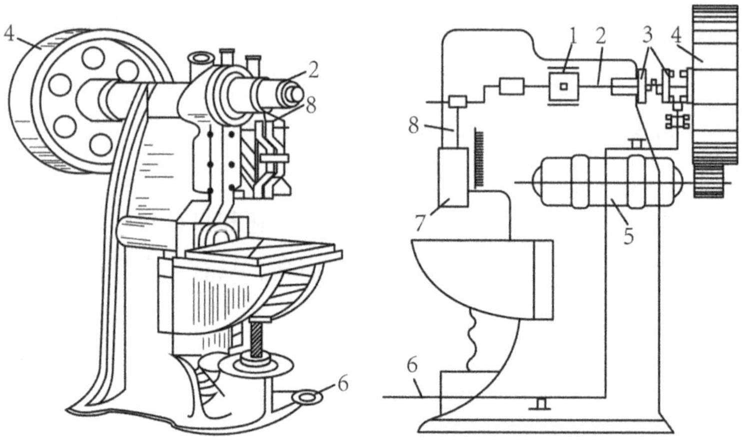

（a）外形图　　（b）传动图

1—制动闸；2—曲轴；3—离合器；4—飞轮；5—电动机；6—踏板；7—滑块；8—连杆。

图9－21　单柱冲床的外形与传动图

9.2.3　其他塑性加工方法

为了满足工业生产飞速发展的需要，新的压力加工方法和工艺不断出现，并迅速在生产中得到推广和应用，如挤压、轧制、拉拔、超塑性成形、摆动碾压、液态模锻、高速高能成形等。

1. 挤压

挤压使用强大压力作用于模具，迫使模具内的金属坯料产生定向塑性变形，并从模孔中挤出，从而获得所需零件或半成品。挤压产品的尺寸精确、表面质量高、生成效率高，可生产用轧制方法所不能生产的形状复杂的管材型材及零件。挤压的方法有多种。根据金属坯料加热温度不同，可分为热挤压、冷挤压、温挤压；根据金属的流动方向不同，可分为正挤压、反挤压、复合挤压、径向挤压等，如图9－22所示。

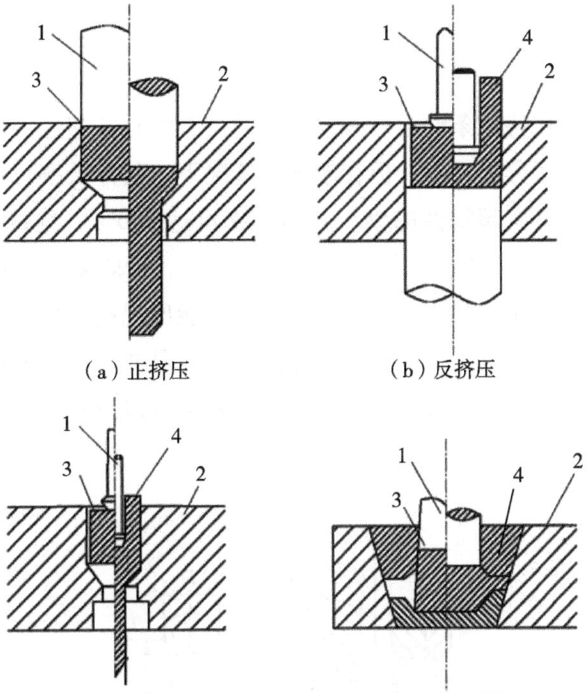

（a）正挤压　（b）反挤压

（c）复合挤压　（d）径向挤压

1—凸模；2—凹模；3—坯料；4—挤压产品。

图9－22　挤压的方法

2. 轧制

轧制也叫压延，指金属坯料通过一对旋转轧辊之间的间隙使坯料受挤压产生横截面减少、长度增加的塑性变形过程。轧制是生产型材、板材、管材的主要方法。近年来，轧制越来越广泛地用于制造零件。与一般的锻压方法相比，轧制具有生产效率高、产品质量好、成本低、节约金属等优点。按轧辊的形状、轴线配置等的不同，轧制可分为很多种，如辊锻、辊环、横轧、斜轧等。

3. 拉拔

拉拔使金属坯料通过一定形状的模孔，使其横截面减小、长度增加。金属丝、细管材包括一些异型材均可用拉拔的方法生产，如图9－23所示。拉拔一般在冷态下进行。拔制产品的形状和尺寸精确，表面质量好，机械强度高。

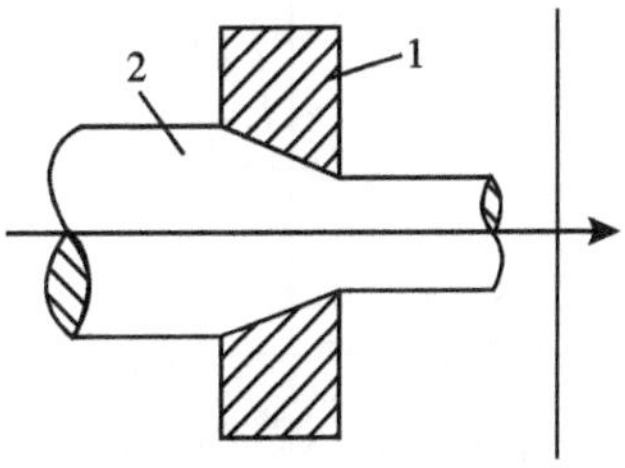

1—模具；2—胚料。

图9－23　拉拔示意图

由于在拉拔过程中有加工硬化效应，所以每道拨制过程中的变形量有限，否则容易断裂。另外，为保证拉拔质量，坯料在拔制前要经表面处理，在拉拔时要采用润滑剂，在多道拉拔过程中还要安排再结晶退火。

4. 超塑性成形

超塑性是金属材料在特定条件下所表现出来的极大的异常塑性现象。一般塑性较好的金属材料的伸长率只有百分之几十；但在超塑性情况下，其伸长率可达百分之几百乃至百分之一千以上。例如，具有超塑性的钢，其伸长率可达 500%，纯钛超过 300%，铝合金超过 1 000%。但并不是所有的金属材料都具有超塑性。一般来说，只有流动应力对应变速率的变化非常敏感的金属在某些特定的条件才有可能出现超塑性。与其他压力加工方法相比，超塑性成形具有变形抗力低、充模性能好、工件尺寸精确、机加工余量小、具有细小均匀的晶粒组织等特点。一些难于变形加工的材料也可以进行超塑性成形。图 9－24 为超塑性板料拉伸示意图。

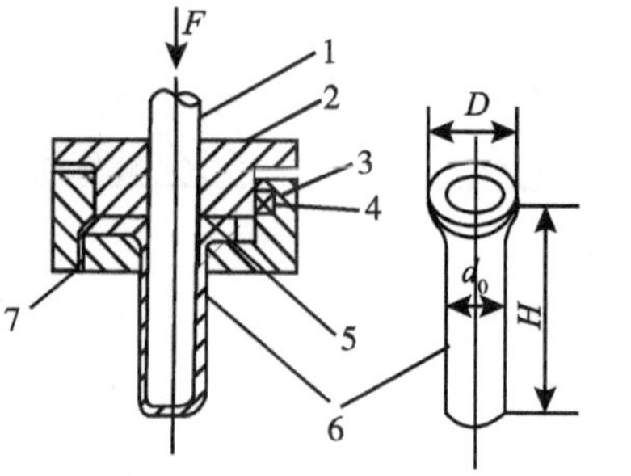

（a）拉伸过程　　（b）成品件

1—凸模；2—压板；3—凹模；4—电热元件；
5—板料；6—工件；7—高压油孔。

图 9－24　超塑性板料拉伸示意图

5. 摆动碾压

上模的轴线与被碾压坯料（坯料放在下模上并同轴）的和线倾斜一个角度 γ，上模一面绕轴线旋转，一面对坯料进行压缩（每一瞬时仅压缩坯料横截面的一部分），这种加工方法称为摆动碾压，如图 9－25 所示。若上模母线是一条直线，则碾压的表面为平面；上模母线为一条曲线，则能碾压出上表面为形状较复杂的曲面的锻件。

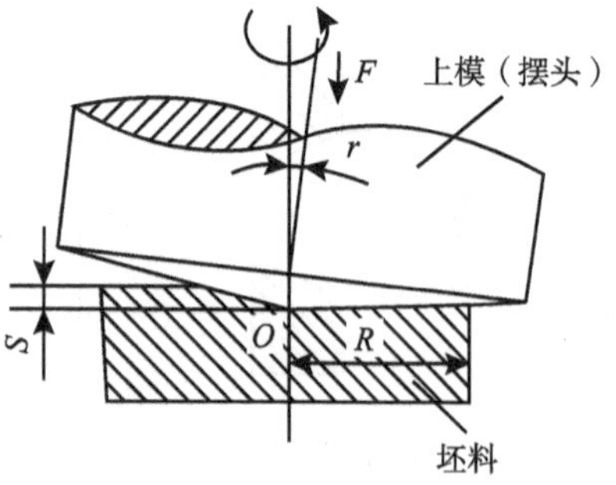

图 9－25　摆动碾压

摆动碾压为局部变形，省力，没有冲击，噪声和振动都很小，生产率高，容易实现自动化。它主要适用于加工回转体类、盘饼类带凸缘的半物类锻件，如汽车半轴、扬声器导磁体、推力轴承圈、齿轮等。

6. 液态模锻

将定量的熔化金属倒入凹模型腔内，在金属即将凝固或半凝固状态下（液相与固相共存）用冲头加压，使其凝固，以得到所需形状的锻件。液态模锻是一种介于铸锻之间的工艺方法，可实现少或无切削锻造；可用于生产各种有色金属、碳钢、不锈钢、脆性灰铸铁、球墨铸铁工件；可生产出用普通模锻法无法成形而性能要求高的复杂工件，例如铝合金活塞、镍或黄铜高压阀体、铜合金涡轮、球墨铸铁齿轮、钢法兰等锻件。但液态模锻不适于制造壁厚小于 5 mm 的工件，因为会造成结晶组织不均匀，无法保证锻件质量。

7. 高速高能成形

高速高能成形的共同特点是在极短的时间（几毫秒）内，将化学能、电能、电磁能、机械能传递给被加工的金属材料，使之迅速成形。其主要加工方法如下：

①爆炸成形：利用炸药爆炸时所产生的高能冲击波，通过不同介质使坯料产生塑性变形。

②电液成形：利用液体介质中高压放电时所产生的高能冲击波，使坯料产生塑性变形。

③电磁成形：利用电流通过线圈所产生的磁场，其磁力作用于坯料，使工件产生塑性变形。

9.3　零件锻压制造的 MBD 内涵

MBD 支持的数字化制造，是虚拟和现实的对应联系、相互转化和衍生的关系，其实质是数字化定义制造模型、工艺流程、工装设备三类制造要素，再以数字量信息的传递驱动实际材料加工的过程。

9.3.1　MBD 零件制造体系的内涵

如果将实际制造系统抽象成实际物理系统（Real Physical System，RPS）、实际信息系统（Real Information System，RIS）、实际控制系统（Real Control System，RCS）3 个子系统，则实际制造系统可以表示为：

$$RMS = \{RPS, RIS, RCS\}$$

式中，RPS 包括所有制造物理实体，如机床、材料、夹具、机器人等；RIS 包括信息处理和决策，如调度、计划；RCS 负责信息交换。

由 MBD 的实质可知，可以将实际制造系统映射为基于 MBD 的数字制造系统，即虚拟和现实的对应联系，并借鉴虚拟制造的思想，数字制造系统可以抽象成数字物理系统（Digital Physical System，DPS）、数字信息系统（Digital Information System，DIS）、数字控制系统（Digital Control System，DCS）3 个子系统，所以 MBD 数字化制造系统可以表示为：

$$MBDDMS = \{DPS, DIS, DCS\}$$

零件制造模型的数字产品制造信息（Product Manufacturing Information，PMI）既包含机床、材料、夹具等数字物理系统信息，又包含计划、制造要求等数字信息系统信息，即 PMI 整合了 DPS 与 DIS，可以表示为：

$$PMI = \{DPS, DIS\}$$

因此，MBD 数字化制造系统又可以表示为：

$$MBDDMS = \{PMI, DCS\}$$

式中，PMI——零件制造模型的制造信息数字化定义，以三维模型为核心集成产品制造信息，是实施基于 MBD 零件制造的关键。

9.3.2 基于 MBD 的零件工艺模型的相关概念

基于 MBD 的零件工艺模型作为零件在生产制造过程中传递工艺信息的唯一载体和依据，能够有效地解决产品设计加工过程中存在的工艺信息与三维几何模型关联性差的问题，直接应用 MBD 工艺模型指导零件的后续生产加工，可以极大地缩短产品的生产周期，提高产品的生产效率。因此，基于 MBD 的零件工艺模型 Mtm 可以作如下定义：

$$Mtm = \{Mg, Am, Ap\}$$

式中，Mg——零件 MBD 工艺模型的三维几何模型，包括体现零件形状功能的三维几何模型，以及反映零件在加工制造过程中经过各个加工工序阶段去除材料后对应的三维几何模型；

Am——与零件三维几何模型相关联的注释信息，如基本尺寸、公差、表面精度、表面粗糙度等；

Ap——零件的工艺属性信息，其中包括零件的名称、材料、数量、生产厂家等基本工艺信息，以及刀具、机床、夹具、加工方法、加工参数等与零件加工制造过程相关的加工工艺信息。

由于零件的加工制造是从毛坯开始按照已经设计好的加工工艺路线通过不断去除材料的方式，最后得到产品零件。从几何的角度看零件的 MBD 工艺模型能很好地展示此过程的变化过程，所以零件 MBD 工艺模型的三维几何模型 Mg 可定义为：

$$Mg = \{Md, Mr, Mp1, Mp2, \cdots, Mpn\}$$

式中，Md——体现产品零件三维形状功能的设计模型；

Mr——体现零件加工毛坯三维形状功能的毛坯模型；

Mp1——零件在加工制造过程中经过 1 道加工工序阶段去除材料后剩余部分对应的工序模型；

n——零件加工工艺过程包含的加工工序数量。

根据基于 MBD 的零件工艺模型的定义可知零件 MBD 工艺模型由注释信息、工艺属性信息、零件在不同生产阶段对应的三维几何模型构成。因此，基于 MBD 的零件工艺模型的基本构成如图 9－26 所示。

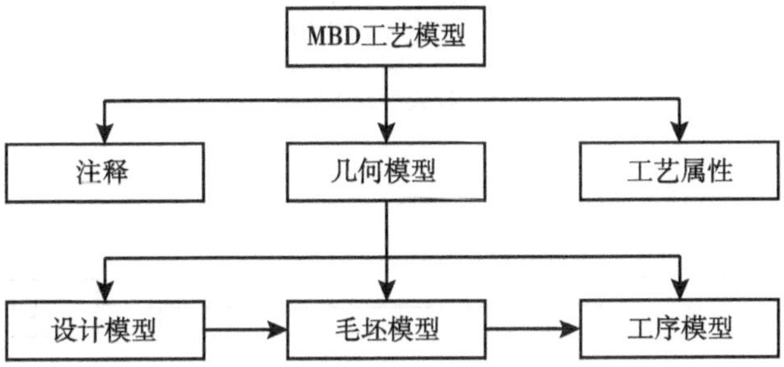

图 9－26　零件 MBD 工艺模型的基本构成

9.3.3　MBD 模型制造工艺过程

基于 MBD 的零件制造的思路是在 PLM 基础上，采用三维工序模型和模型上的 PMI 来表达下游部门（数控加工、计量、检验等）需要的所有工艺信息的方法。直观的 3D 表达方式能够准确反映制造信息，颠覆了传统的 2D 工艺卡片模式，支持制造工艺重用和快速更改，减少下游部门（数控加工、检验、测量等）大量的重复数据录入工作。

零件制造模型相对于设计模型而言，是对零件生产工艺过程中工序信息的描述。零件产品模型使用单个三维数模即可表达；工艺链中的工件模型需要依据工艺规程，根据工序和工步的划分，建立不同的几何模型。

根据零件制造工艺过程分析和所涉及的 PMI 信息，结合 MBD，零件制造模型实质上是制造过程中每个状态对应的 MBD 模型的集合，反映零件由毛坯到成品过程中形状和性状的变化。制造过程由多道工序构成，制造模型由多状态工序模型组成。多状态制造模型是逐步演化和相互联系的，工序模型描述特定工序输入输出时工件的形状和性状，上一步工序的输出是下一步工序的输入，共同组成了一个相互关联的整体。基于 MBD 的汽车发动机连杆制造工艺制定过程如图 9－27 所示。

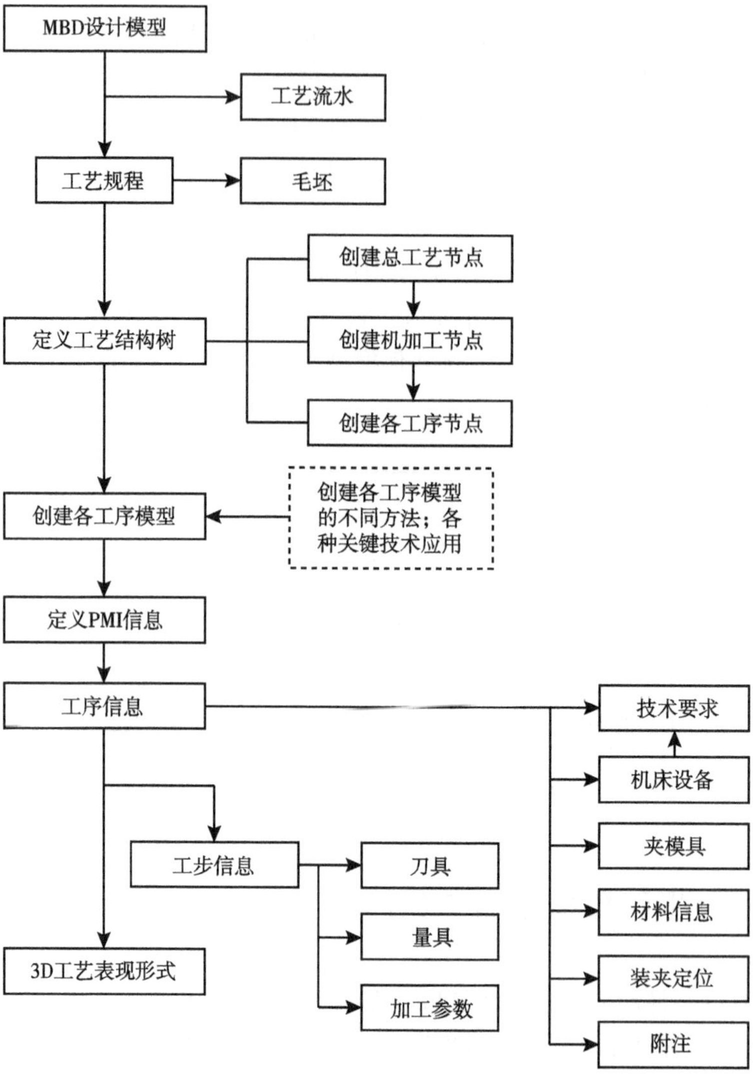

图 9-27　基于 MBD 的汽车发动机连杆制造工艺制定过程

9.4　基于 MBD 的零件锻压制造模型表达

MBD 制造模型以零件设计模型为基础，为数字化工艺设计和工装设计提供依据，以数字量来表达工艺流程和工装设备，定义相互紧密联系的工序件。

9.4.1　基于 MBD 的零件锻压制造模型

在综合考量零件的生产要求和现有生产条件的基础上，拟定工艺路线，制订出零件由粗到精的全部加工工序，制订指导零件生产的数字化模型，并定义 PMI 信息。表 9－1 所示为基于 MBD 的零部件 PMI 信息。

表 9－1　基于 MBD 的零部件 PMI 信息

类型	说明
Dimensions	尺寸
Geometric Tolerancing	几何公差
Supplemental Geometry	补充几何
Annotations	注释
Specialized PMI	专用信息
Security Marking	安全标记

零件制造模型 PMI 数据包含表 9－1 中的 6 种类型，每一种类型对应一种特定的产品信息，某些类型下分成若干个小类，共同构成零件制造信息。例如在数字化产品开发系统（NX）中，气囊支座铸造模型的产品制造信息有序组织在部件导航器中，如图 9－28 所示。MBD 气囊支座 PMI 数据模型如图 9－29 所示。

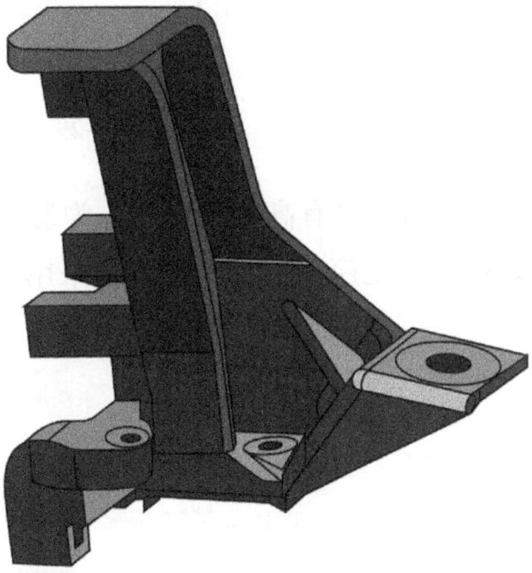

图 9－28　气囊支座铸造模型

补充几何（Supplemental Geometry）包含 PMI 区域、中心标记、3D 中心线。中心标记和 3D 中心线用来标记圆柱、孔一类的面中心或体中心位置，表达零件几何结构；PMI 区域标记零件上需要特殊加工的区域。补充几何属于非文本信息。

注释（Annotations）由文本组成，描述零件加工过程中的特征控制，包含基准特征、基准目标、表面粗糙度、焊接符号等。其中，基准特征用以制定在加工过程中如何定位部件；基准目标用于建立基准参考平面。注释由设计人员给出，在认定可制造的前提下，在 PMI 集中数据中给出制造要求的信息。

专用信息（Specialized PMI）包含特定注释、企业标识、材料规格、零件注释、工艺说明，关联到零件的孔注释、硬度要求、原材料、热处理、表面处理，以及使用的机床、夹具等，是对材料加工过程和经加工后性状要求的说明。其中，企业标识仅对产品所属公司的信息进行描述，不对零件本身进行描述。

安全标记（Security Marking）包含政府安全信息和公司所有权信息，用于说明产品类型、授权系统、导出控制类型，限制不同人员对于产品模型的使用权限，保护信息安全。

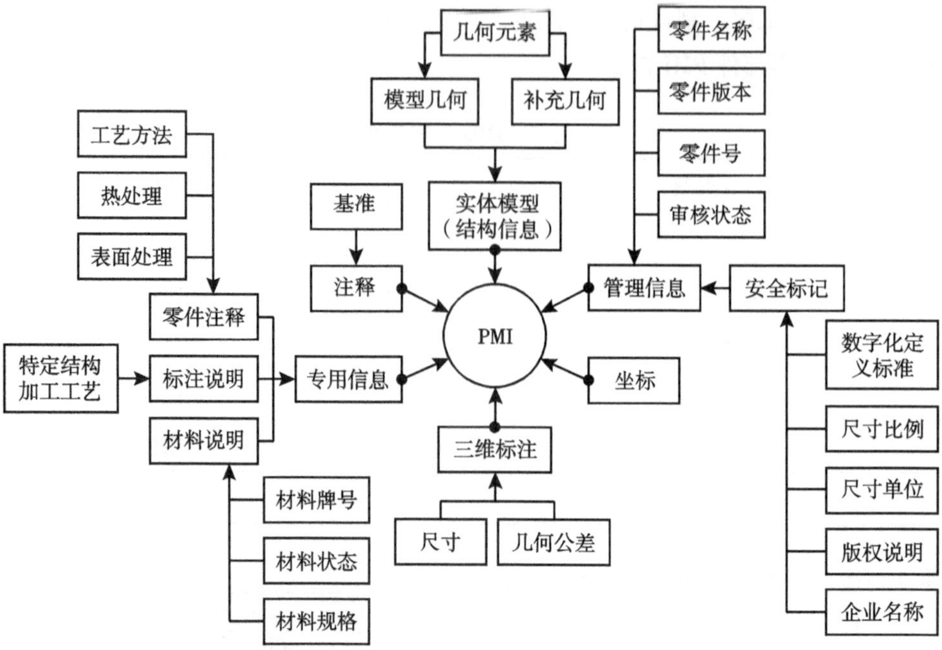

图 9－29　MBD 气囊支座 PMI 数据模型

PMI 信息具有高度集成性，为避免数据冗余和重复，共性特征数据采用单个数据模型来表达，各工序件的分状态特征采用不同的数据模型来表达，如图 9－30 所示。

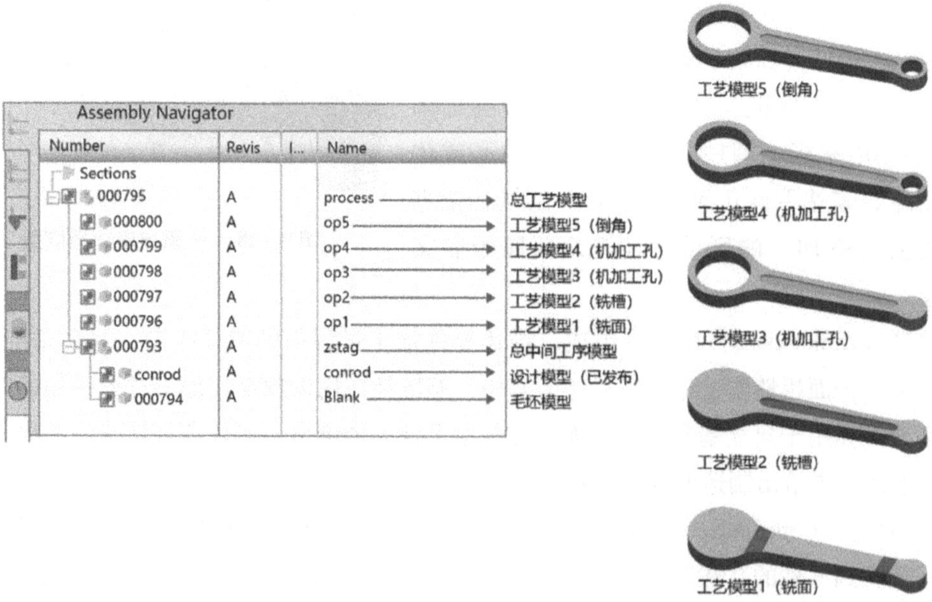

图 9－30　连杆制造工序模型实例

工艺链中承载每一特定时刻制造信息的零件状态称为零件制造态，零件制造态是对工序模型的进一步细分，包括工件模型和工艺模型。工件模型描述零件经特定工序加工后的工件外形，是反映结果的静状态模型，含有工艺孔、加工余量等，以满足加工需求；工艺模型描述为获得工件模型所需的模型，综合考虑材料在加工过程中的形变而设计，是反映过程的动状态模型，用于工艺参数设计和工装设计。

9.4.2　钣金零件制造过程中的定位信息

为了飞机装配、零件制造、工装制造所需要的基准或钻孔等需求，经常需要一些工艺孔。在传统飞机制造过程中，定位信息的制定随机性太强，没有从设计角度考虑制造过程中遇到的问题。在制造过程中，工人经常凭借个人多年的经验随便在零件上打个孔，就算是定位了。现代飞机数字化制造在设计时就明确作出定位数模，借助工艺耳片、工艺孔等确定定位信息。

工艺孔中各类型孔的选择原则不同。其中，工艺孔的类型包括销钉孔、工具孔、导孔等。参数化设计工艺孔信息尤为重要，下面以销钉孔的选择原则为例说明：

①飞机制造需要成形的钣金零件，需要在展开毛坯上制造定位孔（销钉孔），以便保证毛坯在成形模具中的正确位置，一般一个零件上选用 2 个销钉孔，狭长或较大的零件上可选用 3 ~5 个销钉孔。毛坯的下料可以依据下料样板，所以毛坯上定位孔与样板上的销钉孔保持一致。

②样板上销钉孔的位置，应该选择在零件的同一结构平面上，两销钉孔孔距应尽量远些。

③对于外形对称的零件，为防止零件毛坯正反混淆，其样板上的销钉孔不应该同时选择在零件的对称线上或相互对称的位置。

④“П”形钣金零件上，当弯边为闭斜角时，应该注意所选销钉孔位置与模具分离面的协调。

⑤气密零件上不应该选用销钉孔。

⑥销钉孔应该尽量不用铆钉孔或螺栓孔等代替。

⑦销钉孔距零件上的其他工艺孔或结构孔的距离应该不小于 2 倍销钉孔直径。

⑧销钉孔与零件弯曲始线的距离应该不小于 2 倍销钉孔直径，销钉孔与零件无弯边边缘的距离应不小于 8 mm。

⑨样板上的销钉孔可以选择在零件无弯边处延伸的补加材料上，补加上的销钉孔与零件边缘的距离一般为 6 mm。

⑩销钉孔不应该选择在零件成形过程中材料有流动的部位（如靠近加强孔或下陷的地方）。销钉孔的数量和位置由零件车间工艺员或模具员通过工装品种表或样板细目表提出。

工艺耳片的作用众多，主要是在钣金件成形过程、切边过程、装配过程中定位。软件系统通过整理耳片、工艺孔数据，归类整理，建立通用的参数化模型，使得生产中长期积累的宝贵经验能够动态地保存、管理，从而实现快速、规范钣金零件工艺数模中耳片、工艺孔设计，如图 9 –31 所示。表示方法如下：

①用点和轴线（法矢）表示。

②用点、轴线（法矢）、孔轮廓、耳片轮廓表示。

③用实体和轴线表示。

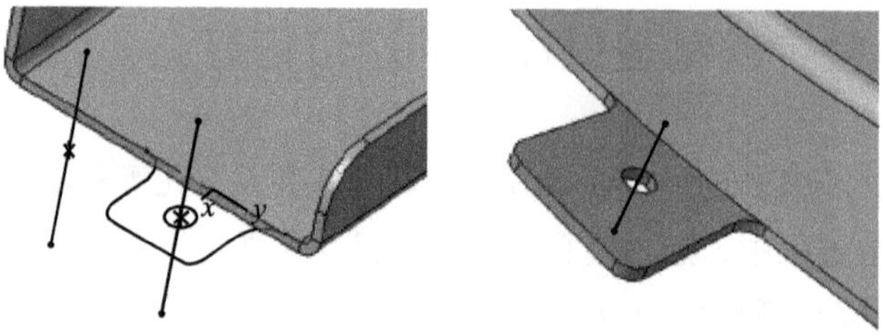

图 9-31　定位信息的表达方法

9.4.3　钣金零件制造过程中的余量信息

添加工艺余量属于工艺补偿的一种方法。在航空器装配过程中或装配以后，为了达到工艺要求、提高准确度，应预留工艺余量进行补充加工。飞机制造过程中，通过在工件上添加余量来减少上一道工序遗留的加工误差或工件表面缺点。而且，飞机上的大多数钣金零件形状复杂，应力分布复杂，在零件成形后容易由于应力释放不均而产生变形。因此，通过添加工艺余量来改变零件内应力变化规律，最终达到减小零件的变形。

工艺余量的大小决定了零件制造质量的好坏，如果工艺余量大，浪费材料，也增加了制造周期，拉长了机器的制造时间和休息时间，增加了电力成本、资料成本、人力成本等；如果工艺余量小，达不到工艺要求，误差积累得不到抵消，不符合零件准确度的要求、装配协调需求等，最终零件报废成废品，浪费材料。所以，在保证零件制造质量的前提下，工艺余量要尽可能小。

在数字化制造过程中，为了实现快速、准确的余量设计，建立参数化模型，针对不能用钣金模块直接在零件边缘生成工艺余量形状，以及在非钣金零件空间生成工艺余量形状时余量线不能展开等问题，钣金件体外工艺余量设计模块用添加工艺余量线的方式实现工艺余量的快速添加，准确表达工艺余量要求，并保证二维投影中余量线能自动得到，如图 9-32 所示。

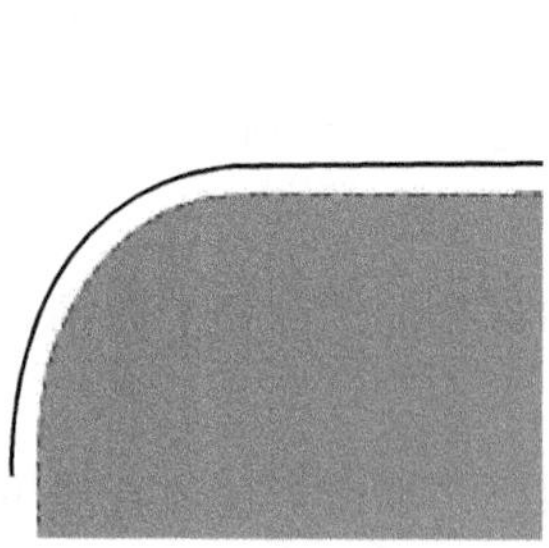

图 9-32　工艺余量线表达工艺余量要求

9.4.4　钣金零件制造过程中的角度信息

飞机钣金零件中有很多带有弯边的零件，如飞机中框、肋、梁等，大多以腹板为平面、四周有弯边。这些零件在下料前的坯料尺寸大小与弯边斜角值有关。同时，随着弯边零件复杂度的增大，在一个零件上的一个弯边上，斜角值可能会发生变化，甚至可能剧烈变化，所以对弯边进行斜角值的标注是十分有必要的。在制造过程中，需要在模线上标出外形的斜角值，所以在绘制理论模线时，首先计算出指定点位处所截截面的外形的斜角值，然后将其标注出来，最后编制成表，在图板上填写。这是角度信息在钣金零件制造过程中的重要作用，如图 9-33 所示。

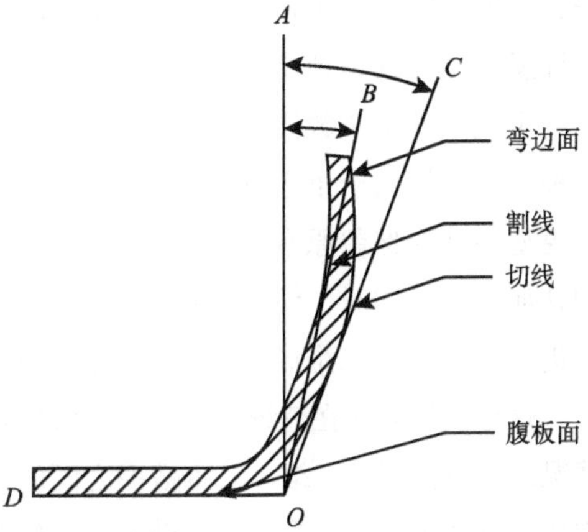

图 9-33　斜角值的定义

如图 9-33 所示，取弯边零件外表面弯边处一点的横截面，O 点为弯边零件外形交线上一点，过 O 点作腹板面的垂线 OA、割线 OB 和切线 OC，弯边面和腹板面的夹角记为 α（$\angle DOC$ 或 $\angle DOB$）。斜角值 M 的计算有两种方式，以切线斜角 $\angle AOC$ 最容易计算，制造过程中大多使用切线斜角作为斜角；割线斜角 $\angle AOB$ 最接近真实斜角，在精度要求高时使用割线斜角作为斜角。

（1）当 $\alpha > 90°$ 时，称之为开斜角，斜角值记为 $+M°$（$M = \alpha - 90°$）。

（2）当 $\alpha < 90°$ 时，称之为闭斜角，斜角值记为 $-M°$（$M = 90° - \alpha$）。

（3）当 $\alpha = 90°$ 时，斜角值记为 $0°$。

按"角度个数"和"角度间隔"在外形交叉线上布一系列点，计算这些点处所截截面弯边面的斜角值，再对这些斜角值进行筛选，并确定 0°角度线的位置。如图 9-34 所示，图中的虚线为角度线，按 0.5°为一定间隔进行角度线的筛选，最后添加 0°位置角度线，以标注斜角值的方式来表达角度信息。

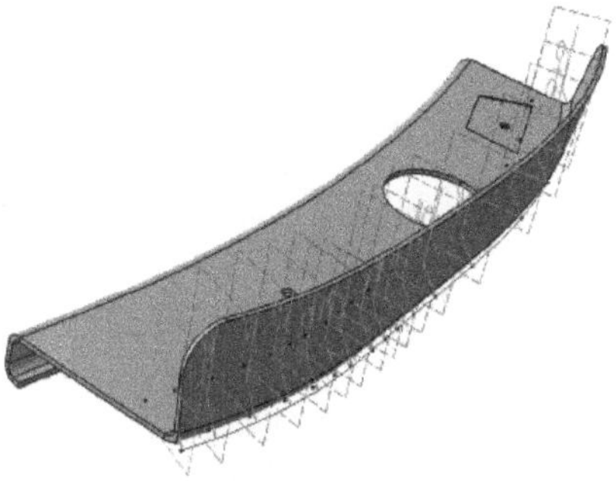

图 9-34　斜角值表达角度信息

9.4.5　钣金零件制造过程中的展开信息

飞机框肋类零件是机体框架中的组件。框肋类零件的腹板通常是平的，且四周有弯边。在制造过程中，弯边零件需要根据展开图计算出展开尺寸进行下料，或者根据展开样板进行下料。弯边展开工作多以手工计算为主、计算机计算为辅。随着复杂零弯边截面的曲率、高度、角度的多变，以及长桁缺口的附加，需要对截面逐一展开计算尺寸，并设计长桁缺口处外形，工作量大、精度低、周期长。我国在飞机设计时已经全面推行基于 MBD 的模型设计技术，各个主机厂针对特定机型在数字化制造方面施行基于数字化无图三维制造技术，软件普遍采用CATIA。用CATIA钣金模块中的展开功能对三维零件数模进行展开，再投影生成展开模线，会造成诸多问题：二维展开图中弯边终线多出，外形交叉线、长桁轴线、倒角缺失，缺口线不规范，外形交叉线不是双点划线，等等，在此基础上设计展开样板既烦琐又费时。

飞机零件工艺数模包含制造、协调、装配等信息，分为二维工艺数模和三维工艺数模两种，可直接用于生产制造。系统设计时，综合二维数模和三维数模的优缺点，在三维数学模型中选择保留原有弯边零件实体，并以添加二维点、线、面的形式体现展开工艺数模的几何信息；同时，结构树中添加相关工艺信息，再由系统自动搜索选择需要的三维线、面进行投影生成二维展开图，并在图中标注相关工艺信息。

这种设计方式在三维中保留了三维数模逼真立体的优点，又清晰地表现了展开后的用料情况，同时保证了三维、二维数模之间的关联性。区别于在三维中直接将三维件实体展开的方法，更便于理解、观察，有助于后期修改工作的高效进行，如图9－35所示。

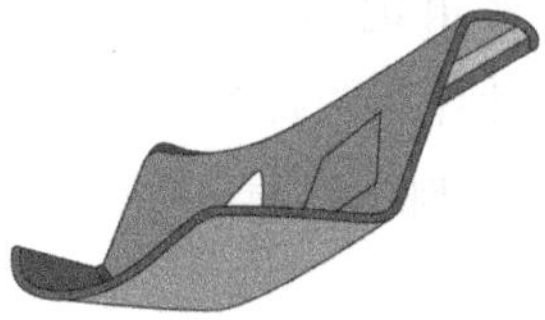

（a）展开前

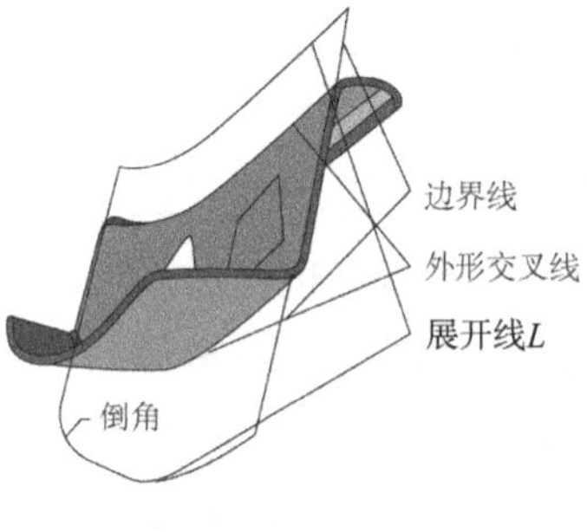

（b）三维展开工艺数模

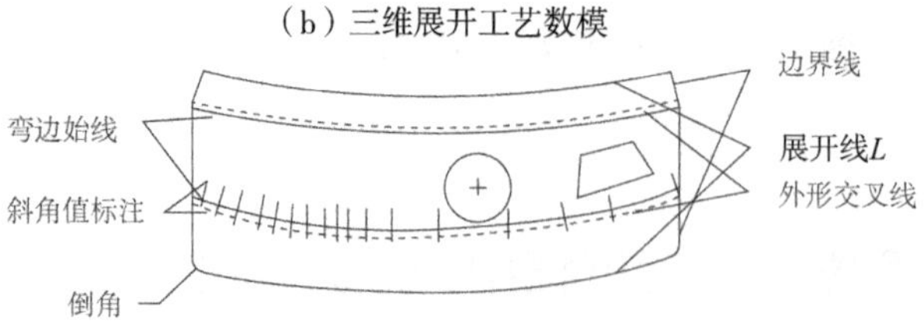

（c）二维展开图

图9－35　系统设计展开效果

系统功能可实现多个弯边同时展开（$n \geqslant 1$），如图9－35（a）所示的零件，可实现两个弯边同时展开，不会因为弯边类型的不同而影响展开效率。系统具体可展开的零件类型如下：

①单弯边零件：直弯边、曲面（凸、凹）弯边、带缺口、带多个弯边的零件。

②多次弯边零件：双弯边零件等。

9.4.6　制造模型 PMI 信息的表达

1. 几何信息的表示

几何公差（GD&T）在传统工程图纸中的特点是多元分散，在 MBD 条件下表现为单一集成，核心是三维数模，特点是二维多视图产品结构尺寸信息在数字化 PMI 定义下的同平面集成表示。PMI 定义始终遵循直观的原则，在二维工程图中，气囊支座的凸台部分用一个正视图和一个俯视图表达凸台的长宽，以及螺纹孔与凸台两边的位置关系，如图 9－36 所示。NX 平台中，凸台 PMI 定义的尺寸落在被标注实体平面内，同一平面内的结构尺寸非特殊情况下优先考虑共面，从同一个视图角度即可直观获取形状、位置关系、公差信息。PMI 定义下，数值 100 不仅直接反应凸台宽度值，也与凸台两侧面形成关联关系。当选中尺寸值，视觉反应是关联侧面的高亮显示，制造信息获取直接明晰。

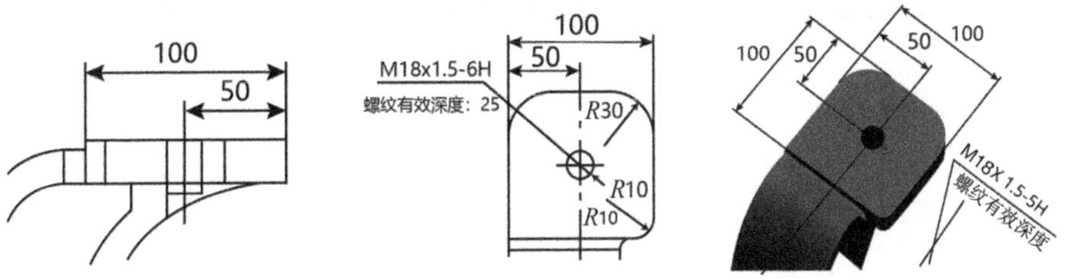

（a）正视图　（b）俯视图　（c）外观图

图 9－36　PMI 的二维工程图（单位：mm）

在二维工程图中，相交剖切面表现为相交剖切平面在正立投影面的旋转投影。气囊支座 *A*－*A* 剖面中，垂直于剖面的方向上存在一个边倒圆的斜面，若采用类似于二维图的剖面旋转投影视觉效果，MBD 制造模型剖视中的单一剖切平面会对斜面产生斜剖的效果，圆弧被描述为抛物线，倒圆边处的半径尺寸会出现失真现象。PMI 定义遵循直观原则，也遵循真实原则。如图 9－37 所示，是气囊支座 *A*－*A* 剖视图的三维剖视效果，利用两相交剖切平面，垂直于实体对象剖切，真实准确反映气囊支座剖切面的尺寸、形状、结构，以及两个被剖切部分的真实位置关系，保证正确的倒圆边半径尺寸和其他圆弧尺寸。

2. 非几何信息的表示

非几何信息分为两类，一类与几何体特征相关联，例如特定的几何结构特征；另一类与几何特征不关联，例如安全标记、零部件版本等。图 9－38 中，M18 细牙螺纹属于气囊支座特定几何特征元素，需要使用专用信息说明其基本偏差和螺纹有效深度，并与螺纹特征元素保持关联关系。这种关联关系的表达通过指引线来实现。当选中该注释后，视觉效果为关联螺纹特征元素的高亮显示。该特征以简化级表示，简化级表示对外螺纹的小径和内螺纹的大径不建模或不显示。零件名称、定义标准说明、企业信息、技术要求均属于不关联

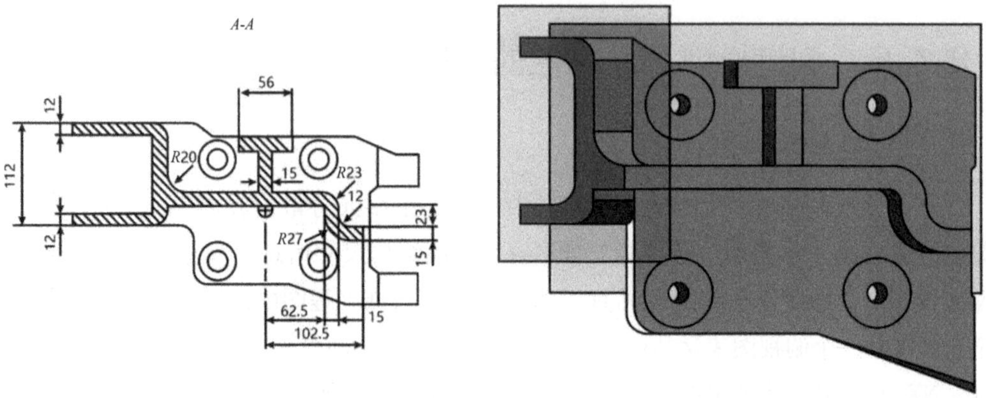

图 9-37　气囊支座 *A*-*A* 剖视图的三维剖视效果（单位：mm）

气囊支座实体的文本信息。此类非几何信息不描述零件具体几何结构特征，而是对整个零件进行描述，所以不需要进行对象的关联，但局部注释应与其应用的模型特定数据元素相关。注释和专用信息表达适合于所有文本和符号表达类的非几何零件制造信息。

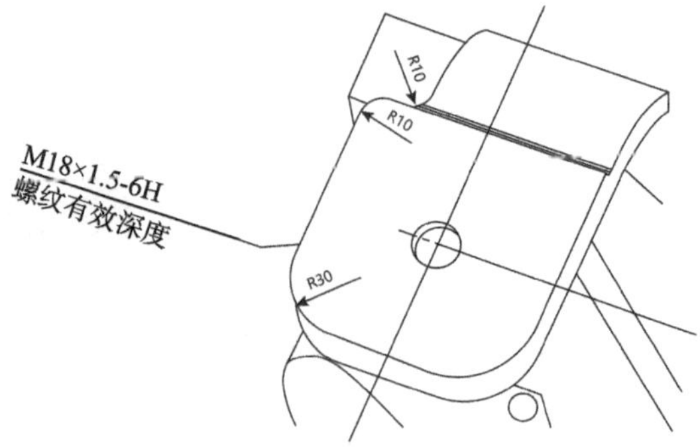

图 9-38　螺纹孔的注释表达

9.5　基于 MBD 的曲轴零件模锻工艺设计实例

机械加工工艺过程由一个或多个依序排列的工序构成，工序是工艺过程的基本组成部分。当工序加工表面较多时，工序可分为若干个工步。工序是一个或一组工人在一个工作地对一个或对几个工件连续完成的一部分工艺工程；工步指在加工表面，切削用量和加工工具不变的情况下，连续完成的一部分工序。在机械加工工艺过程中，针对零件的结构特点和技术要求，采用不同的加工方法和装备，按照一定的顺序依次进行加工来完成由毛坯到零件的过程。以整体锻造的发动机曲轴为例，其典型的制造工艺过程包含 27 道工序，简化后的主要工序过程为：铣连杆大小头两端面；钻小头孔；拉小头孔，并保证尺寸值和表面粗糙值；铣大头定位凸台，从连杆上铣下连杆盖，锪连杆盖螺帽凸台；钻螺栓孔，并加工螺纹；将连杆盖和连杆用螺栓固定；精镗大头孔。零件工艺过程中，物料随着空间位置的改变，表现为零件形状和性状的改变。工序可以分为工步、进给、安装、工位。安装和工位对应着空间位置的变化，进而对应着形状的变化；而热处理和表面处理对应性状的变化。零件制造过程中，每一次空间位置、形状、性状的改变均包含所使用的设备、工艺装备、技术要求、操作方法的描述。

9.5.1 MBD 的零件制造模型

MBD 制造模型以零件设计模型为基础，为数字化工艺设计和工装设计提供依据，以数字量来表达工艺流程及工装设备，定义相互紧密联系的工序件。在综合考量零件的生产纲领和现有生产条件的基础上，拟定工艺路线，制订出零件由粗到精的全部加工工序，制订指导零件生产的数字化模型，并定义 PMI 信息。零件制造模型 PMI 数据包含 6 种类型，每一种类型对应一种特定的产品信息，某些类型下又分成若干个小类，共同构成零件制造信息。

1. 补充几何

补充几何包含 PMI 区域、中心标记和 3D 中心线。中心标记和 3D 中心线用来标记圆柱、孔一类的面中心或体中心位置，表达零件几何结构；PMI 区域标记零件上需要特殊加工的区域。补充几何属于非文本信息。

2. 注释

注释由文本组成，描述零件加工过程中的特征控制，包含基准特征、基准目标、表面粗糙度、锻压符号等。其中，基准特征用以制定在加工过程中如何定位部件；基准目标用于建立基准参考平面。注释由设计人员给出，在认定可制造的前提下，在 PMI 集中数据中给出制造要求的信息。

3. 专用信息

专用信息包含特定注释、企业标识、材料规格、零件注释、工艺说明，关联到零件的孔注释、硬度要求、原材料、热处理、表面处理，以及使用的机床、夹具等，是对材料加工过程和经加工后性状要求的说明。其中，企业标识仅对产品所属公司的信息进行描述，不对零件本身进行描述。

4. 安全标记

安全包含政府安全信息和公司所有权信息，用于说明产品类型、授权系统、导出控制类型，限制不同人员对于产品模型的使用权限，保护安全。

PMI 信息具有高度集成性，为避免数据冗余和重复，共性特征数据采用单个数据模型来表达，各工序件的分状态特征采用不同的数据模型来表达。

9.5.2 MBD 制造模型

以基于 MBD 的汽车零件制造为例，其总体思路是在 PLM 基础上采用三维工序模型和模型上的 PMI 来表达下游部门（数控加工、计量、检验等）需要的所有工艺信息的方法。零件产品模型使用单个三维数模即可表达，工艺链中的工件模型需依据工艺规程，根据工序和工步的划分，建立不同的几何模型。根据零件制造工艺过程分析和所涉及的 PMI 信息，结合 MBD，零件制造模型实质上是制造过程中每个状态对应的 MBD 模型的集合，反映零件由毛坯到成品过程中形状和性状的变化。制造过程由多道工序构成，制造模型由多状态工序模型组成。多状态制造模型是逐步演化和相互联系的，工序模型描述特定工序输入输出时工件的形状和性状，上一步工序的输出是下一步工序的输入，共同组成了一个相互关联的整体。基于 MBD 的汽车发动机曲轴制造工艺制定过程由图 9－39 所示。

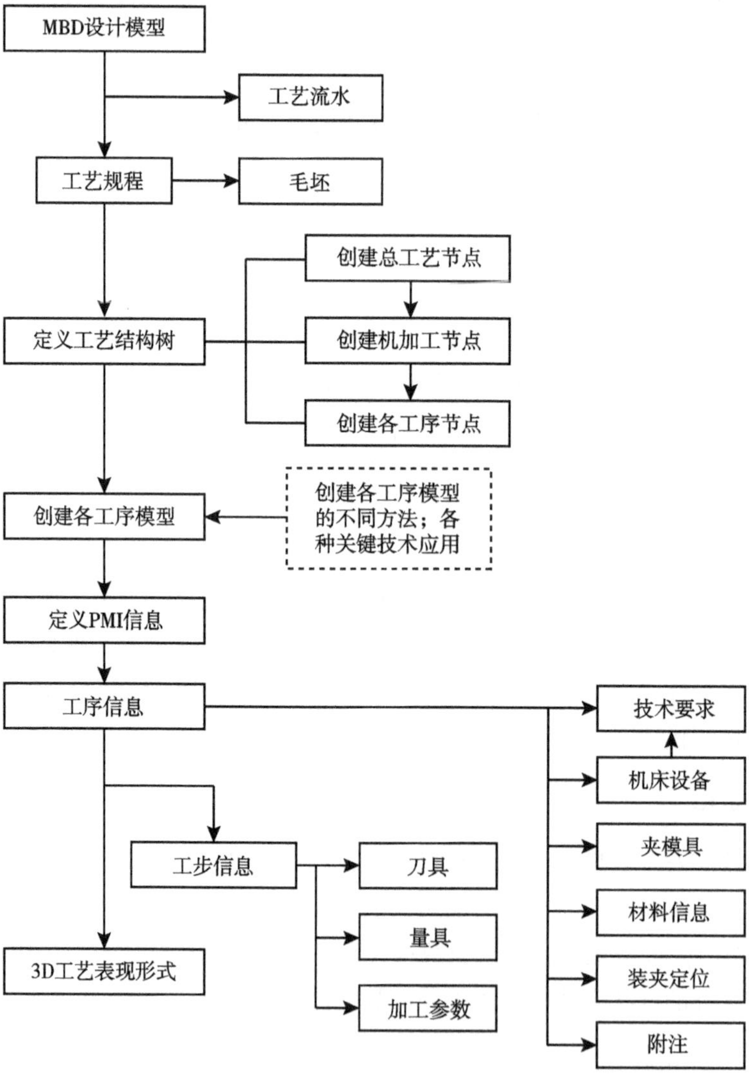

图 9－39　基于 MBD 的发动机曲轴制造工艺制定过程

9.6　基于 MBD 的钣金零件冲压工艺设计实例

目前，钣金成型的方法众多，常用的有卷边、折弯、熨烫、激光切割、液压成型、冲孔等方法，其成型需要表达工艺方法、模型构建、标注、工艺设计要求等。

9.6.1　基于 MBD 的钣金工艺信息表示

基于 MBD 的钣金工艺主要包含钣金 MBD 设计模型、钣金 MBD 工艺模型、工艺规程。

1. 钣金 MBD 设计模型

对于钣金设计模型，主要包括以下内容：

（1）3D 几何模型

利用 3D 几何模型来表达产品的几何形状、理论尺寸等，是 MBD 模型的核心，反映了产品的实际结构和尺寸。3D 几何模型可以用不同的软件工具来创建和编辑，用来建立折弯、展开状态的三维模型。

（2）设计模型相关的属性信息

属性信息可以包括零部件代号、名称、产品代号、名称、折弯因子、折弯表、折弯顺序零部件类型、材料等，用来表达产品所需的材料规格和数量等，是 MBD 模型的辅助和优化。

（3）基本信息

基本信息包括坐标系、基准平面、基准轴等，用来为模型建立提供参考和基准。

（4）标注

将尺寸、公差、表面结构标注在三维模型上，作为 MBD 模型的补充，提供了产品的精确度和质量要求。标注可以用不同的方式来显示在 3D 模型上，例如线性标注、角度标注、半径标注等。

（5）其他辅助信息

其他辅助信息可以建立折弯状态和展平状态的模型，以此来表达这两种不同状态下具有不同数值的尺寸，且二者相互独立。根据需要，可以在多个视图下来表达模型。除此之外，还可以提供有关产品的额外说明和注释。

钣金 MBD 设计模型可以利用专业的软件工具来创建和管理，例如 SolidWorks MBD。SolidWorks MBD 可以与 SolidWorks 二维工程图无缝集成，并提供打印支持和跨平台应用；还可以与其他软件工具进行数据交换和协作。

2. 钣金 MBD 工艺模型

钣金 MBD 工艺模型的建立与上述步骤类似，要建立钣金工艺模型，需要以下内容：

（1）实物几何模型

获取设计模型的几何特征、理论尺寸、基准信息、公差信息等，用于定义产品的外部轮廓和内部结构，确保在制造过程中维持合适的质量标准。

（2）工艺信息

工艺信息包括板料信息、折弯和成形工艺信息、切割和冲压工艺信息、焊接和连接信息、表面处理信息等，还可以添加与模具关联的钣金件特征，包括模具尺寸和材质等。需要说明的是，对于无法重用设计模型特征（落料和冲压工序），可以单独产生独立模型，与工序保持关联。工艺信息用来表述产品零件在加工过程中需要进行加工的区域和轮廓，并描述需要采用的加工工艺方法和质量要求等，能够完整表达工艺过程（工序/工步）的特征。

（3）工序模型

工序模型的构建主要包括两个方面：一个方面是利用设计模型上的特征创建成形特征；另一个方面是识别折弯特征信息，通过调整折弯顺序构建折弯特征。

（4）标注信息

标注信息包括注释信息、属性信息，用于指导制造过程中的具体操作，提供任何与制造装配或检验相关的额外说明。

3. 工艺规程

钣金 MBD 设计模型的工艺规程需要遵循一定的标准和要求，以保证其规范性、通用性和可靠性。目前，我国已经出台了《基于模型定义的三维钣金工艺设计通用要求》草案，该标准草案详细阐述了钣金件三维工艺设计关键技术，包括加工特征数量、工艺方法、设备、模具、量具、工艺参数等，并给出了相应的图形符号和示例。该标准还提出了基于模型定义的三维钣金工序模型构建方法，即以钣金设计模型为输入，能够获取设计模型的几何特征、基准信息、注释信息等，并根据不同的成形特征生成相应的面向加工制造的工序模型。

钣金 MBD 设计模型的主要工艺步骤主要包括产品设计和建模、添加工艺信息、折弯和成型工艺规划、切割和冲压工艺规划、焊接和连接规划、涂装和表面处理规划、标注和注释等。

4. 构建 MBD 模型需要关注的要素

（1）钣金工艺方法的图形符号

钣金工艺方法的图形符号包括表现形式、绘制规则，例如折弯、折边、剪切、旋压、滚弯、引深、压延等所用符号。

（2）钣金工艺的信息内容

钣金工艺的信息内容针对每个钣金加工特征，确定采用何种工艺方法，确定工艺参数、模具参数、量具、设备型号、变形方向表达等，还包括表达规则和方法，以及钣金工艺信息图形符号构成。

其中，对于工艺方法，需要采用图形符号的形式，将信息标注在三维模型上；对于设备信息，需要采用与加工方法对应的加工设备型号；对于量具和模具，需要给出各自的参数要求；对于工艺参数，需要采用与工艺方法对应的参数；对于变形方向，可根据关联几何的方式确定向哪个方向变形。

9.6.2　在 MBD 技术下钣金零件模线样板的制造

由于在设计样板时有三维数据集作为加工的依据，所以在设计外形与切面样板时可以直接利用 CATIA 软件在零件三维实体上做一些简单的操作，求出所需要的轮廓线。通常，外形样板只要在数模中求出零件的外形交线，切面样板只要做出所要位置的交线，并且留出所需要的定位线和基准线，将所有需要的线条利用 Drafting 模块转换成二维图形，得到模线。这样设计减少了传统设计中只按照图纸尺寸进行逐一绘制的烦琐。

飞机钣金零件的制造需要零件的展开样板和二维展开数据集进行下料或加工，所以展开样板的设计在样板设计中占有很大的比例。随着 MBD 技术的推进，二维图纸逐步被三维模型替代，传统设计这些零件的展开样板非常烦琐，只有随着技术的提升而改变设计方法才能适应发展。下面以图 9－40 所示为例，简要说明展开样板的设计方法。

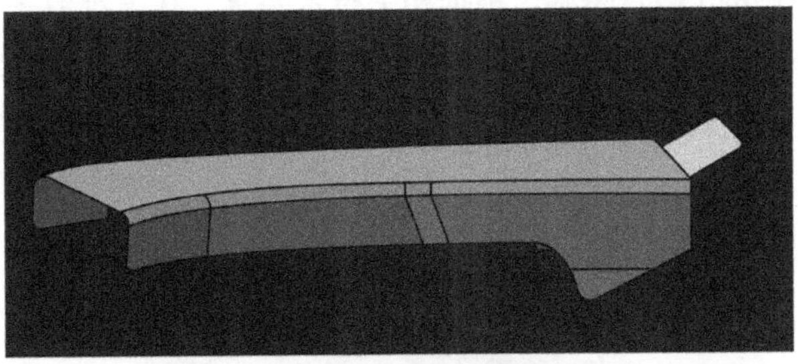

图 9－40　钣金零件

MBD 技术下数据集是所有设计、制造的依据，包括产品在研制过程中相关的各项属性和功能，很多零件信息可以直接在结构树中提取，实现了过程的简化。

抛开二维图纸，以数模作为设计的依据，在设计展开样板时可以在 CATIA 软件中将该零件的外形交线、弯边轮廓线提取出来。再利用 CATIA 软件中的航空钣金模块将零件用钣金弯边的方式做出，利用展开命令就可以直接将零件的展开求出，如图 9－41 所示。

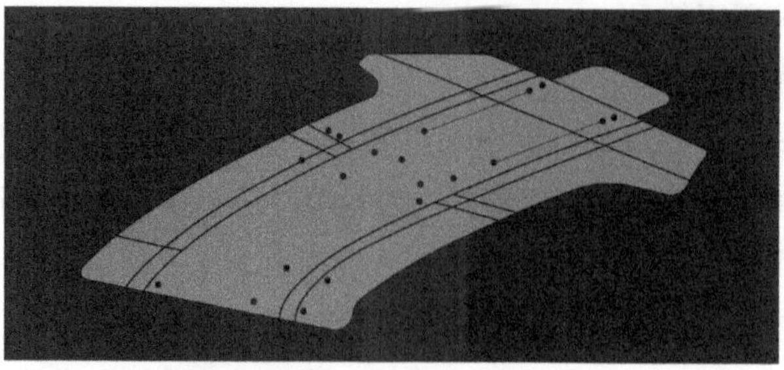

图 9-41　钣金零件的展开

用钣金方法做出的数模可以得到零件的展开状态，利用 Drafting 模块中的投影视图命令得到展开模线。对于弯边上有孔的零件，在用钣金方法建模时，在零件的弯边上做出所需的孔，展开时可以同时得到弯边上的孔。

按照这种方式设计展开样板只需要重新以钣金的方式将零件做出，大大减小了计算量，降低了难度，计算机计算可以保证准确度；并且，展开样板的轮廓由零件的外缘控制，提高了样板的精度。

9.6.3　钣金零件 MBD 技术工装设计

在飞机设计过程中，上下游设计往往存在着某种依赖关系，如结构设计依赖于外形设计、系统设计依赖于结构设计、工装设计依赖于产品数据。这种依赖关系的存在，使上游设计驱动下游设计，实现设计过程的快速更新。这种依赖关系的建立通过上下游设计间的几何特征、参数化等技术进行实现。MBD 技术下，利用 PDM 实现产品数据的传递，工装的设计以 MBD 中的三维模型（零件树中的 ISO）基础。根据相关技术要求，在三维数字化环境下进行设计与仿真，并给出回弹补偿。最终实现面向 MBD 的工装设计技术，实现工装设计的参数化柔性化，以及与产品设计的关联性。如图 9-42 所示，为飞机型材钣金零件的工装设计模型。

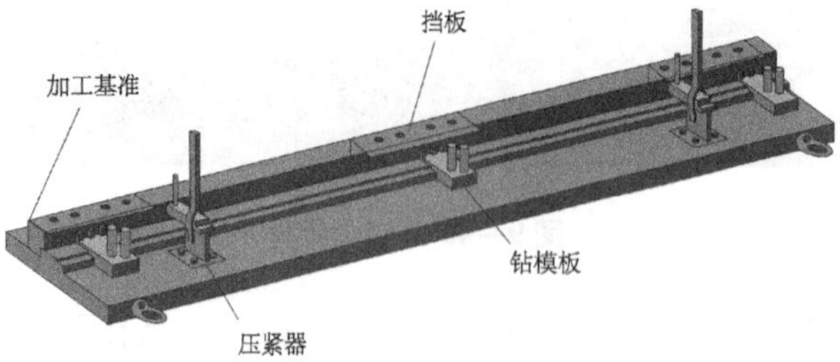

图 9-42　钣金零件工装 MBD 设计

通过 MBD 技术进行工装设计与制造，使工装三维模型成为工装的设计、审签、制造、返修过程的唯一依据，提高了工装制造的准确性，方便以后维护及返修。通过增加钣金零件特有的回弹量补偿，大大减少了由钣金零件回弹造成的人工修整量。

9.6.4　应用实例

本实例以某飞机两侧翻边钣金肋为例，在 Visual Studio 2005 和 CAA RADE 搭建的环境下，通过人工交互界面操作和后台程序驱动，实现了 MBD 的参数化建模。首先调用编写好的该零件程序模板，通过拾取肋轴线、飞机上翼面、下翼面、机翼弦平面等构建几何要素，确定建模基准；然后在人工交互界面输入所需要的参数，即可完成参数驱动，生成三维实体模型；最后通过程序读取 Excel 预先录入的非几何信息，实现三维标注，就可以获得某飞机两侧翻边钣金的 MBD 模型，如图 9 - 43 所示。

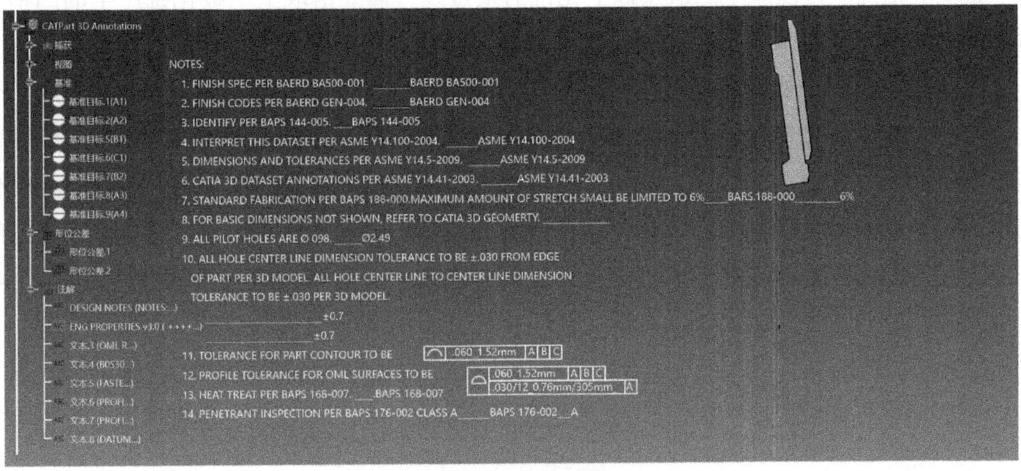

图 9 - 43　某飞机两侧翻边钣金的 MBD 模型

对于上述 MBD 模型来说，一般设计人员从画三维实体到三维标注至少需要 5 min，再加上豁口、倒角、翻边方向等，设计的时间就更长。对于二次开发建模方法，输入参数、录入三维标注信息、拾取构建几何要素等操作只需要不足 4 min。显然，MBD 参数化建模方法使单个飞机钣金件的设计效率至少提高 20%；越复杂的钣金件，该方法缩短产品研发周期的优势越明显。

9.6.5　飞机钣金零件工艺数模快速设计系统功能的实现

本实例的实施是在 CAA 平台中进行的，CAA 平台在航空工业有着广阔的应用前景，掌握 CAA 二次开发技术可以紧跟当前技术潮流。本文中基于 CATIA 平台设计开发的飞机钣金零件工艺数模快速设计软件，分两大子系统，共有 14 个小功能模块。由于功能模块过多，本节将就系统中的两个模块作为典型案例简要说明其功能的实现，包括化铣余量线生成模块和弯边展开模块。

1. 化铣余量线生成模块

（1）两种余量确定方式

①推算化铣余量：根据经验公式算出余量值，需要输入“腐蚀系数 C”（$C=0.95\sim1.05$）。

②自定义化铣余量：需要用户直接输入一个余量值。

（2）化铣次数的确定

其中，支持面即待化铣前零件的外表面，结构树里面附有此特征。

①一次化铣：可以产生一次化铣的余量线，只需要拾取一次化铣产生的凹槽底面。

②多次化铣：可以产生二次及以上化铣的余量线，需要拾取上一级化铣产生的凹槽底面和本次化铣产生的凹槽底面。

③化铣余量线生成模块功能实现：以某一蒙皮壁板零件为例，如图 9-44 所示，介绍化铣余量线工艺数模快速生成功能的实现。进入 CAA 界面，打开需要化铣的零件数模，点击按钮，弹出“化铣余量添加”对话框。选择添加“一次化铣”或“多次化铣”，所需拾取参考元素如参考图 9-45 所示。点击“确定”按钮，在支持面上生成三维中化铣余量线，通过“反向”按钮调节余量线的方向。余量线和结构树的信息如图 9-46 所示。

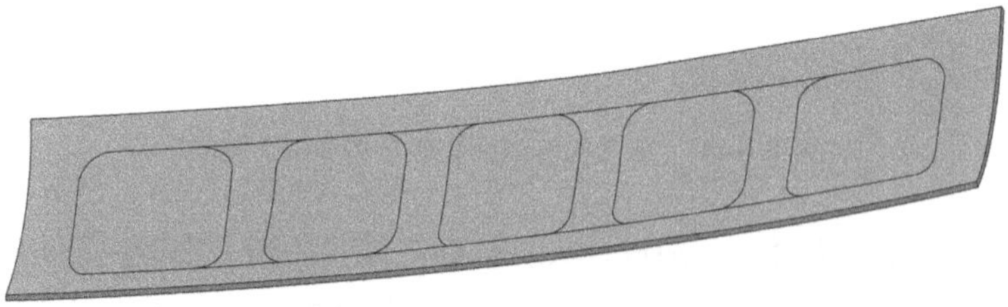

图 9-44　某一蒙皮壁板零件

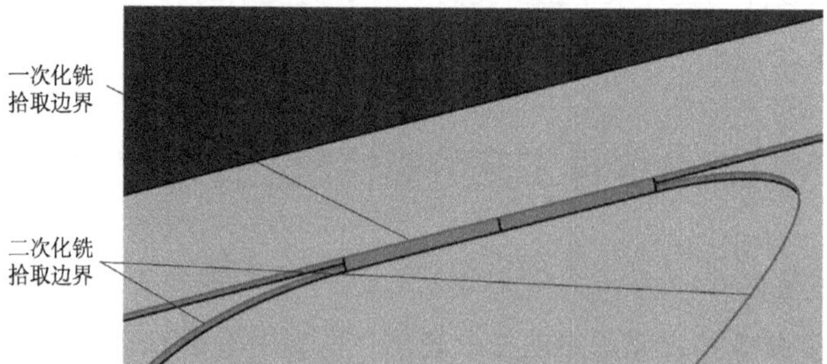

图 9-45　拾取参考元素

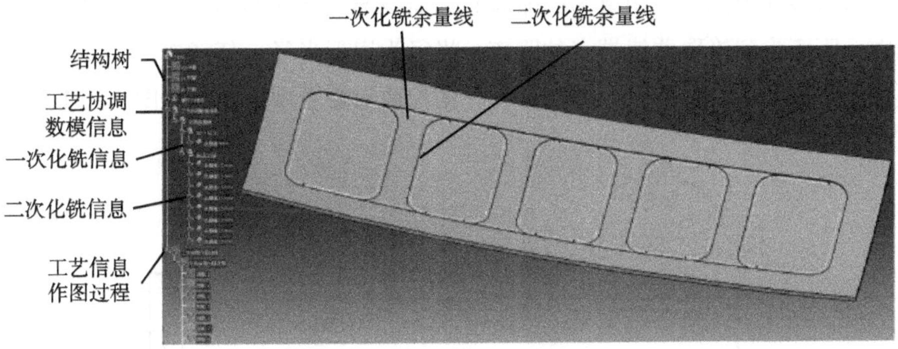

图 9－46　三维中化铣余量线

2. 弯边展开模块

(1) 快速展开工艺数模功能实现

以某一型号飞机带缺口直弯边补偿件为例，如图 9－47 所示，介绍快速展开工艺数模功能的实现。进入 CAA 界面，打开需要展开的零件数模。

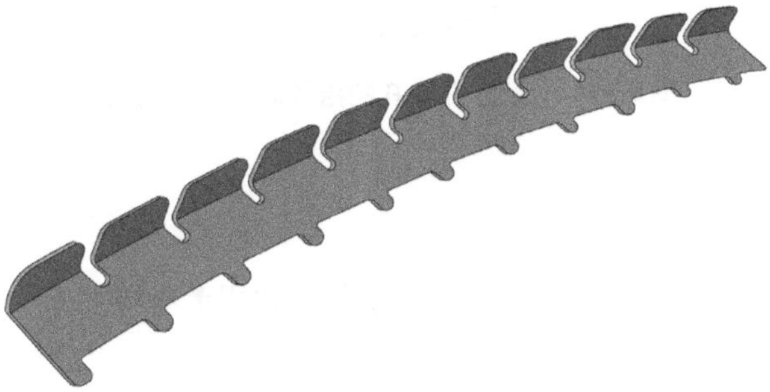

图 9－47　某一型号飞机带缺口直弯边补偿件

(2) 开视孔快速设计功能实现

设置五种开视孔类型：一线型、二线型、三线型、任意露边型、扇形。以图 9－48 中的拾取对象为例，说明一线型、二线型、三线型开视孔功能的实现。拾取曲线均为图中浅色部分。开视孔生成结果如图 9－49 所示。

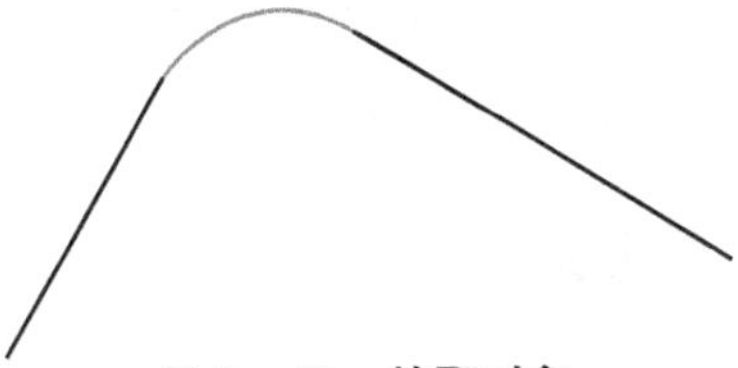

图 9－48　拾取对象

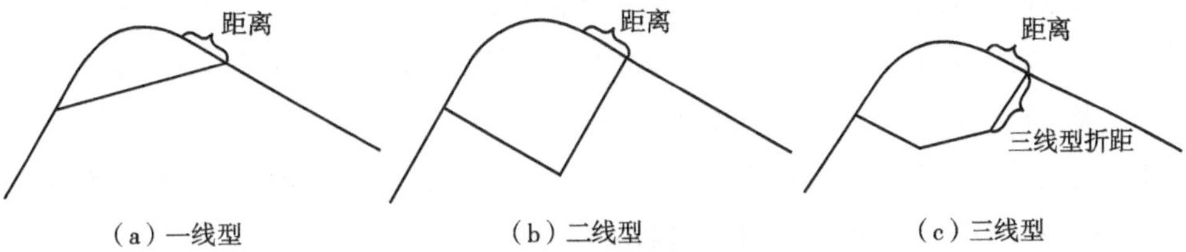

图 9－49　一线型、二线型、三线型开视孔生成结果

任意露边型开视孔中，距离为圆弧圆心和曲线端点间的距离，半径为圆弧半径。扇形开视孔中，距离为到拾取曲线端点的距离，半径为扇形半径。任意露边型开视孔的拾取对象及生成结果如图 9 - 50 所示，扇形开视孔的拾取对象及生成结果如图 9 - 51 所示。

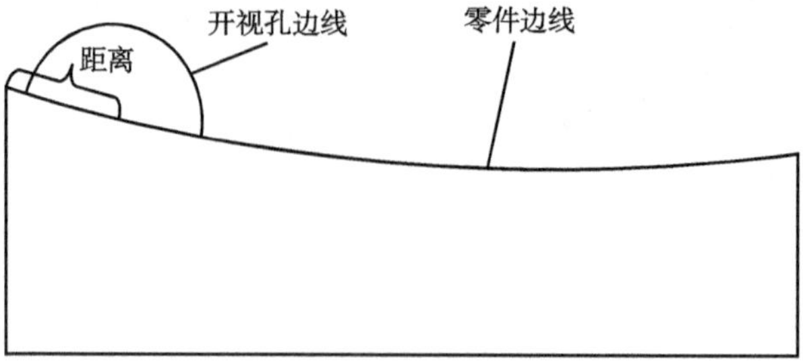

图 9 - 50　任意露边型开视孔的拾取对象及生成结果

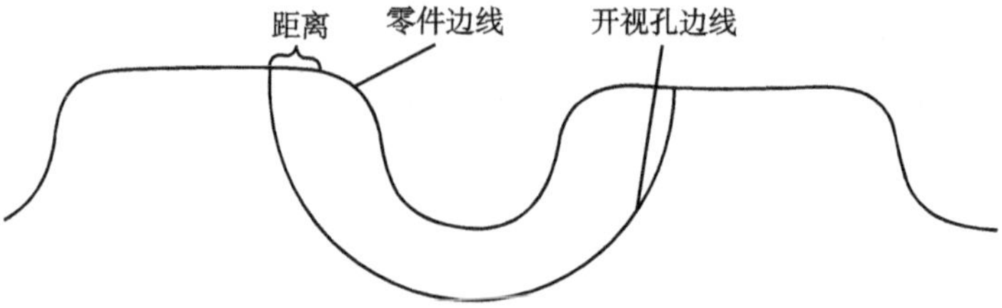

图 9 - 51　扇形开视孔的拾取对象及生成结果

【练习与思考】

1. 什么是金属的锻造性能？影响金属锻造性能的因素有哪些？
2. 什么叫锻造比？锻造比对锻件质量有何影响？
3. 试比较自由锻造、锤上模锻、胎模锻的优缺点。
4. 板料冲压生产有何特点？应用范围如何？
5. 零件制造模型 PMI 数据有哪几种类型？各有什么特点？
6. 基于 MBD 的钣金工艺包含哪些方面内容？

参考文献

[1] 刘会霞. 金属工艺学[M]. 北京：机械工业出版社，2001.

[2] 郭丽波，陈文. 金属工艺学[M]. 济南：山东科学技术出版社，2014.

[3] 周临震，陶杰，王岳淼. 基于 MBD 的汽车零件制造模型研究[J]. 盐城工学院学报：自然科学版，2013，26（02）：45 - 50.

[4] 王志学，姜秀玉，徐克焓，等. 基于 MBD 技术航空钣金零件的数字化制造[J]. 航空制造技术，2014（S1）：141 - 143.

[5] 缪盛，郝博，冯月一，等. 基于 MBD 的飞机钣金件参数化建模技术[J]. 成组技

术与生产现代化，2014，31（4）：1 -6 +14.
[6] 石晶，赵敏，魏凤瑞 . MBD 技术下钣金零件模线样板的设计[J]. 装备制造技术，2013（1）：128 -129 +131.
[7] 巩玉强 . 基于 MBD 的飞机结构件设计和应用[J]. 电子技术与软件工程，2014(8)：82 -85.

第 10 章　基于 MBD 的焊接工艺

【教学要求】

①理解 MBD 的基本概念，以及它在焊接工艺中的作用和重要性。

②掌握 MBD 技术在焊接工艺设计、仿真、质量控制、优化中的应用。

③学习如何通过 MBD 技术实现焊接过程的数字化和智能化。

④分析 MBD 在焊接工艺中的数据管理和信息共享的优势。

⑤探索基于 MBD 的焊接工艺一体化知识库的设计和应用，以及如何利用这些信息进行有效的工艺决策。

10.1　焊接工程基础理论与常用焊接方法

焊接是利用加热或加压（或加热和加压），借助金属原子的结合与扩散，使分离的两部分金属牢固、永久地结合起来的工艺。焊接方法可以拼小成大，还可以与铸、锻、冲压结合成复合工艺生产大型复杂件。主要用于制造金属构件，如锅炉、压力容器、管道车辆、船舶、桥梁、飞机、火箭、起重机、海洋设备、冶金设备等。

10.1.1　焊接工程理论基础

熔化焊的焊接过程是利用热源（电弧热、气体火焰热、高能粒子束等）先将工件局部加热到熔化状态，形成熔池；然后随着热源向前移动，熔池液体金属冷却结晶，形成焊缝。熔化焊的过程包含加热、冶金、结晶。在这些过程中会产生一系列变化，对焊接质量有较大的影响，如焊缝成分变化、焊接接头组织和性能变化以及焊接应力与变形的产生，等等。

1. 熔焊冶金过程

熔焊过程中，一些有害杂质元素（O，N，H，S，P 等）会由于各种原因溶入液态金属，影响焊缝金属的化学成分和性能。

用光焊条在大气中对低碳钢进行无保护的电弧焊时，在电弧高温的作用下，焊接区周围空气中的 O_2 和 N_2 会发生强烈的分解反应，形成 O 原子和 N 原子。O 原子与熔化的金属接触，氧化反应使焊缝金属中的 C，Mn，Si 等元素明显烧损，含氧量大幅度提高，导致金属的强度、塑性、韧性都急剧下降，尤其会引起冷脆等质量问题。此外，一些金属氧化物会熔解到熔池金属中，与 C 发生反应，产生不溶于金属的 CO。在熔池金属结晶时，CO 气体来不及逸出就会形成气孔。

N 能以原子的形式溶于大多数金属中。例如，N 在液态铁中的溶解度随温度的升高而增大，当液态铁结晶时，N 的溶解度急剧下降，过饱和的 N 以气泡形式从熔池向外逸出，若来不及逸出熔池表面，便在焊缝中形成气孔。N 原子能与 Fe 化合形成 Fe_4N 等化合物，以针状夹杂物形态分布在晶界和晶内，使焊缝金属的强度、硬度提高，塑性、韧性下降，特别是低温韧性急剧降低。

除了 O 和 N 以外，H 的溶入和对焊缝金属的有害作用也应值得注意。当液态铁吸收了大量 H 以后，在熔池冷却结晶时会引起气孔。当焊缝金属中含氢量高时，会导致金属的脆化（氢脆）和冷裂纹等问题。

焊缝金属中的 S 和 P 主要来自焊条的药皮和焊剂中，含硫量高时，会导致热脆性和热裂纹，并能降低金属的塑性和韧性。P 的有害作用主要是严重地降低金属的低温韧性。

因此，与一般的钢铁冶金过程比较，焊接熔池的冶金主要的特点如下：

①熔池温度高，接电弧和熔池的温度比一般冶金炉的温度高，所以气体含量高，溶入的有害元素多，金属元素发生强烈的蒸发和烧损。

②熔池凝固快焊接熔池的体积小（$2\sim3\ cm^3$），从熔化到凝固的时间很短（约 10 s）；熔池中气体无法充分排出，容易产生气孔，各种化学反应难以充分进行。

2. 对熔池的保护和冶金处理

为了保证焊缝金属的质量、降低焊缝中各种有害杂质的含量，熔焊时必须从以下两方面采取措施：

①对焊接区采取机械保护，防止空气污染熔化金属，如采用焊条药皮、焊剂或保护气体等，使焊接区的熔化金属被熔渣或气体保护，与空气隔绝。

②对熔池进行冶金处理，清除已经进入熔池中的有害杂质，增加合金元素，以保证和调整焊缝金属的化学成分。通过在焊条药皮或焊剂中加入铁合金等，对熔化金属进行脱氧、脱硫、脱磷、去氢和渗合金等。

10.1.2　焊接接头组织和性能

熔焊是焊件局部经历加热和冷却的热过程。在焊接热源的作用下，焊接接头上某点的温度随时间变化的过程称为焊接热循环。焊缝及附近的母材所经历的焊接热循环不相同，所以引起的组织和性能的变化也不相同。

熔焊的焊接接头由焊缝和热影响区组成。

1. 焊缝的组织与性能

焊缝由熔池金属结晶而成。结晶首先从熔池底壁开始，沿垂直于熔池和母材的交界线向熔池中心长大，形成柱状晶，如图 10－1 所示。

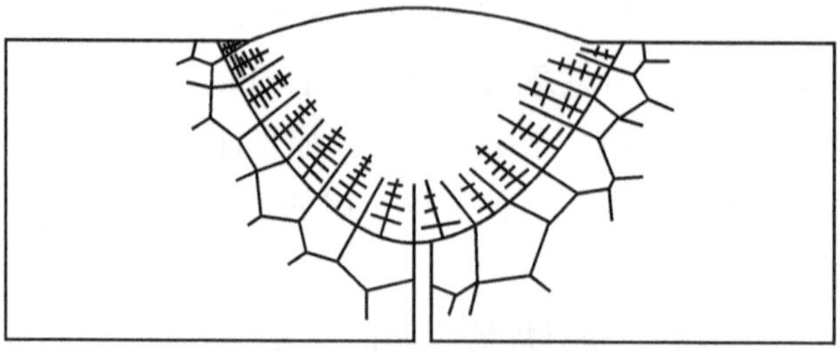

图 10－1　焊缝的柱状结晶

熔池结晶过程中，由于冷却速度很快，已经凝固的焊缝金属中的化学元素来不及扩散，造成合金元素偏析。

焊缝组织是由液态金属结晶的铸态组织，具有晶粒粗大、成分偏析、组织不致密等缺点。但是，由于其焊接熔池小，冷却快，且 C，S，P 都较低，还可以通过焊接材料（焊条、焊丝、焊剂等）向熔池金属中渗入某些细化晶粒的合金元素，调整焊缝的化学成分，所以可保证焊缝金属的性能满足使用要求。

2. 热影响区的组织与性能

热影响区是在焊接热循环的作用下，焊缝两侧因焊接热而发生金相组织和力学性能变化的区域。低碳钢的热影响区组织变化如图 10－2 所示。

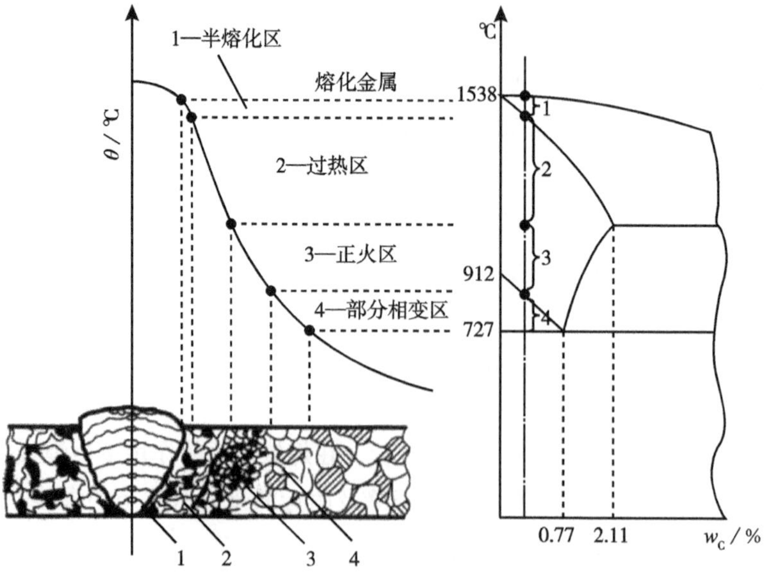

图 10－2　低碳钢的热影响区组织变化

由于各点温度不同，组织和性能变化特征也不同，其热影响区一般包括半熔化区、过热区、正火区、部分相变区。

（1）半熔化区

半熔化区是焊缝与基体金属的交界区，也称为熔合区。焊接加热时，该区的温度处于固相线和液相线之间，金属处于半熔化状态。对低碳钢而言，由于固相线和液相线的温度区间小，温度梯度大，所以熔合区的范围很窄（0.1 ~1 mm）。熔合区的化学成分和组织性能都有很大的不均匀性，组织中包含未熔化而受热长大的粗大晶粒和铸造组织，力学性能下降较多，是焊接接头中的薄弱区域。

（2）过热区

焊接加热时，过热区处于 1 100 ℃至固相线的高温范围，奥氏体晶粒发生严重的长大现象，在焊后快速冷却的条件下，形成粗大的魏氏组织。魏氏组织是一种典型的过热组织，组织特征是铁素体一部分沿奥氏体晶界分布，另一部分以平行状态伸向奥氏体晶粒内部。该区的塑性和韧性严重降低，尤其是冲击韧度降低更为显著，脆性大，也是焊接接头中的薄弱区域。

（3）正火区

焊接时，母材金属被加热到 A_{c3} ~1 100 ℃的范围，铁素体和珠光体全部转变为奥氏体。冷却后，得到均匀细小的铁素体和珠光体组织，其力学性能优于母材。

（4）部分相变区

焊接时，被加热到 A_{c1} ~ A_{c3}的区域属于部分相变区。该区域中只有部分母材金属发生奥氏体相变，冷却后成为晶粒细小的铁素体和珠光体：另一部分是始终未能溶入奥氏体的铁素体，不发生转变，但随温度升高，晶粒略有长大。所以，冷却后，该区晶枝大小不一，组织不均匀，力学性能稍差。

3. 影响焊接接头性能的主要因素

焊接热影响区中的半熔化区和过热区对焊接接头不利，应尽量减小。

影响焊接接头组织和性能的因素还有焊接材料、焊接方法、焊接工艺参数、焊接接头形式、坡口等。实际生产中，应结合母材本身的特点合理地考虑各种因素，对焊接接头的组织和性能进行控制。对于重要的焊接结构，若焊接接头的组织和性能不能满足要求，可以采用焊后热处理来改善。

10.1.3　焊接应力与变形

构件焊接以后，内部会产生残余应力，同时产生焊接变形。焊接应力与外加载荷叠加，造成局部应力过高，则构件产生新的变形或开裂，甚至导致构件失效。因此，在设计和制造焊接结构时，必须设法减小焊接应力，防止过量变形。

1. 应力与变形的形成

（1）形成原因

金属材料在受均匀加热和冷却作用，能完全自由膨胀和收缩，在加热过程中产生变形而不产生应力；在冷却后恢复到原来的尺寸，没有残余变形及残余应力，如图 10 - 3（a）所示。

金属杆件在加热和冷却时，完全不能膨胀和收缩，如图 10 - 3（b）所示。加热时，杆件不能像自由膨胀时伸长到位置 2，依然处于位置 1，所以承受压应力，产生塑性压缩变形；冷却时，不能从位置 1 自由收缩到位置 3，依然处于位置 1，所以承受拉应力。这个过程有焊接残余应力，但是没有残余变形。

熔焊过程中，焊接接头区域受不均匀的加热和冷却，加热的金属受周围冷金属的约束而不能自由膨胀，但可以膨胀一些，如图 10 - 3（c）所示。在加热时，只能从位置 1 膨胀到位置 4，此时产生压应力；冷却后，只能从位置 4 收缩到位置 5，所以这部分金属受拉应力并残留下来，即焊接残余应力。从位置 1 到位置 5 的变化就是焊接残余变形。

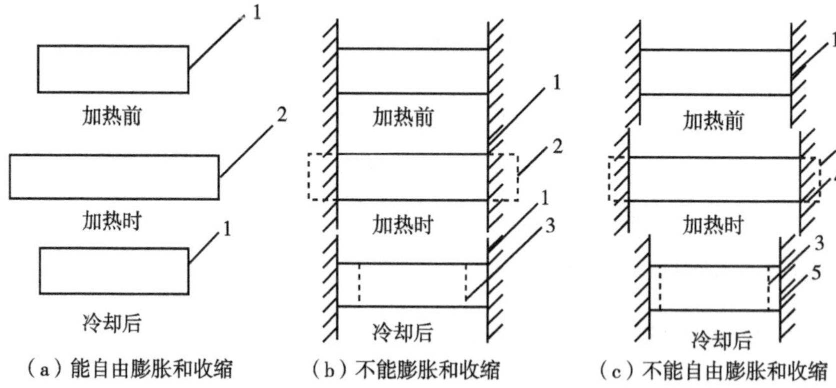

图 10 - 3　焊接变形与残余应力产生的原因

（2）应力的大致分布

对接接头焊缝的应力分布如图 10 - 4 所示，可见焊缝往往受拉应力。

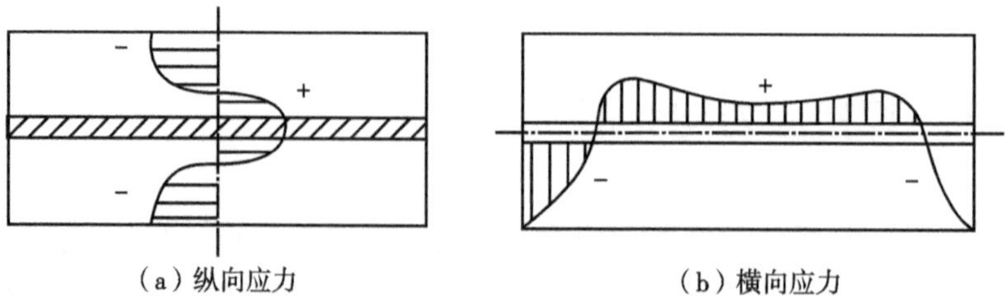

图 10 - 4　对接接头焊缝的应力分布

（3）变形的基本形式

常见的焊接残余变形的基本形式有尺寸收缩变形、角变形、弯曲变形、扭曲变形、翘曲变形，如图 10－5 所示。在实际的焊接结构中，这些变形并不是孤立存在的，而是多种变形共存，并且相互影响。

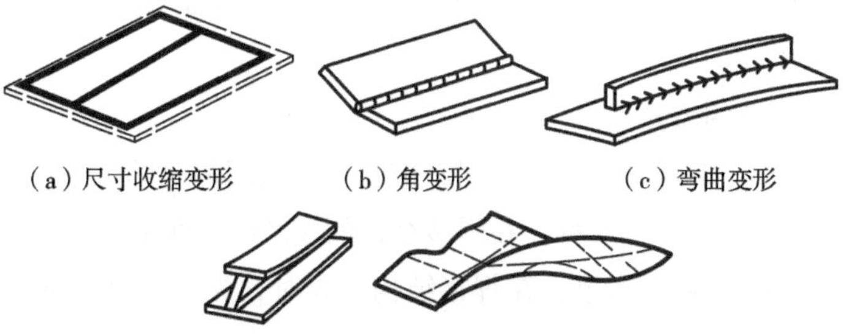

（a）尺寸收缩变形　（b）角变形　（c）弯曲变形

（d）扭曲变形　（e）翘曲变形

图 10－5　焊接残余变形的基本形式

2. 减少或消除应力的措施

焊接时，可以从设计和工艺两方面综合考虑降低焊接应力。在设计焊接结构时，应采用刚性较小的接头形式，尽量减少焊缝数量和截面尺寸，避免焊缝集中，等等。在工艺措施上可以采取以下方法。

（1）合理选择焊接顺序

应尽量使焊缝能较自由地收缩，减少应力，如图 10－6 所示。

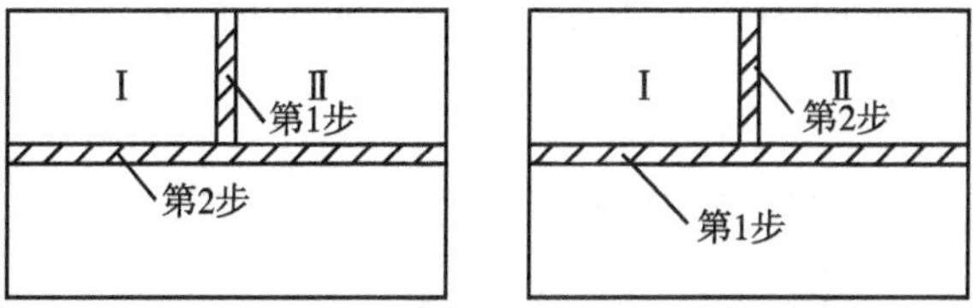

（a）合理　（b）不合理

图 10－6　焊接顺序对焊接应力的影响

（2）锤击法

用一定形状的小锤均匀迅速地敲击焊缝金属，使其伸长，抵消部分收缩，从而减小焊接残余应力。

（3）预热法

焊前对待焊构件进行加热。焊前预热可以减小焊接区金属与周围金属的温差，使焊接加热和冷却时的不均匀膨胀和收缩减小，从而使不均匀塑性变形尽可能减小，是有效减少焊接应力的方法之一。

（4）热处理法

为了消除焊接结构中的焊接残余应力，生产中通常采用去应力退火。对于碳钢、低合重钢、中合金钢结构，焊后可以把构件整体或焊接接头局部区域加热到 600 ~ 650 ℃，保温一定时间后缓慢冷却。一般可以消除 80% ~ 90% 的接残余应力。

3. 变形的预防与矫正

焊接变形对结构生产的影响一般比焊接应力要大些。在实际焊接结构中，要尽量减少变形。

（1）预防焊接变形的方法

为了控制焊接变形，在设计焊接结构时，应合理地选用焊缝的尺寸和形状，尽可能减少焊缝的数量，焊缝的布置应力求对称。在焊接结构的生产中，通常采用以下工艺措施：

①反变形法。根据经验或测定，在焊接结构组焊时，先使工件反向变形，以抵消接变形，如 10 – 7 所示。

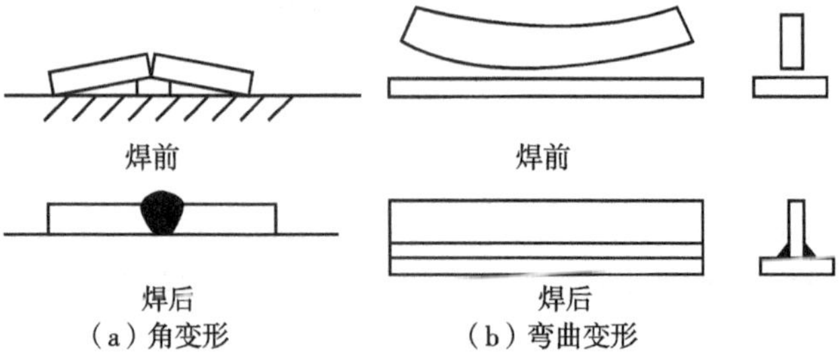

图 10 – 7　反变形法

②刚性固定法。刚性大的结构，焊后变形一般较小。当构件的刚性较小时，利用外加刚性拘束来减小焊接变形的方法称为刚性固定法，如图 10 – 8 所示。

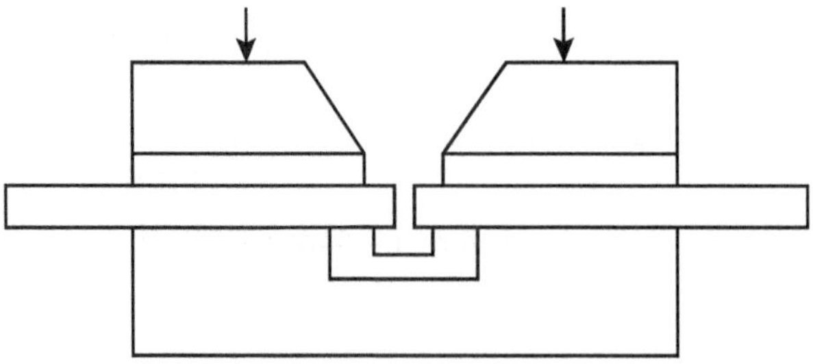

图 10 – 8　刚性固定法

③选择合理的焊接方法和焊接工艺参数，选用能量比较集中的焊接方法，如采用 CO_2 气体保护焊、等离子弧焊代替气焊和手工电弧焊，以减小薄板焊接变形。

④选择合理的装配焊接顺序，焊接结构的刚性通常是在装配、焊接过程中逐渐增大的，结构整体的刚性要比其部件的刚性大。因此，对于截面对称、焊缝布置对称的简单结构，采用先装配成整体，然后按合理的焊接顺序进行生产，可以减小焊接变形，如图 10 – 9 所示。图中的阿拉伯数字为焊接顺序，最好能同时对称施焊。

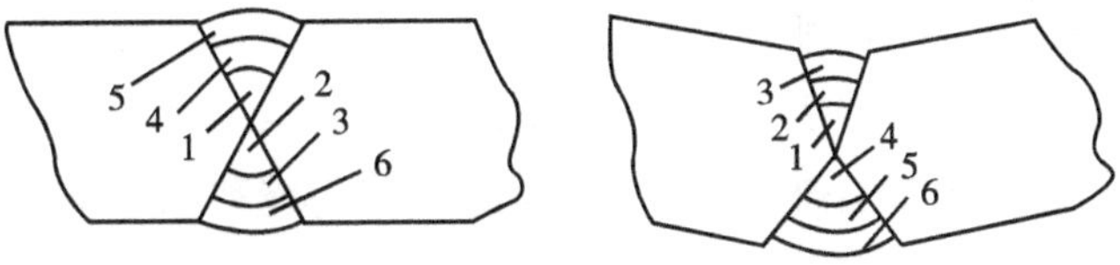

图 10-9　预防焊接变形的焊接顺序

(2) 矫正焊接变形的措施

矫正焊接变形的方法主要有机械矫正法和火焰矫正法。机械矫正法是利用外力使构件产生与焊接变形方向相反的塑性变形，使二者互相抵消，可采用辊床、压力机、矫直机等设备（图 10-10），也可手工锤击矫正。火焰矫正法利用局部加热时（一般采用三角形加热法）产生压缩塑性变形。在冷却过程中，局部加热部位的收缩将使构件产生挠曲，从而达到矫正焊接变形的目的，如图 10-11 所示。

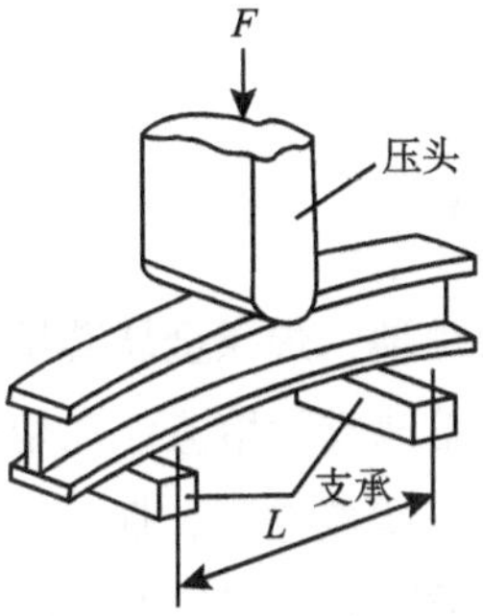

图 10-10　机械矫正法

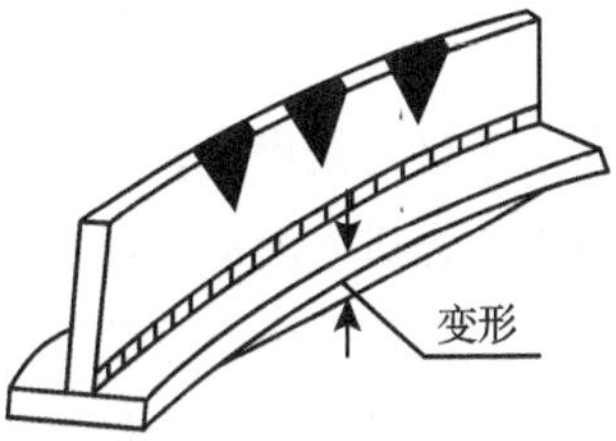

图 10-11　火焰矫正法

10.1.4　常用焊接方法

焊接的方法种类很多，按照焊接过程的特点可分为以下三大类：

①熔化焊利用局部加热，将工件的焊接处加热到熔化态，形成熔池然后冷却结晶，形成焊缝。熔化焊是应用最广泛的焊接方法，如气焊（气体火焰为热源）、电弧焊（电弧为热源）、电渣焊（熔渣电阻热为热源）、激光焊（激光束为热源）、电子束焊（电束为热源）、等离子弧焊（压缩电弧为热源）等。

②压力焊是在焊接过程中需要对焊件施加压力（加热或不加热）的一类焊接方法，如电阻焊、摩擦焊、扩散焊、爆炸焊等。

③钎焊利用熔点比母材低的填充金属熔化后，填充接头间隙并与固态的母材相互扩散，实现连接，如软钎焊和硬钎焊。

常用的焊接方法有手工电弧焊、埋弧自动焊、气体保护焊、压力焊和钎焊等。

1. 手工电弧焊

利用电弧作为热源，用手工操纵焊条进行焊接的方法称为手工电弧焊，也称焊条电弧焊。由于手工电弧焊设备简单，维修容易，焊钳小，使用灵活，可以在室内、室外、高空和各种方位进行焊接，所以是焊接生产中应用最广泛的方法。

手工电弧焊操作过程包括引燃电弧、送进焊条、沿焊缝移动焊条。手工电弧焊过程如图 10－12 所示。

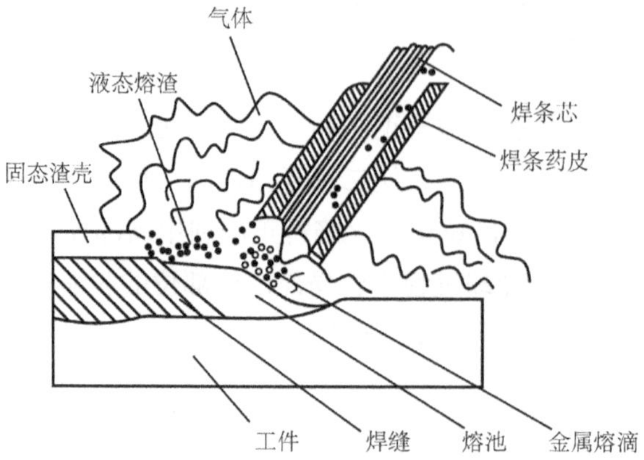

图 10－12　手工电弧焊过程

电弧在焊条与工件之间燃烧，电弧热使母材熔化形成熔池，焊条金属芯熔化并以熔滴形式借助重力和电弧吹力进入熔池，燃烧、熔化的药皮进入熔池成为熔渣浮在熔池表面，保护熔池不受空气侵害。药皮分解产生的气体环绕在电弧周围，隔绝空气，保护电弧、熔滴、熔池金属。当焊条向前移动，新的母材熔化时，原熔池和熔渣凝固，形成焊缝和渣壳。

（1）焊接电弧

①电弧的产生。电弧是在焊条（电极）和工件（电极）之间产生强烈、稳定而持久的气体放电现象。先将焊条与工件相接触，瞬间有强大的电流流经焊条与焊件接触点，产生强烈的电阻热，并将焊条与工件表面加热到熔化，甚至蒸发、气化。电弧引燃后，弧柱中充满了高温电离气体，放出大量的热和光。

②焊接电弧的结构。电弧由阴极区、阳极区、弧柱区组成，如图 10－13 所示。阴极是电子供应区，温度约 2 400 K；阳极为电子轰击区，温度约 2 600 K；弧柱区位于阴阳两极之间的区域。对于直流电焊机，工件接阳极，焊条接阴极称正接：工件接阴极，焊条接阳极称反接。

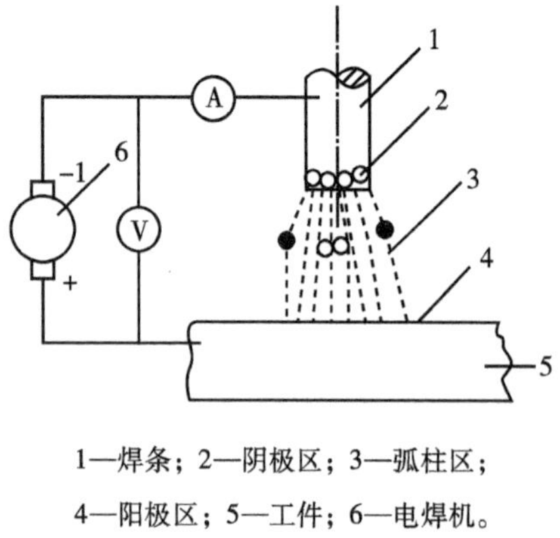

1—焊条；2—阴极区；3—弧柱区；
4—阳极区；5—工件；6—电焊机。

图 10－13　焊接电弧

为保证顺利引弧，焊接电源的空载电压（引弧电压）应是电弧电压的 1. 8 ~2. 25 倍，电弧稳定燃烧时所需的电弧电压（工作电压）为 29 ~45 V。

（2）焊条

第一，焊条的组成与作用

焊条由焊芯和药皮两部分组成。

①焊芯采用焊接专用金属丝。结构钢焊条一般含碳量低，有害杂质少，含有一定合金元素，如 H08A 等。不锈钢条的焊芯采用不锈钢丝。焊芯的作用是作为电极传导电流，熔化后成为填充金属，与熔化的母材共同组成焊缝金属。因此，可以通过焊芯调整焊缝金属的化学成分。

②药皮是压涂在焊芯表面上的涂料层，原材料有矿石、饮合金、有机物、化工产品等。药皮的主要作用有以下三点：

a. 改善焊接工艺性，药皮中含有稳弧剂，使电弧易于引燃和保持燃烧稳定。

b. 对焊接区起保护作用，药皮中含有造渣剂、造气剂等，产生气体和渣，对焊缝金属起双重保护作用。

c. 起冶金处理作用，药皮中含有脱氧剂、合金剂、稀渣剂等，使熔化金属顺利进行脱氧、脱硫、去氢等冶金化学反应，并补充被烧损的合金元素。

第二，焊条的种类、型号、牌号

①焊条按用途不同分为结构钢条、钼和铬耐热钢焊条、低温钢焊条、不锈钢焊条、堆焊焊条、铸铁焊条、镍及镍合金焊条、铜及铜合会焊条、铝及铝合金焊条、特殊用途焊条等。其中，结构钢焊条分为碳钢焊条和低合金钢焊条。结构钢焊条按药皮性质不同可分为酸性焊条和碱性焊条，酸性焊条的药皮中含有大量酸性氧化物（SiO，MnO 等），碱性焊条药皮中含大量碱性氧化物（CaO 等）和萤石（CaF）。由于碱性焊条药皮中不含有机物，药皮产生的保护气氛中氧含量极少，所以又称为低氧焊条。

②焊条型号是国家标准中规定的焊条代号。以结构件生产中应用最广的碳钢焊条和低合金钢焊条为例，型号标准见 GB/T 5117—2012 和 GB/T 5118—2012。国家标准规定，碳钢焊条型号由字母 E 和四位数字组成，如 E4303，E5016，E5017 等，含义如下：E 表示焊条。前两位数字表示熔数金属的最小抗拉强度，单位为 MPa。第三位数字表示焊条的焊接位置，0 和 1 表示焊条适于全位置焊接（平、立、仰、横）；2 表示只适于平焊和平角焊；4 表示向下立焊。第三位和第四位数字组合时表示焊接电流种类及药皮类型，如 03 为钛钙型药皮，交流或直流正、反接；15 为低氢钠型药皮，直流反接；16 为低氢钾型药皮，交流或直流反接。

③焊条牌号是焊条生产行业统一的焊条代号，用一个大写汉语拼音字母和三个数字表示，如 J422，J507 等。拼音表示焊条的大类，如 J 表示结构钢焊条，Z 表示铸铁条；前两位数字代表焊缝金属抗拉强度等级，单位为 MPa；末尾数字表示焊条的药皮类型和焊接电流种类，1 ~ 5 为酸性焊条，6 和 7 为碱性焊条。

第三，酸性焊条与碱性焊条的对比

酸性焊条与碱性焊条在焊接工艺性和焊接性能方面有许多不同，使用时要注意区别，不可以随便用酸性焊条替代碱性焊条。两者对比，有以下特点：

①从焊缝金属力学性能考虑，碱性焊条焊缝金属力学性能好，酸性焊条焊缝金属的塑性、韧性较低，抗裂性较差。这是因为碱性焊条的药皮含有较多的合金元素，且有害元素

（S，P，H，N，O）比酸性焊条含量少，所以焊缝金属力学性能好，尤其是冲击韧度较好，抗裂性好，适于焊接承受交变冲击载荷的重要结构钢件和几何形状复杂、刚度大、易裂钢件。酸性焊条的药皮熔渣氧化性强，合金元素易烧损，焊缝中 H，S 等含量较高，故只适于普通结构钢件焊接。

②从焊接工艺性考虑，酸性焊条稳弧性好，飞溅小，容易脱渣，对油污、水锈的敏感性小，可采用交流、直流电源，焊接工艺性好。碱性焊条稳弧性差，飞溅大，对油污、水锈敏感，焊接电源多要求直流；焊接烟雾有毒，要求现场通风和防护，焊接工艺性较差。

③从经济性考虑，碱性焊条价格高于酸性焊条。

第四，焊条的选用原则

选用是否恰当的焊条将直接影响焊接质量、劳动生产率、产品成本。通常遵循以下基本原则：

①等强度原则，应使焊缝金属与母材具有相同的使用性能。

②焊接低中碳钢、中碳钢或低合金钢的结构件，按照等强度原则，选择强度级别相同的结构钢焊条。

③若无等强要求，选强度级别较低、焊接工艺性好的焊条。

④焊接特殊性能钢（不锈钢、耐热钢等）和非铁金属时，按照同成分、等强度原则，选择与母材化学成分、强度级别相同或相近的各类焊条。焊补灰铸铁时，应选择相适应的铸铁焊条。

2. 埋弧自动焊

手工电弧焊的生产率低，对工人操作技术要求高，工作条件差，接质不易保证，而且质量不稳定。埋弧自动焊（埋弧焊）是电弧在焊剂层内燃烧进行焊接的方法，电弧的引燃、焊丝的送进、电弧沿焊缝的移动，是由设备自动完成的。

（1）埋弧自动焊设备与焊接材料的选用

①设备。埋弧自动焊的动作程序和焊接过程弧长的调节，都是由电器控制系统来完成的。埋弧焊设备由焊车、控制箱、焊接电源组成。埋弧焊电源分为交流电源和直流电源。

②焊接材料。埋弧焊的焊接材料有焊丝和焊剂。焊丝和焊剂选配的总原则是：根据母材金属的化学成分和力学性能来选择焊丝，再根据焊丝选配相应的焊剂。例如，焊接普通结构低碳钢时，选用焊丝 H08A，配合 HJ431 焊剂；焊接较重要低合金结构钢时，选用焊丝 H08MnA 或 H10Mn2，配合 HJ431 焊剂；焊接不锈钢时，选用与母材成分相同的焊丝，配合低温焊剂。

（2）埋弧自动焊焊接过程及工艺

埋弧自动焊焊接过程如图 10－14 所示。焊剂均匀地堆覆在焊件上，形成厚度 40～60 mm 的焊剂层；焊丝连续地进入焊剂层下的电弧区，维持电弧平稳燃烧；随着焊车的匀速行走，完成电弧焊缝自行移动的操作。

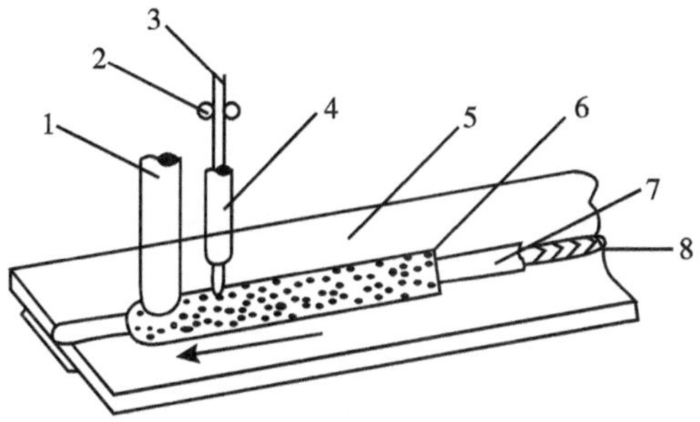

1—焊剂翻斗；2—送丝滚轮；3—焊丝；4—导电嘴；5—焊件；6—焊剂；7—渣壳；8—焊缝。

图 10－14　埋弧自动焊焊接过程

埋弧焊焊缝形成过程如图 10－15 所示。在颗粒状焊剂层下燃烧的电弧使焊丝、焊件熔化形成熔池，焊剂熔化形成熔渣，蒸发的气体使液态熔清形成封闭的渣泡，有效阻止空气侵入熔池和熔滴，使熔化金属得到焊剂层和熔渣泡的双重保护，同时阻止向外飞溅，既避免弧光四射，又使热量损失少，加大熔深。随着焊丝沿焊缝前行，池凝固成焊缝，密度轻的熔渣结成覆盖焊缝的渣壳，没有熔化的大部分焊剂回收后可重新使用。

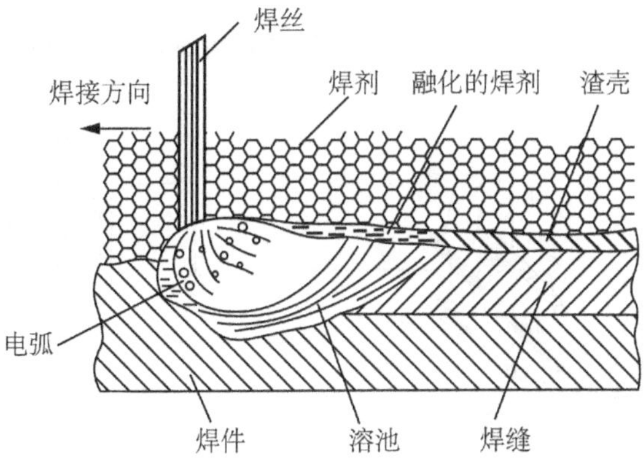

图 10－15　埋弧焊焊缝形成过程

埋弧焊焊丝从导电嘴伸出的长度较短，所以可大幅度提高焊接电流，使熔深明显加大。一般埋弧焊电流强度比焊条电弧焊高 4 倍左右。当板厚在 24 mm 以下对接焊时，不需要开坡口。

(3) 埋弧自动焊的特点及应用

埋弧自动焊与手工电弧焊相比，有以下特点：

①生产率高、成本低。由于埋弧焊时电流大，电弧在焊剂层下稳定燃烧，无熔滴飞溅，热量集中，焊丝熔敷速度快，比手工电弧焊效率提高 5～10 倍左右；焊件熔深大，较厚的焊件不开坡口也能焊透，节省加工坡口的工时和费用，减少焊丝填充量，没有焊条头，焊剂可重用，节约焊接材料。

②焊接质量好、稳定性高。埋弧焊时，熔滴、熔池金属得到焊剂和熔渣泡的双重保

护，有害气体浸入减少；焊接操作自动化程度高，工艺参数稳定，焊缝成形美观，内部组织均匀。

③劳动条件好。没有弧光和飞溅，操作过程的自动化使劳动强度降低。

④埋弧焊适应性较差。通常只适于焊接长直的平焊缝或较大直径的环焊缝，不能焊空间位置焊缝及不规则焊缝。

⑤设备费用一次性投资较大。

因此，埋弧自动焊适用于成批生产的中板、厚板结构件的长直、环焊缝的平焊。

3. 气体保护焊

气体保护焊是用外加气体作为电弧介质并保护电弧和焊接区的电弧焊。按照保护气体的不同，气体保护焊分为两类：使用惰性气体作为保护的称惰性气体保护焊，包括氩弧焊、氦弧焊、混合气体保护焊等；使用 CO_2 气体作为保护的气体保护焊，简称 CO_2 焊。

（1）氩弧焊

氩弧焊是以氩气作为保护气体的电弧焊。氩气是惰性气体，可保护电极和熔化金属不受空气的有害作用，在高温条件下，氩气与金属既不发生反应，也不溶入金属中。

根据所用电极的不同，弧焊可分为非熔化极氩弧焊和熔化极氩弧焊，如图 10－16 所示。

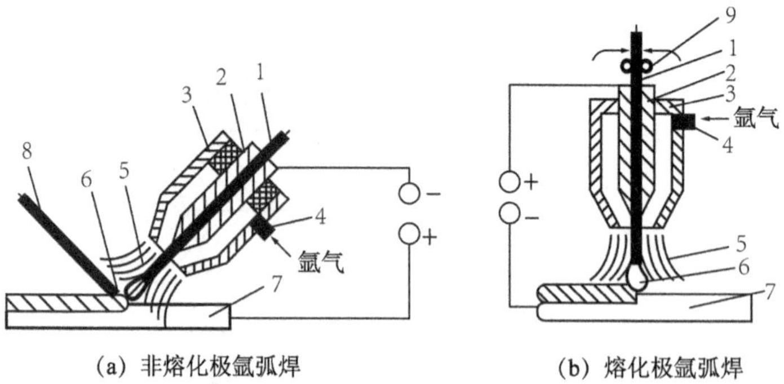

(a) 非熔化极氩弧焊　　(b) 熔化极氩弧焊

1—电极或焊丝；2—导电嘴；3—喷嘴；4—进气管；5—氩气流；6—电弧；7—工件；8—填充焊丝；9—送丝辊轮。

图 10－16　氩弧焊

（2）CO_2 焊

CO_2 焊是利用廉价的 CO_2 作为保护气体，可降低焊接成本，又能充分利用气体保护焊的优势。CO_2 焊的焊接过程如图 10－17 所示。

CO_2 经焊枪的喷嘴沿焊丝周围喷射，形成保护层，使电弧、熔滴、熔池与空气隔绝。由于 CO_2 是氧化性气体，在高温下能使金属氧化，烧损合金元素，所以不能焊接容易氧化的非铁金属和不锈钢。由于 CO_2 冷却能力强，熔池凝固快，所以焊缝中容易产生气孔。若焊丝中含碳量高，则飞溅较大，要使用冶金中能产生脱氧和渗合金的特殊焊丝来完成 CO_2 焊，常用的 CO_2 焊焊丝是 H08Mn2SiA。CO_2 焊适于焊接抗拉强度小于 600 MPa 的低碳钢和

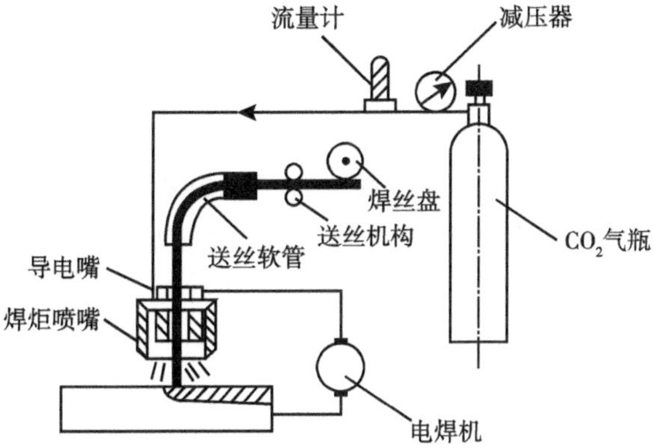

图 10-17 CO_2焊

普通低合金结构钢，焊件厚度可达 50 mm（对接形式）。为了稳定电弧、减少飞溅，CO_2焊采用直流反接。

CO_2气体保护焊的特点如下：

①生产率高。CO_2焊电流大，焊丝熔敷速度快，焊件熔深大，容易自动化，生产率比手工电弧焊提高 1 ~4 倍。

②成本低。CO_2价格低廉，焊接时不需要涂料焊条和焊剂，总成本仅为手工电弧焊和埋弧焊的 45% 左右。

③焊缝质量较好。CO_2焊电弧热量集中，加上 CO_2流强冷，焊接热影响区小，焊后变形小，采用合金焊丝，焊缝中氢含量低，焊接接头抗裂性好，焊接质量较好。

④适应性强。焊缝操作位置不受限制，能全位置焊接，容易自动化。

⑤由于是氧化性保护气体，不宜焊接非铁金属和不锈钢。

⑥焊缝成形稍差，飞溅较大。

⑦焊接设备较复杂，使用和维修不方便。

4. 压力焊与钎焊

压力焊与钎焊是应用比较广的焊接方法。压力焊在焊接的过程中需要加压，简称压焊，主要包括电阻焊、摩擦焊、爆炸焊、扩散焊、冷压焊等，下面主要介绍电阻焊和摩擦焊。钎焊利用熔点比母材低的填充金属熔化后，填充接头间隙并与固态的母材相互扩散，实现连接。

（1）电阻焊

电阻焊将焊件组合后通过电极施加压力，利用电流通过焊件及其接触处所产生的电阻热，将焊件局部加热到塑性或熔化状态，然后在压力下形成焊接接头。

由于工件的总电阻很小，为使工件在极短时间内迅速加热，必须采用很大的焊接电流（几千到几万安培）。

与其他焊接方法相比，电阻焊具有生产率高、焊接变形小、不需要另加焊接材料、劳动条件好、操作简便、容易实现机械化等优点；但其设备比一般熔焊复杂、耗电量大、可焊工件厚度（或断面尺寸）及接头形式受到限制。

按工件接头形式和电极形状不同，电阻焊分为点焊、缝焊、对焊。

①点焊利用柱状电极加压通电，在搭接工件接触面之间产生电阻热，将焊件加热并局部熔化，形成一个熔核（周围为塑性态），然后在压力下熔核结晶成焊点，如图 10－18 所示。图 10－19 为几种典型的点焊接头形式。

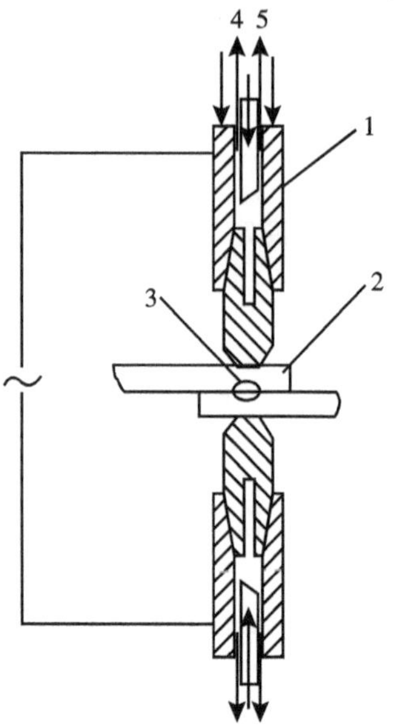

1—电极；2—焊件；3—熔核；4—冷却水；5—压力。

图 10－18　点焊

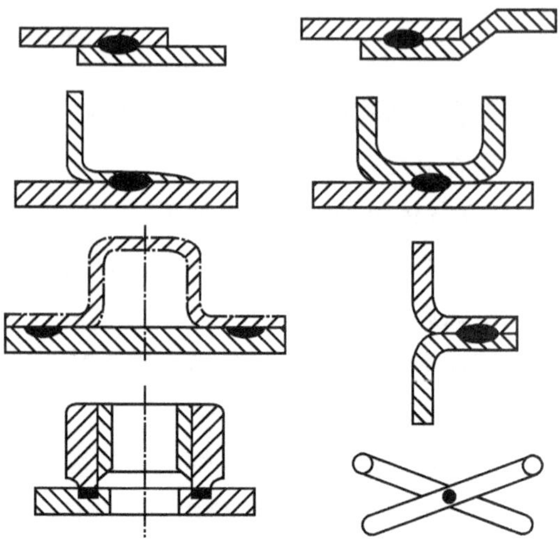

图 10－19　典型的点焊接头形式

焊完一个点后，电极将移至另一点进行焊接。当焊接下一个点时，有一部分电流会流经已焊好的焊点，称为分流现象。分流会使焊接处电流减小，影响焊接质量，所以两个相邻焊点之间应有一定距离。工件厚度越大，材料导电性越好，则分流现象越严重，所以点距应加大。

影响点焊质量的主要因素有焊接电流、通电时间、电极压力、工件表面清理情况等。点焊焊件都采用搭接接头。

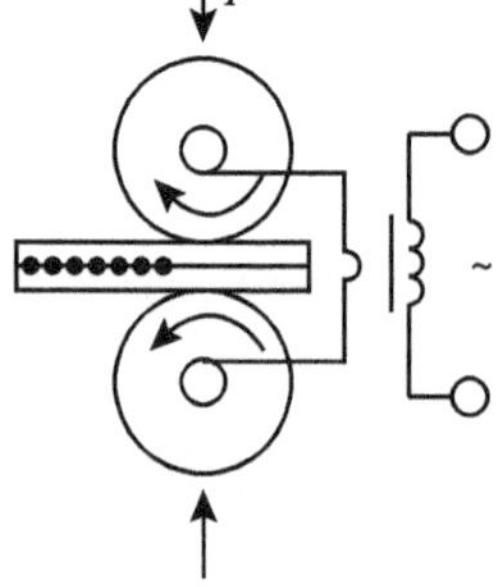

图 10－20　缝焊

点焊主要适用于厚度为 0.05～6 mm 的薄板、冲压结构、线材的焊接。目前，点焊已广泛用于制造汽车、飞机、车厢等薄壁结构和罩壳，以及轻工、生活用品等。

②缝焊过程与点焊相似，只是用旋转的圆盘状滚动电极代替柱状电极。焊接时，盘状电极压紧焊件并转动（也带动焊件向前移动），配合断续通电，即形成连续重叠的焊点，因此称为缝焊，如图 10－20 所示。

缝焊时，焊点相互重叠 50% 以上，密封性好，主要用于制造要求密封性的薄壁结构如油箱、小型容器、管道等。但由于缝焊过程分流现象严重，焊接相同厚度的工件时，焊接电流约为点焊的 1.5 ~2 倍。因此，要使用大功率电，只适用于厚度 3 mm 以下的薄板结构。

③对焊利用电阻热使两个工件整个接触面焊接起来，可分为电阻对焊和闪光对焊。焊件配成对接接头形式，如图 10 - 21 所示。对焊主要用于刀具、管子、钢筋、钢轨、锚链、链条等的焊接。

（2）摩擦焊

摩擦焊利用工件间相互摩擦产生的热量，同时加压而进行焊接，如图 10 - 22 所示。先将两焊件夹在焊机上，加一定压力使焊件紧密接触；然后，一个焊件做旋转运动，另一个焊件向其靠拢，使焊件接触摩擦产生热量；待工件端面被加热到高温塑性状态时，立即使焊件停止旋转，同时对端面加大压力，使两焊件产生塑性变形而焊接起来。

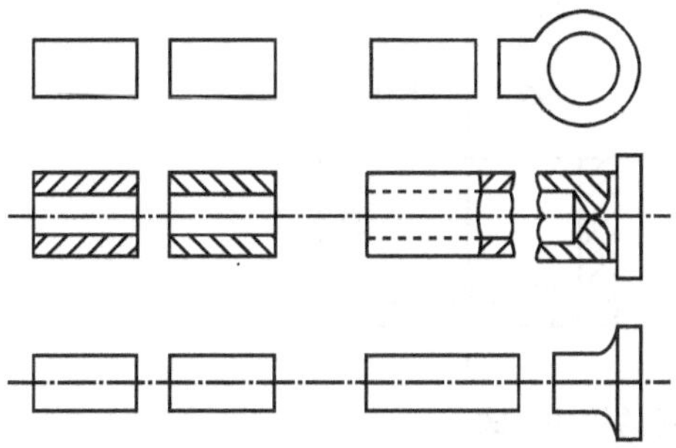

图 10 - 21　对焊接头形式

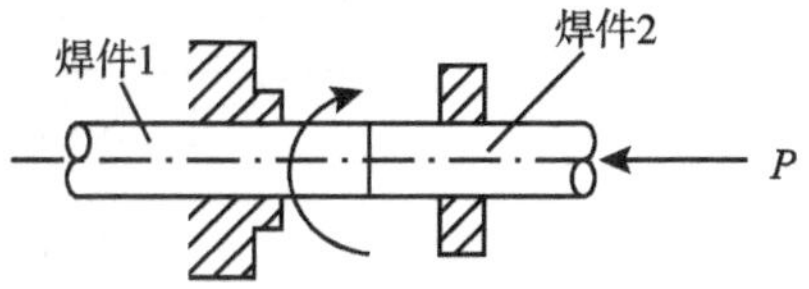

图 10 - 22　摩擦焊

摩擦焊的特点如下：

①接头质量好且稳定。在摩擦焊过程中，焊接触表面的氧化膜与杂质被清除。因此，接头组织致密，不容易产生气孔、夹渣等缺陷。

②可焊接的金属范围较广，不仅可以焊同种金属，也可以焊接异种金属。

③生产率高、成本低。焊接操作简单，接头不需要特殊处理，也不需要焊接材料，容易实现自动控制，电能消耗少。

④设备复杂，一次性投资较大。

摩擦焊主要用于旋转件的压焊，非圆截面焊接比较困难。如图 10 - 23 所示，为摩擦焊可用的接头形式。

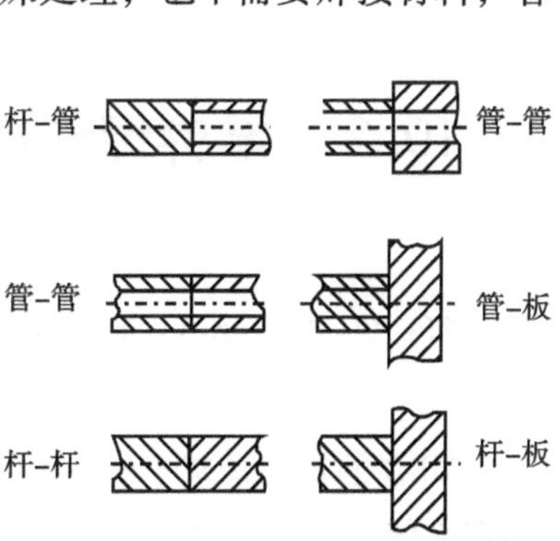

图 10 - 23　摩擦焊可用的接头形式

（3）钎焊

钎焊利用熔点比焊件低的钎料作为填充金属，加热时，钎料熔化而母材不熔化，利用液态钎料浸润母材，填充接头间隙并与母材相互扩散而将焊件连接起来。

钎焊接头的承载能力很大程度上取决于钎料，根据钎料熔点的不同，钎焊可分为硬钎焊与软钎焊。

①硬钎焊。钎料熔点在450 ℃以上，接头强度在200 MPa以上。属于这类的钎料有铜基、银基钎料等。钎剂主要有硼砂、硼酸、氟化物、氯化物等。硬钎焊主要用于受力较大的钢铁和铜合金构件的焊接，如自行车架、刀具等。

②软钎焊。钎料熔点在450 ℃以下，焊接接头强度较低，一般不超过70 MPa。如锡焊是常见的软钎焊，所用钎料为锡铅，钎剂有松香、氧化锌溶液等。软钎焊广泛用于电子元器件的焊接。

钎焊构件的接头形式都采用板料搭接和套件镶接，如图10－24所示是几种常见的接头形式。

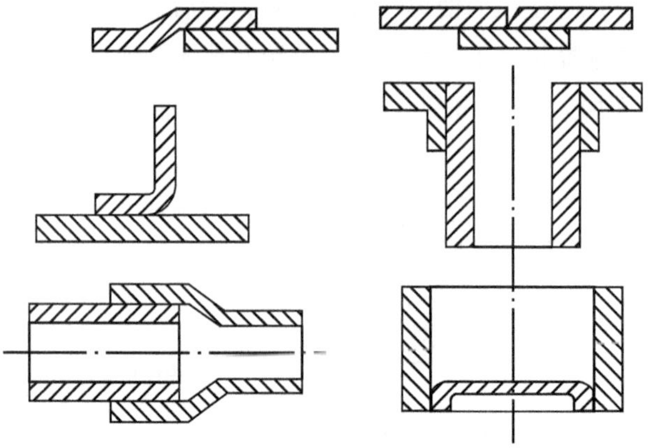

图10－24　钎焊常见的接头形式

与一般熔化焊相比，钎焊的特点如下：

①工件加热温度较低，组织和力学性能变化很小，变形也小，接头光滑平整。

②可以焊接性能差异很大的异种金属，对工件厚度的差别也没有严格限制。

③生产率高。工件整体加热时，可同时焊多条接缝。

④设备简单，投资费用少。

⑤钎焊的接头强度较低，尤其是动载强度低，允许的工作温度不高。

10.2　零件焊接制造的MBD技术

10.2.1　MBD技术

MBD的核心是基于全三维特征的一种表达方式，难点是利用MBD思想建立一个集产品定义信息于一身的三维模型，其中包含了设计尺寸、位置信息、产品结构、产品工艺信息等。但利用MBD模型可以将产品设计和装配焊接制造的相关信息共同定义到产品的三维数字化模型中，可抛弃常见的二维工程图纸，实现设计数据的唯一性。这也改变了单纯在描述几何信息时依靠于三维模型，而通过二维作业指导书来实现尺寸和部分工艺信息表达的传统方式。由 MBD 模型的信息来源可见，MBD 模型的建立不单单依赖于产品开发前期设计部门的工作，负责产品后期的装配焊接制造阶段的工艺工程师也要参与进来，实现从设计端到生产制造端数据的全覆盖，使最终形成的 MBD 模型更有效地应用于指导工艺制造和产品质量的检验。MBD 技术将大量的工艺知识、产品制造的模拟过程、产品制造的工艺标准和相关规范等融合在一起，把繁杂、零散、抽象的信息汇集在便于实施管理的三维实体模型中，使得产品在设计、制造过程中能对工艺知识和技术经验有效地进行积累和创新，也将成为企业对工艺信息知识不断优化并最终实现固化的最佳载体。

由于目前 MBD 技术在船舶制造领域的应用还不够充分，同时相对于飞机、汽车制造，装配焊接工艺在船舶制造领域无论工时占比还是工作量占比都更胜一筹。因此，将 MBD 技术应用于装配焊接工艺，在实现合理控制船舶制造成本的同时，可以进一步提高其生产经营效率。

10.2.2　焊接工艺一体化知识库设计

知识库的建立是基于大量工程实践过程中所采集到的试验数据。焊接试验数据包括焊接材料、尺寸信息、焊接方法、设备、焊丝信息、焊接参数等，通过仿真验证对这些参数信息进行有组织地关联组合，得出最优参数组合，并结合工程实践对所选定参数组合进行充分验证、参数优化分析，获取最优实验数据。焊接工艺一体化知识库包含大量数据，构建并细化为焊接工艺数据库，集成试验数据库、仿真数据库。如图 10－25 所示，细化分类后的数据库为知识模型的建立提供基础数据，支撑知识模型和知识条目构建工作。知识库不仅为实验验证、产品设计、工艺设计与工艺仿真等工作提供基础数据和预测模型，同时通过知识推送、变量预测与模型修正等方式，将各个应用阶段产生的结果数据反馈到基础数据，形成知识建模与知识库构建环节的数据知识的闭环动态迭代，实现知识库智能学习，优化完善基础数据、预测模型、知识条目。

工艺知识库系统化建设能够将知识数据结构化应用在产品设计过程，并通过基于 MBD 的三维模型将模型信息和参数信息传递至工艺设计平台，促使焊接工艺设计关键过程的知识驱动，实现产品与工艺协同设计过程。如图 10－26 所示，产品设计过程基于焊接工艺一体化知识库通过检索母材规格、焊缝长度等知识条目，对比提取知识库中典型工艺模型的最优焊接方法，再结合接头形式、母材厚度等参数信息提取相应的接口设计参考模型，从而确定坡口和接头的设计方案。在产品设计确定模型焊接方法的同时，工艺设计可根据焊接方法进行焊接设备的选择，并通过焊接仿真确定焊接顺序的设计。随着产品设计过程中的焊接方法、接头、母材参数等参数信息的确定，工艺设计过程结合焊接试验和仿真数据匹配确定焊

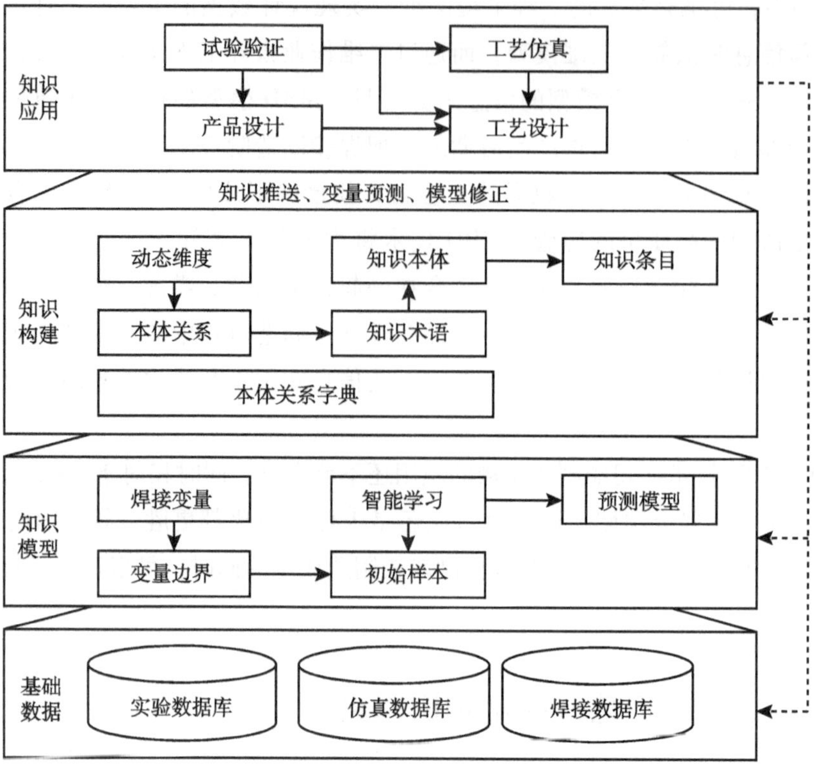

图 10－25　焊接工艺一体化知识库

材选型和焊接参数的选择。整个产品设计和工艺设计流程建立在焊接工艺一体化知识库体系上，并且基于 MBD 三维模型进行协同设计，解决了传统工艺设计数据源不统一、数据参数传递失效性和时效性的问题，打破了传统产品设计、焊接设计、焊接试验、生产制造之间的孤岛作业的壁垒，疏通了各环节数据的流通，提升设计质量，缩短产品上市周期。

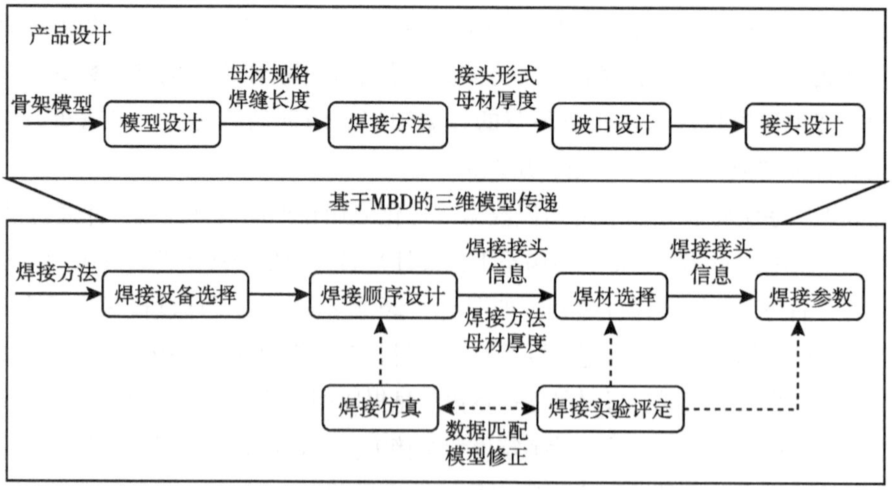

图 10－26　基于 MBD 的产品与工艺协同设计过程

10.2.3　基于 MBD 的焊接工艺设计技术

MBD 技术的应用是基于 MBD 数据集的集成性。集成体不但对产品的几何信息、位置信息等原始三维模型进行简单汇总，而且将产品工艺规划、生产制造等以经验为主、难以量化的信息集成于一体，以三维模型这种更为直观易懂的方式进行共享和传递。鉴于此，这里将基于 MBD 的三维装配焊接工艺的关键技术分为工艺设计技术和工艺仿真技术。MBD 数据在装配焊接工艺中的传递流程如图 10－27 所示。

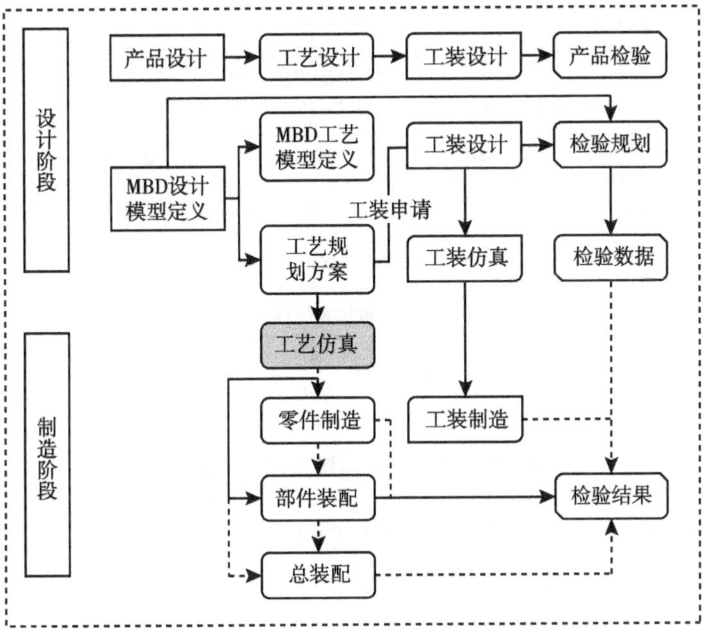

图 10－27　MBD 数据在装配焊接工艺中的传递流程

焊接工艺设计技术的研究包含通过可视化信息化的方式来表达某个分段、组立、装配体或零部件的装配焊接先后顺序，焊接工艺的技术要点，可能运用到的装配工具和焊接方法，等等。

由于工业领域的大型焊接结构件较多，存在大量的重型零部件，而且焊接工艺的复杂程度高、信息量大（焊接方法、工件的材质、结构类型、焊接性能要求等），使得各个装配体、零部件在尺寸、结构属性、质量、焊接信息等多方面同时存在特殊性和普遍性并存的现象。如果在设计阶段将其按需分类，构建同类分段、组立、装配体或零部件的装配焊接矩阵，从三维模型的建立开始就进行参数化、轻量化设计，将为后期的制造阶段省去大量的工作量。除此之外，在设计过程中，同一种类型的零件往往会涉及多种不同匹配方式，也存在多个点位，所以在每个点位的零部件都有一定的合理的装配公差范围。如果能够将该信息进行收集分析形成匹配信息库，将很大程度上提高装配作业的效率和匹配精度，更有效地指导作业。如图 10－28 所示，从三维模型的构建出发，充分结合模型的零部件信息、装配关系信息、层次结构信息等几何约束信息与装配工具、装配规范、焊接方法、焊接条件、焊接坡口等工艺信息，工艺人员和设计人员进行有效沟通合作，反复进行优化，最后形成最优的装配焊接相关的信息库。

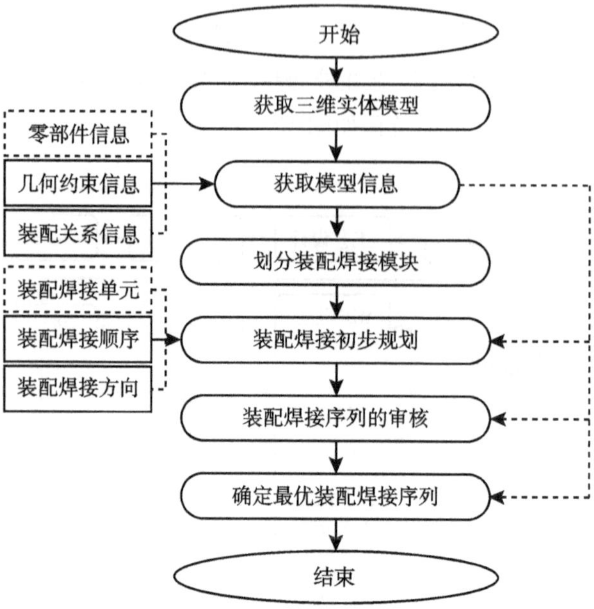

图 10－28　三维装配焊接工艺设计技术方案

为了进一步提高产品生产的效率，使得船舶现场工作人员能够更有效、更直观地接收到与装配焊接相关的工艺信息，后期将用三维的电子化图纸代替传统的二维纸质传递方式，在有效提高信息传递效率的同时，也降低了传统纸质文件丢失遗漏的情况，保障工作进行得更加顺畅。

10. 2. 4　基于 MBD 的仿真工艺设计技术

在大型复杂结构的装配焊接过程中，装配焊接的先后顺序在很大程度上决定了装配焊接质量和装配焊接的效率。为了避免装配干涉现象的发生，通常需要对装配路径和装配序列进行初步规划。目前，船舶制造行业大多数停留在以二维图纸的形式对装配序列进行初步规划，针对三维实际操作。从某种角度来说，很难与装配焊接的三维过程进行较好的对接。鉴于此，通过装配过程的三维仿真对装配环境、焊接过程进行初步的模拟是值得深入研究的。就目前来看，大量的装配工艺的仿真子系统大体上是基于三维设计软件的二次开发，通常存在数据接口不通用、开发难度大、成本较高等一系列问题存在（如法国达索公司推出的 DELMIA），这与对装配工艺进行仿真进而大幅度降低工作准备时间、避免后期装配干涉等问题出现的初衷相违背。除此之外，在商业软件中缺少针对焊接工艺的仿真描述。焊接工艺和装配工艺在复杂程度、信息量的大小和制造流程中存在相似性。例如，在实际船舶制造过程中，二者实际上是同步进行的，在对装配路径进行规划的同时需要考虑焊接方式、焊接条件等焊接工艺信息的选取，鉴于此，本章拟将二者统一集成于一个仿真子系统中，实现装配焊接工艺的三维仿真。三维装配焊接工艺的仿真技术通常包括产品与工装的仿真、装配步骤规划仿真、焊接路径模拟仿真、焊缝的仿真等，在仿真方案的提出之后，若发现有临时干涉因素的出现均可反复进行修改，大大降低了传统实操过程中干涉问题导致的返工成本。具体过程如图 10－29 所示。

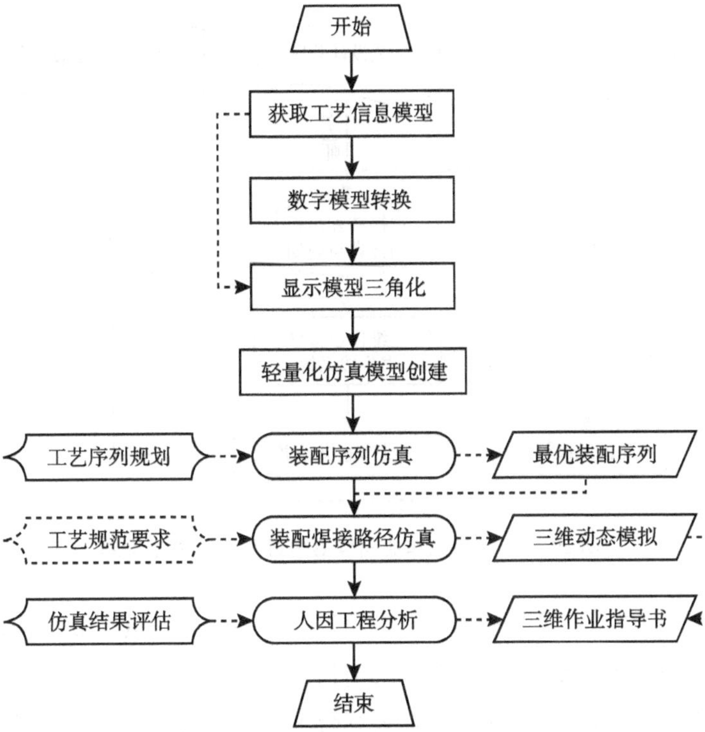

图 10－29　三维装配焊接工艺仿真技术方案

①获取基于 MBD 的三维工艺设计模型，导入系统生成轻量化模型。

②针对装配焊接的需求可对产品装配体、零部件进行树状分类。

③根据原材料实际到位时间、厂区安排等其他环境因素，在系统中对装配步骤进行初步规划，避免干涉。

④在各个工步、工序中适当添加制造过程中涉及的装配工艺规范和工艺要求。

⑤对初步生成的装配焊接路径进行评估和优化，检查路径规划结果是否满足现场施工要求等。若条件满足，可对仿真流程进行细节处理（如对某些步骤进行重点突出）；若条件不满足，可同时考虑是否修改工艺设计模型或装配焊接路径。

10. 2. 5 基于 MBD 的三维装配焊接工艺仿真系统

1. 综述

三维数字化工艺技术是结合了数字技术、并行工程、精益生产的产物。基于上述用户需求与三维数字化工艺技术，本章提出的装配焊接工艺的三维仿真实现及三维作业指导书的生成系统开发设计的主要思路如下：如图 10 - 30 所示，该系统充分利用三维数字化技术，旨在实现产品设计和工艺设计为一个并行过程。

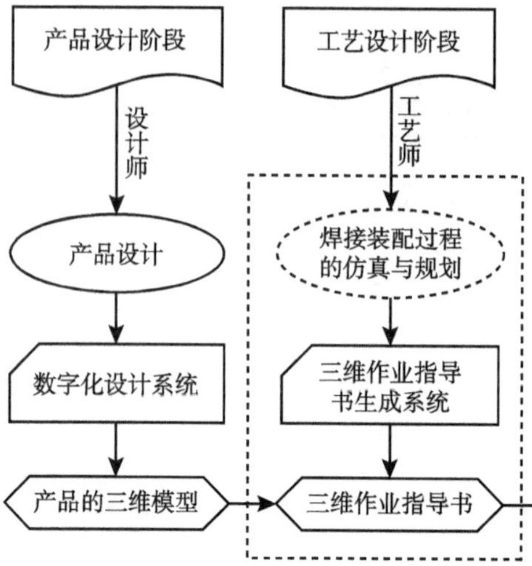

图 10 - 30 三维作业指导书生成系统的基本思路

作业指导书的形成从产品最初的设计端出发，产品设计人员在数字化设计系统中建立相关零部件、装配体的三维模型，包含了几何信息、装配信息、部分需要在设计阶段考虑的工艺信息；在工艺设计阶段，工艺师需要综合考虑货料的实际到位情况、焊接的先后顺序、施工的难易程度等工艺因素，在该仿真系统中实现装配焊接具体过程和步骤的规划，必要时可以根据实际情况反复修改，并实现动态模拟装配焊接的过程；在工艺方案最终确定之后，形成三维数字化的作业指导书，同时可以输出相应的电子化三维图纸，应用于产品制造阶段对现场的施工作业进行可视化的指导。

2. 架构设计

从生产一线的需求和三维仿真系统的总体设计及作业指导书的生成出发，系统实现过程的架构设计主要包括用户层、应用层、数据库层、物理层四个维度，如图 10 - 31 所示。

（1）用户层

用户层旨在保证用户能够顺利地进入系统，实施进一步的操作，具有良好的体验感。

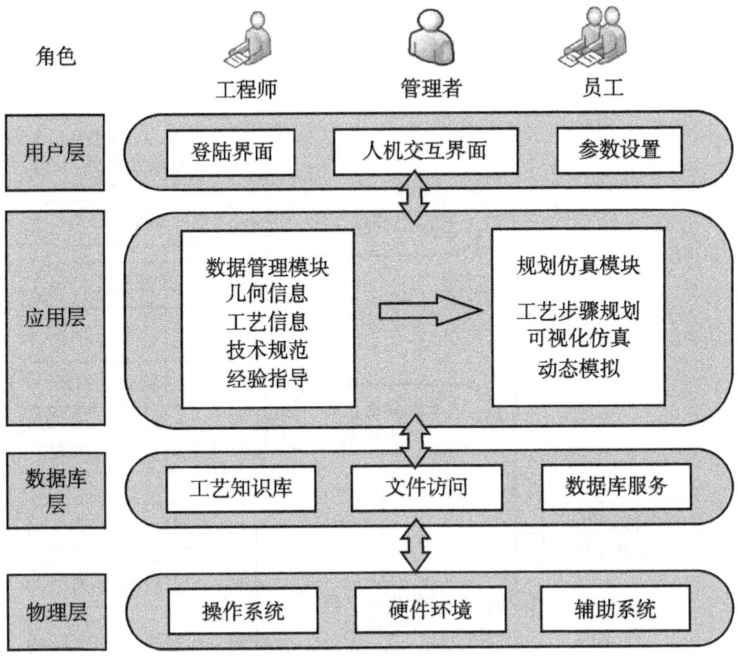

图 10－31　系统架构设计

它提供了不同角色和系统之间交互使用的界面，起到信息保密和管理的作用。其中，每一位用户使用的权限与使用需求都不同，所以进入软件系统的内部要经过初步的认证，认证通过之后才能对界面进行个性化的调整。

（2）应用层

应用层是实现软件系统功能的集合。通过应用层，能够将不同用户在用户层根据自己所需进行的操作进行实现。本系统的应用层主要有数据管理模块和规划仿真模块。这两个模块是相辅相成共同运作的，通过规划仿真模块可以实现对生产制造过程的三维模拟，在对三维模型装配焊接进行规划的树状图中同时包含了每一道工序、工步所需的几何信息、装配信息、焊接工艺信息等，体现了对数据内容的树状管理。

（3）数据库层

数据库层是在生产制造过程中不断输入数据、不断使用、不断积累形成的，是系统数据和工艺知识的核心。例如，基于船舶制造行业在装配焊接工艺中最为关键且最繁杂的数据就是焊接工艺相关的知识和经验。因此，本系统单独列出的数据库以焊接工艺数据库为主，其余相关数据的存储模式主要基于 MBD 的三维信息模型。

（4）物理层

物理层是整个软件系统的基础平台，主要为系统提供软件环境、硬件环境的支持，包括基本的操作环境、硬件设备、其他辅助系统等。

在前期针对特殊制造过程中对图纸三维数字化的需求分析和后期系统实现的架构设计的基础上，设计并研发了基于 MBD 技术思想的装配焊接工艺的三维仿真系统，实现了对装配焊接工艺的初步设计规划、装配焊接过程仿真模拟、作业指导书的三维生成，其实现各部分的主要功能如图 10－32 所示。

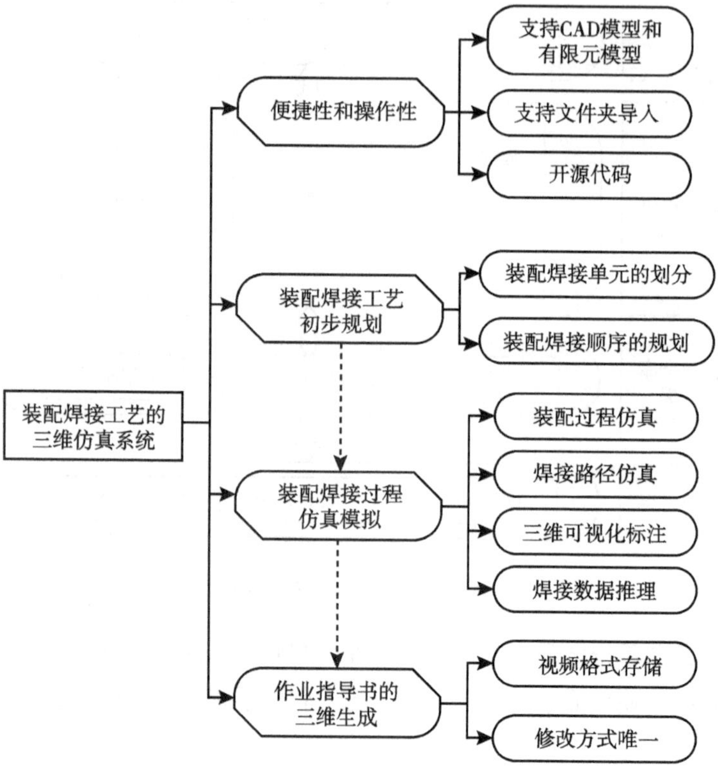

图 10－32　系统功能树

10.3　焊接工艺的 MBD 构建与表达

目前，已有基于 MBD 的机加工工艺和装配工艺系统研究。对于复杂车身曲面和不同类型焊点的白车身焊接工艺图，采用传统的二维视图表达困难，采用三维方式已成为企业的普遍做法。国内部分汽车企业已开始使用 DELMIA、Process Designer 等焊装工艺规划系统进行焊点分配、焊接参数设计等，但这些方法存在各自的局限性。

由于焊装二维工艺图复杂且难以解读，很多企业开始采用三维模型进行焊装工艺的展示。在分析焊装工艺三维展示需求和业务流程后，建立一个基于 MBD 的产品模型工艺展示信息结构。这个结构包括爆炸图、工位布置图、焊点分布图的展示方案，并开发了针对焊缝、焊点、涂胶工艺的标注方法。此方案及系统在某轿车焊装线上进行验证，成功满足了白车身焊装工艺的三维展示需求。

根据 MBD 技术创建的产品工艺模型在理论上能满足三维制造和检验岗位的浏览查看

需求。然而在实际应用中，需要大量的计算机和浏览器等软硬件资源，所以许多企业在制造和检验阶段依然主要使用二维图纸。主要的焊装工艺表达文档包括焊装工序图和焊装作业指导书。

对于焊接的 MBD 构建与表达，具体流程如图 10－33 所示。

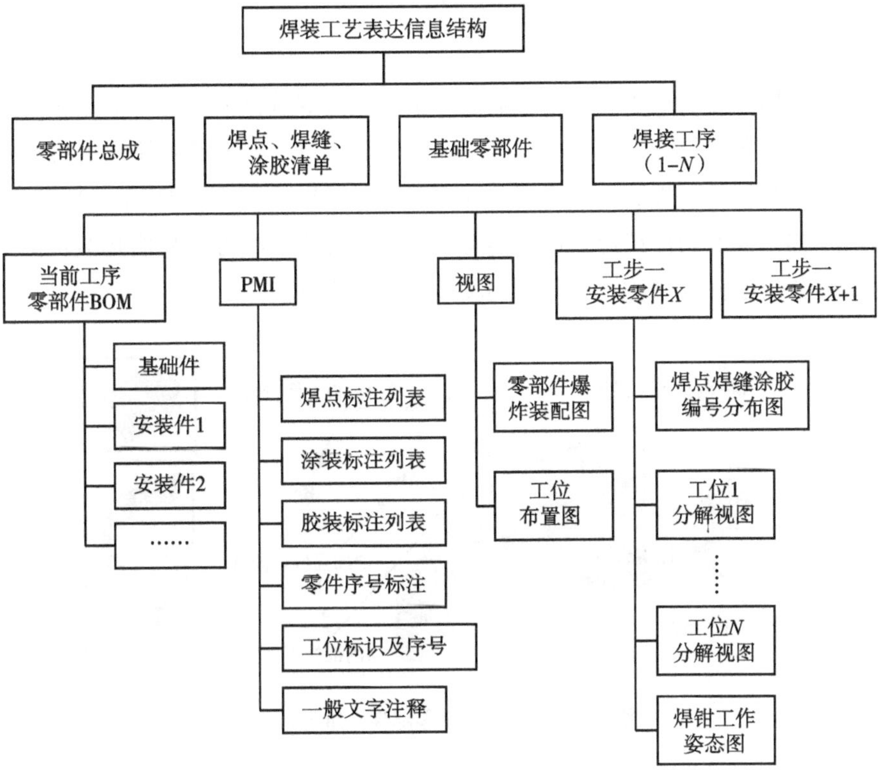

图 10－33　焊接的 MBD 构建与表达流程图

①三维模型的使用。MBD 构建在焊接工艺中利用三维模型来表达相关的焊接信息。这种方法与传统的二维图纸相比，提供了更直观、更详细的视图。

②信息结构的建立。本章强调了基于 MBD 产品模型的工艺表达信息结构的建立。这种结构涉及如何在三维模型中有效地组织和展示焊接工艺相关的数据。

③工艺视图方案。包括爆炸图、工位布置图、焊点分布图等，用以展示焊接过程中的关键步骤和组件的布局。

④焊接、焊点、涂胶工艺的标注。本章讨论了如何在三维模型中对焊缝、焊点和涂胶工艺进行标注，包括如何表示这些工艺的位置、类型和其他相关信息。

⑤实际应用的验证。本章提到了该方法在某汽车焊接线上的实际应用和验证，证明了这种三维工艺表达方法能够满足车身焊装工艺的需求。

总体来说，MBD 在焊接领域的应用提供了一种更高效、更清晰的方式来表达和理解复杂的焊接工艺，特别是在涉及复杂结构和多个焊点的情况下。

10.4 焊接的 MBD 设计实例（白车身焊接工艺）

10.4.1 零部件的三维爆炸图

零部件三维爆炸图表达了当前工序需要焊接的所有焊装件和基础件。某工序零部件三维爆炸图如图 10－34 所示，0 号件代表装基础零部件，1～4 号焊装件代表将在 0 号件上焊装的零部件、基础件、焊装件都可能包含多个零件。1～4 号零部件相对 0 号件，仅仅是位置进行了平移，姿态均保持焊装后的姿态，采用三维指引线方式标明焊装件的编号和名称，名称是焊装组合件的名称，不必说明其中的每个零件。

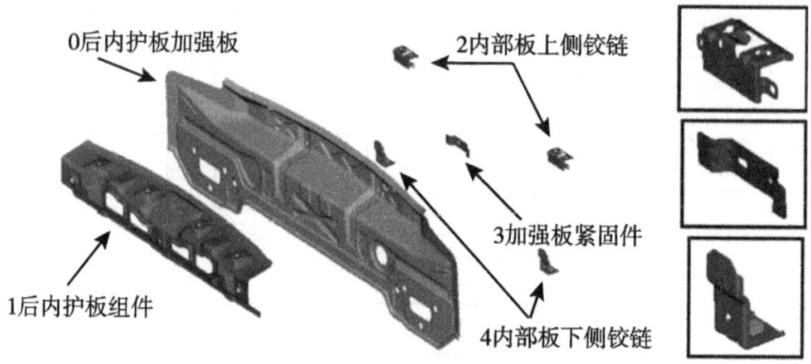

图 10－34　某工序零部件三维爆炸图

零部件标注采用三维标注，类似零部件中的序号标注方法，包含指引线、箭头、圆点线端、相应文字，依据国家标准提供圆圈、无、下横线三种形式，序号及文字标注在指定的标注平面内，通常为 *XY*、*YZ*、*ZX* 平面，文字允许随着视点的变化，自动调整阅读方向。

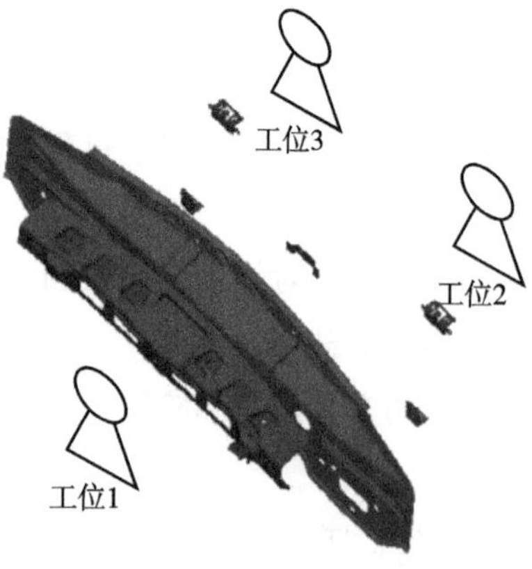

图 10－35　当前工序工位布置图

10.4.2 工位布置三维图

三维的工位布置图设计如图 10－35 所示。零部件是当前工序需要焊接的所有焊装件和基础件，人形符号代表当前工序的一个工位，采用一个简化的平面图形表示，旁边的文字代表工位编号，都标注在某一标注平面内。必要时可以读入流水线、工件暂存区等其他设备模型，允许标注工件移动方向符号。视图允许采用轴侧视图，也可以采用俯视图等。

10.4.3　焊点编号及分布图

三维的焊点编号及分布图设计如下：采用多个视图表达所有焊点，如图 10－36 所示，用正面和背面两个视图表示了当前工序的所有 43 个焊点位置及编号。显示的零部件是当前工序涉及的基础件和所有焊装件。

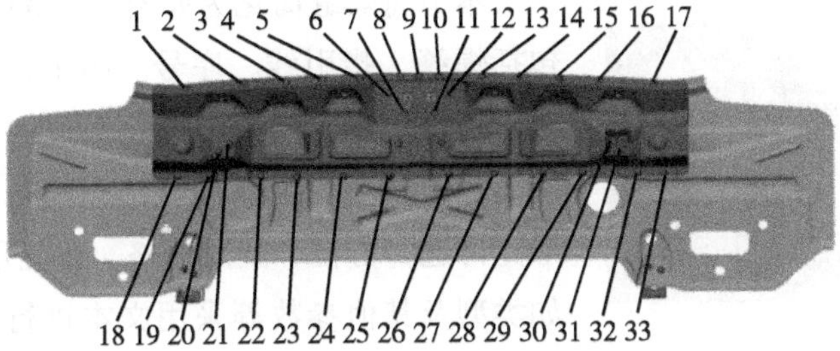

（a）当前工序焊点分布图（背面）

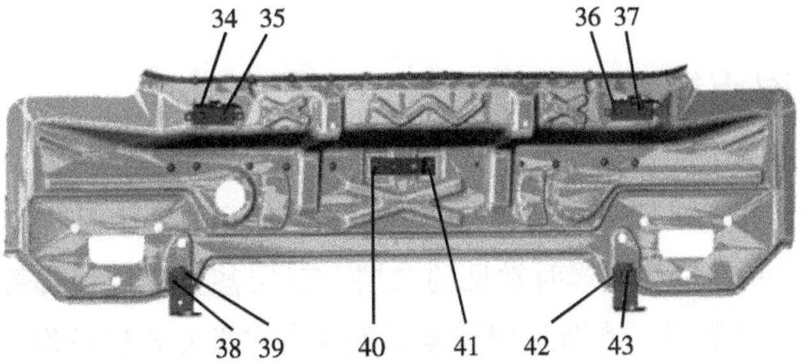

（b）当前工序焊点分布图（正面）

图 10－36　当前工序焊点编号及分布图

具体某工位的焊点分布图如图 10－37 所示，是本工序中 2 号工人的工位焊点分布图，表达了 2 号工人需要焊接的所有焊点编号及位置。图中，焊点采用平面图形符号表示，三维指引标注包括指引线、序号文本。序号文本通常标注在某个特定的标注平面内。输出时，允许旋转模型以选择最方便的观察角度来表示焊点。

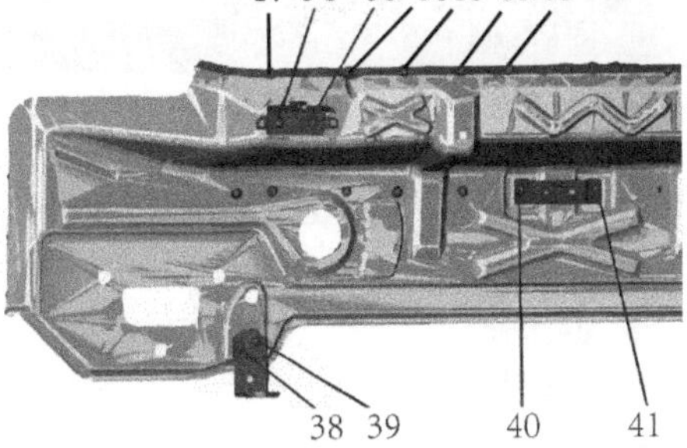

图 10－37　某工位焊点分布图（工位 2 要焊接的所有焊点）

10.4.4 焊缝标注方法

国家标准 GB/T 324—2008《焊缝符号表示法》中关于焊缝的表达，主要用于二维工程图，且焊缝符号较复杂，工人难以理解。因此，在白车身焊装工艺阶段，多数企业都定义并简化了焊缝三维表达方式。

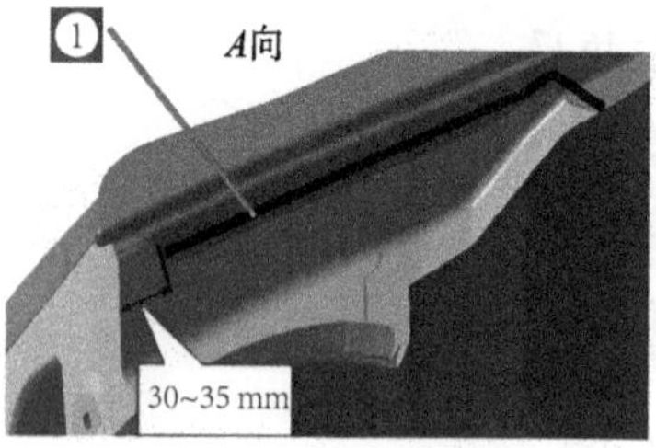

图 10－38　焊缝方式

本节将焊缝简化为如图 10－38 所示的形式，主要包括焊缝、指引线、序号。图中，涂黑的线条代表焊缝，通过用户交互指定焊缝经过的关键位置点依次连接而成；指引线端部可以选择箭头、圆点等；焊缝序号允许选择方框和圆圈框格。未显示的焊缝其他属性，如类型及其他参数等采用文本进行表达，通过对话框方式录入，当光标移到框格上时自动显示。

10.4.5 焊点标注方法

点焊接在国家标准 GB/T 324—2008《焊缝符号表示法》中是焊缝的一种，基本符号是“圆圈”，没有区别白车身点焊时常见的二层、三层甚至四层板焊等不同类型，不能满足白车身点焊接的表达需要。本节采用国家标准及自定义方式进行焊点标注。采用国家标准时，焊点符号依据 GB/T 324—2008 进行设计。采用自定义方式时，焊点标注包括焊点位置及类型标识、指引线、序号三部分内容，线端采用不同符号表示焊点类型，如图 10－39 所示。

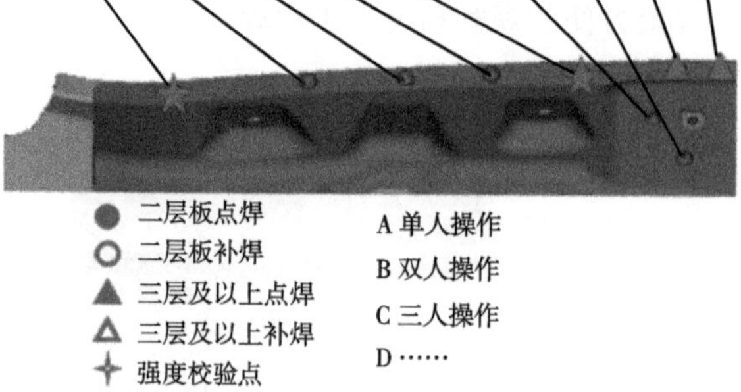

图 10－39　可视化焊点标注及焊点类型说明

10.4.6　实际应用

本章内容已在某轿车集团的 CAPP 系统中进行验证，该轿车工业集团自 2009 年开始应用华天 CAPP 系统（Info - center），应用范围覆盖汽车冲、焊、涂、总四大工艺专业的工艺规划、设计、工艺文件管理。随着系统的不断深入应用，三维工艺逐步在工艺过程中得到使用。本章涉及的白车身焊接三维工艺表达方案已经在该公司车身焊接工艺规划中得到实现验证，图 10 - 40 是三维 CAPP 系统的界面，除传统 CAPP 系统的工艺过程管理、工艺文档模板管理、工艺知识管理、工艺 BOM 管理等功能外，通过集成华天软件自主的轻量化浏览器 SView，可以实现三维模型浏览、工艺信息三维标注、三维工艺视图生成及管理等功能。与 CAPP 集成可以自动生成三维表达的焊装工艺卡、工序卡、作业指导书等工艺规程。

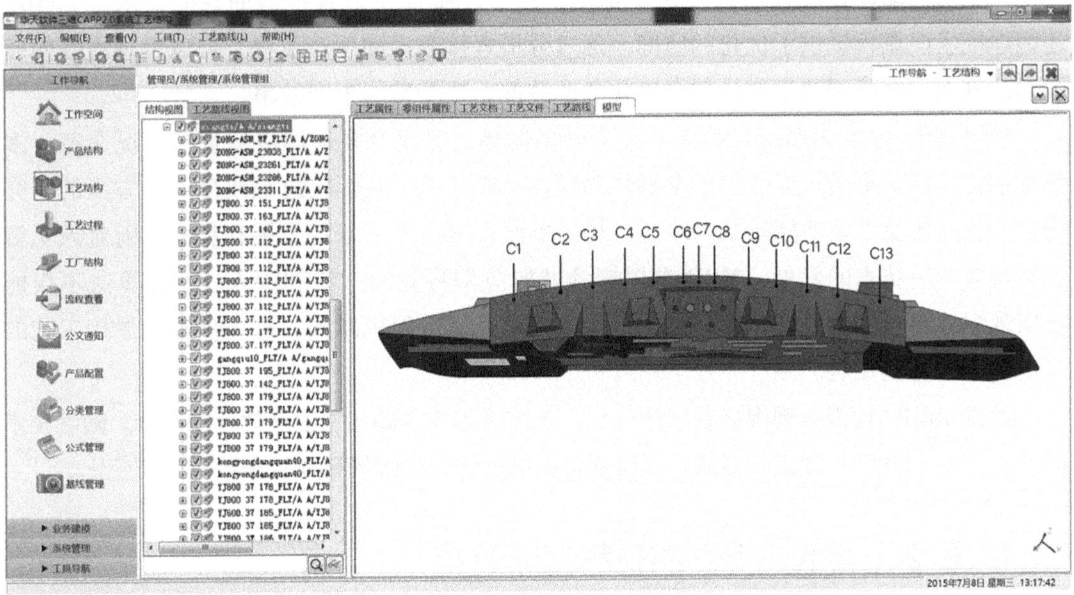

图 10 - 40　三维 CAPP 系统的界面

10.5　基于 MBD 的焊接技术未来发展趋势

10.5.1　焊接 MBD 的智能化与自动化趋势

在智能化与自动化方面，MBD 技术是推动焊接工艺发展的关键因素，尤其是在焊接参数优化和过程控制方面。MBD 提供了一种能够精确描述产品和组件的焊接要求的方法，通过将信息集成到数字模型中，而不是传统的二维图纸上，从而实现了焊接参数的优化和过程控制的自动化。基于MBD焊接工艺一体化设计平台的建设，突破了信息表达、模型构建和可视化发布等关键技术，构建了覆盖全系列工程机械产品的焊接工艺知识库，建立了企业一体化协同模式。通过MBD技术，可以在数字模型中直接嵌入焊接参数，如焊缝尺寸、焊接顺序、焊接速度等。这些参数可以直接被焊接机器人或自动化焊接系统读取，减少了手动编程和可能的人为错误。

与此同时，MBD技术使得焊接过程模拟成为可能。使用先进的计算机仿真软件，工程师可以在实际焊接之前模拟焊接过程，预测焊缝质量和可能出现的缺陷，例如焊接变形或残余应力。这种能力使得工艺优化可以在虚拟环境中进行，大幅度节省了实验和材料成本。

此外，MBD技术促进了焊接质量的实时监控。通过在焊接设备中集成传感器，可以实时收集焊接过程数据，并将其与MBD模型中的参数进行比较。这不仅有助于监控焊接质量，也为自动调整焊接参数提供了依据，进一步提高了过程控制的智能化水平。MBD还为焊接生产流程提供了优化的空间。通过分析焊接数据和生产流程，可以发现潜在的瓶颈和改进点，进而调整生产计划，优化资源分配，提升整体生产效率。

尽管MBD技术为焊接自动化带来了诸多优势，但面对复杂焊接场景多工况交替、多信息耦合、模式不明且多变等复杂科学问题和技术难题，在焊接过程质量监测方面的研究需要结合多传感手段协同感知与多源异构数据融合分。在未来的发展趋势中，随着人工智能和机器学习技术的发展，MBD在焊接领域的应用将更加广泛和深入。智能算法不仅能够实现焊接参数的自我优化，还能预测维护需求，减少停机时间，进一步推动焊接工艺的自动化和智能化发展。

通过MBD，可以实现焊接参数的优化、工艺流程的自动化、生产效率的提升。随着技术的不断发展，MBD在焊接领域的应用将变得更加广泛，为焊接行业带来革命性的变化。

10.5.2 焊接MBD的材料创新趋势

在焊接领域，MBD技术正在推动材料创新的新浪潮，通过整合和优化设计、工艺参数和材料性能的关系，来改善焊接质量与性能。MBD技术提供了一种全面的焊接过程管理方式，从设计阶段就考虑了材料特性，使得新材料的开发更为精准和高效。

MBD技术允许设计师和工程师在设计阶段集成焊接材料的详细属性和性能指标。这意味着材料的选型可以根据设计需求和功能要求来优化，确保新开发的焊接材料能够满足特定应用的性能要求。例如，对于需要高耐热性的应用，可以通过MBD技术预先评估不同材料的热影响区域大小和性能变化，从而选择最适合的焊接材料。其次，MBD技术通过实现焊接过程的数字化模拟，为焊接材料的实验开发提供了强有力的工具。通过模拟不同焊接参数对材料性能的影响，可以在实际焊接之前就预测焊接缺陷、焊缝成形、材料的微观结构变化。这种预测能力使得材料研发周期缩短，同时减少了试验成本。

此外，MBD 技术有助于焊接材料的定制化开发。随着工业的发展，越来越多的应用需要特定的材料解决方案。MBD 技术能够快速调整焊接参数，以适应新材料的特性，实现材料性能的最大化。MBD 技术可以优化打印路径和参数，来适应新的焊接材料，保证焊缝的质量和一致性。同时，MBD 技术对于智能制造环境中焊接材料的质量控制和监测至关重要。通过集成传感器和监测设备，可以实时追踪焊接过程中材料的性能变化，及时调整焊接参数，确保焊接质量。

MBD 技术对于环境友好型焊接材料的开发起着关键作用。通过优化焊接参数和过程，MBD 技术有助于减少焊接过程中的能耗和材料浪费，支持可持续发展目标。

10.5.3　焊接 MBD 技术的精准模拟与预测趋势

在提高焊接过程模拟的精确性和预测未来焊接结果方面，MBD 技术的核心在于使用详细的三维模型来集成全部的产品和制造信息，包括材料属性、产品几何尺寸、公差、制造过程数据。这种方法为焊接过程提供了一个全面和精确的数字化表示，极大地提高了预测焊接质量和性能的能力。通过 MBD 技术，可以在实际制造之前在数字环境中对焊接过程进行详尽的仿真分析。这种仿真包括热效应、焊缝形成、材料流动、冷却过程，都对最终焊缝的微观结构和宏观特性有直接影响。MBD 技术使得工程师能够调整和优化焊接参数，如焊接速度、能量输入、焊枪角度等，来预测和改善焊接质量。

MBD 技术的另一个优势是在设计阶段就可以识别潜在的缺陷，如焊接裂纹、孔洞、不完全熔合等。这些是焊接过程中最常见的问题，通过 MBD 技术进行的预测和模拟可以在早期发现，从而避免成本高昂的后期修复。此外，MBD 技术可以预测焊接过程中的残余应力和变形，对于结构部件的完整性和性能至关重要。这些预测可以帮助工程师选择合适的焊接序列和技术来最小化不利影响。MBD 技术还可用于虚拟制造环境中的操作员培训，提供一个无风险的环境来模拟和实践复杂的焊接任务，从而提高焊接操作的技能和效率。

未来，随着计算能力的提高和算法的进步，MBD 技术在焊接模拟和预测方面的应用将更加广泛和精确。它不仅将改善焊接过程的质量和效率，而且将推动个性化和定制化焊接解决方案的发展。MBD 技术为焊接过程的精确模拟和结果预测提供了强大的工具，有望在未来的焊接制造业中发挥更大的作用。通过集成和优化焊接参数和过程，MBD 技术有助于实现更高质量、更高效率、更可靠的焊接过程。

10.5.4　焊接 MBD 技术的集成与协作趋势

MBD 技术的核心优势之一在于跨学科集成的能力，在焊接工艺的优化中尤为关键。MBD 技术不仅包含了传统的设计和制造信息，而且集成了材料科学、机器人技术、数据分析、其他相关学科的数据和工艺知识。

在材料科学方面，MBD 技术可以集成新材料的性能数据，如热导率、热膨胀系数、应力－应变曲线等，都是焊接过程中不可或缺的参数。通过这些数据，MBD 技术可以帮助工程师在设计阶段预测材料在焊接过程中的行为，如焊接时的熔池动态、冷却速率对焊缝微观结构的影响等。这样的集成可以优化焊接参数，降低材料缺陷的风险，提高焊接接头的质量。机器人技术的融入进一步提升了 MBD 技术在自动化焊接中的应用。MBD 技术允许将焊接路径、速度、序列直接编程到机器人系统中。与机器人技术结合，MBD 技术能够实现更加精确和一致的焊接，特别是重复性高、难度大的焊接作业。此外，MBD 技术可以优化机器人焊接路径，减少焊接时间，提高生产效率。

数据分析和人工智能的交叉应用，使 MBD 技术在焊接质量控制和过程优化中更加智能化。通过收集和分析大量焊接过程数据，MBD 技术可以利用机器学习算法预测焊接质量，实时调整焊接参数，以应对焊接过程中的各种变化。这种智能化的焊接过程不仅提高了焊接质量，还极大地提升了生产的灵活性和适应性。

在多学科集成方面，MBD 技术促进了焊接工艺与其他制造流程的协同。例如，在汽车或航空制造中，MBD 技术可以确保焊接工艺与整体装配流程的无缝对接，优化整个生产线的效率。作为一个多学科集成平台，MBD 技术能够将材料科学、机器人技术、数据分析等领域的最新进展集成到焊接工艺中，不断推动焊接工艺的创新和优化。随着这些学科的不断发展，MBD 技术在焊接工艺中的应用也将越来越广泛，不断开辟新的可能。

10. 5. 5　焊接 MBD 技术的未来展望与挑战

焊接领域中的 MBD 技术展现出了巨大的未来潜力，也面临着一系列挑战。在《中国制造 2025》的背景下，MBD 技术预计深入推动焊接过程的智能化和自动化。通过更精确的模拟和预测，以及与机器人技术和数据分析的融合，MBD 技术能够优化焊接参数，提高生产效率，并减少材料浪费。此外，MBD 技术在新材料开发方面的应用也将为焊接质量和性能的提升带来新机遇。通过集成材料科学的最新成果，MBD 技术将帮助工程师更好地理解材料在焊接过程中的行为，并据此优化设计。

然而，MBD 技术的实施和推广面临着诸多挑战。首先是技术集成方面的挑战，例如如何确保不同系统和软件之间的互操作性。其次，对现有工作人员的培训和技能提升也是一个重要问题，特别是在传统焊接行业向高度数字化和自动化转型的过程中。此外，数据安全和隐私保护是 MBD 技术实施中需要重点关注的问题，尤其是在涉及敏感或专有信息的场景中。

未来，随着技术的不断发展和成熟，以及相关挑战的逐步解决，MBD 技术有望在焊接领域中发挥越来越重要的作用，为焊接质量的提升、生产效率的增加、新材料的开发带来新的机遇。

【练习与思考】

简答题

1. 简述焊接工程的基础理论，并举例说明常用的焊接方法。
2. 解释熔化焊过程中金属原子结合与扩散的原理。
3. 描述熔化焊中熔池的形成过程以及其对焊接质量的影响。
4. 比较熔化焊、压力焊、钎焊的特点，并说明它们的应用场景。
5. 从 MBD（模型基础定义）的角度出发，讨论如何应用 MBD 技术改善焊接工艺。
6. 定义 MBD 并解释它在焊接工艺中的作用和优势。
7. 讨论 MBD 技术如何在焊接工艺设计和模拟中提高精确度和效率。
8. 分析 MBD 在焊接工艺中的数据管理和信息共享的优点。
9. 描述 MBD 在改进焊接工艺参数设置和优化中的应用。
10. 探索 MBD 在焊接质量控制和检验中的应用及其对结果的影响。
11. 讨论 MBD 技术如何帮助解决焊接过程中的复杂问题，例如焊接路径规划或热输入控制。
12. 结合现代焊接技术，探讨焊接工艺一体化知识库的设计和应用。

参考文献

[1] 周成，徐建成，居里锴．基于 MBD 的产品数字化设计制造一体化实践指导书[M]．北京：电子工业出版社，2018.

[2] 王连坤，程磊，武保同，等．基于 MBD 的焊接工艺一体化设计知识系统研究[J]．机电产品开发与创新，2023，36（5）：148－150.

[3] 吴凡．基于 MBD 技术的装配焊接工艺三维仿真研究[D]．上海：上海交通大学，2020.

[4] 郑雷．基于 MBD 三维工艺设计系统的开发与应用[J]．航空制造技术，2014（5）：52－57.

[5] 尚校．应用 DELMIA 软件进行汽车白车身三维焊装工艺规划[J]．汽车工艺与材料，2009（3）：1－4.

[6] 赵晓峰，屈亚宁，邱慧慧．白车身焊装工艺三维表达方法及系统研究[J]．组合机床与自动化加工技术，2015（6）：130－133.

[7] 中华人民共和国国家质量监督检验检疫总局，中国国家标准化管理委员会．GB/T 324—2008　焊缝符号表示法[S]．北京：中国标准出版社，2008.

[8] 王连坤，程磊，武保同，等．基于 MBD 的焊接工艺一体化设计知识系统研究[J]．机电产品开发与创新，2023，36（5）：148－150.

[9] 周晓晓，徐佳琛，朱大伟，等．弧焊过程质量监测研究现状[J]．电焊机，2023，53（9）：99－107.